Methodik zur Förderung von Deep-Tech im Maschinenbau

Methodology for Fostering Deep-Tech in Mechanical Engineering

Von der Fakultät für Maschinenwesen
der Rheinisch-Westfälischen Technischen Hochschule Aachen
zur Erlangung des akademischen Grades eines
Doktors der Ingenieurwissenschaften
genehmigte Dissertation

vorgelegt von

Tim Latz

Berichter/in:

Univ.-Prof. Dr.-Ing. Dipl.-Wirt. Ing. Günther Schuh
apl. Prof. Dr.-Ing. Wolfgang Boos

Tag der mündlichen Prüfung: 28. August 2024

ERGEBNISSE AUS DER PRODUKTIONSTECHNIK

Tim Latz

Methodik zur Förderung von Deep-Tech im Maschinenbau

Herausgeber:
Prof. Dr.-Ing. T. Bergs
Prof. Dr.-Ing. Dipl.-Wirt. Ing. G. Schuh
Prof. Dr.-Ing. C. Brecher
Prof. Dr.-Ing. R. H. Schmitt

Band 26/2024

Bibliografische Information der Deutschen Nationalbibliothek
Die Deutsche Nationalbibliothek verzeichnet diese Publikation in der Deutschen Nationalbibliografie; detaillierte bibliografische Daten sind im Internet über https://portal.dnb.de abrufbar.

Tim Latz:

Methodik zur Förderung von Deep-Tech im Maschinenbau

1. Auflage, 2024

Gedruckt auf holz- und säurefreiem Papier, 100% chlorfrei gebleicht.

Wissenschaftsverlag des Instituts für Industriekommunikation und Fachmedien
an der RWTH Aachen
Steinbachstr. 25, 52074 Aachen
Internet: www.apprimus-verlag.de, E-Mail: info@apprimus-verlag.de

Druck: CPI Druckdienstleistungen GmbH
Ferdinand-Jühlke-Straße 7 | 99095 Erfurt

ISBN 978-3-98555-243-6

D 82 (Diss. RWTH Aachen University, 2024)

Vorwort

Dieses Buch würde es ohne die Menschen, die mich in den vergangenen fünf Jahren begleitet haben, nicht geben. Euer unterstützender und positiver Einfluss hat mich diese Reise beginnen und vor allem beenden lassen!

Zunächst danke ich Ihnen, Herr Prof. Günther Schuh, für die angeregten Diskussionen im Zuge meiner Promotion. Diese waren stets eine Bereicherung und Freude. Zusätzlich danke ich der Abteilung Strategisches Technologiemanagement am Fraunhofer IPT in Aachen, die mich über die Jahre hat wachsen lassen. Danke also explizit an euch, Paul, Patrick, Max, Paul, Thomas, Caro, Leonie, Leonard, Leonard, Frederik, Johanna, Marc, Bastian, Matthias, Julia, Nicolas und Florian, für die Begleitung meiner beruflichen und akademischen Entwicklung. Ich danke all meinen studentischen Hilfskräften und AbschlussarbeiterInnen, stellvertretend Till und Jana, für eure wahnsinnigen Leistungen in den vergangenen Jahren.

Besonderer Dank gilt Ramon – ohne dich hätte ich mich 2019 nicht für die Promotion entschieden – sowie Marc, dafür, dass du mir bis heute mit Rat und Tat zur Seite stehst. Danke an Basti, für deine Hilfsbereitschaft in allen Projekt- und Disslagen, und an Thommy, nicht zuletzt für deine Unterstützung im *Kölner Office*.

An Jo und Robert geht mein Dank dafür, dass ihr mich seit 2003 durch Schule, Studium und Promotion begleitet und meine Herausforderungen teilt. Danke, dass wir gemeinsam den Spaß im Leben nie aus den Augen verlieren.

Ohne familiären Rückhalt ist dieses Projekt nur schwer vorstellbar. Danke an meine Eltern, Gabi und Armin, unter anderem dafür, dass ihr mir den Weg gewiesen und die bestmöglichen Umstände geschaffen habt. Und danke an meine Schwester Anne, du bist mir jederzeit eine Mentorin und Inspiration.

Der allergrößte Dank gebührt meiner Frau Sirin. Dafür, dass du mich seit über 13 Jahren bedingungslos unterstützt und dafür, dass deine Power mich in vielen (zweifelnden) Momenten motiviert und angetrieben hat. Durch dich wird mir stets aufs Neue klar, was im Leben wirklich zählt!

Köln, im September 2024

Tim

Für Thomas, der mich auf der gesamten
Reise geprägt und begleitet hat.

Teile dieser Arbeit wurden noch während des Forschungs- und Erstellungsprozesses der vorliegenden Dissertation unter Mitwirkung des Autors auf Fachkonferenzen und in *Journals* sowie praxisnahen *Whitepapern* auszugsweise vorveröffentlicht[1]. Die wesentlichen Inhalte wurden durch Quellenangaben im Text kenntlich gemacht.

---

1 Vgl. Schuh, Latz (2022), Concept Technology Transfer of Deep Tech; Schuh et al. (2022), Accelerating Deep Tech Innovations; Schuh et al. (2022), Governmental Support Options; Schuh et al. (2023), Referencc phase Model for the Transfer Process of Deep Tech Innovations; Schuh et al. (2024), Fostering the European Innovation System

Zusammenfassung

Die Sicherstellung technologischer Souveränität und Unabhängigkeit gewinnt für nationale Innovationssysteme und Volkswirtschaften zunehmend an Bedeutung. Nicht zuletzt wurde dieser Umstand durch die COVID-19-Pandemie in den Jahren 2020 bis 2023 deutlich. Bspw. der Material- oder Halbleitermangel haben zu gestörten Lieferketten und somit volkswirtschaftlichen Einbußen geführt. Ein Schlüsselelement für die Sicherstellung der Souveränität und Unabhängigkeit ist der Technologietransfer. Unter anderem Deutschland hat jedoch Schwierigkeiten, vom Innovationsfortschritt wissenschaftlicher Erkenntnisse im Maschinenbau zu profitieren und aus diesen langfristig erfolgreiche, nationale Innovationssysteme in komplexen technologischen Bereichen *(Deep-Tech)* aufzubauen. Die Analyse verschiedener Indikatoren des Technologietransfers (z.B. die Höhe des Risikokapitals oder die Anzahl technologiebezogener Gründungen) zeigt, dass Deutschland im internationalen Vergleich insbesondere bei der Skalierung und Verwertung technologischer Erkenntnisse und Ideen Rückstand hat.

Das Ziel der vorliegenden Arbeit besteht daher in der Beschreibung von Handlungsbedarfen und staatlichen Unterstützungsoptionen zur Förderung des Technologietransfers von *Deep-Tech*. Die Erkenntnisse dienen Entscheidungsträgern in Politik und Wirtschaft als Grundlage zur Sicherstellung erfolgreicher Skalierungs- und Verwertungsschritte technologischer Entwicklungen.

Zur Bestimmung dieser Handlungsbedarfe und Unterstützungsoptionen werden zunächst vorherrschende Akteure in technologischen Innovationssystemen identifiziert und deren idealtypische Kompetenzen ermittelt. Anschließend werden Referenzphasen des *Deep-Tech*-Transfers hergeleitet. Diese Phasen sind notwendig, um unterschiedlicher Maturität einzelner Technologien bei der Anwendung der Arbeit gerecht zu werden. Auf den beiden vorangegangenen Teilmodellen aufbauend werden Hemmnisse während des *Deep-Tech*-Transfers bestimmt und den entsprechenden Referenzphasen zugeordnet. Darüber hinaus werden staatliche Unterstützungsoptionen zur Förderung identifiziert und mit den jeweils relevanten Transferhemmnissen verknüpft. Gepaart mit einem handlungsweisenden Vorgehen wird Anwendern somit letztlich die phasenspezifische Ermittlung staatlicher Unterstützungsoptionen beim Technologietransfer von *Deep-Tech* ermöglicht.

Summary

Ensuring technological sovereignty and independence is becoming increasingly important for national innovation systems and economies. This became clear not least by the COVID-19 pandemic in the years 2020 to 2023. Shortages of materials or semiconductors, for example, have led to disrupted supply chains and economic losses. A key element to ensure technological sovereignty and independence is the technology transfer. However, Germany, among others, is struggling to benefit from the innovative progress of scientific knowledge in mechanical engineering and to build successful, national innovation systems in complex technological areas (deep tech). The international analysis of various indicators of the technology transfer (e.g., amount of venture capital or number of technology-related start-ups) shows that Germany falls behind especially in the scaling and utilization of technological knowledge and ideas.

The aim of this dissertation is therefore to determine the need for action and government support options to foster the technology transfer of deep tech. These findings serve decision-makers in politics and business as a basis for ensuring successful scaling and utilization steps of technological developments.

To derive these needs for action and support options, the predominant players in technological innovation systems are first identified and their typical competencies determined. Subsequently, reference phases of the deep tech transfer are derived. These phases are necessary in order to cope with different maturity of technologies in the application of the model. Based on the two previous sub-models, barriers during the deep tech transfer are determined and assigned to the corresponding reference phases. In addition, government support options to foster the transfer are identified and linked to the relevant barriers to transfer. Coupled with an action-oriented approach, this ultimately enables decision-makers to identify phase-specific government support options for the technology transfer of deep tech.

Inhaltsverzeichnis

Verzeichnis der Abbildungen

Verzeichnis der Abkürzungen

A_i	Akteursgruppe i
Abb.	Abbildung
AG	Aktiengesellschaft
ArbnErfG	Arbeitnehmererfindungsgesetz
BIP	Bruttoinlandsprodukt
BMBF	Bundesministeriums für Bildung und Forschung
BMWK	Bundesministerium für Wirtschaft und Klimaschutz
bzgl.	bezüglich
bzw.	beziehungsweise
ca.	circa
CVC	Corporate Venture Capital
DARPA	Defense Advanced Research Projects Agency
DIN	Deutsches Institut für Normung e.V.
ESOP	Employee Stock Option Plan
et al.	et alii
EUR	Euro
F&E	Forschung und Entwicklung
f.	folgende
ff.	fortfolgende
GmbH	Gesellschaft mit beschränkter Haftung
GPS	Global Positioning System

H_m	Hemmnis
HR	Human Resources
Hrsg.	Herausgeber
IPR	Intellectual Property Rights
Jg.	Jahrgang
K_i	Kompetenzkategorie
Kap.	Kapitel
KI	Künstliche Intelligenz
KMU	Kleine und mittlere Unternehmen
KPI	Key Performance Indicator
MINT	Mathematik, Informatik, Naturwissenschaft und Technik
Mio.	Millionen
Mrd.	Milliarden
MVP	Minimum Viable Produkt
NASA	National Aeronautics and Space Administration
NDA	Non-Disclosure Agreement
NIS	Nationales Innovationssystem
Nr.	Nummer
o.V.	ohne Verfasserangabe
P_i	Referenzphase
PEM	Polymerelektrolytbrennstoffzelle
PRISMA	Preferred Reporting Items for Systematic Reviews and Meta-Analysis
R&D	Research and Development
RIS	Regionales Innovationssystem
S.	Seite

SIS	Sektorales Innovationssystem
SPRIND	Agentur für Sprunginnovation
STARLITE	Standards for Reporting Literature Searches
TIS	Technologisches Innovationssystem
TRL	Technology Readiness Level
TTO	Technology Transfer Office
U_i	Unterstützungsoption
VC	Venture Capital
VDI	Verein Deutscher Ingenieure e.V.
VDMA	Verband Deutscher Maschinen- und Anlagenbauer e.V.
Verl.	Verlag
vgl.	vergleiche
VoD	Valley of Death
z. B.	zum Beispiel

1 Einleitung

»I think many people are often confused about why we are interested in technology commercialization, in nurturing start-up companies, and in facilitating more patents and license agreements. [...] It is not about the money. Of course, revenue generation serves as an incentive. But first and foremost, technology transfer must serve our core mission: sharing ideas and innovations in the service of society's well-being.«
DR. MARY SUE COLEMAN – Präsidentin der *University of Michigan*[2]

In den vergangenen Jahrzehnten sind im Zuge der Globalisierung komplexe, interkontinentale Innovationssysteme und Wertschöpfungsketten entstanden[3]. Diese waren auch ein Grund für den wirtschaftlichen Aufschwung vieler Industrienationen, inklusive Deutschland[4]. Insbesondere in Europa wurde der Aufbau nationaler, langfristig notwendiger Technologiekompetenzen als nationalstrategische Priorität jedoch vernachlässigt[5]. In Summe ist dadurch eine starke technologische Abhängigkeit in gesellschaftsrelevanten Bereichen entstanden, welche Implikationen auf die volkswirtschaftlichen Positionen und Perspektiven hat und in den vergangenen Jahren stetig sichtbarer wurde. Besonders deutlich wurde diese Abhängigkeit durch die COVID-19-Pandemie: Daraus resultierende Lieferkettenprobleme dämpfen auch mittelfristig die volkswirtschaftliche Erholung[6] und führten im Jahr 2020 zu einer rückläufigen Entwicklung des preisbereinigten Bruttoinlandsproduktes (BIP) in Europa von 3,7%[7]. Der globale Mangel an Halbleitern im Zuge der Pandemie illustriert dieses Phänomen gut: So kostete dieser im Jahr 2021 bspw. den europäischen Automobilsektor rund 100 Milliarden Euro[8].

[2] Vgl. Madl, Radebner (2021), Technology transfer for social benefit

[3] Vgl. Marks (2018), Wertschöpfungsketten; Flach et al. (2022), Internationale Wertschöpfungsketten

[4] Vgl. Hamilton, Quinlan (2009), Deutschland und die Globalisierung

[5] Vgl. Betz, Hein (2022), Globalisierung und technologische Entwicklung; Álvarez (2022), Deutschland fehlen Schlüsseltechnologien

[6] Vgl. Schmidt et al. (2021), Materialengpässe

[7] Vgl. Statistisches Bundesamt (Destatis) (2023), Covid-19 Impacts

[8] Vgl. Duthoit, Lemerle (2022), Missing chips; Bernhart, Kirschstein (2021), Chip-Industrie

Für Volkswirtschaften ist es folglich wichtig, in gesellschaftskritischen, technologiedominierten Bereichen, zum Beispiel dem Maschinenbau, unabhängig von interkontinentalen Wertschöpfungsketten bzw. marktbeherrschenden ausländischen Unternehmen zu sein[9]. Der Prozess des Technologietransfers, durch den technologische Erkenntnisse aus der Forschung die industrielle Anwendung und Kommerzialisierung erreichen, ist dafür erfolgskritisch[10]. Ein in der (Grundlagen-)Forschung starkes Land wie Deutschland muss auch am globalen Innovationserfolg wissenschaftlicher Erkenntnisse partizipieren und langfristige technologische Unabhängigkeit anstreben. Diverse Beispiele – welche im folgenden Teilkapitel expliziert werden – zeigen, dass die Partizipation am globalen Innovationserfolg in den vergangenen Jahren in Europa und insbesondere Deutschland jedoch nur bedingt stattgefunden hat und der Technologietransfer nicht vollends erfolgreich abläuft. Die vorliegende Dissertation soll einen Beitrag dazu leisten, die Herausforderungen beim Transfer wissenschaftlicher Erkenntnisse aus der Forschungsumgebung in die Industrie zu beleuchten und handlungsweisende Verbesserungspotenziale der Förderung abzuleiten. Hierfür werden im Folgenden die Motivation und der Handlungsbedarf geschärft (Teilkapitel 1.1) und es werden die Zielsetzung und die Forschungsfrage konkretisiert (Teilkapitel 1.2). Das einleitende Kapitel schließt mit der Forschungskonzeption und der Vorstellung des Aufbaus der Arbeit (Teilkapitel 1.3).

1.1 Motivation und Handlungsbedarf

Die Relevanz systemischer und gesellschaftsverändernder technologischer Neuerungen – in vorliegender Arbeit als *Deep-Tech* bezeichnet – hat sich in den letzten Jahren unter anderem durch die zunehmende Elektrifizierung und Digitalisierung von Produkten sowie durch ein erhöhtes Bewusstsein für Biotechnologien und nachhaltige, CO_2-neutrale Lösungen verstärkt[11]. Die einführend beschriebenen Lieferengpässe bei Halbleitern zeigen, wie fragil die Versorgungsketten auch bei vielen hochtechnologischen Produkten sind und dass signifikante Abhängigkeiten einzelner Volkswirtschaften von anderen Nationen und Unternehmen bestehen[12]. Ein genauerer Blick auf exemplarische *Deep-Tech*-Bereiche zeigt, dass Europa und somit auch Deutschland in diese Abhängigkeit unter anderem geraten sind, da vielfach nicht an der Verwertung von Forschungs- und Entwicklungsaktivitäten vorangegangener Jahre, zum Beispiel in

9 Vgl. Edler et al. (2020), Technologiesouveränität, S. 26; Bauer, Erixon (2020), Europas Streben nach Technologiesouveränität, S. 30

10 Vgl. Bräutigam, Gerybadze (2011), Wissens- und Technologietransfer, S. 3f.; Koschatzky (2014), Regionale Innovationssysteme, S. 519

11 Vgl. McKinsey & Company (2021), Kreative Erneuerung

12 Vgl. Deutsch et al. (2022), The Global Fight Over Chips

Form vermarktbarer Produkte, partizipiert wurde[13]: So sind bspw. sowohl im Bereich der Halbleiter als auch der Batteriezellen die jeweils zehn größten Unternehmen (Stand 2021), gemessen am jährlichen Umsatz sowie Marktanteil, außereuropäisch (vgl. Abbildung 1.1).

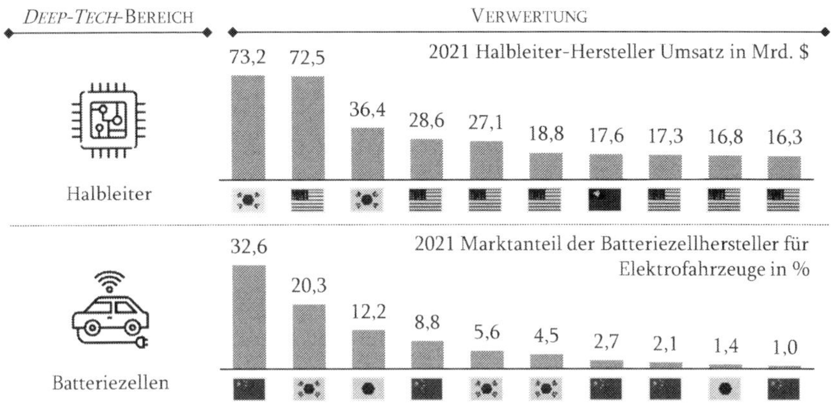

Abbildung 1.1: Verwertung in den Bereichen Halbleiter und Batteriezellen[14]

Obwohl die Forschung in Deutschland im Halbleiterbereich seit vielen Jahren staatlich stark gefördert wird[15], haben die Unternehmen mit dem größten Weltmarktanteil ihren Hauptsitz ausnahmslos in Amerika und Asien[16]. Auch der Markt für Batteriezellen wird von asiatischen Marktteilnehmern dominiert – trotz Investitionen in Grundlagenforschung in Deutschland seit vielen Jahrzehnten[17].

Bis Volkswirtschaften von den Investitionen in Grundlagenforschung, z.B. in Form von Produkten oder Steuereinnahmen profitieren, vergehen häufig Jahrzehnte. Gerade *Deep-Tech* resultiert aus zeit- und kapitalintensiven Forschungs- und Entwicklungsinitiativen, welche meist in einem universitären Umfeld beginnen[18]. Wirtschaftlich attraktive Märkte entstehen bei einem positiven Entwicklungsverlauf erst nach vielen Jahren[19]. Entsprechende Investitionen, sowohl öffentlich als auch privatwirtschaftlich,

13 Vgl. Welsch (2005), Innovationspolitik, S. 105; Expertenkommission Forschung und Innovation (EFI) (2022), Leistungsfähigkeit Deutschlands, S. 27; BMWi, BMBF (2018), Sprunginnovationen, S. 1

14 Vgl. Statista (2021), Umsatz Halbleiterhersteller; SNE Research (2022), EV & Battery Performance

15 Vgl. Bundesministerium für Bildung und Forschung (BMBF) (2021), Strategische Investitionen

16 Vgl. Statista (2021), Umsatz Halbleiterhersteller

17 Vgl. SNE Research (2022), EV & Battery Performance

18 Vgl. Bickenbach et al. (2016), Wirtschaftliche Bedeutung universitärer Spitzenforschung

19 Vgl. Belitz, Gornig (2020), Batteriezellen aus Europa?

sind daher risikoreich. Unter anderem aus diesem finanziellen Grund scheitern viele *Deep-Tech*-Initiativen im sog. *Valley of Death*, dem Bereich zwischen Grundlagenforschung mit öffentlicher Finanzierung und dem Kommerzialisierungsprozess mit privater Finanzierung[20]. Dieses Phänomen wird auch als Marktversagen in der angewandten vorwettbewerblichen Forschung und Entwicklung (F&E) bezeichnet und ist in Abbildung 1.2 schraffiert dargestellt.

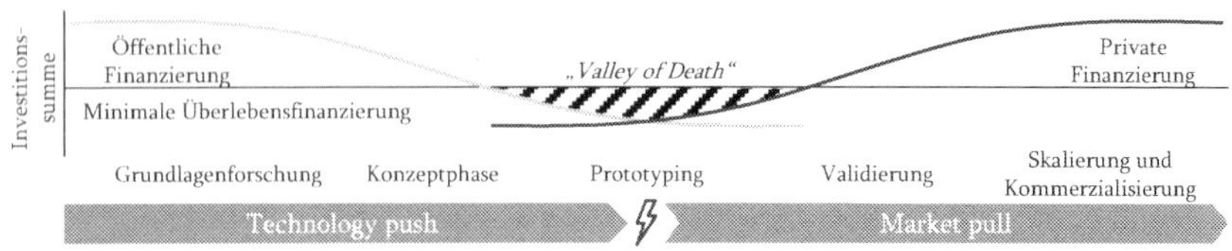

Abbildung 1.2: Marktversagen in der angewandten F&E[21]

Ein zielgerichteter Technologietransfer, welcher die Weitergabe von technologiebezogenem *Know-how* zwischen Partnern und Entwicklungsstufen beschreibt, ist für das Durchschreiten des *Valley of Death*, und damit den erfolgreichen Aufbau nationaler Innovationssysteme, notwendig[22]. Eine Analyse exemplarischer Indikatoren der Technologieentwicklungsphasen zeigt, dass Deutschland in der Grundlagenforschung, bspw. im Vergleich zu den Vereinigten Staaten, eine hohe Investitionsquote aufweist (3,18% vs. 3,07% F&E-Ausgaben des BIP)[23]. In den an die Grundlagenforschung angeschlossenen Entwicklungsphasen wird im deutschen Innovationssystem jedoch vielfach nicht an der Verwertung der Technologien mit hoher zukünftiger gesellschaftlicher Relevanz partizipiert (es gibt in Deutschland 0,17 *Tech-Unicorns*[24] pro 1.000.000 Einwohnern, in den Vereinigten Staaten sind es 0,75[25]). Stattdessen werden initial in Deutschland generierte technologische Konzepte häufig im Ausland skaliert. So werden in Deutschland neun von zehn *late-stage*-Finanzierungsrunden mit einem Volumen von mehr als 50 Millionen Euro von ausländischen *Lead*-Investoren geführt[26]. Zusätzlich hat jedes fünfte deutsche Unternehmen, welches in den vergangenen Jahrzehnten einen Börsengang vollzogen hat, eine ausländische Börse gewählt. Für die deutsche Volkswirtschaft ist diese Entwicklung, einhergehend mit dem Verlust von

20 Vgl. Auerswald, Branscomb (2003), Valleys of Death and Darwinian Seas

21 I.A.a. Auerswald, Branscomb (2003), Valleys of Death and Darwinian Seas

22 Vgl. Schmoch et al. (2000), Wissens- und Technologietransfer in Deutschland

23 Vgl. McKinsey & Company (2021), Kreative Erneuerung

24 Technologiebasierte Start-ups mit einer Unternehmensbewertung von über einer Millarde US-Dollar, McKinsey & Company (2021), Kreative Erneuerung, S. 5

25 Vgl. McKinsey & Company (2021), Kreative Erneuerung

26 Vgl. La Vera, Ramge (2021), Sprunginnovation

Fachkräften, geringeren Steuereinnahmen sowie technologischer Abhängigkeit, kritisch[27].

Die Bundesrepublik Deutschland erlebte nach dem zweiten Weltkrieg das „Wirtschaftswunder", eine wichtige Grundlage für den jahrzehntelangen Erfolg und die technologische Führerschaft der Volkswirtschaft in vielen Bereichen, insbesondere Automobilbau, Chemie und Maschinenbau[28]. Jedoch wurden neue technologische Entwicklungen (z.B. in den Bereichen Digitalisierung oder Elektrifizierung) und geänderte gesellschaftliche Anforderungen der letzten Jahre aufgrund dieser komfortablen Situation beim Aufbau neuer Innovationssysteme nicht ausreichend berücksichtigt[29]. Nur wenige Mechanismen wurden implementiert oder adaptiert, die den Transfer von hochtechnologischen Erkenntnissen aus der Grundlagenforschung in die industrielle Anwendung beschleunigen.

Spätestens die durch die COVID-19-Pandemie sichtbar gewordenen Herausforderungen haben diese Entwicklung offengelegt und die Notwendigkeit einer Anpassung der Technologie- und Innovationspolitik wurde erkannt: Die Bundesregierung der Legislaturperiode 2021 bis 2025 plant dementsprechend, die Förderung von Innovation und Transfer zu fokussieren[30]. Zusätzlich ist der Etat des Bundesministeriums für Bildung und Forschung (BMBF) in den vergangenen Jahren sukzessive angestiegen (von 19,7 Milliarden Euro im Jahr 2021 auf 21,5 Milliarden Euro im Jahr 2023[31]) und ermöglicht eine signifikante Förderung relevanter Technologiebereiche[32]. Diese Anpassungen spiegeln auch eine Reaktion auf die veränderten geopolitischen und technologischen Umstände (z.B. den Krieg in der Ukraine oder die Spannungen zwischen der Volksrepublik China und den USA hinsichtlich Taiwan) wider.

Mit diesem in der Innovationspolitik verstärkten Fokus auf Transfer einhergehende Maßnahmen und Änderungen sind passend auszugestalten. Daher ist eine Analyse der aktuellen Herausforderungen und Handlungsbedarfe zwangsläufig notwendig, um zielführende Unterstützungsoptionen des Staates ableiten zu können. Im Gegensatz zur amerikanischen Forschungsfinanzierung stützt sich die deutsche Innovationsförderung bspw. maßgeblich auf einen *Peer-Review*[33]-basierten, zentralisierten Ansatz

27 Vgl. Hettich et al. (2021), Auslandslistings von BioNTech, CureVac & Co.

28 Vgl. Bönisch (2006), Die Fünfziger Jahre

29 Vgl. Expertenkommission Forschung und Innovation (EFI) (2022), Leistungsfähigkeit Deutschlands

30 Vgl. Sozialdemokratische Partei Deutschlands (SPD) et al. (2021), Mehr Fortschritt wagen

31 Vgl. Bundesministerium für Bildung und Forschung (BMBF) (2024), Der Haushalt

32 Vgl. Bundesministerium für Wirtschaft und Klimaschutz (2022), Start-up-Strategie der Bundesregierung

33 Bewertung einer wissenschaftlichen Arbeit durch unabhängige Gutachter im Fachgebiets, sog. „*Peers*".

zur Verteilung von Fördermitteln[34]. Während durch diesen Ansatz Risiken bei der Vergabe von Fördermitteln minimiert werden, bleiben gleichzeitig Chancen mit hohem Potenzial ungenutzt. Erste risikofreudigere Finanzierungsansätze, wie die Agentur für Sprunginnovation (SprinD) der Bundesministerien für Bildung und Forschung sowie Wirtschaft und Klimaschutz, werden bislang mit vergleichsweise geringfügigem Budget ausgestattet[35]. Es zeigt sich also, dass eine Erhöhung des direkt oder indirekt bereitgestellten (staatlichen) Kapitals für Entwicklungs- und Transferprojekte allein noch nicht ausreicht, die Transferprozesse ganzheitlich zu optimieren. LA TOUR ET AL. bspw. geben ein mangelndes Verständnis der spezifischen Hemmnisse von *Deep-Tech*-Entwicklungen im Validierungs- und Kommerzialisierungsprozess als möglichen Grund für ausbleibenden Transfererfolg in Europa an[36]. Dies führt wiederum zu einem nicht-zielgerichteten Angebot staatlicher Förderung über verschiedene Transferphasen. Darüber hinaus sind die Akteure der *Deep-Tech*-Innovationssysteme nicht vollständig bekannt bzw. deren Bedürfnisse und die davon ableitbaren Handlungsbedarfe nicht identifiziert[37]. Aufgrund der gestiegenen Produkt- und Wertschöpfungskomplexität der vergangenen Jahrzehnte gilt es, zur Verbesserung des Technologietransfers von Deep-Tech und damit zur Sicherung volkswirtschaftlichen Wohlstands, Verständnis über bestehende, phasenspezifische Hemmnisse im Technologietransfer sowie über die Kompetenzen der Akteure zu erneuern.

1.2 Zielsetzung und Forschungsfrage

Basierend auf dem dargestellten Handlungsbedarf resultieren Zielsetzung und Forschungsfrage der vorliegenden Arbeit. Im Kern steht die Verbesserung des Technologietransfers von *Deep-Tech* in europäischen Innovationssystemen, sodass die Zielsetzung der vorliegenden Arbeit wie folgt definiert wird:

Ziel dieser Arbeit ist die Bestimmung von Handlungsbedarfen und staatlichen Unterstützungsoptionen für die Förderung des Technologietransfers von *Deep-Tech*.

Nach KUBICEK ist der Ausgangspunkt eines Forschungsprozesses die Formulierung von gezielten Fragen[38]. Ausgehend von der beschriebenen Zielsetzung lässt sich folgende übergeordnete Forschungsfrage formulieren:

---

34 Vgl. Schuh et al. (2024), Fostering the European Innovation System

35 Vgl. Bundesministerium für Bildung und Forschung (BMBF) (2022), SPRIND auf die nächste Stufe heben

36 Vgl. La Tour et al. (2019), Deep Tech Ecosystem

37 Vgl. Warnke et al. (2016), Opening up the innovation system framework

38 Vgl. Kubicek (1977), Heuristische Bezugsrahmen, S. 21

»Welche phasenspezifischen Hemmnisse bestehen beim Transfer von *Deep-Tech* aus der Forschung in den industriellen Einsatz und was sind passende staatliche Unterstützungsoptionen für deren Abbau?«

Die Beantwortung der Forschungsfrage erfolgt im Rahmen eines Forschungsprozesses, der sich durch folgende Teilforschungsfragen strukturieren lässt:

- ☐ Wer sind die relevanten Akteure in *Deep-Tech*-Innovationssystemen und wie sind diese generisch zu charakterisieren?
- ☐ Wovon ist der Technologietransfer von *Deep-Tech* gekennzeichnet und wie erfolgt er?
- ☐ Welche Hemmnisse bestehen beim Technologietransfer von *Deep-Tech?*
- ☐ Welche staatlichen Handlungsoptionen bestehen im Kontext des Technologietransfers und auf welche Transferhemmnisse sind diese anwendbar?
- ☐ Wie ist vorzugehen, um eine gezielte Förderung im Technologietransfer einzelner Arten von *Deep-Tech* abzuleiten?

Nachdem die Forschungsfrage sowie die Teilforschungsfragen formuliert wurden, wird im Folgenden der Forschungsprozess zur Beantwortung dieser Fragen konzipiert.

1.3 Forschungskonzeption und Aufbau der Arbeit

Nach Darstellung der Ausgangssituation und der daraus resultierenden Problemstellung (vgl. Teilkapitel 1.1) sowie der Zielsetzung der vorliegenden Arbeit (vgl. Teilkapitel 1.2), erfolgt in diesem Teilkapitel die Wahl des Forschungsansatzes der Dissertation und der davon abgeleitete Aufbau der Arbeit. Eine Dissertation ist als eine methodische Gewinnung wissenschaftlicher Erkenntnisse zu verstehen[39]. Der Erkenntnisgewinn ist Lesenden und Anwendenden begreifbar zu machen, indem die grundlegenden und nicht weiter begründbaren Überzeugungen des Autors offengelegt werden[40]. Auf Basis des der Dissertation zugrundeliegenden Forschungsparadigmas, welches sich durch den gewählten wissenschaftlichen Ansatz inkl. relevanter Gesetze, Theorien und Hilfsmittel ausdrückt[41], entstehen die Überzeugungen und Erkenntnisse des

[39] Vgl. Nünning, Sommer (2007), Handbuch Promotion, S. 241

[40] Vgl. Binder, Kantowsky (1996), Technologiepotentiale, S. 4

[41] Vgl. Kuhn (1976), Die Struktur wissenschaftlicher Revolutionen, S. 25

Autors[42]. Zur Darlegung des in vorliegender Dissertation zugrundeliegenden Forschungsparadigmas wird diese zunächst in die Wissenschaftssystematik nach ULRICH & HILL eingeordnet (vgl. Abbildung 1.3)[43].

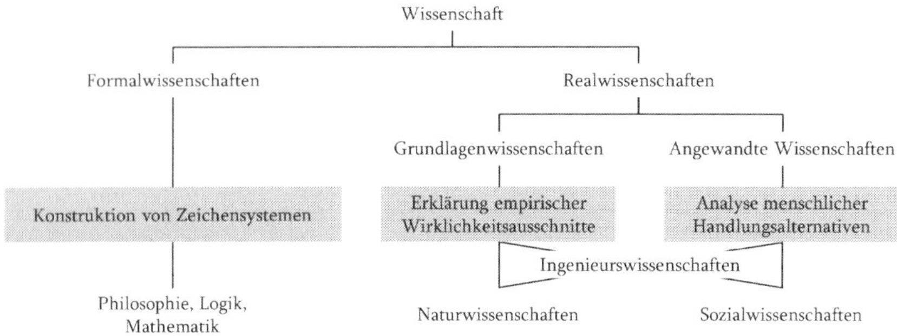

Abbildung 1.3: Einordnung vorliegender Arbeit in die Wissenschaftssystematik[44]

ULRICH & HILL folgend lässt sich eine fundamentale Aufgliederung der Wissenschaften in Formal- und Realwissenschaften vornehmen. Formalwissenschaften, denen die Philosophie, Logik und Mathematik angehören, verfolgen die Konstruktion von Sprachen, d.h. Zeichensystemen, mit Regeln zur Verwendung dieser Zeichen. Realwissenschaften dagegen umfassen sowohl Grundlagenwissenschaften als auch angewandte Wissenschaften. Die Grundlagenwissenschaften versuchen primär empirische Wirklichkeitsausschnitte zu erklären (Naturwissenschaften), während bei angewandten Wissenschaften die Analyse menschlicher Handlungsalternativen zur Gestaltung sozialer und technischer Systeme im Fokus steht (Sozialwissenschaften, denen die Wirtschaftswissenschaften zugerechnet werden können). Die Ingenieurswissenschaften beinhalten sowohl Elemente der Grundlagenwissenschaften als auch der angewandten Handlungswissenschaften.[45]

Vor dem Hintergrund der formulierten Zielsetzung ist die vorliegende Dissertation in der Wissenschaftssystematik grundsätzlich sowohl den Wirtschaftswissenschaften (Sozialwissenschaften) als auch den Ingenieurswissenschaften zuzuordnen. Anspruch dieser Arbeit ist es, die menschlichen Entscheidungsprozesse zu unterstützen und die

[42] Vgl. Ulrich, Hill (1976), Wissenschaftstheorie, S. 307; Binder, Kantowsky (1996), Technologiepotentiale, S. 3

[43] Vgl. Ulrich, Hill (1976), Wissenschaftstheorie, S. 305

[44] I.A.a. Ulrich, Hill (1976), Wissenschaftstheorie, S. 305; Zohm (2004), Management von Diskontinuitäten, S. 6

[45] Vgl. Ulrich, Hill (1976), Wissenschaftstheorie, S. 305

Problemstellung aus der Praxis heraus zu begründen. Daher liegt der Schwerpunkt auf der angewandten Handlungswissenschaft.

Unter Berücksichtigung der Einordnung in die Wissenschaftssystematik wird der vorliegenden Arbeit der systemtheoretische Ansatz nach ULRICH gerecht[46]. Ein Teil des systemtheoretischen Ansatzes nach ULRICH ist die Vorgehensweise zur Gewinnung neuer wissenschaftlichen Erkenntnisse[47]. Der Ansatz geht über rein theoretische Modelle hinaus und fokussiert reale Probleme. Damit ist dieser sowohl für wissenschaftliche Arbeiten im ingenieurwissenschaftlichen als auch im wirtschaftswissenschaftlichen Kontext relevant.[48] Der Aufbau der vorliegenden Arbeit orientiert sich daher am „Forschungsprozess der angewandten Forschung" nach ULRICH (vgl. Abbildung 1.4)[49].

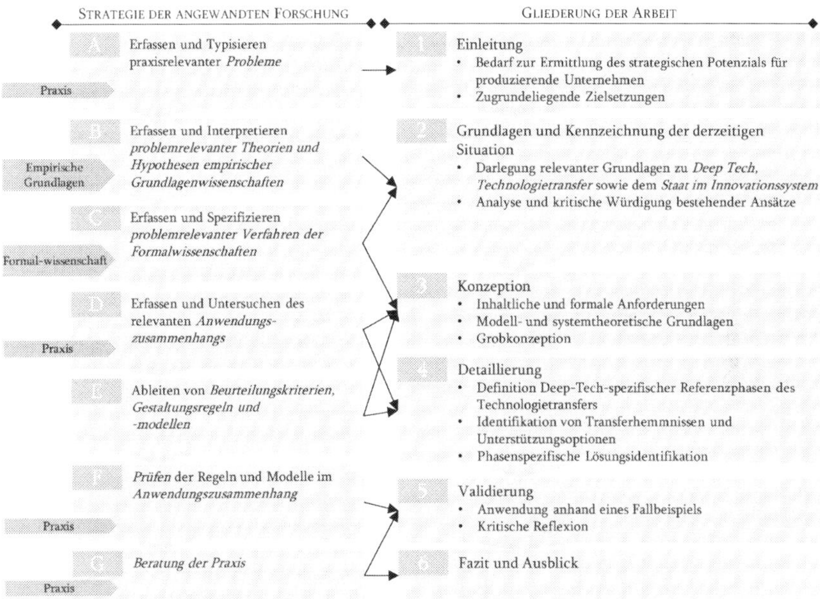

Abbildung 1.4: Forschungsprozess und Gliederung der Arbeit[50]

[46] Vgl. Ulrich (1970), Die Unternehmung als produktives soziales System, S. 100ff.

[47] Vgl. Ulrich (1984), Management, S. 192f.

[48] Vgl. Ulrich, Hill (1976), Wissenschaftstheorie, S. 308

[49] Vgl. Ulrich (1981), Die Betriebswirtschaftslehre als anwendungsorientierte Sozialwissenschaft, S. 20

[50] I.A.a. Ulrich (1981), Die Betriebswirtschaftslehre als anwendungsorientierte Sozialwissenschaft, S. 20

Dieser beginnt mit der Erfassung und Typisierung des praxisrelevanten Problems (A). Dementsprechend wurde in Kapitel 1 die praktische Relevanz der Problemstellung dargestellt. Dabei wurden aktuelle Herausforderungen des *Deep-Tech*-Transfers in Deutschland erläutert und damit der Bedarf zur Ableitung von Handlungsbedarfen und staatlichen Unterstützungsoptionen für den Technologietransfer von *Deep-Tech* hergeleitet. Zusätzlich wurden in diesem Kapitel die Zielstellung der Arbeit abgeleitet und die Dissertation in das Spektrum der Wissenschaften eingeordnet. In den nachfolgenden Schritten B und C werden problemrelevante Theorien und Hypothesen empirischer Grundlagenwissenschaften erfasst und interpretiert. Entsprechend werden in Kapitel 2 die Grundlagen der relevanten Themenfelder vorgestellt und Arbeitsdefinitionen festgelegt, bevor darauf basierend der Betrachtungsrahmen eingeschränkt wird. Anschließend wird in Schritt C der resultierende Forschungsbedarf auf Basis einer Analyse bestehender Werke im Themenbereich ermittelt. Schritt D beinhaltet die Erfassung und Untersuchung des relevanten Anwendungszusammenhangs. Dazu wird in Kapitel 3 die Grobkonzeption des Modells vorgenommen, wofür zunächst die inhaltlichen und formalen Modellanforderungen beschrieben und die Grundlagen der Modell- und Systemtheorie erläutert werden. Angeschlossen erfolgt die eigentliche Grobkonzeption des Modells. Entsprechend des Schritts E wird in Kapitel 4 das zuvor konzipierte Modell ausdetailliert. Schritt F umfasst die Prüfung der entwickelten Inhalte und Teilmodelle in ihrem Anwendungszusammenhang, dargestellt in der Validierung in Kapitel 5. Anschließend werden die Ergebnisse der Validierung und damit das entwickelte Modell kritisch reflektiert. Gemeinsam mit Kapitel 6, in welchem ein abschließendes Fazit formuliert wird, dienen die Ergebnisse als Beratungsgrundlage für mögliche Praxisanwender des entwickelten Inhalts (Schritt G).[51]

---

[51] Vgl. Ulrich (1984), Management, S. 193

2 Grundlagen und Stand der Forschung

An die Motivation und Zielsetzung vorliegender Arbeit anknüpfend, werden in diesem Kapitel relevante Grundlagen für die Ableitung staatlicher Handlungsoptionen im Technologietransfer von *Deep-Tech* eingeführt. Der Beginn eines wissenschaftlichen Forschungsprozesses ist durch die Schaffung eines einheitlichen Begriffsverständnisses geprägt. Aufbauend auf einer Beschreibung der Objektbereiche *Technologietransfer von Deep-Tech* (Teilkapitel 2.1) sowie *Innovationssysteme und der Staat* (Teilkapitel 2.2) wird der Betrachtungsbereich vorliegender Arbeit eingegrenzt (Teilkapitel 2.3). Abschließend werden relevante Forschungsansätze im Themenfeld vorgestellt und kritisch gewürdigt (Teilkapitel 2.4).

2.1 Technologietransfer von *Deep-Tech*

Als erster Objektbereich werden die Grundlagen des Technologietransfers eingeführt. In der Literatur existiert eine Vielzahl definitorischer Abgrenzungen und Auffassungen des Begriffs Technologietransfer[52]. Diese unterschiedlichen Auffassungen sind die Konsequenz eines divergierenden Technologieverständnisses. Daher ist zunächst eine Auseinandersetzung mit dem Begriff der Technologie sinnvoll (Teilkapitel 2.1.1). Darauf aufbauend wird der spezifische Technologiebereich der *Deep-Tech* beschrieben (Teilkapitel 2.1.2), bevor detailliert der Technologietransfer betrachtet und ein Zwischenfazit zum ersten Objektbereich gezogen wird (Teilkapitel 2.1.3).

2.1.1 Technologie

Als Transferobjekt wird zunächst ein einheitliches Verständnis des Technologiebegriffs geschaffen (Teilkapitel 2.1.1.1), bevor auf die Möglichkeiten der Systematisierung von Technologien sowie die Entwicklungsstadien von Technologien eingegangen

[52] Vgl. Walter (2003), Technologietransfer, S. 14; Lohmann (2014), Interaktion im Technologietransfer, S. 13; Bozeman (2000), Technology transfer and public policy, S. 629; Meißner (2001), Technologietransfer in nationalen Innovationssystemen, S. 24; Reinhard, Schmalholz (1996), Technologietransfer in Deutschland, S. 8; Corsten (1982), Nationaler Technologietransfers, S. 11; Fichtel (1997), Technologietransfer, S. 7f.

wird (Teilkapitel 2.1.1.2). Diese Grundlagen sind notwendig, um angeschlossen eine eindeutige Definition des Technologietransfers zu entwickeln.

2.1.1.1 Begriffsverständnis und Systematisierung von Technologie

Der Begriff „Technologie" stammt aus dem Griechischen und setzt sich zusammen aus den Worten *Techne*, was übersetzt Handwerk, Kunst oder Kunstfertigkeit bedeutet, und dem Wort *Logos*, welches für Lehre, Wissenschaft oder Rede steht. Als Begründer des deutschsprachigen Konzepts der Technologie wird häufig der Ökonom JOHANN BECKMANN genannt.[53] Er definiert in seinem 1809 erschienenen Werk Technologie als Wissenschaft, welche sich mit den Kenntnissen der Handwerke oder mit der Verarbeitung von Naturalien befasst[54]. Seitdem wurde der Terminus in der wissenschaftlichen Literatur vielfach diskutiert und definiert[55]. Heute beschreibt der Begriff naturwissenschaftlich-technische Artefakte inklusive des zugehörigen Wissens, welche die Grundlage für Produkte und Produktionsverfahren darstellen[56]. Hierbei beschreibt der Begriff „Wissen" alle immateriellen Komponenten, welche zur Planung, Produktion, Umsetzung, Weiterentwicklung und Anpassung einer Technologie erforderlich sind[57]. Durch diese Wissenskomponente, die sowohl expliziten als auch impliziten Charakter haben kann, unterscheidet sich die Technologie von der Technik, die sich etymologisch aus analogen Begriffen entwickelt hat[58]. Mit Technik werden im Allgemeinen lediglich die Artefakte sowie deren Produktion bezeichnet[59]. Aus diesem Grund ist nach AUER Technik als praktische Umsetzung von Technologien aufzufassen[60]. Folglich weist der Technologiebegriff durch seine Wissenskomponente einen stärkeren theoretischen Bezug auf, während die praktische Anwendung bei der Technik im Vordergrund steht.

Technologien sind entlang verschiedener Kriterien zu systematisieren[61]. Die Bewertung von Technologien entlang dieser allgemeinen Kriterien anhand der Festlegung

53 Vgl. Corsten (1982), Nationaler Technologietransfers, S. 4

54 Vgl. Beckmann (1809), Kenntnis Manufakturen Landwirtschaft Polizei Beiträgen

55 Vgl. Rumpf (1973), Technikwissenschaften, S. 82ff.; Schmidt (1986), Eindeutige Terminologie, S. 9

56 Vgl. Uhlmann (1978), Ablauf industrieller Innovationsprozesse, S. 41; Bräutigam, Gerybadze (2011), Wissens- und Technologietransfer, S. 5; Schmoch (2000), Wissens- und Technologietransfer in Deutschland, S. 4; Bozeman (2000), Technology transfer and public policy, 267ff.; Corsten (1982), Nationaler Technologietransfers, S. 6

57 Vgl. Bräutigam, Gerybadze (2011), Wissens- und Technologietransfer, S. 5f.

58 Vgl. Meißner (2001), Technologietransfer in nationalen Innovationssystemen, S. 99; Bräutigam, Gerybadze (2011), Wissens- und Technologietransfer, S. 5

59 Vgl. Schmoch (2000), Wissens- und Technologietransfer in Deutschland, S. 4

60 Vgl. Auer (2000), Transferunternehmertum, S. 7

61 Vgl. Ingerfeld (2006), Technologieerwerb, S. 15; Binder, Kantowsky (1996), Technologiepotentiale, S. 95f.; Mieke (2006), Technologiefrühaufklärung in Netzwerken, S. 5; Zahn et al. (1996), Neues Denken in der Unternehmensführung, S. 131

von Ausprägungen ermöglicht eine einheitliche Charakterisierung von Technologien. Gleichzeit wird dadurch die Vergleichbarkeit gegenüber anderen Technologien gesteigert[62]. Eine zusammenfassende Übersicht über in der Literatur häufig genannte Indikatoren inklusive deren Ausprägungen ist in Abbildung 2.1 dargestellt. Demnach können Technologien hinsichtlich der branchenbezogenen Anwendungsbreite, der unternehmensinternen Anwendungsbreite, ihres Einsatzgebietes bzw. Funktion, des Grad des Produktbezugs, der Interdependenzen sowie der Lebenszyklusphase, in welcher sie sich befinden, charakterisiert werden[63].

INDIKATOR	AUSPRÄGUNG				
Anwendungsbreite (branchenbezogen)	Querschnittstechnologie	spezifische Technologie			
Anwendungsbreite (unternehmensintern)	Kernkompetenztechnologie	Randkompetenztechnologie			
Einsatzgebiet/ Funktion	Produkttechnologie	Produktionstechnologie	Materialtechnologie		
Grad des Produktbezugs	Kerntechnologie	Unterstützungstechnologie			
Interdependenzen	System-technologie	Einzel-technologie	Komplementär-technologie	Konkurrenz-technologie	Substitutions-technologie
Lebenszyklusphase	Schrittmacher-technologie	Schlüssel-technologie	Basis-technologie	verdrängte Technologie	

Abbildung 2.1: Indikatoren von Technologien[64]

Hinsichtlich der branchenbezogenen Anwendungsbreite von Technologien kann zwischen Querschnittstechnologien und spezifischen Technologien differenziert werden[65]. Querschnittstechnologien bilden häufig die Basis anderer Technologien und können in verschiedenen Anwendungsfeldern in unterschiedlichen Branchen eingesetzt werden. Spezifische Technologien dagegen dienen als Lösung eines konkreten Anwendungsfalls[66]. Gemäß ihrer unternehmensinternen Anwendungsbreite kann eine weitere Einteilung von Technologien in Kernkompetenztechnologien und

62 Vgl. Schuh (2011), Technologiemanagement, S. 35

63 Vgl. Gerpott (2005), Strategisches Technologie- und Innovationsmanagement, S. 26f.; Tschirky (1998), Integriertes Technologiemanagement, S. 235; Bullinger (1994), Einführung in das Technologiemanagement, S. 97; Gomeringer (2007), Strategische Technologieplanung für Produkte, S. 27; Schuh (2011), Technologiemanagement, S. 35f.; Zahn (1995), Zweck des Technologiemanagements, S. 3

64 I.A.a. Gerpott (2005), Strategisches Technologie- und Innovationsmanagement, S. 26f.; Tschirky (1998), Integriertes Technologiemanagement, S. 235; Bullinger (1994), Einführung in das Technologiemanagement, S. 97; Gomeringer (2007), Strategische Technologieplanung für Produkte, S. 27; Schuh (2011), Technologiemanagement, S. 35f.; Zahn (1995), Zweck des Technologiemanagements, S. 3

65 Vgl. Tschirky (1998), Integriertes Technologiemanagement, S. 235; Bullinger (1994), Einführung in das Technologiemanagement, S. 97; Gomeringer (2007), Strategische Technologieplanung für Produkte, S. 27; Perillieux (1987), Zeitfaktor im strategischen Technologiemanagement, S. 13

66 Vgl. Tschirky (1998), Integriertes Technologiemanagement, S. 235; Schuh (2011), Technologiemanagement, S. 36

Randkompetenztechnologien erfolgen[67]. Kernkompetenztechnologien können in verschiedenen Geschäftsfeldern eingesetzt werden, sind schwer imitierbar und für den Wettbewerbserfolg eines Unternehmens maßgeblich[68]. Dagegen werden Randkompetenztechnologien nur innerhalb eines konkreten Geschäftsfelds eingesetzt[69]. Ein weiteres Kriterium stellt das Einsatzgebiet oder die Funktion der Technologie dar. Hier kann zwischen Produkttechnologien, Produktionstechnologien und Materialtechnologien differenziert werden[70]. Produkttechnologien dienen der Erfüllung einer Aufgabe eines Endprodukts. Produktionstechnologien dagegen werden zur Herstellung von Produkten eingesetzt[71]. Hierbei ist zu beachten, dass die Differenzierung zwischen Produkt- und Produktionstechnologie immer abhängig ist von der Perspektive des Betrachters. Materialtechnologien sind neu entwickelte Materialen, welche gleichzeitig leistungsfähig und umweltfreundlich sind[72]. Technologien lassen sich hinsichtlich des Grades des Produktbezugs in Kerntechnologien und Unterstützungstechnologien einteilen[73]. Kerntechnologien gehen beim Herstellungsprozess in Produkte ein und tragen wesentlich zur Schaffung von Wettbewerbsvorteilen bei, wohingegen Unterstützungstechnologien zur Erleichterung der Nutzung des eigentlichen Hauptproduktes eingesetzt und häufig extern zugekauft werden[74]. Entlang der Interdependenzen (Beziehungen zwischen Technologien) erfolgt eine Differenzierung von System-, Einzel-, Komplementär-, Konkurrenz- und Substitutionstechnologien[75]. Systemtechnologien bestehen aus einer Vielzahl von interdependenten Technologien, während Einzeltechnologien lediglich aus einer einzelnen, von anderen Technologien unabhängigen Technologie bestehen[76]. Als Komplementärtechnologien werden sich gegenseitig ergänzende Technologien bezeichnet, welche zusammen zu einer besseren Problemlösung führen können. Konkurrenztechnologien können dagegen für denselben Zweck eingesetzt werden und sind damit substituierbar[77]. Demnach können Konkurrenztechnologien, sofern sie unter technisch-ökonomischen Gesichtspunkten Vorteile gegenüber

67 Vgl. Gerpott (2005), Strategisches Technologie- und Innovationsmanagement, S. 27

68 Vgl. Gerpott (2005), Strategisches Technologie- und Innovationsmanagement, S. 146f.; Schuh (2011), Technologiemanagement, S. 36

69 Vgl. Gerpott (2005), Strategisches Technologie- und Innovationsmanagement, S. 27; Schuh (2011), Technologiemanagement, S. 36

70 Vgl. Tschirky (1998), Integriertes Technologiemanagement, S. 228; Schuh (2011), Technologiemanagement, S. 35

71 Vgl. Gerpott (2005), Strategisches Technologie- und Innovationsmanagement, S. 26; Schuh (2011), Technologiemanagement, S. 35

72 Vgl. Rummel (2014), Technologiekonzepte, S. 27; Schuh (2011), Technologiemanagement, S. 36

73 Vgl. Zahn (1995), Zweck des Technologiemanagements, S. 3

74 Vgl. Zahn (1995), Zweck des Technologiemanagements, S. 3

75 Vgl. Bullinger (1994), Einführung in das Technologiemanagement, S. 97; Schuh (2011), Technologiemanagement, S. 36

76 Vgl. Schuh (2011), Technologiemanagement, S. 36

77 Vgl. Bullinger (1994), Einführung in das Technologiemanagement, S. 97

bestehenden Technologien aufweisen, auch Substitutionstechnologien darstellen[78]. Technologien sind über die Zeit einem kontinuierlichen Wandel ausgesetzt, welcher mit Hilfe von Technologielebenszyklen systematisiert werden kann. Eines der bekanntesten Modelle hierfür stammt von LITTLE, welcher ein vierphasiges Lebenszyklusphasenmodell von der Entstehung einer Technologie über das Wachstum und die Reife bis zum Alter entworfen hat[79]. Jeder Lebenszyklusphase kann ein Technologietyp zugeordnet werden, so dass abhängig von der Lebenszyklusphase Schrittmachertechnologien, Schlüsseltechnologien, Basistechnologien und verdrängte Technologien unterschieden werden[80]. Schrittmachertechnologien sind Technologien in der Entwicklung, für die erste reale Anwendungen in Form von Prototypen oder rudimentären Versuchsskizzen vorhanden sind[81]. Zudem zeichnen sie sich durch eine zukünftig hohe Wettbewerbsrelevanz aus[82]. Schlüsseltechnologien werden zunehmend in physischen Produkten und Produktionsprozessen eingesetzt und tragen maßgeblich zur Wettbewerbsposition eines Unternehmens bei[83]. Die im Lebenszyklus folgenden Basistechnologien sind bereits ausgereift und weisen daher kein Potenzial zur Differenzierung im Wettbewerb auf[84]. Schlussendlich werden Technologien, welche bereits durch andere substituiert wurden, als verdrängte Technologien beschrieben[85]. In Teilkapitel 4.4.1 wird eine technologische Charakterisierung von *Deep-Tech* vorgenommen, welche auf den Ansatz der Systematisierung von Technologien zurückgreift.

2.1.1.2 Technologieentwicklungsstadien

Neben der Beschreibung der Gesamtentwicklung von Technologien in Lebenszyklusphasenmodellen werden in der Entwicklung befindliche Technologien oftmals mittels Reifegraden beschrieben. Diese ermöglichen eine Bewertung der Technologie von der Grundlagenforschung bis hin zur Nutzung in einem definierten Einsatzbereich. Bis heute ist das in den 1970ern von der *NASA* entwickelte Modell zur Bewertung von Technologien entlang von neun *Technology Readiness Levels (TRL)* das etablierteste

[78] Vgl. Schuh (2011), Technologiemanagement, S. 36

[79] Vgl. Little (1985), Management im Zeitalter der Strategischen Führung, S. 52ff.

[80] Vgl. Sommerlatte et al. (1986), Der strategische Einsatz von Technologien, S. 49ff.; Qian (2002), Strategisches Technologiemanagement, S. 30

[81] Vgl. Frauenfelder (2000), Strategisches Management von Technologie und Innovation, S. 4; Tschirky (1998), Integriertes Technologiemanagement, S. 232; Qian (2002), Strategisches Technologiemanagement, S. 30

[82] Vgl. Bullinger (1994), Einführung in das Technologiemanagement, S. 97; Gerpott (2005), Strategisches Technologie- und Innovationsmanagement, S. 26; Frauenfelder (2000), Strategisches Management von Technologie und Innovation, S. 4

[83] Vgl. Frauenfelder (2000), Strategisches Management von Technologie und Innovation, S. 4; Tschirky (1998), Integriertes Technologiemanagement, S. 234

[84] Vgl. Bullinger (1994), Einführung in das Technologiemanagement, S. 97; Frauenfelder (2000), Strategisches Management von Technologie und Innovation, S. 5

[85] Vgl. Qian (2002), Strategisches Technologiemanagement, S. 30

dieser Modelle[86]. Die Bewertung ermöglicht die Beurteilung des Reifegrads einer spezifischen Technologie sowie einen konsistenten Vergleich verschiedener Technologietypen. Hierfür wird das Modell der NASA, welches ursprünglich zur Beurteilung von Raumfahrttechnologien entwickelt wurde, adaptiert und findet heutzutage in verallgemeinerter Form Anwendung. Die neun Stufen dieses Modells sind in Abbildung 2.2 dargestellt.

STADIUM	TRL	BESCHREIBUNG
MARKTEINFÜHRUNG	9	Technologie im Einsatzbereich bewährt
	8	Technologie im Einsatzbereich validiert und qualifiziert
	7	System-/Serienprototyp in Einsatzumgebung
ENTWICKLUNG	6	Technologie in Einsatzumgebung demonstriert
	5	Technologie in Einsatzumgebung validiert
	4	Technologie im Laborumfeld validiert
FORSCHUNG	3	Experimenteller Nachweis des Konzepts
	2	Beschreibung der Anwendung einer Technologie
	1	Beschreibung des Funktionsprinzips

Abbildung 2.2: Die neun *Technology Readiness Level* der *NASA*[87]

Die Entwicklungsstadien von Technologien sind für den Technologietransfer im Kontext der vorliegenden Arbeit relevant, da das Entwicklungsstadium der Technologie den Erfolg und die Gegebenheiten des Transfers entscheidend beeinflusst (s. Teilkapitel 2.1.3).

2.1.2 Begriffsverständnis von *Deep-Tech*

Der Begriff *Deep-Tech* hat in der jüngeren Vergangenheit stark an Popularität gewonnen. Ein einheitliches Begriffsverständnis und eine klare Abgrenzung von *Deep-Tech* im grundsätzlichen Technologieverständnis gibt es allerdings bislang nicht. Das vorliegende Teilkapitel gibt deshalb zunächst einen Überblick über bestehende Auffassungen des Begriffs, bevor eine Arbeitsdefinition entwickelt wird. Das Ziel hierbei ist

[86] Vgl. Mankins (2009), Technology readiness assessments, S. 1217

[87] Vgl. Mankins (2009), Technology readiness assessments, S. 1217ff.

nicht, *Deep-Tech* im Sinne einer Technologie zu definieren, sondern vielmehr den aktuellen Diskurs des Terminus aufzugreifen und ein für die vorliegende Arbeit einheitliches Begriffsverständnis inklusive der relevanten zu berücksichtigenden Charakteristika zu schaffen.

Der Begriff „*Deep-Tech*" (auch: *Deep-Technology*), welcher etymologisch zunächst auf einen starken technologischen Fokus hindeutet (engl.: „tiefgreifende" Technologie), wurde in der wissenschaftlichen Literatur erstmals 1998 von LUTZ & STORMS eingesetzt[88]. In der aktuellen Bedeutung wurde die Wortneuschöpfung erstmals im Jahr 2014 von SWATI CHATURVEDI als Geschäftsführerin einer *Venture Capital* Firma angeführt. Sie bezeichnet *Deep-Tech-Startups* als *„companies founded on a scientific discovery or meaningful engineering innovation"*[89]. Seitdem wird der Begriff insbesondere in der populärwissenschaftlichen Literatur aufgegriffen. Dabei ist eine Vielzahl unterschiedlicher Definitionen entstanden, welche im Folgenden als Grundlage für die Herleitung der Arbeitsdefinition dienen.

Deep-Tech beschreibt wissensbasierte Technologien, welche das Potenzial haben, bestehende Märkte radikal zu verändern oder gänzlich neue Märkte zu schaffen[90]. Sektoren, in denen *Deep-Tech* vorwiegend entsteht, sind das Gesundheitswesen, der Agrarsektor, der Mobilitätssektor, der Energiesektor sowie der Bereich der Fertigungstechnologien[91]. *Deep-Tech* adressiert außerdem die substanziellen sozialen und ökologischen Probleme des 21. Jahrhunderts und ist somit von hoher gesellschaftlicher Relevanz[92]. Die Entwicklung von *Deep-Tech* aus der Forschung hin zur Marktreife erfordert einen hohen Ressourceneinsatz, insbesondere finanzieller und zeitlicher Ressourcen[93]. Gepaart mit einem hohen technologischen Neuheitsgrads sowie der Komplexität der Technologien ist der Entwicklung von *Deep-Tech* ein großes technologisches und kommerzielles Risiko inhärent[94]. Erfolgreich entwickelte *Deep-Tech* weisen einen

---

[88] Vgl. Lutz (1998), The practice of technical and scientific communication

[89] Vgl. Siegel, Krishnan (2020), Impact with Deep Technology, S. 7

[90] Vgl. Schuh et al. (2022), Corporates and Deep Tech Startups, S. 4; La Tour et al. (2019), Deep Tech Ecosystem, S. 7; Nedayvoda et al. (2020), Deep Tech Solutions, S. 1; Stanfield et al. (2022), Innovation, S. 15; Kilic, Duran (2021), Deep Tech Entrepreneurship, S. 91

[91] Vgl. Nedayvoda et al. (2020), Deep Tech Solutions, S. 2; La Tour et al. (2017), From Tech to Deep Tech, S. 7

[92] Vgl. Kilic, Duran (2021), Deep Tech Entrepreneurship, S. 91; La Tour et al. (2021), Wave of Innovation, S. 11

[93] Vgl. La Tour et al. (2019), Deep Tech Ecosystem, S. 7; Kilic, Duran (2021), Deep Tech Entrepreneurship, S. 91; Nedayvoda et al. (2021), Financing Deep Tech, S. 1; Stanfield et al. (2022), Innovation, S. 15; Iwamoto (2018), Deep Technology Startups in Japan, S. 1

[94] Vgl. Kilic, Duran (2021), Deep Tech Entrepreneurship, S. 91; La Tour et al. (2017), From Tech to Deep Tech, S. 11; La Tour et al. (2019), Deep Tech Ecosystem, S. 12

erheblichen technologischen Fortschritt gegenüber bestehenden Technologien auf[95]. Aufgrund der hohen Komplexität von *Deep-Tech* sind gut vernetzte Ökosysteme notwendig, um *Deep-Tech*-Innovationen erfolgreich zu entwickeln[96]. Gleichzeitig generiert die erfolgreiche Entwicklung von *Deep-Tech* innerhalb dieser Ökosysteme *Spillover*-Effekte[97], welche das Potenzial haben, die wirtschaftliche Entwicklung ganzer Regionen positiv zu beeinflussen[98]. GOURÉVITCH ET AL. und KILIC betonen, dass aufgrund des hohen Neuheitsgrades von *Deep-Tech* häufig regulatorische Unsicherheiten bezüglich der Entwicklung und Anwendung von *Deep-Tech* bestehen[99]. Ein weiteres Merkmal von *Deep-Tech* ist deren Interdisziplinarität[100]. So werden zur Entwicklung von *Deep-Tech* häufig Erkenntnisse aus der Materialtechnik, der Bio- und Nanotechnologie, der Robotik oder der Künstlichen Intelligenz (KI) kombiniert eingesetzt.[101]

Uneinig sind sich Autoren hinsichtlich der physischen Erscheinung von *Deep-Tech*. Während die Definition einiger Autoren digitale Entwicklungen, wie bspw. KI-basierte Software, einschließt[102], umfasst die der Produktionssystematik entstammende Definition nach SCHUH ET AL. ausschließlich physische Artefakte. Die Autoren merken in diesem Zusammenhang an, dass die Produktion physischer Produkte das Vorhandensein hierfür geeigneter Infrastruktur voraussetzt, was mit einem erheblichen Ressourcenaufwand verbunden ist.[103] Eine Übersicht über die zuvor genannten und in der nachfolgend entwickelten Arbeitsdefinition berücksichtigten Merkmale von *Deep-Tech* sind in Abbildung 2.3 dargestellt.

---

95 Vgl. Siota, Prats (2021), Open Innovation, S. 12; La Tour et al. (2019), Deep Tech Ecosystem, S. 7; Nedayvoda et al. (2020), Deep Tech Solutions, S. 1; La Tour et al. (2021), Wave of Innovation, S. 12; Stanfield et al. (2022), Innovation, S. 15; Siegel, Krishnan (2020), Impact with Deep Technology, S. 12; Kilic, Duran (2021), Deep Tech Entrepreneurship, S. 91.

96 Vgl. Portincaso et al. (2021), The Deep Tech Investment Paradox, S. 31; La Tour et al. (2019), Deep Tech Ecosystem, S. 26f.

97 Unter *Spillover* Effekten (Übertragungseffekte) werden in diesem Zusammenhang räumliche, positive externe Effekte bezeichnet, welche aufgrund der erfolgreichen Entwicklung von *Deep-Tech* in einer Region entstehen. Beispiele hierfür sind die positive Übertragung des wirtschaftlichen Erfolgs eines *Deep-Tech* Unternehmens auf Lieferanten, Subunternehmen oder Zulieferer oder ein positiver Übertragungs-effekt auf den lokalen Arbeitsmarkt, welcher sich aus der lokal gesteigerten Güterproduktion ergibt.

98 Vgl. Nedayvoda et al. (2020), Deep Tech Solutions, S. 2.

99 Vgl. La Tour et al. (2021), Wave of Innovation, S. 12f.; Kilic, Duran (2021), Deep Tech Entrepreneurship, S. 95

100 Vgl. La Tour et al. (2021), Wave of Innovation, S. 5; Nedayvoda et al. (2020), Deep Tech Solutions, S. 2

101 Vgl. Nedayvoda et al. (2020), Deep Tech Solutions, S. 2

102 Vgl. La Tour et al. (2021), Wave of Innovation, S. 2; Siegel, Krishnan (2020), Impact with Deep Technology, S. 8

103 Vgl. Schuh et al. (2022), Corporates and Deep Tech Startups, S. 4

MERKMALE VON DEEP TECH

1	lange Entwicklungszeiten	4	hohe Unsicherheit
2	physisches Produkt	5	hoher Kapitalbedarf
3	technologischer Sprung	6	neue Märkte

Abbildung 2.3: Merkmale von *Deep-Tech*

In Anlehnung an SCHUH ET AL., KILIC, und DE LA TOUR ET AL., wird *Deep-Tech* in der vorliegenden Arbeit wie folgt definiert:

Deep-Tech zeichnen sich durch lange Entwicklungszeiten, hohen Kapitalbedarf sowie große Markt- und Technologieunsicherheit aus. Sie helfen bei der Lösung gesellschaftlicher sowie ökologischer Herausforderungen. *Deep-Tech* weisen im Vergleich zu etablierten Technologien erhebliche technologische Fortschritte auf und haben das Potenzial, bestehende Märkte radikal zu verändern oder völlig neue Märkte zu schaffen. Dies geht einher mit der Notwendigkeit innovativer Produktionsinfrastruktur zur Herstellung physischer Produkte. Somit hat der Maschinenbau einen wesentlichen Einfluss auf erfolgreiche *Deep-Tech* Entwicklungen.

2.1.3 Technologietransfer

Nachdem die grundlegenden Begrifflichkeiten und Konzepte von *Deep-Tech* diskutiert wurden, folgt eine Einführung in die wissenschaftlichen Grundlagen des Technologietransfers. Es wird zunächst ein einheitliches Begriffsverständnis des Technologietransfers geschaffen, welches auf dem dargestellten Technologieverständnis basiert und als Grundlage für die Modellentwicklung dient (Teilkapitel 2.1.3.1). Damit einhergehend werden Systematisierungsansätze des Technologietransfers vorgestellt. Anschließend werden für den Transfer relevante Elemente sowie mögliche Transferhemmnisse beschrieben (Teilkapitel 2.1.3.2).

2.1.3.1 Begriffsverständnis und Systematisierung des Technologietransfers

Der Terminus Transfer ist ein aus dem Lateinischen stammender Begriff (lat. *trans*: über eine Grenze, hinüber; *ferre*: tragen), der sinngemäß mit Übertragung zu übersetzen ist[104]. Der Technologietransfer umfasst folglich die Übertragung von Technologien von einem Technologiegeber zu einem Technologienehmer.

104 Vgl. Autio, Laamanen (1995), Measurement and evaluation of technology transfer, S. 647; Zeppin (2008), Wissenstransfer, S. 10; Bey (2005), Bedarfe an Technologietransfer, S. 53

Im deutschsprachigen Raum hat der Begriff seit Mitte der 70er Jahre insbesondere im politischen Bereich sowie den Wirtschafts- und Ingenieurwissenschaften an Relevanz gewonnen[105]. In den 60er und 70er Jahren wurde der Begriff von Ökonomen vorrangig dazu verwendet, den Export von Technologien und technologischen Hilfeleistungen aus Industrienationen in Entwicklungsländer zur Leistung von Entwicklungshilfe zu beschreiben[106]. Heute wird mit dem Begriff insbesondere die Übertragung von Technologien aus der Forschung in die Wirtschaft mit dem übergeordneten Ziel, Innovationen hervorzubringen, beschrieben[107]. Diese Auffassung liegt auch der vorliegenden Arbeit zugrunde. Um einen Überblick über die vielfältigen Begriffsverständnisse des Technologietransfers zu geben, werden im folgenden Abschnitt zunächst einige grundlegende Definitionen des Technologietransfers vorgestellt. Darauf aufbauend wird anschließend eine Arbeitsdefinition für die vorliegende Ausarbeitung entwickelt.

REINHARD & SCHMALHOLZ definieren den Technologietransfer als „planvolle Übertragung wissenschaftlichen und technologischen Wissens zwischen Personen und Organisationen zum Zweck der Innovation"[108]. CORSTEN sieht den Technologietransfer als „[...] planvolle[n], zeitlich limitierte[n] und freiwillige[n] Prozess der Übertragung einer Technologie [...]". Er betont, dass der Transfer zur Reduktion der Differenz zwischen dem potenziellen und aktuellen Nutzungsgrad einer Technologie stattfindet, wobei der potenzielle Nutzungsgrad einer Technologie alle möglichen Anwendungen einer Technologie darstellt.[109] FICHTEL versteht unter dem Technologietransfer „die Übertragung von technologischem Wissen zur wirtschaftlichen Lösung von technischen Problemen von einem Technologiegeber auf einen Technologienehmer [...], wobei dieser Transfer zwischen zwei wirtschaftlich und rechtlich selbständigen Organisationen erfolgt"[110]. Er geht weiter davon aus, dass die erworbene Technologie zur Steigerung der Wettbewerbsfähigkeit auf Seiten des Technologienehmers eingesetzt werden soll[111]. WALTER versteht unter dem Technologietransfer „wertorientierte, planvolle und zeitlich limitierte Austauschprozesse zwischen Organisationen, welche die Übertragung von Technologien aus ihrer wissenschaftlichen Basis in wirtschaftliche

105 Vgl. Fichtel (1997), Technologietransfer, S. 6; Bräutigam, Gerybadze (2011), Wissens- und Technologietransfer, S. 3f.; Wilhelm (2000), Systemversagen im Innovationsprozess, S. 14

106 Vgl. Wilhelm (2000), Systemversagen im Innovationsprozess, S. 14; Fichtel (1997), Technologietransfer, S. 6; Pechmann et al. (2010), Technologie- und Erkenntnistransfer aus der Wissenschaft, S. 31

107 Vgl. Bräutigam, Gerybadze (2011), Wissens- und Technologietransfer, S. 3f.; Koschatzky (2014), Regionale Innovationssysteme, S. 519

108 Vgl. Reinhard, Schmalholz (1996), Technologietransfer in Deutschland, S. 8

109 Vgl. Corsten (1982), Nationaler Technologietransfers, S. 11

110 Vgl. Fichtel (1997), Technologietransfer, S. 7

111 Vgl. Fichtel (1997), Technologietransfer, S. 7f.

Anwendungen zum Ziel haben“[112]. Eine weitere, insbesondere in der anglo-amerikanischen Literatur häufig zitierte Definition des Technologietransfers stammt von BROOKS: *"The process by which science and technology are diffused throughout human activity. Wherever systematic rational knowledge developed by one group or institution is embodied in a way of doing things by other institutions or groups, we have technology transfer"*[113]. Alle vorgestellten Definitionen haben gemein, dass der Transfer der Technologie nicht das eigentliche Ziel ist, sondern dass der Transfer vielmehr als ein Mittel aufzufassen ist, um eine Technologie in eine wirtschaftliche Anwendung zu bringen und damit schließlich in eine Innovation zu überführen.

In der vorliegenden Arbeit wird der Technologietransfer angelehnt an die Definitionen von CORSTEN, FICHTEL und WALTER somit wie folgt definiert[114]:

Technologietransfer ist der geplante, zeitlich begrenzte und freiwillige Prozess des Transfers einer Technologie von einem Technologiegeber zu einem Technologienehmer. Technologie bezeichnet ein technisches Artefakt mit dem dazugehörigen Wissen. Der Transfer findet nicht als Selbstzweck statt, sondern dient dem übergeordneten Ziel, technologische Innovationen hervorzubringen.

Der Technologietransfer wird in der Literatur zudem mittels verschiedener Kriterien systematisiert[115]. Dies ermöglicht die Charakterisierung von Transferprozessen entlang festgelegter Kriterien und erhöht die Vergleichbarkeit von Transferprozessen. Eine zusammenfassende Übersicht über Kriterien inklusive deren Ausprägungen ist in Abbildung 2.4 dargestellt. Demnach kann der Technologietransfer entlang der Richtung des Transfers, der am Transfer beteiligten Organisationen und Regionen, der Form der Interaktion zwischen Technologiegeber und -nehmer, des Transferauslösers sowie bezüglich der Art notwendiger Anpassungen der Technologie auf Seiten des Technologienehmers differenziert werden[116].

---

112 Vgl. Walter (2003), Technologietransfer, S. 16.

113 Vgl. Brooks (1966), National science policy and technology transfer, S. 54

114 Vgl. Corsten (1982), Nationaler Technologietransfers, S. 11; Fichtel (1997), Technologietransfer, S. 7f.; Walter (2003), Technologietransfer, S. 16

115 Vgl. Corsten (1982), Nationaler Technologietransfers, S. 26ff.; Reinhard, Schmalholz (1996), Technologietransfer in Deutschland, S. 21; Renkel (1985), Technologietransfer in Japan, S. 27ff.; Walter (2003), Technologietransfer, S. 20ff.

116 Vgl. Corsten (1982), Nationaler Technologietransfers, 26ff.; Abramson (1997), Technologietransfer-Systeme in den USA und Deutschland, S. 2; Reinhard, Schmalholz (1996), Technologietransfer in Deutschland, S. 21; Jonas (2000), Mechanismen des Wissens- und Technologietransfers aus Hochschulen, S. 27f.; Renkel (1985), Technologietransfer in Japan, 27ff.; Walter (2003), Technologietransfer, 20ff.

INDIKATOR	AUSPRÄGUNG		
Richtung	horizontal		vertikal
Organisation	interorganisational		intraorganisational
Region	interregional		intraregional
Interaktion	direkt		indirekt
Auslöser	technologiegetrieben (push)		bedarfsgetrieben (pull)
Anpassung	imitativ	adaptiv	innovativ

Abbildung 2.4: Systematik des Technologietransfers[117]

Bei der Richtung des Transfers ist zwischen horizontalem und vertikalem Transfer zu unterscheiden[118]. Der vertikale Transfer beschreibt die Übergabe von Technologien von Gebern (z.B. öffentlichen Forschungseinrichtungen und Universitäten) zu Nehmern (z.B. Unternehmen). Unter horizontalem Transfer wird die Übertragung von Technologien innerhalb der gleichen Ebene, z.B. zwischen zwei Forschungsinstitutionen oder zwischen zwei Unternehmen verstanden[119]. Ein weiteres Merkmal stellt die Differenzierung hinsichtlich der am Transfer beteiligten Organisationen dar. Extern verwertete bzw. bezogene Technologien werden im Rahmen des interorganisationalen Technologietransfers übertragen. Beim intraorganisationalen Technologietransfer dagegen werden die im Rahmen von F&E-Aktivitäten erzielten Inventionen innerhalb einer Organisation von einer Teilorganisation in eine andere (bspw. Abteilungen) überführt.[120] Es kann zusätzlich bezüglich der geographischen Ausdehnung, innerhalb derer der Transfer erfolgt, differenziert werden. Der interregionale Transfer findet zwischen verschiedenen Regionen statt, während die Technologie beim intraregionalen Transfer innerhalb einer Region übertragen wird[121]. Bezogen auf die Interaktionsform können Transferprozesse direkt oder indirekt ablaufen[122]. Der direkte Transfer bezeichnet einen Übertragungsprozess, bei dem die Technologie sofort vom Technologiegeber an den Technologienehmer transferiert wird. Im Gegensatz dazu unterstützt beim indirekten Transfer ein Transfermittler die Kommunikation zwischen

[117] I.A.a. Corsten (1982), Nationaler Technologietransfers, 26ff.; Abramson (1997), Technologietransfer-Systeme in den USA und Deutschland, S. 2; Reinhard, Schmalholz (1996), Technologietransfer in Deutschland, S. 21; Jonas (2000), Mechanismen des Wissens- und Technologietransfers aus Hochschulen, S. 27f.; Renkel (1985), Technologietransfer in Japan, 27ff.; Walter (2003), Technologietransfer, 20ff.

[118] Vgl. Corsten (1982), Nationaler Technologietransfers, S. 30

[119] Vgl. Bagdassarov (2012), Wissens- und Technologietransfer an Universitäten, S. 21

[120] Vgl. Corsten (1982), Nationaler Technologietransfers, S. 28f..

[121] Vgl. Meißner (2001), Technologietransfer in nationalen Innovationssystemen, S. 93

[122] Vgl. Meißner (2001), Technologietransfer in nationalen Innovationssystemen, S. 94

Technologiegeber und -nehmer[123]. Weiterhin kann die Art des Auslösers als Kriterium für eine Charakterisierung des Transfers herangezogen werden[124]. Technologiegetriebener Transfer beschreibt die Übertragung von bereits existierender Technologie auf neue Bereiche *(technology push)*. Von bedarfsgetriebenem Transfer dagegen ist die Rede, wenn aufgrund einer vorhandenen Problemstellung nach möglichen Technologien zur Lösung eines Problems gesucht wird *(demand pull)*[125]. Eine weitere Möglichkeit der Unterscheidung stellt die Differenzierung hinsichtlich der Anpassung der Technologie beim Technologienehmer dar, welche den Technologietransfer in einen imitativen, adaptiven und innovativen Transfer untergliedert[126]. Der imitative Transfer beschreibt eine reine Übertragung der Technologie, wobei die Technologie keine Veränderung erfährt. Beim adaptiven Transfer dagegen erfährt die Technologie bei der Übertragung eine Anpassung an die spezifischen Eigenschaften des Technologienehmers. Der innovative Transfer geht darüber hinaus und führt beim Technologienehmer zur Entstehung einer neuen Technologie[127]. Die Unterscheidung zwischen adaptivem und innovativem Transfer ist problematisch, da auch die Adaption einer Technologie in der Entstehung einer anderen Technologie münden und damit innovativ sein kann. Die Grenzen zwischen adaptivem und innovativem Technologietransfer sind demnach fließend. Die vorgestellte Systematik des Technologietransfers wird in Teilkapitel 2.4 erneut aufgegriffen, um den Betrachtungsbereich der vorliegenden Arbeit einzugrenzen.

2.1.3.2 Elemente und Hemmnisse des Technologietransfers

Am Transfer sind verschiedene Akteure beteiligt, welche zusammen das Transfersystem bilden. Verschiedene Akteursgruppen stellen hierbei die Elemente des Systems dar. Der folgende Abschnitt dient der Beschreibung dieser Transferelemente. Darauf aufbauend wird das grundlegende Verständnis von Hemmnissen im Kontext des Technologietransfers eingeführt.

Transferelemente

In der Literatur wird zwischen verschiedenen Elementen des Technologietransfers differenziert: Transferpartner (oftmals untergliedert in Technologiegeber und -nehmer), Transferobjekt, Transfermittler, Transferprozess und Transferumwelt[128].

---

123 Vgl. Reinhard, Schmalholz (1996), Technologietransfer in Deutschland, S. 19

124 Vgl. Geschka (1996), Technologietransfer, S. 2013

125 Vgl. Pausenberger (1982), Technologiepolitik internationaler Unternehmen, S. 1036

126 Vgl. Geschka (1996), Technologietransfer, S. 1918

127 Vgl. Geschka (1996), Technologietransfer, S. 1918

128 Vgl. Walter (2003), Technologietransfer, S. 16; Bochert (1997), Erfolgsfaktoren für die Lizenzierung von Technologien, S. 27; Corsten (1982), Nationaler Technologietransfers, 40ff.

Technologiegeber haben entwickelte Technologien inne und sind daran interessiert, diese einem Transferpartner zu übermitteln. Zu möglichen Technologiegebern im Kontext des zugrundeliegenden Begriffsverständnisses des Technologietransfers zählen öffentlich grundfinanzierte Forschungseinrichtungen, wie bspw. Universitäten, Fachhochschulen, die Fraunhofer-Gesellschaft oder Max-Planck-Institute[129]. Auch private Forschungsinstitutionen sowie grundlagenforschende F&E-Einrichtungen von Großkonzernen können als Technologiegeber agieren[130]. Diese Akteure bilden das Wissens- und Technologiegewinnungssystem und verfügen initial über das Transferobjekt[131]. Als Technologienehmer (auch Technologieanwender) werden öffentliche Einrichtungen und Unternehmen bezeichnet, die ein Interesse an der Übernahme von Technologien in ihren Organisationsbereich haben[132]. Zusätzlich fungieren Startups, welche mit dem Ziel der Technologieverwertung gegründet werden, als Technologienehmer[133]. Das Interesse der Technologienehmer an der Übernahme von Technologien besteht aus der anschließenden Weiterentwicklung bzw. Anwendung der über den Transfer bezogenen Technologien[134]. Als Transferobjekt wird die zwischen den Transferpartnern übertragene Technologie bezeichnet. Jegliche immateriellen und materiellen Ausprägungen von Technologien können hierbei ein Transferobjekt darstellen[135]. Die Eigenschaften des Transferobjekts beeinflussen in hohem Maße den Transfer, da diese insbesondere die Kosten sowie das Risiko des Transfers für den Technologienehmer bestimmen[136]. CORSTEN stellt in diesem Kontext eine viel zitierte Systematik von sechs technologiespezifischen Merkmalen und deren Auswirkungen auf den Technologietransfer vor. Demnach wirkt eine relative Vorteilhaftigkeit des Transferobjekts gegenüber bestehenden Technologien im Technologieportfolio des Technologienehmers fördernd auf den Transfer. Die relative Vorteilhaftigkeit lässt sich hierbei anhand verschiedener ökonomischer, sozialer und technischer Kriterien messen, wobei der Technologienehmer meist subjektiv entscheidet, welches Kriterium für den Vergleich herangezogen wird. Dahingegen wirkt eine hohe Komplexität des Transferobjekts hemmend auf den Transfer. Wenn die zu transferierende Technologie aufgrund ihrer hohen Komplexität nicht in die Organisation des Technologienehmers übernommen werden kann, sind zur Umkehr dieser Situation Neueinstellungen von entsprechend

129 Vgl. Betz (1997), Interorganisationaler Technologietransfer in Baden-Württemberg, 54ff.; Meißner (2001), Technologietransfer in nationalen Innovationssystemen, S. 44; Walter (2003), Technologietransfer, S. 17

130 Vgl. Corsten (1982), Nationaler Technologietransfers, 58ff.

131 Vgl. Walter (2003), Technologietransfer, S. 18.

132 Vgl. Lohmann (2014), Interaktion im Technologietransfer, S. 24; Walter (2003), Technologietransfer, S. 18

133 Vgl. Meißner (2001), Technologietransfer in nationalen Innovationssystemen, S. 45

134 Vgl. Walter (2003), Technologietransfer, S. 18

135 Vgl. Walter (2003), Technologietransfer, S. 17.

136 Vgl. Corsten (1982), Nationaler Technologietransfers, 214ff.

qualifiziertem Personal erforderlich. Dies stellt einen erheblichen Mehraufwand für den Technologienehmer dar. Ist die Kompatibilität der zu transferierenden Technologie zu bestehenden Technologien auf der Seite des Technologienehmers hoch, wirkt dies fördernd auf den Transfer. Mit steigender Kompatibilität reduzieren sich die durch den Transfer hervorgerufenen organisatorischen Folgeprobleme. Ebenso unterstützt eine leichte Mitteilbarkeit sowie eine mögliche Validierbarkeit der Technologie den Technologietransfer, da beide Faktoren das Risiko auf der Seite des Technologienehmers reduzieren. Aus diesem Grund sowie der damit einhergehenden geringeren Entwicklungskosten auf der Seite des Technologienehmers wirkt ein hoher Technologiereifegrad fördernd auf den Transfer.[137]

Neben dem direkten Transfer von Technologiegeber zu Technologienehmer können Technologien indirekt über Transfermittler übertragen werden. Diese bahnen den Transfer an, unterstützen bei der Durchführung des Transfers und agieren währenddessen als Vermittler und Berater zwischen den Transferpartnern[138]. Sie können sowohl aus Sicht der Hochschule nach geeigneten Abnehmern für Technologien suchen, als auch Unternehmen bei der Identifikation geeigneter Technologien zur Portfolioergänzung unterstützen[139]. Zu den Transfermittlern gehören u.a. Technologietransferstellen von Hochschulen, Technologiezentren, technologieorientierte Gründerzentren, Technologieparks, privatwirtschaftliche Transferstellen und -berater, Industrie- und Handelskammern sowie Inkubatoren und Akzeleratoren[140].

Der Transferprozess erfolgt dabei über verschiedene Transfermechanismen, oftmals als Transferkanäle oder -instrumente bezeichnet. In der Literatur häufig genannte Mechanismen sind die Kooperation, die Lizenzvergabe, *Spin-off*-Ausgründungen und der Personaltransfer[141]. Eine ausführliche Darlegung diverser Transferinstrumente ist bei MEISSNER zu finden[142]. Transferinstrumente werden in der Praxis in der Regel nicht einzeln und isoliert, sondern parallel und ineinandergreifend eingesetzt, was eine Differenzierung und Bewertung einzelner Instrumente erschwert[143].

137 Vgl. Corsten (1982), Nationaler Technologietransfers, S. 213ff.

138 Vgl. Reinhard, Schmalholz (1996), Technologietransfer in Deutschland, S. 20; Beise, Spielkamp (1996), Technologietransfer von Hochschulen, 84ff.

139 Vgl. Kesting (2013), Wissens- und Technologietransfer durch Hochschulen, S. 111f.

140 Vgl. Fichtel (1997), Technologietransfer, 268ff.; Reinhard, Schmalholz (1996), Technologietransfer in Deutschland, 138ff.; Meißner (2001), Technologietransfer in nationalen Innovationssystemen, S. 36

141 Vgl. Fichtel (1997), Technologietransfer, 115ff.; Schmoch (2000), Wissens- und Technologietransfer in Deutschland, S. 8; Pechmann et al. (2010), Technologie- und Erkenntnistransfer aus der Wissenschaft, S. 32; Koschatzky (2014), Regionale Innovationssysteme, S. 519f..

142 Vgl. Meißner (2001), Technologietransfer in nationalen Innovationssystemen, S. 119ff.

143 Vgl. Schmoch (2000), Wissens- und Technologietransfer in Deutschland, S. 9

Die Technologiegeber, -nehmer und Transfermittler bilden mit dem Transferobjekt das Transfersystem (auch: Wissens- und Technologiesystem), welches in Abbildung 2.5 schematisch dargestellt ist[144]. Dieses System steht mit seiner Systemumwelt in Beziehung und wird von dieser beeinflusst[145]. Zur Transferumwelt zählen wirtschaftliche, rechtliche, politische und gesellschaftliche Rahmenbedingungen, wie bspw. Technologiedynamik, Gesetze, Wettbewerbsintensität oder politische Kontinuität, die sich auf den Verlauf sowie das Resultat des Transferprozesses auswirken[146].

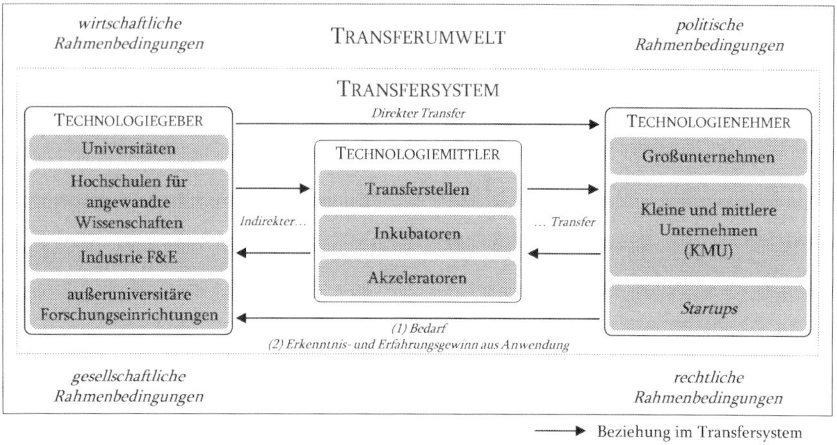

Abbildung 2.5: Schematische Darstellung des Transfersystems[147]

Die Elemente des Technologietransfers werden in Teilkapitel 2.3 zur Abgrenzung des Betrachtungsbereichs in Bezug auf den Transferprozess genutzt. Die Kenntnis der Elemente und Akteure des Technologietransfers ist zudem grundlegend für die Grobkonzeption des Modells in Teilkapitel 3.4.

Transferhemmnisse

Der Transfer von Technologien wird von einer Vielzahl von Faktoren innerhalb und außerhalb des Transfersystems beeinflusst[148]. Diese Einflussfaktoren können den Transfer erschweren oder ganzheitlich verhindern. Zur Beschreibung hemmender

[144] Vgl. Bagdassarov (2012), Wissens- und Technologietransfer an Universitäten, S. 21; Meißner (2001), Technologietransfer in nationalen Innovationssystemen, S. 36f..

[145] Vgl. Meißner (2001), Technologietransfer in nationalen Innovationssystemen, S. 36f.

[146] Vgl. Walter (2005), Technologietransfer, S. 106

[147] I.A.a. Meißner (2001), Technologietransfer in nationalen Innovationssystemen, S. 37

[148] Vgl. Walter (2003), Technologietransfer, S. 23

Faktoren werden im Deutschen vor allem die Begriffe „Hemmnis“ und „Barriere“ (analog der Begriffe *obstacle* und *barrier* im Englischen) verwendet. In diverser wissenschaftlicher Literatur werden Transferhemmnisse dargestellt und erörtert, vgl. hierzu bspw. FICHTEL, SCHMOCH und CORSTEN[149]. Die Systematisierung von Transferhemmnissen erfolgt in der Literatur meist entweder gegliedert nach dem Element des Transfersystems, dem das jeweilige Hemmnis entstammt, oder nach einer Systematik von GEMÜNDEN & WALTER, welche in ihrer Arbeit die vier Hemmnis-Kategorien „Nicht-Wissen“, „Nicht-Können“, „Nicht-Wollen“ und „Nicht-Dürfen“ unterscheiden[150]. Synonym zu dem Begriff Transferhemmnis wird nachfolgend der Begriff „Hemmnis“ verwendet und wie folgt definiert:

Als Transferhemmnis werden jene finanziellen, organisatorischen, strukturellen sowie inhaltlichen Gründe und Gegebenheiten bezeichnet, die einen Übergang von wissenschaftlichen Erkenntnissen aus der Forschung in die Industrie erschweren oder verhindern.

Hemmnisse sind ein zentraler Aspekt der vorliegenden Ausarbeitung und werden im Rahmen der Modellkonzeption in Teilkapitel 3.4 aufgegriffen. Dabei ermöglichen diese die Entwicklung eines Modells, welches den zielgerichteten Einsatz staatlicher Unterstützungsoptionen erlaubt.

Valley of Death (VoD) im Technologietransfer

Da für den Technologietransfer von *Deep-Tech* insbesondere die Finanzierung eine wichtige Rolle spielt (vgl. Teilkapitel 1.1), wird im Folgenden gesondert auf das *VoD* als Transferhemmnis eingegangen. Der Technologietransfer wissenschaftlicher Erkenntnisse aus der Grundlagenforschung in kommerzielle Produkte oder Dienstleistungen ist durch eine Vielzahl an Herausforderungen gekennzeichnet. Faktoren wie soziale, regulatorische und kulturelle Veränderungen sowie die Begrenzung von materiellen und insbesondere finanziellen Ressourcen stellen junge Unternehmen vor erhebliche Hürden. Insbesondere die Stadien zwischen der Erprobung im Labormaßstab (TRL 4) und der Erprobung im Betrieb (TRL 7) sind mit erhöhten Finanzierungsschwierigkeiten verbunden[151]. In diesen Stadien sind in der Regel maßgebliche Investitionen erforderlich, welche mit hohen Risiken verbunden sind. Aufgrund unklarer Verwertungspotenziale werden diese Risiken nur selten von privaten Finanzierungs-

149 Vgl. Fichtel (1997), Technologietransfer, 333ff.; Schmoch (2000), Wissens- und Technologietransfer in Deutschland, S. 67; Corsten (1982), Nationaler Technologietransfers, 51ff.

150 Vgl. Gemünden, Walter (1996), Förderung des Technologietransfers

151 Vgl. Harlé et al. (2017), Deep-Tech Collaboration, S. 5

gebern eingegangen. Staatliche Fördermechanismen sehen diese Stadien des Technologietransfers jedoch als zu weit fortgeschritten an und ziehen eine Förderung außerhalb der Grundlagenforschung vielfach nicht in Betracht. Folglich entsteht eine Finanzierungsproblematik, welche in der Literatur mit dem Begriff des *VoD* beschrieben wird[152].

Initial wurde der Begriff im Jahr 1995 von MERRIFIELD zur Beschreibung der Finanzierungslücke beim Übergang von Forschungserkenntnissen hin zur Kommerzialisierung in Form eines Produkts oder einer Dienstleistung eingeführt[153]. MOORE beschreibt das *VoD* als Liquiditätsherausforderung, die dazu führt, dass viele Projekte und Initiativen scheitern[154]. Dieses Scheitern ist jedoch nicht nur auf finanzielle Aspekte zurückzuführen. Unter anderem BUTLER oder FREDERICKSON stellen heraus, dass die Hindernisse vielfältig sind. Regulatorische Anforderungen oder mangelnder Schutz des geistigen Eigentums können exemplarische Gründe des Scheiterns darstellen.[155] MARKHAM ET AL. beschreiben das *VoD* wiederum als eine Phase, in welcher die grundlegende wissenschaftliche Forschungstätigkeit noch nicht vollständig abgeschlossen sowie die Kommerzialisierung noch nicht vollständig im Gange ist. Diese beiden Prozesse überschneiden und beeinflussen sich gegenseitig.[156] Aufgrund der hohen Passung zum Themenbereich *Deep-Tech* wird im weiteren Verlauf vorliegender Arbeit die Definition nach ELLWOOD ET AL. berücksichtigt. In dieser wird das *VoD* als eine Phase deklariert, welche bei einer wissenschaftsbasierten Innovation auftritt, wenn die weitere Entwicklung einer Technologie durch einen Mangel an Finanzierung und weiterer Unterstützung behindert wird[157]. Innerhalb der Managementforschung wird die fehlende Finanzierung ebenso angesprochen, wie der Umstand, dass die Politik trotz diverser Versuche das *VoD* zu schließen bislang erfolglos blieb[158]. Der Problematik des *VoD* können vielfach nur staatliche Investitionen oder Partnerschaften entgegenwirken, andernfalls droht ein schwerer Wettbewerbsnachteil für die nicht am Innovationserfolg beteiligten Unternehmen und Volkswirtschaften. Damit ist folglich eine explizite staatliche Steuerung notwendig, sodass die Unterschiede der Akteure des Innovationssystems nicht den Transfer von technologischem Wissen verhindern.[159]

---

152 Vgl. Auerswald, Branscomb (2003), Valleys of Death and Darwinian Seas

153 Vgl. Merrifield (1995), Obsolescence of Core Competencies

154 Vgl. Moore (2014), Crossing the chasm

155 Vgl. Frederickson (2012), Escaping the valley of death; Butler (2008), Crossing the valley of death

156 Vgl. Markham et al. (2009), Bridging the Valley of Death

157 Vgl. Ellwood et al. (2020), Crossing the valley of death

158 Vgl. Auerswald, Branscomb (2003), Valleys of Death and Darwinian Seas; Ford et al. (2007), A Valley of Death in the Innovation Sequence

159 Vgl. Philpott et al. (2011), The entrepreneurial university

2.1.4 Zwischenfazit: Technologietransfer von *Deep-Tech* als volkswirtschaftlicher Erfolgsfaktor

Zielstellung des vorangegangenen Teilkapitels war es, die Grundkenntnisse und Begrifflichkeiten des Technologietransfers von *Deep-Tech* darzustellen. Zu diesem Zweck wurden sowohl die Begriffe der Technologie, der *Deep-Tech* als auch des Transfers diskutiert. Diese bilden die Grundlage der Abgrenzung des Betrachtungsbereiches in Teilkapitel 2.3. Die Diskussion relevanter Elemente und Hemmnisse des Technologietransfers spezifizierte den inhaltlichen Fokus für die vorliegende Dissertation und diese bilden die Basis für die Erarbeitung der Informationsgrundlage zur Ermittlung *Deep-Tech*-spezifischer Transferhemmnisse (s. Teilkapitel 4.3). Diese zeigen gleichzeitig die Relevanz des Technologietransfers als volkswirtschaftlichen Erfolgsfaktor auf. Darüber hinaus dienen die vorgestellten Phasen des Technologieentwicklungsprozesses als zeitliche Referenzpunkte für die im Folgenden zu erarbeitende Methodik zur Ermittlung der phasenspezifischen staatlichen Unterstützungsoptionen des Technologietransfers (s. Kapitel 4).

2.2 Innovationssysteme und der Staat

Zur Erreichung der Zielsetzung der vorliegenden Arbeit ist ein Verständnis darüber notwendig, aus welchen Gründen und auf welche Weise der Staat als Akteur zur Unterstützung des Technologietransfers handeln kann. Zudem ist aufgrund der Uneinheitlichkeit des Staatsbegriffs eine Abgrenzung der Begriffsauffassung aus der Perspektive des Technologiemanagements vorzunehmen. Daher dient das vorliegende Teilkapitel der Einordnung der Rolle des Staates in das Konzept des Innovationssystems. Hierzu werden zunächst die wissenschaftlichen Grundlagen von Innovationssystemen erarbeitet (Teilkapitel 2.2.1), bevor im zweiten Teil der Staat als Akteur im Innovationssystem detailliert wird (Teilkapitel 2.2.2).

2.2.1 Innovationssysteme

Innovationssysteme stellen die Kombination der beiden grundlegenden Konzepte Innovation und System dar. Der nachfolgende Absatz ist zunächst der Innovation und dem Innovationsprozess gewidmet (Teilkapitel 2.2.1.1), bevor das Konzept der Innovationssysteme beleuchtet wird (Teilkapitel 2.2.1.2). Die Systemtheorie im Allgemeinen wird demgegenüber in Teilkapitel 3.2 eingeführt.

2.2.1.1 Innovation und Innovationsprozess

Der Begriff „Innovation“ entstammt dem lateinischen Begriff *innovatio* für „Erneuerung“[160]. In der wissenschaftlichen Literatur existiert eine Vielzahl definitorischer Abgrenzungen des Begriffs. Nach SCHUMPETER muss strikt zwischen Innovationen und Inventionen differenziert werden, da Letztere keinen Bezug zum Markt aufweisen[161]. Erst die ökonomisch erfolgreiche Verwertung einer Invention macht sie zur Innovation[162]. Dabei können Innovationen ökonomischen, technologischen, sozialen, politischen und kulturellen Charakters sein[163]. Häufig wird der Neuheitsgrad einer Innovation zur Charakterisierung dieser herangezogen. Diesbezüglich können Innovationen in zwei wesentliche Gruppen eingeteilt werden, radikale und inkrementelle Innovationen. Bei radikalen Innovationen handelt es sich um wesentliche Neuerungen in der Entwicklung von Technologien und Produkten, die bestehende Märkte fundamental verändern oder gänzlich neue Märkte schaffen. Aufgrund ihres hohen Neuheitsgrades sind sie nur schwer planbar und weisen parallel zu einem hohen Ertragspotenzial ebenfalls ein hohes Risiko auf. Inkrementelle Innovationen basieren dagegen auf der kontinuierlichen Verbesserung existierender Produkte und Gegebenheiten und sind deswegen nur mit einem geringen Risiko verbunden und werden meist auf bestehenden Märkten vertrieben.[164]

Bis zu den 1970er Jahren wurde davon ausgegangen, dass Innovationen – auch auf volkswirtschaftlicher Ebene – innerhalb eines linearen Prozessmodells entlang sequenziell aufeinander folgender Phasen entstünden[165]. In einem solchen linearen Modell beginnt der Innovationsprozess in der Grundlagenforschung, auf welche eine Phase der angewandten Forschung und anschließend der Produktentwicklung folgt. Das entwickelte Produkt wird schließlich produziert und vermarktet, bevor der Prozess in der Diffusion, d.h. der Verbreitung, der Innovation mündet. Eine in der Industrie weit verbreitete und erfolgreich angewandte Methode zur Gestaltung des Innovationsprozesses ist der *Stage-Gate*-Prozess nach COOPER. Dieser wird dazu eingesetzt, Innovationsprojekte zu bewerten und zu priorisieren. Die Grundidee des *Stage-Gate*-Prozesses stellt der sog. Entwicklungstrichter dar. Dieser besteht aus drei Phasen: der

[160] Vgl. Böttcher (2004), Der regionale Wissens- und Technologietransfer, S. 5

[161] Vgl. Schumpeter (1987), Theorie der wirtschaftlichen Entwicklung, S. 100

[162] Vgl. Wilhelm (2000), Systemversagen im Innovationsprozess, S. 11; Festel, Oberender (1999), Der Einfluss des Staates, S. 60; Schumpeter (2006), Theorie der wirtschaftlichen Entwicklung; Schätzl (1996), Wirtschaftsgeographie, S. 110; Schuh (2012), Innovationsmanagement, S. 102

[163] Vgl. Grupp (1997), Innovationsökonomik, S. 15

[164] Vgl. Henderson, Clark (1990), Architectural Innovation, S. 9; Perl (2007), Grundlagen des Innovations- und Technologiemanagments, S. 37

[165] Vgl. Böhle et al. (2012), Innovation durch Management des Informellen, S. 5

Ideengewinnung, der Projektdetaillierung sowie der Durchführung. Ergebnis des Prozesses sind zügig durchgeführte, fokussierte Entwicklungsprojekte verschiedener Art. Wie der Name des Prozesses darlegt, besteht das Phasenmodell im Zeitablauf aus verschiedenen zu erreichenden Zielzuständen *(Gates)* sowie den zwischen verschiedenen *Gates* stattfindenden fokussierten Erarbeitungen *(Stages)*. Eine passende Ausgestaltung der *Gates* ist dabei erfolgskritisch für den gesamten Prozess. Diese sind nicht überspringbare Qualitätskontrollpunkte. Sie haben ein einheitliches Format bestehend aus Statuskontrolle des Innovationsprojekts, Selektionsentscheidung sowie Ressourcenallokation für die angeschlossenen Schritte. Dabei werden Kriterienkataloge mit Muss- und Soll-Anforderungen zur Entscheidungsfindung für jede Projektstufe angelegt. Letztlich fällt eine Entscheidung über Projektfortführung und Projektplan. Zusammenfassend wird mithilfe des *Stage-Gate*-Prozesses sichergestellt, dass lediglich erfolgsversprechende Innovationsprojekte durchgeführt und die begrenzten Ressourcen, welche in jedem Unternehmen bestehen, fokussiert eingesetzt werden.[166]

2.2.1.2 Arten von Innovationssystemen

Nachdem das Begriffsverständnis der Innovation formuliert und der etablierte Innovationsprozess nach COOPER vorgestellt wurde, fokussiert dieses Teilkapitel das Innovationssystem. Nach der Erläuterung des Begriffsverständnisses werden verschiedene Arten von Innovationssystemen mit Relevanz für die Zielstellung vorliegender Arbeit charakterisiert.

Begriffsverständnis Innovationssystem

Es wurde erkannt, dass lineare Innovationsprozesse insbesondere der Komplexität des Entstehungsprozesses von Innovationen auf makroökonomischer Ebene nicht gerecht werden, weshalb eine Weiterentwicklung des Modells bis hin zum heutigen vernetzten Modell des Innovationssystems stattgefunden hat.[167] Das Systemkonzept des Innovationsprozesses wurde Mitte der 1980er Jahre von LUNDVALL vorgestellt und hat sich seitdem in der wissenschaftlichen Literatur etabliert[168]. Es basiert auf der Annahme, dass Innovationen innerhalb eines interaktiven und rückgekoppelten Prozesses entstehen, wobei verschiedene Akteure zu verschiedenen Zeitpunkten aufeinandertreffen und interagieren[169]. Nach EDQUIST werden Innovationssysteme durch alle wirtschaftlichen, sozialen, politischen, organisatorischen, institutionellen sowie weiteren Faktoren charakterisiert, welche die Entwicklung sowie Nutzung von Innovationen

166 Vgl. Cooper (1990), Stage-gate systems

167 Vgl. Bräutigam, Gerybadze (2011), Wissens- und Technologietransfer, S. 4; Reale (2019), Innovationspolitik, S. 5.

168 Vgl. Lundvall (1995), National systems of innovation

169 Vgl. Koschatzky (2014), Regionale Innovationssysteme, S. 520

beeinflussen[170]. Er weist zudem darauf hin, dass das Innovationssystem aus zwei Komponenten besteht: den Akteuren des Innovationssystems und den Beziehungen zwischen den Akteuren[171]. WELSCH legt in seiner Definition den Fokus auf technologische Innovationen und definiert Innovationssysteme in diesem Zusammenhang als „Systeme verbundener Institutionen und Akteure, die Wissen, Fähigkeiten und Artefakte bezüglich neuer Technologien schaffen, speichern und transferieren"[172]. Die Besonderheit dieser Auffassung liegt im systemischen Charakter des Innovationsgeschehens, der das Zusammenwirken und die wechselseitige Beeinflussung und Abhängigkeit von innovationsrelevanten Faktoren in den Mittelpunkt stellt, anstatt isoliert deren Bedeutung zu betrachten[173]. Zusätzlich werden einzelne Organisationen innerhalb des Systems in den Kontext zu ihrer Umwelt gestellt. Dadurch werden Innovationen und technischer Fortschritt „nicht mehr als zwingende Folge von Forschungs- und Entwicklungsleistungen gesehen, sondern als Ergebnis eines komplexen Beziehungsgeflechtes zwischen Akteuren"[174].

Die Hauptfunktionen von Innovationssystemen bestehen demnach darin, Innovationen zu generieren sowie die wirtschaftlichen Leistungen eines Landes oder einer Region zu steigern. Beide dienen der Sicherung der Beschäftigung und des Wohlstandes in diesem Bereich[175]. Darüber hinaus werden in der Literatur weitere Funktionen eines Innovationssystems beschrieben. EDQUIST nennt zehn Funktionen, die ein Innovationssystem erfüllen sollte[176]. Diese umfassen unter anderem den Transfer von Technologien, welcher ein zentrales Merkmal und ein integraler Bestandteil des Entstehungsprozesses von Innovationen ist. Der Technologietransfer erfüllt die externe Beschaffung, die Verwertung und die Diffusion von Technologien sowie die unternehmensinterne Übertragung von Technologien im Innovationssystem[177].

Charakterisierung der Arten von Innovationssystemen

Innovationssysteme dienen als Rahmenwerk für die Analyse von Innovationen und als theoretische Basis für staatliche Innovationspolitik[178]. Auf dieser Grundlage hat sich eine Vielzahl von Autoren mit Innovationssystemen beschäftigt und das Modell von

170 Vgl. Edquist (1997), Systems of Innovation Approaches, S. 14

171 Vgl. Edquist (2004), Systems of Innovation - Perspectives and Challenges, S. 187

172 Vgl. Welsch (2005), Innovationspolitik, S. 68

173 Vgl. Welsch (2005), Innovationspolitik, S. 67

174 Vgl. Wilhelm, Thierstein (1999), Technische Ausbildungsstätten, S. 110

175 Vgl. Koschatzky (2014), Regionale Innovationssysteme, S. 523

176 Vgl. Edquist (2004), Systems of Innovation - Perspectives and Challenges, S. 190f.

177 Vgl. Meißner (2001), Technologietransfer in nationalen Innovationssystemen, S. 88

178 Vgl. Welsch (2005), Innovationspolitik, S. 67

LUNDVALL weiterentwickelt. Daraus sind vier unterschiedliche Arten entstanden[179]. Diese weisen jeweils unterschiedliche Grenzen auf und fokussieren verschiedene Betrachtungsobjekte. Man unterscheidet zwischen nationalen Innovationssystemen (NIS)[180], technologischen Innovationssystemen (TIS)[181], regionalen Innovationssystemen (RIS)[182] sowie sektoralen Innovationssystemen (SIS)[183]. Nachfolgend werden NIS und TIS aufgrund der besonderen Relevanz für die vorliegende Arbeit im Kontext von *Deep-Tech* in ihren Grundzügen vorgestellt.

Nationales Innovationssystem (NIS)

Das Konzept des NIS wurde initial von FREEMAN Ende der 1980er Jahre vorgestellt, welcher damit das japanische Innovationssystem analysiert und daraus Implikationen für die Generierung von Innovationen in anderen Ländern abgeleitet hat[184]. FREEMAN definiert das NIS als ein Netzwerk von Institutionen im privaten und öffentlichen Sektor. Deren Aktivitäten und Interaktionen initiieren die Entwicklung neuer Technologien oder importieren, modifizieren und verbreiten diese. Damit stellt er die Entstehung und Verbreitung von Technologien in den Fokus seiner Betrachtung[185]. Die Systemgrenzen des NIS sind i.d.R. Landesgrenzen, da die Analyseeinheit des NIS ein einzelner Nationalstaat darstellt[186]. Diese Abgrenzung ist insofern sinnvoll, als dass zwischen den Innovationssystemen verschiedener Nationen im Allgemeinen große Unterschiede bezüglich ihrer Eigenschaften, ihrer organisatorischen Struktur sowie dem institutionellen Aufbau bestehen. Dies ermöglicht eine geeignete Abgrenzung für die systematische Analyse von Innovationen und bietet darüber hinaus einen sinnvollen Rahmen für die Innovationspolitik, da politische Maßnahmen auch heutzutage noch

179 Sozio-Technische Systeme (STS) stellen einen deutlich jüngeren Typ von Innovationssystem dar, welcher sich nicht nur durch das Alter, sondern auch konzeptionell von den anderen vier Typen unterscheidet Vgl. Geels (2002), Understanding the dynamics of technological transitions; Geels (2004), From sectoral systems of innovation to socio-technical systems; Grin et al. (2010), Transitions to Sustainable Development; Rotmans et al. (2001), Transition management in public policy]. Auf STS wird weiteren Verlauf der vorliegenden Arbeit aufgrund der konzeptionellen Unterschiede nicht weiter eingegangen.

180 Vgl. Freeman (1995), The National System of Innovation; Edquist (1997), Systems of Innovation; Dosi et al. (1988), Technical change and economic theory; Nelson (1993), National innovation systems

181 Vgl. Carlsson, Stankiewicz (1991), Technological systems; Bergek et al. (2008), Technological innovation systems; Rickne (2000), New technology-based firms and industrial dynamics; Hekkert et al. (2007), Functions of innovation systems

182 Vgl. Cooke (1992), Regional innovation systems; Doloreux, Parto (2005), Regional innovation systems; Braczyk (1998), Regional Innovation Systems; Howells (1999), Regional systems of innovation; Asheim, Isaksen (2002), Regional innovation systems

183 Vgl. Breschi, Malerba (1997), Sectoral systems of innovation; Malerba (2002), Sectoral systems of innovation and production

184 Vgl. Freeman (1987), Technology policy and economic performance

185 Vgl. Freeman (1987), Technology policy and economic performance, S. 1

186 Vgl. Edquist (2004), Systems of Innovation - Perspectives and Challenges, S. 200

vorwiegend auf nationaler Ebene beschlossen und umgesetzt werden.[187] Die Hauptkomponenten eines NIS bestehen im Allgemeinen aus interagierenden öffentlichen und privaten Unternehmen, Universitäten, sowie staatlichen Institutionen, welche auf die Generierung von Wissen und Technologien innerhalb nationaler Grenzen abzielen. Die Beziehungen zwischen den Akteuren des NIS können technologischer, kommerzieller, rechtlicher, sozialer oder finanzieller Natur sein. Das Ziel der Interaktion ist stets die Entwicklung, der Schutz, die Finanzierung oder die Regulation von neuen wissenschaftlichen Erkenntnissen und Technologien.[188] MEIẞNER betont in diesem Kontext insbesondere die herausragende Stellung technologischer Beziehungen zwischen den Akteuren des NIS, indem er darauf hinweist, dass „dem Wissens- und Technologietransfer die größte Bedeutung bei der Zusammenführung der Akteure des nationalen Innovationssystems zu(kommt)“[189]. Dies wird damit begründet, dass die verschiedenen Akteure mit den Instrumenten des Transfers verknüpft werden können[190]. Abhängig von dem Detaillierungs- und Komplexitätsgrad eines abgebildeten Innovationssystems kann dieses sowohl verallgemeinert als auch in einem konkreten nationalen Kontext ausdetailliert werden. Eine umfassend zitierte und aufgegriffene Darstellung des NIS stammt von KUHLMANN & ARNOLD, welche ihr Systemmodell in einer Studie über die Rolle des Forschungsrates im norwegischen Innovationssystem vorgestellt haben (vgl. Abbildung 2.6)[191].

[187] Vgl. Sauer (2018), Funktionale Dynamik von Technologischen Innovationssystemen, S. 22

[188] Vgl. Niosi et al. (1993), National systems of innovation, S. 212

[189] Vgl. Meißner (2001), Technologietransfer in nationalen Innovationssystemen, S. 81

[190] Vgl. Meißner (2001), Technologietransfer in nationalen Innovationssystemen, S. 81

[191] Vgl. Kuhlmann, Arnold (2001), Research and innovation system, S. 2

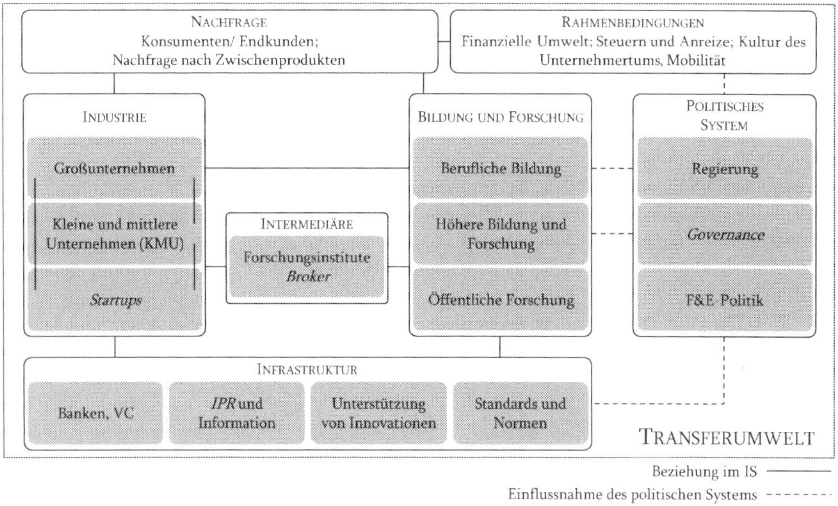

Abbildung 2.6: Komponenten, Akteure und politische Steuerung im NIS[192]

Das dargestellte NIS weist einen hohen Detaillierungsgrad auf, ist gleichzeitig jedoch nicht für ein spezifisches Land entworfen und besitzt daher allgemeingültigen Charakter. Es wird in der wissenschaftlichen Literatur vielfach als Analyserahmen für konkrete NIS genutzt, welche darauf aufbauend spezifiziert werden. KUHLMANN & ARNOLD stellen in ihrem Modell die Akteursgruppen der Industrie sowie der Bildung und Forschung, ebenso wie Intermediäre als Mittlerorganisationen zwischen diesen Systemelementen, in den Mittelpunkt der Betrachtung. Diese Akteursgruppen sind analog im Transfersystem von hoher Relevanz (vgl. Teilkapitel 2.1.3.2) und sind durch bilaterale Beziehungen miteinander verknüpft. Als konkrete Akteure im industriellen System nennen die Autoren Großkonzerne, (entwickelte) kleine und mittlere Unternehmen (KMU) sowie junge, technologiebasierte Firmen (Startups). Berufliche Bildung, höhere Bildung und Forschung sowie öffentliche Forschung werden von den Autoren als wichtigste Elemente des Bildungs- und Forschungssystems identifiziert. Neben der Industrie sowie der Forschung und Bildung nimmt das politische System, bestehend aus Regierung, *Governance* und F&E-Politik, eine weitere zentrale Rolle ein. Das politische System beeinflusst das Bildungs- und Forschungssystem, die Beziehungen zwischen Forschung und Industrie und zudem die Rahmenbedingungen des Innovationssystems und die Infrastruktur des Innovationssystems. Als wichtige

[192] I.A.a. Kuhlmann, Arnold (2001), Research and innovation system, S. 2

Rahmenbedingungen nennen die Autoren die finanzielle Umwelt, Steuern und Anreize, die Kultur des Unternehmertums sowie Mobilität. Zur Infrastruktur zählen Banken und *Venture Capital* (*VC*, Risiko- oder auch Wagniskapital), *Intellectual Property Rights (IPR)*, die Unterstützung von Innovationen durch Standards und Normen, welche in einer wechselseitigen Beziehung sowohl zum Bildungs- und Forschungssystem als auch zum industriellen System stehen. Ein weiteres Element des Innovationssystems stellt die Nachfrage dar. Die Nachfrage ist der wichtigste Wachstumstreiber des Innovationssystems, wobei diese sowohl die Nachfrage der Konsumenten nach Endprodukten als auch die Nachfrage von Produzenten nach Zwischenprodukten umfasst. Die Nachfrage steht in bilateraler Beziehung zum Forschungssystem und dem industriellen System.[193]

NIS besitzen fünf Primärfunktionen, die Förderung neuen Wissens, die Steuerung des Suchprozesses, die Bereitstellung von Ressourcen wie bspw. Kapital und Kompetenzen, die Schaffung positiver externer Zusatzerträge sowie die Schaffung neuer Märkte[194]. Diese Funktionen kann ein NIS lediglich erfüllen, wenn es adäquat vom politischen System gesteuert wird und zwischen den drei zentralen Säulen – der Industrie, dem Bildungs- und Forschungssystem und dem politischen System – stabile wechselseitige Beziehungen vorliegen[195].

Technologisches Innovationssystem (TIS)

TIS wurden erstmalig in einer Veröffentlichung von CARLSSON & STANKIEWICZ erwähnt. Das Konzept des TIS basiert auf dem Ansatz, ökonomisches Wachstum von Nationen als Funktion technologischer Systeme aufzufassen.[196] TIS fokussieren auf eine spezifische Technologie und sind darauf ausgerichtet, die Dynamik des umgebenden Innovationssystems zu analysieren[197]. Konkreter werden TIS dazu genutzt, die Leistungsfähigkeit eines Innovationssystems zu bewerten, Mängel zu identifizieren und daraus Handlungsempfehlungen für die Gestaltung politischer Instrumente zur Unterstützung einer spezifischen Technologie abzuleiten[198]. Die geographische Abgrenzung von TIS kann abhängig von dem techno-industriellen Bereich der Technologie international sein oder mit nationalen Grenzen übereinstimmen[199]. CARLSSON & STANKIEWICZ heben in ihrer grundlegenden Definition von TIS die Bedeutung von

193 Vgl. Kuhlmann, Arnold (2001), Research and innovation system, S. 2

194 Vgl. Johnson, Lundvall (2013), National Innovation Systems, S. 1431ff.

195 Vgl. Sauer (2018), Funktionale Dynamik von Technologischen Innovationssystemen, S. 22

196 Vgl. Carlsson, Stankiewicz (1991), Technological systems, S. 114

197 Vgl. Markard et al. (2015), The technological innovation systems framework, S. 1

198 Vgl. Bergek et al. (2015), Technological innovation systems in contexts, S. 2

199 Vgl. Bergek et al. (2008), Technological innovation systems, S. 412f.

Technologien sowie deren Erfindung, Ausbreitung und Nutzung hervor: *„A technological system is defined as a dynamic network of agents interacting in a specific economic/ industrial area under a particular institutional infrastructure and involved in the generation, diffusion, and utilization of technology"*[200]. TIS bestehen demnach aus einer Reihe verschiedener Akteure, welche entweder direkt zu der Entwicklung der spezifischen Technologie beitragen oder den Innovationsprozess dieser Technologie beeinflussen[201]. Die erstgenannte Gruppe von Akteuren des TIS sind demnach über den Transfer von Technologien sowie deren Weiterentwicklung miteinander verbunden[202]. Wie das NIS wird auch das TIS von (rechtlichen) Rahmenbedingungen, dem politischen System und der Infrastruktur beeinflusst. Damit ein TIS seine Funktionen, die Generierung, Diffusion und Nutzung einer Technologie, nachhaltig erfüllen kann, sind ausgeprägte wechselseitige Beziehungen zwischen den Akteuren sowie günstige politische Rahmenbedingungen notwendig.[203]

Das Konzept der Innovationssysteme bietet somit zusammenfassend eine Möglichkeit, den Technologietransfer bzw. das Transfersystem mit dem Staat zu verknüpfen, während *Deep-Tech* als die transferierte Technologie betrachtet wird. Auf diese Weise lassen sich diese drei zentralen Objektbereiche der vorliegenden Arbeit kombinieren. Das Innovationssystemkonzept wird daher bei der Konzeption des Modells in Teilkapitel 3.4 aufgegriffen. Die Ausführungen zum NIS werden zudem gemeinsam mit den nachfolgenden Ausführungen zum Staat in Teilkapitel 2.2.2 dazu genutzt, den Akteur Staat im Kontext der vorliegenden Arbeit zu definieren.

2.2.2 Charakterisierung des Staats als Akteur im Innovationssystem

Im Rahmen der vorangegangenen Erläuterung zum NIS wurde das politische System, welches nachfolgend vereinfachend als „Staat" bezeichnet wird, bereits als relevantes Element eines Innovationssystems und somit des Transferprozesses vorgestellt. Hierauf aufbauend wird nun das zugrundeliegende Begriffsverständnis des Terminus „Staat" in der vorliegenden Arbeit geschaffen (Teilkapitel 2.2.2.1), bevor die Funktionen des Staates als Institution erläutert werden. Abschließend werden grundlegende Mechanismen der Innovationspolitik eingeführt (Teilkapitel 2.2.2.2).

2.2.2.1 Begriffsverständnis Staat sowie relevante Funktionen

Etymologisch hat sich der heutige Staatsbegriff aus dem Spätmittelhochdeutschen *stat* entwickelt, was so viel wie Stand, Zustand, Lebensweise oder Würde bedeutet. Dieser

200 Vgl. Carlsson, Stankiewicz (1991), Technological systems, S. 93.

201 Vgl. Bergek et al. (2008), Technological innovation systems, S. 409

202 Vgl. Carlsson, Stankiewicz (1991), Technological systems, S. 111

203 Vgl. Sauer (2018), Funktionale Dynamik von Technologischen Innovationssystemen, S. 38

spätmittelhochdeutsche Begriff entstammt wiederum dem Lateinischen. Der lateinische Begriff *status* lässt sich mit „das Stehen“, „der Stand“, „die Stellung“, „der Zustand“, „die Verfassung“ oder „der Rang“ übersetzen[204]. Der Terminus „Staat“ ist ein mehrdeutiger Begriff verschiedener geisteswissenschaftlicher Disziplinen und wird vielfältig eingesetzt. Dies ist gemäß ISENSEE in „der Komplexität und der raum-zeitlichen Mutabilität[205] der staatlichen Erscheinungen“[206] begründet. Das bedeutet, dass mit dem Begriff „Staat“ je nach Perspektive verschiedene Bereiche fokussiert werden und diese Betrachtungsweisen zusätzlich historisch veränderlich sind. So liegen bspw. in den Rechtswissenschaften, den Wirtschaftswissenschaften, oder der Regierungs- und Verwaltungslehre verschiedene Sichtweisen bzw. Perspektiven auf den Staat vor[207]. Zum Beispiel betrachtet die Regierungs- und Verwaltungslehre den Staat als Summe einzelner Institutionen, wie bspw. das Parlament, die Regierung, die Verwaltung und die Justiz. In der Staatslehre dagegen wird der Staat als eigene Institution aufgefasst, die sich durch spezifische Strukturmerkmale von anderen gesellschaftlichen Institutionen abgrenzt[208]. Für eine ausführliche Diskussion verschiedener Staatsauffassungen sei an dieser Stelle auf VOIGT verwiesen[209].

Um trotz der Komplexität und Vieldeutigkeit des Begriffs Verständnis zu schaffen, wird die Definition des Duden aufgegriffen. Demnach ist der Staat die „Gesamtheit der Institutionen, deren Zusammenwirken das dauerhafte und geordnete Zusammenleben der in einem bestimmten abgegrenzten Territorium lebenden Menschen gewährleisten soll“[210]. Dieses Begriffsverständnis wird nachfolgend präzisiert.

Die Existenz eines Staates ist mit verschiedenen Funktionen verbunden, da der Staat als Vertretung einer Gesellschaft agiert und im gesamtheitlichen Interesse dieser handeln muss. Erstens ist das Überleben der Gesellschaft durch den Staat sicherzustellen. Konkreter bedeutet dies, dass der Staat für den Schutz nach außen, die Friedenssicherung im Inneren und die Sicherung der natürlichen Lebensgrundlagen verantwortlich ist. Zweitens muss sich der Staat hinsichtlich der ökonomischen Funktion um die Eigentumsordnung, das Geldwesen und die Marktordnung kümmern. Drittens – entsprechend seiner sozialen Funktion – muss der Staat sicherstellen, dass soziale Rechte gewährleistet sind und soziale Gerechtigkeit herrscht. Viertes beschreibt die kulturelle

---

204 Vgl. Duden (o. J.), Stichwort: Staat

205 Unbeständigkeit, Veränderlichkeit

206 Vgl. Isensee (1995), Staat, S. 134

207 Vgl. Voigt (2018), Handbuch Staat, S. 1918ff.

208 Vgl. Benz (2008), Der moderne Staat, S. 105

209 Vgl. Voigt (2018), Handbuch Staat

210 Vgl. Duden (o. J.), Stichwort: Staat

Funktion des Staates die Sicherstellung allgemeiner Bildung für alle Bürger und die Förderung der Grundlagenforschung durch den Staat.[211]

Zur Erfüllung dieser Funktionen muss der Staat aktiv handeln und bspw. in Mechanismen der Marktwirtschaft korrigierend eingreifen. Im Rahmen der vorliegenden Arbeit werden die Möglichkeiten einer Einflussnahme des Staates als Akteur des Innovationssystems auf Technologietransferprozesse untersucht. Klassischerweise wird die Legitimation des Staates, in Markt- und Industrieprozesse und entsprechende Innovationsaktivitäten einzugreifen, mit dem Phänomen des Marktversagens begründet.[212] Demnach wird durch private Institutionen nicht ausreichend Kapital in die Generierung von Wissen investiert. Dieser Mangel resultiert dadurch, dass Wissen aufgrund seines öffentlichen Charakters häufig von Opportunisten ausgenutzt wird und die Marktakteure durch die hohe Unsicherheit über die Verwertungsaussichten von frühen Forschungsergebnissen keine betriebswirtschaftlich sinnvollen Investitionsobjekte wahrnehmen[213]. Diese Argumentation basiert auf einem linearen Verständnis des Innovationsmodells, das davon ausgeht, dass neues Wissen aus der Grundlagenforschung die wichtigste Quelle für Innovationen ist[214]. Das Argument des Marktversagens berücksichtigt daher vor allem die vorwettbewerblichen und nicht-marktlichen Phasen des Innovationsprozesses. Obwohl sich das Verständnis des Innovationsprozesses grundlegend geändert hat und systemisches Versagen an verschiedenen Stellen des Innovationssystems und zu jedem Zeitpunkt des Entstehungsprozesses auftreten kann, wird die Theorie des Marktversagens auch heutzutage zur Rechtfertigung staatlicher Eingriffe in den Innovationsprozess genutzt[215]. Diese Grundlagen werden bei der Konzeption des Modells in Teilkapitel 3.4 aufgegriffen, um eine Legitimation des staatlichen Eingriffs in das Innovationssystem zu entwickeln. Diese nimmt der Staat im Rahmen seiner Innovationspolitik vor, sodass nachfolgend deren grundsätzliche Mechanismen vorgestellt werden.

2.2.2.2 Grundlagen zur Innovationspolitik

Vom Staat wird eine zunehmend aktivere und konstruktivere Rolle im Innovationssystem gefordert, die er mittels unterschiedlicher Eingriffe in das Innovationssystem realisieren kann[216]. Dabei haben verschiedene Politikfelder den Erhalt und die

[211] Vgl. Benz (2008), Der moderne Staat, S. 127

[212] Vgl. Bleda, Del Río (2013), The market failure, S. 1039; Salmenkaita, Salo (2002), Rationales for Government Intervention, S. 187; Mazzucato (2015), Entrepreneurial State, S. 4; Schröter (2009), New rationales for innovation policy?, S. 6ff.

[213] Vgl. Arrow (1962), Economic welfare and the allocation of resources for invention, 609ff.

[214] Vgl. Solow (1957), Technical Change and the Aggregate Production Function, S. 312f.

[215] Vgl. Bleda, Del Río (2013), The market failure; Lindner (2009), Innovationspolitik

[216] Vgl. Botthof (2020), Transformation Innovationssystem, S. 14f.; Lindner (2009), Innovationspolitik, S. 9

Steigerung der Innovationsfähigkeit zum Ziel, da diese einen fundamentalen Faktor für das ökonomische Wachstum sowie die Wettbewerbsfähigkeit von Volkswirtschaften darstellt (vgl. Teilkapitel 1.1)[217]. Daher ist der Bereich der Innovationspolitik, welcher die Entstehung und Verbreitung von Innovationen behandelt, ein Querschnittsbereich unterschiedlicher Politikfelder[218]. Aufgrund dieses Querschnittscharakters greift das Instrumentenportfolio der Innovationspolitik auf Werkzeuge verschiedener Politikfelder zurück und besteht in Deutschland überwiegend aus der Förderung der Grundlagenforschung, der angewandten Forschung, des Transfers und Unternehmensgründungen[219]. Zusätzlich gehören Maßnahmen wie die Ausbildung von Fachkräften oder der Zugang zu Risikokapital zu den Instrumenten der Innovationspolitik[220]. WILHELM hebt diese Vielfalt innovationspolitischer Instrumente in ihrer Definition der Innovationspolitik hervor: „Als Innovationspolitik i.e.S. können alle staatlichen intendierten sowie nicht-intendierten Eingriffe definiert werden, deren Ziel die Förderung des Zustandekommens und der Diffusion von Innovationen ist“[221]. Konkreter systematisiert LINDNER die Innovationspolitik. Demnach umfasst Innovationspolitik die Bereiche der Technologie- und Forschungspolitik, ist jedoch mehr als lediglich deren Summe, da sich Innovationspolitik zusätzlich an der systemischen Perspektive des Innovationssystems orientiert[222]. Technologiepolitik legt dabei den Fokus auf die Verbesserung und Kommerzialisierung sektoralen und technologischen Wissens, während die Forschungspolitik auf die Produktion von Wissen ausgerichtet ist. Dagegen fokussiert Innovationspolitik darüber hinaus die gesamte Innovationsleistung einer Ökonomie.[223] Dementsprechend zählen hierzu ebenfalls Instrumente, welche die Beziehungen zwischen den Akteuren innerhalb des Innovationssystems stärken und die Funktionsfähigkeit des Systems fördern[224]. In Abbildung 2.7 wird der als Begriffsverständnis der vorliegenden Arbeit zugrunde liegende Zusammenhang von Innovations-, Technologie- und Forschungspolitik visualisiert und dieses im Rahmen der Modellkonzeption in Teilkapitel 3.4 erneut aufgegriffen.

217 Vgl. Voigt (2018), Handbuch Staat, S. 1029

218 Vgl. Lindner (2009), Innovationspolitik, S. 12

219 Vgl. Voigt (2018), Handbuch Staat, S. 1036f.

220 Vgl. Voigt (2018), Handbuch Staat, S. 1036f.

221 Vgl. Wilhelm (2000), Systemversagen im Innovationsprozess, S. 81.

222 Vgl. Lindner (2009), Innovationspolitik, S. 14f.

223 Vgl. Lundvall, Borrás (2004), Science, Technology and Innovation Policy, S. 615

224 Vgl. Lindner (2009), Innovationspolitik, S. 14

INNOVATIONSPOLITIK
Fokus: Die gesamte Innovationsleistung einer Ökonomie

TECHNOLOGIEPOLITIK
Fokus: Die Verbesserung und Kommerzialisierung sektoralen und technologischen Wissens

FORSCHUNGSPOLITIK
Fokus: Die Produktion von Wissen

Abbildung 2.7: Forschungs-, Technologie- und Innovationspolitik[225]

Nachdem die Innovationspolitik im Allgemeinen charakterisiert wurde, wird nun spezifischer auf die Instrumente als Mechanismen der Innovationspolitik eingegangen. Zu deren Systematisierung existieren verschiedene Ansätze, von denen an dieser Stelle zwei stellvertretend vorgestellt werden.

GERYBADZE stellt eine explizit auf die Innovationspolitik ausgerichtete Systematik vor. Er unterscheidet zwischen Instrumenten der Angebots- sowie der Bedarfsseite und Instrumenten, welche innovationsförderliche Rahmenbedingungen zum Ziel haben. Weiterhin stellen solche Aktivitäten Instrumente dar, die eine Einflussnahme auf Netzwerke und Cluster, d.h. die Beziehungen zwischen Akteuren des Innovationssystems, zum Ziel haben. Instrumente der Angebotsseite gehören zu den ältesten Instrumenten der Innovationspolitik und sind auf die Schaffung einer verbesserten Infrastruktur im Bereich der öffentlichen Grundlagenforschung sowie der Risikosenkung in diesem Bereich ausgerichtet. Sie folgen somit dem Paradigma des *technology-push* und stehen bis heute im Fokus der Innovationsförderung. Diese Instrumente sind weiter in direkte, indirekt-spezifische und indirekte Fördermaßnahmen zu untergliedern. Im Gegensatz dazu wird mit Instrumenten der Bedarfsseite ein sogenannter *demand-pull* bzw. *market-pull* erzeugt. Zu diesen Instrumenten zählt insbesondere die öffentliche Beschaffung, bei welcher staatliche Institutionen einen Großteil der (anfänglichen) Marktnachfrage kreieren. Dadurch wird das Entwicklungsrisiko von Technologien und Produkten gesenkt und die Finanzierung gesichert (vgl. hierzu bspw. die öffentliche Beschaffungspolitik der USA mittels *DARPA*, Teilkapitel 1.1). Zu den Instrumenten, die den Innovationsprozess über politische und regulatorische Rahmenbedingungen beeinflussen, zählen Maßnahmen der Marktregulierung, der Umwelttechnik sowie der Produktsicherheit und -haftung. Außerdem nehmen staatliche Institutionen eine zentrale Rolle im Bereich der Normung und Standardisierung ein. Darüber hinaus kann der Staat das Patentrecht sowie die Patentgerichtbarkeit innovationsfördernd ausgestalten und den Innovationsprozess zudem durch steuerliche Maßnahmen

225 I.A.a. Lundvall, Borrás (2004), Science, Technology and Innovation Policy, S. 615

entscheidend beeinflussen. Als letzte wichtige durch den Staat gestaltbare Rahmenbedingung nennt GERYBADZE Finanzierungsmaßnahmen für Startups, wie bspw. die Bereitstellung von Risikokapital oder Krediten.[226]

LINDNER dagegen beschreibt einen Gliederungsansatz, welcher für die Systematisierung von politischen Instrumenten im Allgemeinen genutzt werden kann und demnach nicht auf die Innovationspolitik beschränkt ist. Er unterscheidet zwischen Instrumenten der Überzeugung, Instrumenten der Strukturierung und prozeduralen Steuerung sowie Instrumenten der Finanzierung und (Re-)Distribution. Zudem stellen die Regulierung und der Vollzug durch staatliche Organe nach LINDNER politische Instrumente dar.[227] Instrumente der Überzeugung nutzen die Bereitstellung von Informationen, Appelle an die Akteure des Innovationssystems, Werbung sowie die Argumentation für die Durchführung bestimmter Handlungen. Diese weichen Instrumente stellen den geringsten staatlichen Eingriff dar und sind nicht bindend. Auch die Instrumente der Strukturierung bzw. der prozeduralen Steuerung sind nicht bindend, sie gehen jedoch über den zuvor beschriebenen Typ hinaus, indem der Staat aktiv institutionelle Teilhabemöglichkeiten und Entscheidungsverfahren gestaltet. Zu den Maßnahmen der Finanzierung und (Re-)distribution zählen die Einführung von Gebühren, die Erhebung von Steuern, die Bereitstellung von Subventionen und Zuschüssen sowie die Gewährung von Krediten. Über diese finanziellen Mittel soll das Verhalten der Akteure über Anreize bzw. Hürden gesteuert werden. Es liegt jedoch auch bei dieser Art kein Zwang vor. Regulierungen sind dagegen rechtlich bindende Ge- und Verbote, Genehmigungen sowie Anerkennungen und Lizenzierungen, mit denen der Staat die Rahmenbedingungen des Innovationssystems vorgibt. Die letzte Kategorie der Instrumente, der Vollzug durch staatliche Organe, umfasst Maßnahmen, bei denen der Staat selbst aktiv wird. Dies geschieht in Form öffentlicher Dienstleistungen, Dienstanweisungen, Auftragsvergaben, Vertragsbeziehungen und Kooperationen.[228]

Aufbauend auf den dargestellten Funktionen und Aufgaben des Staates sowie den erläuterten Mechanismen der Innovationspolitik kann abschließend eine Definition des Staates im Sinne der vorliegenden Arbeit vorgestellt werden:

---

226 Vgl. Gerybadze (2015), Instrumente der Innovationspolitik, S. 517ff.

227 Vgl. Lindner (2009), Innovationspolitik, S. 14

228 Vgl. Lindner (2009), Innovationspolitik, S. 14

Der Staat (auch Regierungssystem) wird als steuerndes Element des Innovationssystems gesehen, welches die Macht hat, in dieses einzugreifen und es zum Wohle der Gesellschaft zu gestalten. Das Ziel des Eingreifens ist die Verbesserung der Leistungsfähigkeit des Innovationssystems, um die Entstehung und Diffusion von Innovationen zu fördern und dadurch langfristigen Wohlstand zu sichern.

2.2.3 Zwischenfazit: Zunehmende Relevanz der Rolle des Staates für technologische Innovationssysteme

Das Konzept der Innovationssysteme dient im Folgenden als strukturierendes Element der Dissertation und der darin erarbeiteten Modellstruktur. Aus diesem Grund wurde es im vorangegangenen Teilkapitel detailliert. Basierend auf diesem Verständnis ist es notwendig, die relevanten Innovationssysteme für die vorliegende Zielsetzung zu bestimmen. Der Staat spielt als Akteur im Innovationssystem sowie im Transferprozess eine maßgebliche Rolle, welche sich perspektivisch noch stärker entwickelt (vgl. Teilkapitel 1.1). Um den Lösungsraum des Staates zur Förderung von Innovationen zu beschreiben, wurden daher relevante Grundlagen der Innovationspolitik dargestellt, welche im Zuge der Modelldetaillierung Einzug in die Erarbeitung staatlicher Unterstützungsoptionen im Technologietransfer finden (s. Teilkapitel 4.4). Ohne dieses Verständnis wäre im Folgenden keine zielführende Ableitung staatlicher Unterstützungsoptionen möglich.

2.3 Eingrenzung des Betrachtungsbereichs

Zur Konkretisierung des inhaltlichen Schwerpunkts folgt die Eingrenzung des Betrachtungsbereichs vorliegender Dissertation. Für die Strukturierung des Betrachtungsbereichs wird zwischen Objekten, Prädikaten und Subjekten differenziert. Objekte bestimmen den Betrachtungsgegenstand der Arbeit. Prädikate beschreiben Prozesse und Aktivitäten bzw. Aufgaben, welche durch die zu entwickelnde Methode unterstützt werden. Die Beschreibung möglicher Anwender des zu entwickelnden Vorgehensmodells ist schließlich Gegenstand des Subjektbereichs. Eine zusammenfassende Darstellung ist in Abbildung 2.8 aufgezeigt. Die einzelnen Abgrenzungskriterien werden in den folgenden Teilkapiteln detailliert.

OBJEKTE	PRÄDIKATE	SUBJEKTE
O1 Deep Tech	P1 Technologietransferprozess	S1 Staatliche Akteure
O2 Innovationssystem	P2 Prozess zur Ableitung von Förderentscheidungen in staatlichen Apparaten	S2 Industrielle Akteure
O3 Staat		
O4 Transferhemmnisse		

Abbildung 2.8: Eingrenzung des Betrachtungsbereichs

2.3.1 Objektbezogene Eingrenzung

Zielsetzung der vorliegenden Arbeit ist die Entwicklung einer Methodik zur Ableitung von Handlungsbedarfen und staatlichen Unterstützungsoptionen für die Förderung des Technologietransfers von *Deep-Tech*. Daher bestehen verschiedene Betrachtungsobjekte in der vorliegenden Arbeit.

Der Begriff *Deep-Tech* (O1) wird in der vorliegenden Arbeit synonym zu *Deep-Technology* verwendet, wobei das Begriffsverständnis auf der in Teilkapitel 2.1.2 gegebenen Arbeitsdefinition und den genannten charakteristischen Merkmalen beruht. Zur Gewährleistung einer größtmöglichen Anwendungsbreite der vorliegenden Ausarbeitung erfolgt keine zusätzliche Eingrenzung, z.B. auf spezifische Produkt- oder Produktionstechnologien, aufgrund des produktionstechnologischen Fokus ist ein Bezug zum Maschinenbau jedoch immanent.

Das Innovationssystem (O2) wird im Kontext technologischer Innovationen betrachtet. Während als abgrenzendes Merkmal des NIS nachfolgend der deutsche Nationalstaat betrachtet wird, liegt der Fokus der Betrachtung des TIS auf *Deep-Tech* als Technologieart. Folgend werden für eine weitere Eingrenzung des Transfersystems die berücksichtigten Transferelemente konkretisiert. Der Darlegung in Teilkapitel 2.1.2 folgend findet der betrachtete Transfer innerhalb eines Systems, bestehend aus den Elementen Technologiegeber, Transfermittler, Technologienehmer, Transferobjekt, den Beziehungen zwischen diesen sowie mit der Transferumwelt, statt. Technologiegeber werden in dieser Arbeit auch als Forschungsakteure bezeichnet. Zudem werden ausschließlich öffentliche Forschungseinrichtungen, wie bspw. Universitäten, Fachhochschulen oder außeruniversitäre Forschungseinrichtungen (z.B. die Fraunhofer-Gesellschaft, die Max-Planck-Gesellschaft oder die Helmholtz-Gemeinschaft) betrachtet, da der Technologietransfer aus der Wissenschaft in die Industrie fokussiert wird. Großkonzerne, welche Grundlagenforschung betreiben, finden in der vorliegenden Arbeit dementsprechend explizit keine Berücksichtigung als Technologiegeber. Als Technologienehmer, welche in dieser Arbeit synonym als Industrieakteure bezeichnet werden, werden produzierende Unternehmen jeglicher Größe, d.h. Großkonzerne, KMUs sowie Startups, berücksichtigt.

Der Staat (O3), welcher im Folgenden synonym als „politisches System" bezeichnet wird, nimmt eine zentrale Stellung in dieser Arbeit ein. Der Arbeitsdefinition liegt die Auffassung zugrunde, dass der Staat im Innovationssystem eine aktive und gestaltende Rolle einnimmt und mit Instrumenten der Innovationspolitik in dieses eingreifen kann. Diese Instrumente werden, sofern sie auf den Technologietransfer einwirken, in der vorliegenden Arbeit als Unterstützungsoptionen bezeichnet. Aufgrund der Einordnung der vorliegenden Arbeit zu den Ingenieurswissenschaften wird weder die politische noch juristische Umsetzbarkeit von politischen Instrumenten geprüft. Zudem erfolgt keine weitere Differenzierung hinsichtlich konkreter staatlicher Institutionen. Auch die Gliederung des deutschen politischen Systems in Bundes-, Landes- und Kommunalebene wird nicht berücksichtigt.

Transferhemmnisse (O4) werden in der vorliegenden Ausarbeitung entsprechend der in Teilkapitel 2.1.3.2 entwickelten Arbeitsdefinition aufgefasst. Sie umfassen demnach alle finanziellen, organisatorischen, strukturellen und inhaltlichen Faktoren, welche den Übergang technologischer Neuerungen aus der Wissenschaft in die Anwendung verlangsamen oder verhindern. Diese Hemmnisse haben vielfältige Ursachen und entstehen beim Technologiegeber oder -nehmer[229]. Zusätzlich treten sie in unterschiedlichen Bereichen und Ausprägungen sowie zu unterschiedlichen Zeitpunkten des Transferprozesses auf.

2.3.2 Prozessbezogene Eingrenzung

Die prozessbezogene Eingrenzung bestimmt, bei welchen Aktivitäten die Erkenntnisse dem Anwender von Nutzen sein soll. Dabei besteht die übergeordnete Zielsetzung der Methodik in der Unterstützung staatlicher Entscheidungsträger bei der Identifikation zielgerichteter Förder- und Unterstützungsmöglichkeiten im Technologietransfer.

Das Verständnis des Technologietransferprozesses (P1) beruht auf der Arbeitsdefinition in Teilkapitel 2.1.3.1, welche den Technologietransfer als planvollen, zeitlich limitierten und freiwilligen Prozess der Übertragung einer Technologie von einem Technologiegeber auf einen Technologienehmer charakterisiert. Dabei findet der Transfer nicht zum Selbstzweck statt, sondern dient dem übergeordneten Ziel, technologische Innovationen hervorzubringen. Der prozessualen Abgrenzung des Transfers nach CORSTEN folgend, beginnt der Transferprozess mit der Suche nach einem geeigneten Transferpartner und endet mit der Implementierung der transferierten

[229] Vgl. Corsten (1982), Nationaler Technologietransfers

Technologie in das System des Technologienehmers. Hierbei wird die Beherrschung der Technologie durch den Technologienehmer für den Abschluss des Prozesses vorausgesetzt.[230] In der vorliegenden Arbeit werden die Begriffe Technologietransfer und Transfer synonym verwendet. Eine Eingrenzung erfolgt mittels der in Teilkapitel 2.1.3.2 vorgestellten Transferelemente, vgl. Abbildung 2.9.

Abbildung 2.9: Eingrenzung des Technologietransfers

Da der für die Beantwortung der Forschungsfrage relevante Transfer von der öffentlichen Forschung in die Industrie von einem Technologiegeber zu einem Technologienehmer und damit zwischen verschiedenen Organisationen erfolgt, wird ausschließlich der vertikale, interorganisationale Transfer berücksichtigt. Die geographische Verteilung der beteiligten Akteure ist für vorliegende Arbeit unerheblich, sofern sich die Akteure innerhalb der nationalen Grenzen des Innovationssystems bewegen. Es wird keine Differenzierung zwischen interregionalem und intraregionalem Transfer vorgenommen. Um in der Erarbeitung ein möglichst umfassendes Portfolio von Unterstützungsoptionen zu erzeugen, wird bezüglich des Transferauslösers zusätzlich nicht zwischen technologiegetriebenem oder bedarfsgetriebenem Transfer differenziert.

Der zweite zu berücksichtigende Prozess ist der politische Entscheidungsprozess zur Transferförderung (P2). Ziel der Arbeit ist u.a. die Entwicklung eines Vorgehens, welches Anwendende bei der Auswahl geeigneter Unterstützungsoptionen für die Förderung des Transfers einer konkreten *Deep-Tech* assistiert (vgl. Teilkapitel 1.2). Der Entscheidungsprozess der Transferförderung wird folglich auf diesen Aspekt eingegrenzt und umfasst lediglich die Identifikation geeigneter Unterstützungsoptionen für eine konkrete *Deep-Tech*. Eine dezidierte Ausgestaltung und Implementierung dieser Optionen sind explizit nicht Teil des Betrachtungsbereichs vorliegender Arbeit.

---

[230] Vgl. Corsten (1982), Nationaler Technologietransfers, S. 205

2.3.3 Subjektbezogene Eingrenzung

Die subjektbezogene Eingrenzung des Betrachtungsbereichs dient sowohl zur Abgrenzung der für die Nutzung der zu entwickelnden Methodik in Frage kommenden Institutionen als auch der entsprechenden Anwenderkreise. Aufgrund der Ansiedlung der Arbeit an der Schnittstelle von strategischem Technologiemanagement sowie staatlichen Entscheidungsprozessen werden bei der subjektbezogenen Eingrenzung staatliche (S1) und privatwirtschaftliche (S2) Akteure unterschieden. Die hauptsächlichen Anwendungsinstitutionen der zu Methodik stellen Bundesministerien (S1) dar, welche Einfluss auf die Förderung gesellschaftsverändernder Technologien haben. Konkret sind dies in Deutschland bspw. das Bundesministerium für Wirtschaft und Klimaschutz (BMWK) oder das BMBF. Innerhalb dieser Institutionen werden insbesondere die Unterabteilungsleiter entsprechender Ressorts, zum Beispiel der Forschung für technologische Souveränität und Innovationen, als Anwendende adressiert. Diese beschäftigen sich mit der Auswahl und Bewertung von Initiativen in der Technologiefrüherkennung sowie der Allokation entsprechender Förderbudgets und sind dadurch in den für diese Arbeit relevanten Prozessbereichen involviert. Neben Anwendenden aus den Staatsapparaten liefert die Methodik Impulse für privatwirtschaftliche Akteure (S2) der betrachteten Innovationssysteme. Insbesondere Entwicklungs- und Transferbeauftragten in technologie- und wachstumsorientierten Unternehmen jeglicher Größe sollen sich relevante Zusammenhänge erschließen, sodass sich die Unternehmen für eine bestmögliche Unterstützung strategisch vorteilhaft positionieren können.

2.4 Analyse und kritische Würdigung bestehender Ansätze

In diesem Teilkapitel wird der Stand der Forschung zu Handlungsbedarfen und staatlichen Unterstützungsoptionen für den Technologietransfer von *Deep-Tech* analysiert. Zu diesem Zweck werden zunächst Bewertungskriterien – basierend auf der vorangegangenen Eingrenzung des Betrachtungsbereichs sowie der Zielsetzung der Arbeit – definiert (Teilkapitel 2.5.1). Die bestehenden Ansätze werden dann entsprechend ihres Inhalts gruppiert, beschrieben und kritisch gewürdigt (Teilkapitel 2.5.2). Das Kapitel schließt mit der zusammenfassenden Bewertung der Ansätze. Ziele der Untersuchung sind die Identifikation bestehender Defizite sowie potenziell adaptierbarer Lösungsansätze bezogen auf das Forschungsvorhaben der vorliegenden Arbeit (Teilkapitel 2.5.3).

Anhand von Kriterien, die sich in zwei Gruppen einteilen lassen, erfolgt eine Würdigung bestehender Ansätze. Die erste Kriteriengruppe bildet den Objektbereich vorliegender Arbeit – relevante wissenschaftliche Ansätze werden auf die Intensität der

Auseinandersetzung mit den in Teilkapitel 2.4.1 beschriebenen Betrachtungsobjekten untersucht:

- ☐ *Deep-Tech*, ohne weitere technologische Abgrenzungen vorzunehmen
- ☐ *Technologietransfer zwischen Wissenschaft und Industrie*
- ☐ *Akteure technologischer und nationaler Innovationssysteme*
- ☐ *Staatliche Handlungsoptionen* im Zuge des Technologietransfers.

Die zweite Kategorie von Kriterien wird als Zielbereich bezeichnet. Relevante wissenschaftliche Ansätze werden dabei auf eine mögliche Beantwortung der Forschungsfrage und Erreichung der Zielsetzung untersucht:

- ☐ *Phasenspezifische Ableitung von Hemmnissen im Technologietransfer von Deep-Tech*
- ☐ *Phasenspezifische Ableitung von Handlungsoptionen* des Staates für den Prozess des Technologietransfers.

2.4.1 Darstellung und Bewertung bestehender Ansätze

In diesem Teilkapitel werden bestehende Ansätze der Wissenschaftsliteratur hinsichtlich ihres Beitrags zur Beantwortung der Forschungsfrage dieser Arbeit untersucht. Hierzu werden zunächst Ziel, Aufbau und Ergebnis des jeweiligen Ansatzes beschrieben. Anschließend erfolgt die kritische Reflexion unter Zuhilfenahme der im vorherigen Teilkapitel definierten Bewertungskriterien des Objekt- und Zielbereichs. Die untersuchten wissenschaftlichen Ansätze lassen sich unter Berücksichtigung der in Teilkapitel 2.4.1 definierten Objektbereiche den Themenfeldern *Deep-Tech* (Teilkapitel 2.4.1.1), Technologietransfer inkl. Transferhemmnisse (Teilkapitel 2.4.1.2) sowie Innovationssystemtheorie mit Fokus auf den Staat (Teilkapitel 2.4.1.3) zuordnen.

2.4.1.1 Bestehende Ansätze zur Charakterisierung von *Deep-Tech*

Wie in Teilkapitel 2.1.1 dargestellt, mangelt es derzeit noch an wissenschaftlicher Literatur zu *Deep-Tech*, insbesondere aus der Perspektive des Technologiemanagements. Aus diesem Grund werden neben der Bewertung von Veröffentlichungen, welche explizit *Deep-Tech* behandeln, Veröffentlichungen betrachtet, welche spezifische *Deep-Tech* (bspw. Brennstoffzellen) diskutieren. Die berücksichtigten Arbeiten weisen in Ansätzen Schnittstellen mit dem Technologietransfer oder dem Innovationssystem auf und haben somit Relevanz für die vorliegende Arbeit.

BERTRAM 2011: Innovationsprozesse wissensbasierter Technologien

BERTRAM zielt in seiner Dissertation darauf ab, den Innovationsprozess einer forschungsintensiven Technologie im Zeitraum kurz vor dem erwarteten Markteintritt abzubilden und zu untersuchen. Als konkretes Objekt wählt der Autor die Polymerelektrolytbrennstoffzelle (PEM-Brennstoffzelle). Zur Analyse des Innovationsprozesses der PEM-Technologie wird auf die Heuristik des Innovationssystems zurückgegriffen und ein für die PEM-Technologie spezifisches Akteursmodell entworfen, in welchem die Handlungen und Interessen einzelner Akteure umfangreich beschrieben werden. Der Fokus liegt hierbei auf der angewandten Forschung und Entwicklung sowie industriellen Akteuren. Der Autor merkt an, dass die vorhandenen staatlichen Fördermöglichkeiten öffentlicher Forschungs- und Entwicklungseinrichtungen Grund dafür seien, dass die Entwicklung der Technologie weiter vorangetrieben wird, obwohl die industrielle Forschung in diesem Bereich zurückgeht.[231]

Die fokussierte *Deep-Tech* (PEM-Brennstoffzelle) wird ausführlich charakterisiert, ebenso werden die Merkmale genutzt, um die Besonderheiten des Innovationssystems von PEM-Brennstoffzellen zu erarbeiten. Dieses Vorgehen lässt sich jedoch aufgrund der Spezifizität nicht im Allgemeinen auf *Deep-Tech* übertragen. In der Arbeit betrachtet BERTRAM unter anderem den Technologietransfer der PEM-Brennstoffzelle, welcher sowohl horizontal als auch vertikal zwischen verschiedenen nationalen und internationalen Akteuren stattfindet. Der Fokus liegt hierbei nicht auf einer Analyse der Hemmnisse, sondern auf der Erarbeitung einer detaillierten Darstellung der beteiligten Akteure. Im Rahmen der Analyse von Einflussfaktoren auf die technologische Entwicklung geht der Autor u.a. auf den Einfluss des politischen Systems ein und stellt spezifische energiepolitische Gesetze vor, welche das Untersuchungsobjekt beeinflussen. Auch diese Erörterung besitzt wegen des Fokus auf die PEM-Technologie keinen allgemeingültigen Charakter. Da der Fokus auf einer konkreten Technologie liegt, können die Erkenntnisse der Arbeit von BERTRAM nicht grundsätzlich in der vorliegenden Arbeit aufgegriffen werden. Die Akteurscharakterisierungen liefern jedoch wertvolle Kriterien für die Konzeption der zu entwickelnden Methodik in Teilkapitel 3.4.

SCHUH ET AL. 2022: *Description Approach for the Transfer of Competencies and Resources in Collaborations Between Corporates and Deep-Tech Startups*

Ziel der Arbeit von SCHUH ET AL. ist es, diejenigen Kompetenzen und Ressourcen zu identifizieren und charakterisieren, welche für den Transfer innerhalb einer Kooperation von *Corporates* und *Deep-Tech-Startups* relevant sind. Zunächst definieren die

231 Vgl. Bertram (2011), Innovationsprozesse wissensbasierter Technologien

Autoren *Corporates* und *Deep-Tech-Startups*, wobei sie auch *Deep-Tech* charakterisieren. Anschließend wird erörtert, aus welchen Gründen Kooperationen eingegangen werden und welche Relevanz Kompetenzen und Ressourcen innerhalb von Kooperationen besitzen. Schließlich erfolgt die Erarbeitung von fünf charakteristischen Gruppen. Innerhalb dieser Gruppen werden 26 relevante Kompetenzen und Ressourcen identifiziert, welche im Rahmen von Kooperationen ausgetauscht werden. Eine dieser Gruppen ist die Entwicklung von Technologien, welche sich in die Dimensionen Technologietyp, Technologiereifegrade, Anwendungsfokus der Technologie, Technologie-Ressourcennutzung sowie Entwicklungsfokus der Technologie gliedern lässt.[232]

Im Zuge der Definition von *Deep-Tech-Startups* werden einige charakteristische Merkmale von *Deep-Tech* angeführt. Diese Merkmale werden jedoch im weiteren Verlauf der Arbeit nicht erneut aufgegriffen und verwendet. Die Arbeit von SCHUH ET AL. behandelt prinzipiell den Transfer von u.a. Technologien, jedoch findet dieser nicht zwischen Akteuren aus der Forschung und der Industrie statt. Zusätzlich werden in diesem Kontext keine Transferhemmnisse betrachtet. Weitere Kriterien des Objekt- und Zielbereichs lassen sich nicht auf die Veröffentlichung anwenden.

WEYANT 2011: *Accelerating the development and diffusion of new energy technologies: Beyond the "valley of death"*

Ziel des Papers von WEYANT ist es, ein Portfolio von verschiedenen politischen Instrumenten zur Förderung von klimafreundlichen Technologien unter Berücksichtigung ökonomischer sowie politischer Faktoren bereitzustellen. Der Autor thematisiert insbesondere die Finanzierungslücke zwischen Forschung und Industrie und argumentiert, dass in diesem Bereich eingegriffen werden muss. Zunächst führt der Autor Gründe für staatliches Eingreifen zur Reduktion von Treibhausgasemissionen an, bevor anschließend mögliche Lösungen und Risiken vorgestellt und spezifiziert werden. Abschließend wird eine Handlungsempfehlung hinsichtlich möglicher Optionen und zur Ausgestaltung der Förderung gegeben.[233]

Das Paper behandelt eine spezifische Art von *Deep-Tech*. WEYANT betrachtet den Transfer von Technologien aus der Forschung in die Industrie und nennt Transferhemmnisse. Diese Hemmnisse sind jedoch technologiespezifisch und besitzen dadurch nur in Teilen allgemeingültigen Charakter. Zusätzlich erfolgt die Darstellung der Hemmnisse weder systematisch noch erschöpfend. Obwohl im Rahmen der wissenschaftlichen Ausarbeitung einige Unterstützungsoptionen bereitgestellt werden, wird

[232] Vgl. Schuh et al. (2022), Corporates and Deep Tech Startups

[233] Vgl. Weyant (2011), Accelerating new energy technologies

die Rolle des Staates im Innovationssystem nicht explizit thematisiert. Die identifizierten Unterstützungsoptionen werden hinsichtlich ihrer Wirkung sowie ihrer Risiken beurteilt. Es erfolgt jedoch keine Strukturierung der Unterstützungsoptionen.

2.4.1.2 Bestehende Ansätze zum Technologietransfer

Nachfolgend werden Ansätze zum Technologietransfer vorgestellt, welche einen umfassenden Überblick über den Forschungsstand vermitteln, Hemmnisse des Transfers fokussieren und Schnittmengen mit der Thematik des Innovationssystems oder der staatlichen Transferförderung aufweisen.

CORSTEN 1982: Der nationale Technologietransfer

Die Untersuchung von CORSTEN zum Technologietransfer zwischen Forschung und Industrie zielt darauf ab, dessen Erscheinungsformen und Elemente zu analysieren und diejenigen Faktoren herauszuarbeiten, welche den Prozess hemmen bzw. fördern. Hierfür nimmt der Autor zunächst eine terminologische Abgrenzung des Technologietransfers vom Diffusionsprozess vor, bevor eine Diskussion der Mechanismen des Technologietransfers stattfindet. Anschließend wird auf der Grundlage einer systemtheoretischen Betrachtung eine Analyse der Elemente des Technologietransfers durchgeführt. Im Rahmen dieser Analyse stellt CORSTEN Merkmale des Transferobjekts vor, welche je nach Ausprägung hemmend oder fördernd auf den Transfer wirken (vgl. Teilkapitel 2.1.2). Außerdem wird im Rahmen der Arbeit ein Phasenmodell des Technologietransfers entworfen. Schließlich erfolgt eine Untersuchung der hemmenden und fördernden Faktoren des Transfers, strukturiert nach Transferobjekt, Technologiegeber und -nehmer und Umwelt. Darüber hinaus werden Wege aufgezeigt, einzelne hemmende Faktoren zu eliminieren oder deren Auswirkungen zu reduzieren.[234]

Die Veröffentlichung gilt als Grundlagenwerk zum Technologietransfer und die Erkenntnisse besitzen bis heute Gültigkeit. Insbesondere die ausführliche Erörterung von Transferhemmnissen ist für die vorliegende Arbeit von Relevanz und wird daher in der Modelldetaillierung Anwendung finden. Die Untersuchung hemmender und fördernder Faktoren umfasst u.a. eine Analyse des Einflusses rechtlich-politischer Faktoren auf den Technologietransfer, wobei CORSTEN das Patentwesen, Umweltschutzmaßnahmen sowie Sicherheitsvorschriften berücksichtigt. Hierbei werden sowohl Transferhemmnisse als auch Unterstützungsoptionen vorgestellt und verknüpft. Es werden jedoch nicht das Innovationssystem oder die Rolle des Staates darin betrachtet.

---

[234] Vgl. Corsten (1982), Nationaler Technologietransfers

Fichtel 1997: Technologietransfer für Klein- und Mittelbetriebe

In seiner Dissertation untersucht FICHTEL, inwieweit es für KMU möglich ist, wettbewerbsrelevante F&E-Ergebnisse durch den externen Bezug von Technologien zu erzielen. Dazu wird zunächst die Bedeutung von Technologien im Wettbewerb erörtert und die spezifische Situation von KMU dargestellt. Anschließend werden ausgewählte Formen des Technologietransfers vorgestellt und ihre Bedeutung für KMU analysiert. Danach folgt eine umfassende Darstellung ausgewählter Partner des Technologietransfers. Zuletzt stellt der Autor Hemmnisse und Barrieren des Technologietransfers vor, welche er entlang Technologiegeber, -nehmer und -objekt gliedert. Im Rahmen dieser Ausführungen thematisiert FICHTEL außerdem anhand des Beispiels des Informations- und Kommunikationsbereiches Ansätze zur Überwindung von Hemmnissen und Barrieren beim Technologietransfer.[235]

FICHTEL thematisiert in seiner Dissertation weder *Deep-Tech* noch Innovationssysteme. Jedoch behandelt das Werk ausführlich Transferhemmnisse, wobei anzumerken ist, dass diese primär für KMU Relevanz haben und nicht für produzierende Unternehmen im Allgemeinen gelten. Außerdem stellt der Autor Möglichkeiten der Überwindung von Transferhemmnissen vor. Dabei werden jedoch keine politisch-rechtlichen Instrumente thematisiert. Das Werk findet daher in Teilen Berücksichtigung in der Konzeptionierung vorliegender Arbeit.

FRIEDRICH 2014: Konfiguration des hochschulseitigen Wissens- und Technologietransfers in Deutschland

In seiner Dissertation untersucht FRIEDRICH Strukturalternativen und deren situative Einflussgrößen zur Umsetzung des staatlichen Förderauftrages aus der Perspektive öffentlicher deutscher Hochschulen. Konkreter werden mögliche Konfigurationen der drei von FRIEDRICH identifizierten kritischen Unterstützungsaufgaben *Contract Research*, *Intellectual Property Management* und *Spin-offs* betrachtet. Hierfür werden zunächst die Grundlagen im Themenbereich erörtert, wobei u.a. auf die Termini Technologie und Technologietransfer sowie die möglichen Formen des Transfers eingegangen wird. Anschließend wird zur Zielerreichung ein Vorgehensmodell entwickelt. Innerhalb dieses Modells setzt sich der Autor intensiv mit den Hochschulen als Teil des Innovationssystems auseinander. Dabei werden wenige Hemmnisse des Transfers genannt und zudem die rechtliche Situation deutscher Hochschulen, insbesondere in Bezug auf geistiges Eigentum sowie unternehmerische Hochschultätigkeit, genauer beleuchtet. Anschließend werden literaturbasiert fünf mögliche Konfigurationsmuster

---

235 Vgl. Fichtel (1997), Technologietransfer

sowie sechs Kontextfaktoren identifiziert, welche als Gestaltungsparameter dienen. Diese werden abschließend in Fallstudien validiert.[236]

Deep-Tech wird in der Veröffentlichung nicht thematisiert. In Hinblick auf den Technologietransfer geht Friedrich im Ansatz auf Hemmnisse ein. Die Rolle des Staates im Innovationssystem wird überwiegend bezüglich der rechtlichen Rahmenbedingungen deutscher Hochschulen betrachtet, wobei jedoch keine umfassende Darstellung vorgenommen wird. Eine umfangreiche Betrachtung und Systematisierung politischer Instrumente erfolgt nicht.

Meißner 2001: Wissens- und Technologietransfer in nationalen Innovationssystemen

Meißner untersucht in seiner Dissertation die Rolle des Wissens- und Technologietransfers in nationalen Innovationssystemen und somit eine mögliche Kombination beider Konzepte. Der Autor legt zugrunde, dass der Wissens- und Technologietransfer integraler Bestandteil nationaler Innovationssysteme ist. Zur Überprüfung dieser Hypothese werden nach einer Darstellung der Grundlagen im Themenbereich verschiedene nationale Innovationssysteme hinsichtlich ihrer Technologiegewinnungssysteme in Gruppen zusammengefasst. Dadurch wird ein Benchmarking verschiedener Innovationssysteme ermöglicht. Der Hauptteil der Arbeit umfasst schließlich eine Untersuchung des Wissens- und Technologietransfers. Hierfür wird die Rolle des Wissens- und Technologietransfers im Innovationsprozess analysiert und Transferobjekte werden charakterisiert sowie klassifiziert. Dazu greift der Autor auf die Charakteristika von Transferobjekten nach Corsten[237] zurück und erweitert diese. Außerdem werden Instrumente des Technologietransfers beschrieben und in Bezug auf ihre Wirksamkeit bewertet. Schließlich wird das deutsche Innovationssystem hinsichtlich seiner Struktur und Leistungsfähigkeit sowie der verwandten Ansätze und Instrumente des Wissens- und Technologietransfers dargestellt und bewertet. Hierbei berücksichtigt der Autor sowohl Innovations- als auch Transferhemmnisse.[238]

Deep-Tech wird nicht berücksichtigt. In Hinblick auf den Technologietransfer geht Meißner jedoch umfassend auf Hemmnisse ein und synthetisiert diese. Die Rolle des Staates im Innovationssystem wird knapp ausgeführt, indem die Politikbereiche der Innovationspolitik genannt werden, jedoch erfolgt keine umfassende Darstellung der staatlichen Rolle. Es wird zudem weder eine Bewertung noch Strukturierung von konkreten politischen Instrumenten vorgenommen. Ebenso wird im Kontext der Transferhemmnisse nicht auf mögliche Unterstützungsoptionen des Staates eingegangen.

---

236 Vgl. Friedrich (2014), Hochschulseitiger Wissens- und Technologietransfers

237 Vgl. Corsten (1982), Nationaler Technologietransfers

238 Vgl. Meißner (2001), Technologietransfer in nationalen Innovationssystemen

MEIẞNERS Veröffentlichung ist eine der ersten im deutschsprachigen Raum, welche den Zusammenhang von Technologietransfer und Innovationssystemen untersucht und den Transfer in das Innovationssystem einordnet. Die Erkenntnisse der Dissertation werden daher in Teilen zur Konzeptionierung der vorliegenden Arbeit aufgegriffen.

WILHELM 2000: Systemversagen im Innovationsprozess – Zur Reorganisation des Wissens- und Technologietransfers

In seiner Dissertation zielt WILHELM darauf ab, die Ursachen des europäischen Paradoxons[239]zu identifizieren. Nach einer Auseinandersetzung mit den Grundlagen im Themenbereich geht WILHELM ausführlich auf die staatliche Steuerung des Innovationsprozesses ein. Hierbei führt die Autorin zunächst Gründe für staatliches Eingreifen an und thematisiert anschließend die Konsequenzen von Forschungs-, Technologie- und Innovationspolitik hinsichtlich regionaler Entwicklungen. Danach werden ausgewählte politische Fördermaßnahmen zur Unterstützung des Wissens- und Technologietransfers vorgestellt. Anschließend werden die Informations- und Wissensnetzwerke von Entwicklern in der Kunststoffverarbeitung und im Werkzeugmaschinenbau analysiert. Auf Basis der identifizierten Transferstrukturen und -beziehungen werden letztendlich Vorschläge zur Reorganisation des Wissens- und Technologietransfers entwickelt.[240]

Deep-Tech wird nicht thematisiert. Zwar betrachtet die Arbeit den Technologietransfer, konkrete Hemmnisse desselben werden abgesehen von dem europäischen Paradoxon jedoch nicht betrachtet. Die Rolle des Staates im Innovationssystem wird insofern berücksichtigt, als dass der Staat durch verschiedene politische Instrumente in das Innovationssystem eingreifen und den Transfer positiv beeinflussen kann. Hierbei wird eine begrenzte Auswahl konkretisierter Unterstützungsoptionen vorgestellt und ihre mögliche Wirkung bewertet. Eine systematische Strukturierung einer umfangreicheren Menge an politischen Instrumenten erfolgt jedoch nicht.

239 Das sog. europäische Paradox beschreibt die mangelhafte Anwendung und Diffusion technologischer Entwicklungen in Europa, vgl. Peschke (2001), Transnationale Kooperation, S. 143.

240 Vgl. Wilhelm (2000), Systemversagen im Innovationsprozess

2.4.1.3 Bestehende Ansätze zum Staat als Akteur im Innovationssystem

Im vorliegenden Teilkapitel werden Ansätze zum Innovationssystem mit Fokus auf die Rolle des Staates sowie auf den Technologietransfer innerhalb des Innovationssystems vorgestellt. Die Ansätze vermitteln einen umfassenden Überblick über den Stand der Forschung.

DUNKEL 2005: Der Einfluss institutioneller Rahmenbedingungen auf die nationalen Innovationssysteme in Frankreich und Deutschland

DUNKEL analysiert die Innovationssysteme von Deutschland und Frankreich. Hierfür werden zunächst die Grundlagen des Themenbereichs der Innovationssysteme aufgearbeitet, bevor unter besonderer Berücksichtigung der Forschungs- und Technologiepolitik die jeweiligen Innovationssysteme der betrachteten Nationen hinsichtlich ihrer Akteure, ihrer Ausgestaltung sowie der jeweiligen Transfermechanismen untersucht werden. Abschließend werden Schlussfolgerungen und Empfehlungen für die institutionelle Gestaltung von Innovationssystemen gegeben.[241]

Deep-Tech wird in der Dissertation nicht berücksichtigt. Die Rolle des Staates wird insofern betrachtet, als dass die Forschungs-, Technologie- und Wissenschaftspolitik sowie mögliche Gründe für staatliches Eingreifen in das Innovationssystem ausführlich diskutiert werden. Diese Gründe werden in der Ausdetaillierung des Modells vorliegender Dissertation für die Legitimierung des staatlichen Eingreifens zur Förderung von *Deep-Tech* aufgegriffen. Im Kontext der Betrachtung der hemmenden Faktoren des Innovationssystems werden insbesondere Hemmnisse des Technologietransfers dargestellt, welche in Ansätzen mit politischen Instrumenten zur Förderung dieser verknüpft werden. Somit trägt die Dissertation von DUNKEL wesentlich zur Detaillierung bei.

MAZZUCATO 2015: *Building the Entrepreneurial State: A New Framework for Envisioning and Evaluating a Misson-oriented Public Sector*

Ziel des Beitrags von MAZZUCATO ist es, darzulegen, aus welchen Gründen ein aktiv agierender Staat in das Innovationssystem eingreifen muss, um das Hervorbringen technologiebasierter Innovationen zu unterstützen und maßgeblich zu beschleunigen. Hierfür geht die Autorin zunächst auf die Theorie des Marktversagens ein und argumentiert, dass diese Theorie nicht weitreichend genug sei. Als Beispiele für ein verstärktes Eingreifen werden intensivierte *Public-Private Partnerships* und öffentliches Risikokapital beschrieben. MAZZUCATO folgend sollte der Staat insbesondere bei hochriskanten technologischen Entwicklungen eingreifen, welche aus dem privaten Sektor

241 Vgl. Dunkel (2005), Nationale Innovationssysteme in Frankreich und Deutschland

nicht gefördert werden würden. Ohne staatliche Unterstützung würde die Entwicklung dieser Technologien deutlich langsamer voranschreiten. Somit können Risiken verteilt werden und gleichzeitig die gesamte Gesellschaft von erfolgreichen Investitionen profitieren.[242]

MAZZUCATO thematisiert *Deep-Tech* nicht explizit, dennoch werden in der wissenschaftlichen Arbeit vorwiegend hochriskante, kapitalintensive und technologiebasierte Entwicklungen betrachtet. Der Transfer von Technologien wird nicht thematisiert, dafür thematisiert die Autorin ausführlich die Rolle des Staates im Kontext des Hervorbringens von Innovationen und führt konkretisierte politische Instrumente zur Unterstützung von technologischen Innovationen an, deren Wirkung sie diskutiert. Insgesamt fließen damit Elemente der Arbeit in die Konzeptionierung vorliegender Arbeit ein.

RASMUSSEN & RICE 2012: *A framework for government support mechanisms aimed at enhancing university technology transfer: the Norwegian case*

Die Arbeit von RASMUSSEN & RICE zielt darauf ab, einen konzeptionellen Rahmen zu entwickeln, welcher staatliche Unterstützungsoptionen für den Transfer von Technologien aus der Forschung in die kommerzielle Anwendung bereitstellt. Hierfür werden bestehende politische Instrumente Norwegens analysiert und anschließend drei wesentliche Mechanismen zur Unterstützung des Transfers abgeleitet. Konkret sind diese die Ausweitung der akademischen Forschung von der Grundlagenforschung bis hin zur Entwicklung, die Ausweitung der Rolle der Technologienehmer sowie der wirtschaftsseitigen Transfermittler und die Unterstützung der Entwicklung von Transfermittlern.[243]

Im Rahmen der Veröffentlichung wird keine *Deep-Tech* betrachtet. Ebenso sind das Innovationssystem und die entsprechenden Akteure kein Teil der Analyse. Jedoch werden Transferhemmnisse sowie mögliche Unterstützungsoptionen in der Veröffentlichung intensiv diskutiert. Hierbei werden die identifizierten Hemmnisse argumentativ mit den ermittelten Unterstützungsoptionen verknüpft. Staatliche Handlungsfelder werden nicht explizit berücksichtigt. Die Veröffentlichung trägt durch ihren Fokus auf den Transfer inklusive Transferhemmnissen sowie geeigneter Unterstützungsoptionen wesentlich zur Konzeptionierung vorliegender Arbeit bei.

---

242 Vgl. Mazzucato (2015), Entrepreneurial State

243 Vgl. Rasmussen, Rice (2012), Government support mechanisms

SAUER 2018: Funktionale Dynamik von Technologischen Innovationssystemen im Bereich der Erneuerbaren Energietechnologien

Die Dissertation von SAUER hat das Ziel, das TIS rund um die Energiespeicher der Elektromobilität in Deutschland zu analysieren und mit vergleichbaren TIS der Länder China, Japan, Korea und den USA in Beziehung zu setzen. Hierbei sollen insbesondere die Barrieren und Treiber für aktuelle und zukünftige Entwicklungen der Elektromobilität in Deutschland identifiziert werden. Zur Zielerreichung werden zunächst die Grundlagen im Themenbereich dargestellt, wobei TIS und elektrochemische Energiespeichertechnologien beschrieben werden. Darauf folgt die Analyse der TIS von Energiespeichern der Elektromobilität sechs verschiedener Länder. Abschließend werden hemmende und fördernde Schlüsselfaktoren identifiziert, aus denen wiederum politische Schlüsselfaktoren zur Unterstützung des TIS der Energiespeicher abgeleitet werden.[244]

Deep-Tech wird in der Dissertation insofern thematisiert, als dass die betrachtete Technologie Energiespeicher der Elektromobilität als *Deep-Tech* zu charakterisieren ist. Aufgrund dessen werden im Rahmen der Arbeit keine allgemeingültigen Aussagen bezüglich der Merkmale von *Deep-Tech* getätigt. Der Transfer von Technologien wird zwar an einigen Stellen der Dissertation erwähnt, jedoch wird nicht tiefgreifender darauf eingegangen. Zusätzlich wird der Themenbereich nicht in den Kontext hemmender Faktoren gesetzt. Hemmende Faktoren werden lediglich in Bezug auf das gesamte Innovationssystem beschrieben, weshalb sich die abgeleiteten politischen Instrumente auch nur auf diese und nicht explizit auf den Technologietransfer beziehen.

WELSCH 2005: Innovationspolitik – Eine problemorientierte Einführung

Die Arbeit von WELSCH hat das Ziel, die Grundlagen der Innovationspolitik zu erörtern. Hierfür beschäftigt sich der Autor zunächst mit Innovationen und deren Zusammenhang mit wesentlichen gesellschaftlichen Problemen, wie bspw. Wachstum, Beschäftigung, Inflation oder dem Außenhandel. Anschließend werden die Grundlagen und Grundbegriffe im Themenbereich dargestellt, bevor das NIS Deutschlands vorgestellt wird. Hierbei werden u.a. die konkreten Elemente des deutschen Innovationssystems sowie das System des Technologietransfers innerhalb des Innovationssystems dargestellt. Im Rahmen der Ausführungen zum Transfersystem geht der Autor auf die Ziele und Formen des Technologietransfers, Arten von Intermediären, Schwachstellen des Systems sowie aktuelle Entwicklungen ein. Außerdem werden die Stärken und Schwächen des deutschen Innovationssystems diskutiert. Anschließend erfolgt ein

---

[244] Vgl. Sauer (2018), Funktionale Dynamik von Technologischen Innovationssystemen

Vergleich des deutschen Innovationssystems mit dem internationalen Wettbewerb sowie eine Einführung in die Innovationspolitik der deutschen Marktwirtschaft. Für letzteres wird zunächst der Begriff der Innovationspolitik definiert. Danach folgen Ausführungen zur Entwicklung der Innovationspolitik in Deutschland, bevor Instrumente der Innovationspolitik vorgestellt werden. Die Veröffentlichung schließt mit einem Teilkapitel zu den Bedingungen, alternativen Konzepten und Handlungsräumen der Innovationspolitik.[245]

In der Veröffentlichung werden die Themenbereiche der Innovationspolitik, des deutschen Innovationssystems sowie des Transfersystems innerhalb des Innovationssystems intensiv diskutiert. Die genannten Schwächen des Transfersystems stellen systemische Hemmnisse dar. Der Autor stellt den Staat in das Zentrum seiner Betrachtungen und erörtert umfassend die Rolle des Staates innerhalb des Innovationssystems. Dabei werden ausgewählte Instrumente der Innovationspolitik, gegliedert in harte und weiche Instrumente, vorgestellt sowie deren Auswirkungen diskutiert. *Deep-Tech* wird in der Veröffentlichung nicht thematisiert. Insgesamt wird das Werk daher unterstützend in der Detaillierung der Arbeit aufzugreifen.

WIECZOREK & HEKKERT 2012: *Systemic instruments for systemic innovation problems: A framework for policy makers and innovation scholars*

Die Veröffentlichung von WIECZOREK & HEKKERT hat zum Ziel, einen Rahmen zu entwickeln, mit Hilfe dessen politische Akteure passende Instrumente der Innovationspolitik einsetzen können. Der Fokus liegt auf systemischen Instrumenten, welche auf die zentralen Prozesse innerhalb des Innovationssystems einwirken und diese positiv beeinflussen. Zur Entwicklung des Vorgehens werden zunächst die einzelnen strukturellen Elemente eines Innovationssystems diskutiert. Anschließend erfolgt die Vorstellung der Funktionen von Innovationssystemen, welche mit den strukturellen Elementen verknüpft werden. Danach werden Probleme des Innovationssystems strukturiert vorgestellt und mit politischen Instrumenten verknüpft. Das Ergebnis der Arbeit stellt ein Vorgehen dar, bei welchem zunächst die vorliegenden Probleme eines Innovationssystems identifiziert und darauf basierend diejenigen politischen Instrumente herausgearbeitet werden können, welche auf diese Probleme einwirken.[246]

In der Veröffentlichung wird *Deep-Tech* nicht thematisiert, ebenso wird der Technologietransfer nicht explizit behandelt. Die Rolle des Staates wird insofern diskutiert, als dass dieser Akteur politische Instrumente zur Unterstützung systemischer

245 Vgl. Welsch (2005), Innovationspolitik

246 Vgl. Wieczorek, Hekkert (2012), Systemic innovation problems

Probleme des Innovationssystems auswählen und einsetzen kann. Die diskutierten politischen Instrumente werden weder bewertet noch strukturiert. Letztendlich erfolgt zwar die Verknüpfung von systemischen Problemen des Innovationssystems mit politischen Instrumenten, die konkrete Auswahl von politischen Instrumenten obliegt jedoch dem Anwender, wobei die Erläuterung des Vorgehens zur Auswahl vage bleibt.

2.4.1.4 Eigene Ansätze im Forschungsbereich

Im Zuge der Erstellung der vorliegenden Dissertation sind unter Mitwirkung des Autors Vorveröffentlichungen entstanden, in denen die hier zugrundeliegende Forschungsfrage (teilweise) adressiert wird. Diese Vorveröffentlichungen werden im Folgenden ebenfalls vorgestellt und kritisch gewürdigt.

SCHUH & LATZ 2022: *Concept for the Identification of Governmental Needs for Actions within the Technology Transfer of Deep Tech*

In der Arbeit wird die praktische und theoretische Relevanz zur Ableitung staatlicher Unterstützungsoptionen für *Deep-Tech* erarbeitet. Darauf aufbauend wird ein Konzept zu ebendieser Ableitung hergeleitet und grobkonzeptioniert. Die inhaltliche Erarbeitung sowohl der Hemmnisse als auch der Unterstützungsoptionen findet nicht statt.[247]

SCHUH ET AL. 2022A: *Governmental Support Options for the Technology Transfer of Deep Tech Innovations*

Die Veröffentlichung beschreibt relevante Hemmnisse sowie Unterstützungsoptionen des Staates im Kontext von *Deep-Tech*. Dafür wird bestehende Fachliteratur systematisch analysiert und im Hinblick auf die Zielstellung analysiert. Insbesondere wird der Staat als Akteur im Innovationssystem untersucht. Eine phasenabhängige Strukturierung und Zuordnung findet nicht statt.[248]

SCHUH ET AL. 2022B: *Accelerating Deep Tech Innovations*

Basierend auf einer Fallstudienanalyse werden in der Arbeit von SCHUH ET AL. für den Transfer von *Deep-Tech* relevante Akteure ermittelt und charakterisiert. Als Ergebnis resultieren Kompetenzprofile, die als Grundlage zur Ableitung von Hemmnissen im Transfer dienen können. Sowohl Phasenspezifität als auch staatliche Unterstützungsoptionen sind kein Teil der Ausarbeitung.[249]

---

247 Vgl. Schuh, Latz (2022), Concept Technology Transfer of Deep Tech

248 Vgl. Schuh et al. (2022), Governmental Support Options

249 Vgl. Schuh et al. (2022), Accelerating Deep Tech Innovations

SCHUH ET AL. 2023: ***Reference-phase Model for the Transfer Process of Deep Tech Innovations***

Durch die Analyse bestehender Fachliteratur im Kontext von Technologie- und Transferphasen ermitteln SCHUH ET AL. ein Referenzphasenmodell für den Technologietransfer von *Deep-Tech*. Dabei werden die Akteure des Innovationssystems berücksichtigt. Gleichzeitig werden einzelne Transferhemmnisse bestimmt. Es werden jedoch keine phasenabhängigen Hemmnisse oder Unterstützungsoptionen erarbeitet.[250]

SCHUH ET AL. 2024: ***Fostering the European Innovation System***

In ihrer Veröffentlichung vergleichen SCHUH ET AL. die NIS EU27, USA und China. Entlang verschiedener Indikatoren (z.B. F&E-Ausgaben, Patente) wird die Entwicklung der einzelnen Systeme in den vergangenen Jahren analysiert. Darauf aufbauend werden im Zuge einer Detailanalyse der Systeme USA und China relevante Maßnahmen zur Verbesserung des Technologietransfers in Europa definiert. Es mangelt an inhaltlicher Breite im Bereich der Hemmnisse und Unterstützungsoptionen und an einer Phasenspezifität ebendieser.[251]

2.4.2 Zusammenfassung der Bewertung bestehender Ansätze

Nach der erfolgten Darstellung, Analyse und kritischen Würdigung relevanter Ansätze werden diese zusammenfassend anhand der eingeführten Kriterien bewertet. Es ist festzustellen, dass Elemente des Objekt- und Zielbereichs unterschiedlich stark in der bestehenden Literatur betrachtet werden (vgl. Abbildung 2.10).

[250] Vgl. Schuh et al. (2023), Reference-phase Model for the Transfer Process of Deep Tech Innovations

[251] Vgl. Schuh et al. (2024), Fostering the European Innovation System

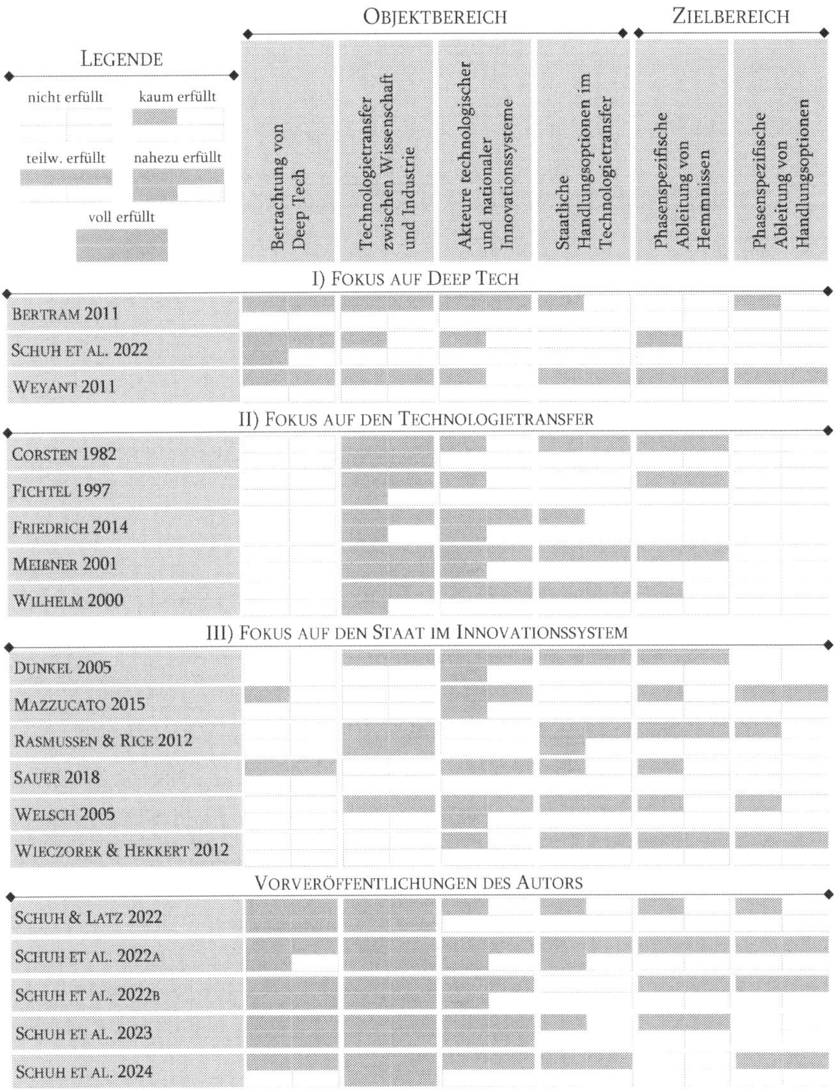

Abbildung 2.10: Bewertung bestehender Ansätze der relevanten Literatur

Für die vorliegende Arbeit leisten die Arbeiten von CORSTEN, MEIßNER und RASMUSSEN & RICE sowie die Vorveröffentlichungen des Autors wesentliche Beiträge zur Beantwortung der gestellten Forschungsfrage. Die besondere Technologieform *Deep-Tech* ist definitorisch und wissenschaftlich noch nicht stark etabliert. Es bestehen einzelne Werke, in welchen die Besonderheiten und Eigenschaften diskutiert werden. Diese existieren jedoch noch nicht in Kombination mit Werken des Technologietransfers oder der Innovationssystemtheorie. Weiter ist festzustellen, dass der grundlegende Technologietransfer aus der Wissenschaft in die Industrie umfangreich in der Literatur untersucht und diskutiert wird. Insbesondere die Werke von CORSTEN und MEIßNER haben dabei für die vorliegende Forschungsfrage eine hohe Bedeutung. Relevante Akteure der Innovationssysteme finden sowohl in Werken des Technologietransfers als auch in der Innovationssystemtheorie Berücksichtigung. Hilfreiche Vorarbeiten liefern DUNKEL, MAZZUCATO und WELSCH. Eine integrative Betrachtung der Akteure im Technologietransfer von *Deep-Tech* fehlt jedoch. Letztlich werden staatliche Handlungsoptionen im Technologietransfer in einzelnen Werken thematisiert. Die umfangreichste Auseinandersetzung findet bei RASMUSSEN & RICE statt, wobei eine holistische Betrachtung mit Fokus auf Technologietransfer von *Deep-Tech* fehlt.

In Bezug auf den Zielbereich ist ersichtlich, dass bestehende Werke der betrachteten Bereiche eine gewisse Phasenspezifität innehaben (vgl. DUNKEL und RASMUSSEN & RICE). Diese ist jedoch begrenzt auf die Ableitung von Hemmnissen im Technologietransfer und findet dabei nicht durchgängig statt. Es mangelt daher an einer phasenspezifischen Ableitung von Handlungsoptionen des Staates im Technologietransfer.

2.5 Zwischenfazit zur Ableitung des Forschungsbedarfs

In Hinblick auf die in Teilkapitel 1.2 definierte Zielsetzung gehen aus der Analyse relevanter Forschungsansätze vier wesentliche Defizite hervor. Diese werden als Grundlage für die inhaltliche Ausarbeitung dieser Arbeit nachfolgend detailliert herausgearbeitet.

Fehlende Synchronisation der Technologietransfer- und Innovationssystemtheorie

In der weit verbreiteten und etablierten Technologietransfertheorie werden neben grundlegenden Klassifikationen auch die Transferbeteiligten beschrieben (vgl. Teilkapitel 2.1.3). Dabei werden die Akteure, welche für einen erfolgreichen Technologietransfer relevant sind, jedoch nur unspezifisch bestimmt. Gleichzeitig wird in der Innovationssystemtheorie ein detaillierterer Blick auf die Akteure genutzt (vgl. Teilkapitel 2.2.1). Die Verknüpfung und Interaktion der Akteure wird jedoch nicht transferspezifisch behandelt, sodass auch dabei nicht die notwendigen Erkenntnisse für die vorliegende Zielsetzung abgeleitet werden können. Eine Synchronisation der Konzepte als Ausgangsbasis für die Konzeption ist jedoch essenziell.

Fehlende Beschreibung von Transferphasen von *Deep-Tech*

Die Betrachtung des Zielbereichs lässt ableiten, dass der Technologietransfer bislang nicht durch detaillierte Prozessphasen beschrieben ist. Phasenmodelle existieren in Bezug auf Startup-Lebenszyklusphasen, Innovationsprojekte oder reine Technologieentwicklungsprojekte (s. Teilkapitel 4.2.3). Diese sind jedoch nicht in den thematischen Schwerpunktbereichen vorliegender Arbeit zu verorten und passen daher nicht zur vorliegenden Forschungsfrage.

Fehlende Charakterisierung der am *Deep-Tech*-Transferprozess beteiligten Akteure

Zur Durchführung eines erfolgreichen Technologietransfers haben sämtliche Akteure des Prozesses Relevanz. In bestehenden Werken sind Akteure des Innovationssystems bislang nur unzureichend in Bezug auf die Zielstellung der Arbeit charakterisiert.

Fehlende *Deep-Tech*- sowie phasenspezifische Ableitung von Handlungsbedarfen und staatlichen Unterstützungsoptionen

Die Auflösung der Defizite in bestehender Literatur dient nicht dem Selbstzweck, sondern der Befähigung staatlicher Entscheidungsträger zur Optimierung des Technologietransfers von *Deep-Tech*. In der Theorie besteht kein handlungsweisendes Vorgehen zur Ableitung relevanter Unterstützungsoptionen, welches im Sinne der Zielerreichung vorliegender Arbeit und ihrer praktischen Umsetzung jedoch essenziell ist.

Die erläuterten Defizite sowie die fehlende Berücksichtigung relevanter Elemente und Zusammenhänge im Technologietransfer haben zur Folge, dass staatliche Unterstützungsoptionen des Technologietransfers von *Deep-Tech* nicht belastbar abgeleitet werden können. Diese Erkenntnis bildet den Ausgangspunkt für die Ausarbeitung dieser Dissertation. Sie wirkt damit richtungsweisend hinsichtlich der nachfolgenden inhaltlichen Konzeptionierung der Methodik.

3 Konzeption der Methodik

Nach EHRLENSPIEL & MEERKAMM beschreibt eine Methodik eine planmäßige Verfahrensweise zur Erreichung eines definierten Ziels unter Zuhilfenahme von Strategien, Methoden, Werkzeugen und Hilfsmitteln[252], welche im Nachfolgenden konzeptioniert wird. Diese wird auf den in den vorangegangenen Kapiteln gewonnenen Erkenntnissen aufgebaut, indem erforderliche Modelle als Hilfsmittel zur Problemlösung für die Zielstellung der vorliegenden Dissertation abgeleitet und sachlogisch miteinander verknüpft werden. Dazu werden in Teilkapitel 3.1 zu Beginn die inhaltlichen und formalen Anforderungen an die Methodik bestimmt. In Teilkapitel 3.2 werden Grundlagen zur Modell- und Systemtheorie erläutert. Diese werden in Teilkapitel 3.3 um Grundlagen der relevanten analytischen Forschungsmethoden ergänzt, um abschließend die Grobstruktur der Methodik in Teilkapitel 3.4 zu konzeptionieren.

3.1 Anforderungen an die Methodik

Zur zielorientierten Modellierung einer Methodik bedarf es Anforderungen. Diese sind einerseits in der Zielsetzung und den Defiziten bestehender Ansätze inhaltlich begründet (Teilkapitel 3.1.1), andererseits in den wissenschaftlich-formalen Anforderungen an eine Modellbildung (Teilkapitel 3.1.2). Beide Anforderungsarten werden im Folgenden hergeleitet und vorgestellt.

3.1.1 Inhaltliche Anforderungen

Die Zielsetzung der vorliegenden Arbeit lässt sich als Entwicklung einer Methodik zur Ableitung von Handlungsbedarfen und staatlichen Unterstützungsoptionen für die Förderung des Technologietransfers von *Deep-Tech* beschreiben. Die Formulierung der zur Erreichung dieser Zielsetzung relevanten inhaltlichen Anforderungen an das Konzept (vgl. Abbildung 3.1) erfolgt unter Berücksichtigung der Problemstellungen sowie den Defiziten im Betrachtungsbereich.

[252] Vgl. Ehrlenspiel, Meerkamm (2017), Integrierte Produktentwicklung, S. 911

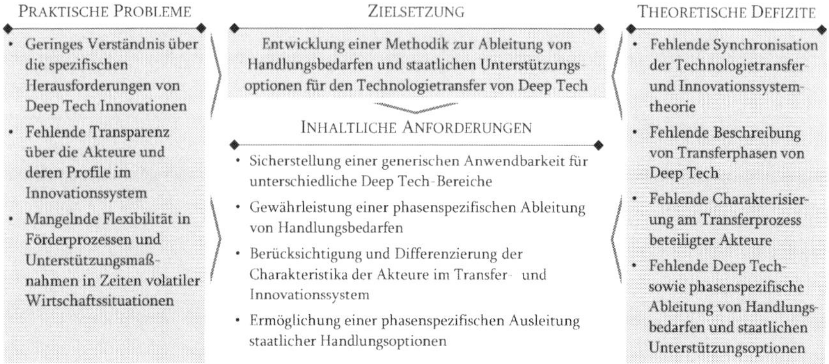

Abbildung 3.1: Ableitung der inhaltlichen Anforderungen an die Dissertation

Um den Lösungsraum für staatliche Unterstützungsoptionen im Technologietransfer zu maximieren und Hilfestellungen für einen größtmöglichen technologischen Anwendungsbereich zu liefern, gilt es, universell anwendbare Charakterisierungs- und Bewertungsmerkmale zu nutzen. In diesem Zusammenhang ist es basierend auf den Herausforderungen der staatlichen Entscheidungsträger im Bereich der Innovations- und Technologieförderung notwendig, Abgrenzungen der Besonderheiten von *Deep-Tech* gegenüber Technologien im Allgemeinen zu liefern. Die *Sicherstellung einer generischen Anwendbarkeit der Methodik innerhalb unterschiedlicher Deep-Tech-Bereiche* stellt somit die erste inhaltliche Anforderung an die Methodik dar.

Den in der Literatur existierenden Technologiecharakterisierungen mangelt es am Fokus auf *Deep-Tech*-Besonderheiten sowie einer für die vorliegende Zielsetzung notwendigen Spezifität in Bezug auf Beschreibungscharakteristika und Bewertungsoptionen (vgl. Teilkapitel 2.5). In Form einer handlungsweisenden Systematik muss sichergestellt werden, dass Besonderheiten verschiedener Entwicklungs- und Transferstände der Technologie, insbesondere im Maschinenbau, Berücksichtigung bei der Auswahl staatlicher Handlungsoptionen finden. Daher beschreibt die *Gewährleistung einer phasenspezifischen Ableitung von Handlungsbedarfen* die zweite inhaltliche Anforderung an die Methodik.

Eine Vielzahl aktueller forschungstheoretischer Ansätze vereinfacht die Betrachtung von Innovationssystemen und lässt einen Bezug zu den Besonderheiten von *Deep-Tech* und dem Maschinenbau vermissen (vgl. Teilkapitel 2.4.2). Gleichzeitig mangelt es an einer Synchronisation mit relevanten Technologietransferelementen. Aufgrund vorherrschender hochkomplexer Wertschöpfungsketten und globalisierten Produktions- sowie F&E-Landschaften, welche im Kontext *Deep-Tech* in der Regel vorliegen, ist es notwendig, unterschiedliche Akteursarten des Innovations- und Transfersystems zu differenzieren. Daher gilt es, die *Differenzierung der Charakteristika sämtlicher Akteure eines Innovations- und Transfersystems* als weitere inhaltliche Anforderung zu berücksichtigen. Damit wird ermöglicht, kritische Akteure (bspw. Start-ups und Rohstofflieferanten) verstärkt in die Technologietransfertheorie zu involvieren und damit einhergehend fokussierter in den Förderprozess einzubeziehen.

Bisherige forschungstheoretische Ansätze der Innovations- und Politikforschung gehen nicht über eine unspezifische Charakterisierung des Staates als Akteur hinaus (vgl. Teilkapitel 2.4.1.3). Es gilt daher, den Lösungsraum der Handlungsmaßnahmen zu erweitern, dass ein größtmöglicher Anforderungsraum von *Deep-Tech*-Innovationssystemen adressiert werden kann. Die *phasenspezifische Ausleitung staatlicher Handlungsoptionen* zur Förderung stellt daher die finale inhaltliche Anforderung an das Modell dar.

3.1.2 Formale Anforderungen

Modelle bestehen nicht aus der Summe aller Attribute des realen abgebildeten Prozesses oder Objekts[253]. Daher muss ein Kompromiss zwischen tiefgehender Wirklichkeitsnähe sowie Erstellungsaufwand und Anwendung des Modells getroffen werden. Nach PATZAK beinhaltet ein optimales Modell vier Merkmale: Empirische Richtigkeit, formale Richtigkeit, Zweckbezug und Handhabbarkeit. Unter empirischer Richtigkeit (1) wird in diesem Zusammenhang ein Wirklichkeitsbezug und eine hohe Übereinstimmung zwischen Modellverhalten und den tatsächlichen, realen Systemeigenschaften verstanden. Formale Richtigkeit (2) wird gewährleistet, wenn das Modell frei von inneren Widersprüchen ist und Modellergebnisse wiederholbar und überprüfbar sind. Im Zweckbezug (3) ist die Beantwortung eingangs formulierter Fragestellungen sowie die Erreichung der definierten Zielsetzung beinhaltet. Unter Handhabbarkeit (4) wird eine simple Interpretation der Modellergebnisse sowie ein angemessenes Verhältnis zwischen Nutzen und Aufwand bei der Anwendung verstanden.[254] Ein strukturierter Aufbau des Gesamtmodells und eine systematische Vorgehensweise bei der Erstellung der Teilmodelle wird mithilfe der Einhaltung dieser formalen Anforderungen erreicht. Zusätzlich ermöglichen diese eine optimale Wirksamkeit vor dem Hintergrund der angestrebten Zielsetzung (vgl. Teilkapitel 1.2).

[253] Vgl. Fleischmann et al. (2018), Digitalisierung von Prozessen, S. 20

[254] Vgl. Patzak (1982), Systemtechnik, 309f.

3.2 Grundlagen zur wissenschaftlich-formalen Konzeption

Im Rahmen der vorliegenden Arbeit werden die eingangs formulierten wissenschaftlichen Fragestellungen mit Hilfe verschiedener Teilmodelle beantwortet, welche zu einer Methodik verknüpft werden. Die Modell- sowie Systemtheorie und -technik ermöglichen eine wissenschaftliche Modellierung im Zuge von Forschungsvorhaben. Die für die Konzeption der Teilmodelle und des Gesamtmodells notwendigen Grundlagen der beiden Disziplinen werden in Teilkapitel 3.2.1 (Allgemeine Modellierungstheorie) sowie in Teilkapitel 3.2.2 (Systemtheorie und -technik) eingeführt.

3.2.1 Allgemeine Modellierungstheorie

Die Modelltheorie befasst sich mit der Entwicklung von Modellen, wobei unter dem Begriff Modell eine Abstraktion und Vereinfachung der Realität verstanden wird. Modelle werden im Allgemeinen dazu genutzt, Sachverhalte sowohl künstlicher als auch physischer Natur zeitbezogen und zielgerichtet abzubilden. Somit beinhalten Modelle nicht alle Attribute des Originals und bilden lediglich Teilaspekte der Wirklichkeit ab, die auf den Anwender abgestimmt sind[255]. Modelle werden zur Gewinnung von Erkenntnissen, zur Überprüfung von Logik und Empirie der getroffenen Aussagen sowie dem Ersetzen von Realexperimenten herangezogen[256]. STACHOWIAK, der als Begründer der Modelltheorie gilt, charakterisiert Modelle anhand dreier Merkmale: dem Abbildungsmerkmal, dem Verkürzungsmerkmal und dem pragmatischen Merkmal[257]. Das Abbildungsmerkmal beschreibt die Tatsache, dass ein Modell immer ein Abbild natürlicher oder künstlicher Originale ist. Entsprechend dem Verkürzungsmerkmal werden in einem Modell nicht alle Attribute der Wirklichkeit repräsentiert, sondern lediglich solche, welche im Kontext der Modellanwendung als sinnvoll wahrgenommen werden. Das pragmatische Merkmal greift die Kontextualität von Modellen auf, da diese nur unter gewissen Bedingungen im Kontext spezifischer Fragestellungen für bestimmte Subjekte und innerhalb definierter Zeitintervalle gültig sind.

In der Literatur existieren verschiedene Ansätze zur Systematisierung von Modellen. Dies ermöglicht eine bedarfsgerechte und anwendungsbezogene Modellentwicklung. So unterscheidet man bspw. in den Wirtschaftswissenschaften Modelle hinsichtlich ihres Einsatzzwecks bzw. dem erlangten Erkenntnisgewinn oder zwischen statischen und dynamischen Modellen[258]. Im Rahmen der vorliegenden Arbeit ist eine Differenzierung der Modelle hinsichtlich ihres Erkenntnisgewinns zweckdienlich. In dieser

[255] Vgl. Haberfellner (2012), Systems Engineering, S. 35; Stachowiak (1973), Modelltheorie, S. 132f.

[256] Vgl. Schweitzer, Küpper (1991), Systeme der Kostenrechnung, S. 73

[257] Vgl. Stachowiak (1973), Modelltheorie, 131ff.

[258] Vgl. Zelewski (2008), Grundlagen Betriebswirtschaftslehre, 44ff.; Patzak (1982), Systemtechnik, 253ff..

Hinsicht können nach PATZAK vier Modelltypen unterschieden werden, die konsekutiv aufeinander aufbauen. Beschreibungsmodelle sind rein deskriptiv und dienen der systematischen Erfassung und Abbildung von Zuständen, ohne die Wirkzusammenhänge explizit zu erläutern. Dadurch kommen diese ohne wesentliche deduktive und induktive Schritte aus. Erklärungsmodelle erläutern dagegen die Strukturen und das Verhalten von Realsystemen, deren Wirkzusammenhänge sie logisch-induktiv ermitteln. Verglichen mit Beschreibungsmodellen wird somit das Verständnis eines Realsystems gesteigert. Vorhersagemodelle, auch Prognosemodelle genannt, erweitern den Betrachtungsbereich von Erklärungsmodellen dadurch, dass Zustände berücksichtigt werden, die zukünftig eintreten können. In Gestaltungsmodellen sind darüber hinaus Handlungsempfehlungen hinsichtlich bestimmter Gestaltungsalternativen integriert, die vor dem Hintergrund definierter Ziele bewertet werden.[259]

3.2.2 Systemtheorie und -technik

Die Systemtheorie ist eine interdisziplinärere Wissenschaft, welche zur Beschreibung und Erklärung komplexer Problemstellungen und Phänomene herangezogen werden kann[260]. Die Systemtechnik (engl.: *Systems Engineering*) ist Teil der Systemtheorie und stellt verschiedene methodische Hilfsmittel für den zweckmäßigen und zielgerichteten Umgang mit komplexen Systemen sowie zur Lösung komplexer Probleme bereit[261]. Die Systemtechnik ermöglicht eine transparente Darstellung dieser Probleme, wodurch Teilprobleme identifiziert und deren Wechselwirkungen sowohl untereinander als auch mit der Systemumwelt untersucht werden können[262]. Mit Hilfe der Systemtechnik können Verhaltenseigenschaften analysiert oder Ansätze für Entscheidungssituationen entwickelt werden. Die wichtigsten Prinzipien der Systemtechnik sind das Systemdenken (engl.: *Systems Thinking*) und der Problemlösungsprozess (engl.: *Systems Engineering Process Model*), welche nachfolgend erläutert werden[263].

Das Systemdenken ist ein Instrument zur Beschreibung komplexer Sachverhalte und den jeweiligen Zusammenhängen. Es unterstützt ganzheitliches Denken, schafft ein besseres Systemverständnis und ermöglicht die Gestaltung komplexer Systeme[264]. Nachfolgend werden die grundlegenden Begrifflichkeiten und Elemente des Systemdenkens erläutert (vgl. Abbildung 3.2).

259 Vgl. Patzak (1982), Systemtechnik, 313ff.

260 Vgl. Bruns (1991), Systemtechnik, S. 6; Fuchs (1973), Systemtheorie und Organisation, S. 33f.

261 Vgl. Patzak (1982), Systemtechnik, S. 2

262 Vgl. Winzer (2016), Generic systems engineering, S. 2

263 Vgl. Haberfellner et al. (2019), Systems Engineering, S. 4

264 Vgl. Haberfellner et al. (2019), Systems Engineering, S. 3

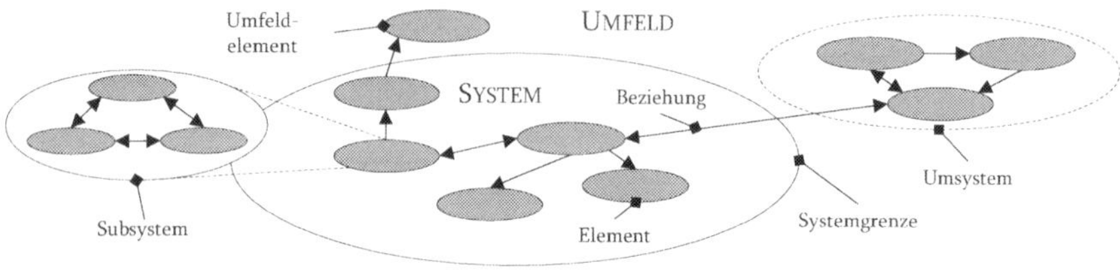

Abbildung 3.2: Grundlegende Begrifflichkeiten des Systemdenkens [265]

Systeme sind vom Systemumfeld abgegrenzte Wirklichkeitsbereiche[266]. Sie fungieren als Untersuchungsobjekt und bestehen aus Systemelementen, die durch Eigenschaften bzw. Attribute beschrieben werden können und durch definierte Beziehungen in Verbindung miteinander stehen[267]. Nach außen sind Systeme durch Systemgrenzen vom Umfeld abgegrenzt, wobei Elemente eines Systems durchaus mit Elementen des Systemumfelds interagieren können[268]. Mehrere Systeme können zu einem sogenannten Supersystem zusammengefasst werden[269]. Außerdem können die Elemente eines Systems als eigene Subsysteme fungieren[270]. Das zweite wichtige Prinzip der Systemtechnik ist der Problemlösungsprozess, welcher zur systematischen Lösung von Problemen dient. HABERFELLNER stellt in seinem bewährten Vorgehensmodell der Systemtechnik einen Ansatz vor, der mittels vier Prinzipien das systematische Analysieren und Lösen von Problemen ermöglicht[271] (vgl. Abbildung 3.3).

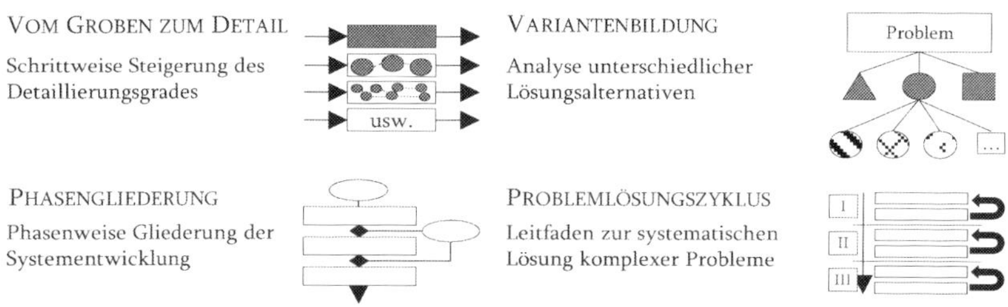

Abbildung 3.3: Prinzipien zur Analyse und Lösung von komplexen Problemen[272]

265 I.A.a. Haberfellner (2012), Systems Engineering, S. 34

266 Vgl. Schmidt (1985), Systemanalyse und Modellaufbau, S. 50

267 Vgl. Patzak (1982), Systemtechnik, S. 19

268 Vgl. Haberfellner (2012), Systems Engineering, S. 34

269 Vgl. Patzak (1982), Systemtechnik, S. 42f.

270 Vgl. Haberfellner (2012), Systems Engineering, S. 34

271 Vgl. Haberfellner (2012), Systems Engineering, S. 57ff.

272 I.A.a. Haberfellner (2012), Systems Engineering, S. 57ff.

Im Rahmen des Prinzips vom Groben zum Detail werden die Systemgrenzen und -elemente zunächst generisch beschrieben, bevor das System mittels eines Top-down Ansatzes vom Groben zum Detail spezifiziert wird[273]. Mithilfe des Prinzips der Variantenbildung werden auf jeder Detaillierungsebene alternative Lösungsprinzipien sowie deren Einfluss auf die Systemelemente bestimmt. Anschließend erfolgt die Detaillierung eines Lösungsansatzes, wobei ebenfalls alternative Lösungsoptionen berücksichtigt werden.[274] Das Prinzip der Phasengliederung erweitert die beiden zuvor genannten Prinzipien um eine prozessuale Sichtweise der Problemlösung, die eine Gliederung des Problems in übersichtliche und definierbare Einzelphasen erlaubt. So können die Idee, Entwicklung und Umsetzung einer Problemlösung in mehrere Phasen untergliedert werden, die logisch und zeitlich voneinander getrennt werden können. Dies ermöglicht eine Reduktion der Komplexität in der Abwicklung von Projekten[275]. Das vierte Prinzip ist der Problemlösungszyklus, durch welchen auf Basis eines problemneutralen, arbeitslogischen Ablaufs Lösungen sowohl identifiziert als auch ausgewählt werden, und welcher aufgrund seiner Universalität in jeder der zuvor genannten Phasen als Leitfaden zur Anwendung kommen kann[276].

Die Systemtechnik wird in der vorliegenden Arbeit dazu eingesetzt, die Komplexität des Themengebiets zwecks Modellbildung zu beherrschen und wird zur Erstellung des Grobkonzepts sowie bei der Detaillierung des Modells zur Identifikation von Unterstützungsoptionen des Staates beim Transfer von *Deep-Tech* genutzt.

3.3 Grundlagen der theoretisch-analytischen Konzeption

Zur Konzeption und Detaillierung des Modells werden unterschiedliche methodische Werkzeuge benötigt. Um ein einheitliches Verständnis zu gewährleisten, werden diese im Folgenden kurz vorgestellt.

3.3.1 Fallstudienforschung

Die Durchführung von Fallstudien ist eine Forschungsmethode, die zum Verständnis der Dynamik in einem festgelegten Umfeld führt[277]. Mit Fallstudien können aktuelle Ereignisse bzw. Gegebenheiten untersucht werden[278]. Zum Verständnis eines Falls sind nicht nur der Fall selbst, sondern auch relevante Rahmenbedingungen zu

273 Vgl. Haberfellner (2012), Systems Engineering, S. 58f.

274 Vgl. Haberfellner et al. (2019), Systems Engineering, S. 31ff.

275 Vgl. Haberfellner et al. (2019), Systems Engineering, S. 35ff.

276 Vgl. Haberfellner et al. (2019), Systems Engineering, 43ff.

277 Vgl. Eisenhardt (1989), Case Study Research, S. 534

278 Vgl. Yin (2018), Case study research, S. 15; Gassmann (1999), Praxisnähe mit Fallstudienforschung, S. 11

untersuchen[279]. Fallstudien können Antworten auf explorative, deskriptive und explanative Fragestellungen liefern und nehmen dabei keine statische Betrachtungsweise ein[280]. Sie werden in frühen Phasen der Forschung zu einem komplexen Thema oder zur Erneuerung der Perspektive in einem breiten Forschungsfeld angewendet, da sie auf die Erschließung neuen Wissens abzielen[281]. Die Verbindung aus qualitativen Belegen und deduktiver Forschung gilt als Alleinstellungsmerkmal von Fallstudien[282]. PORTER schreibt, dass akademische Journale die Forschung mittels Fallstudien zwar nicht befürworten, vermehrte Fallstudien jedoch notwendig sind, um echte und realitätskonforme Fortschritte zu erzielen[283]. Bei den vorhandenen Fallstudien im betriebswirtschaftlichen Kontext wird die Sichtweise auf Fallstudien von YIN bevorzugt, die daher ebenfalls in der vorliegenden Arbeit aufgegriffen wird und auf die im Folgenden eingegangen wird:

Für Fallstudien existiert kein strikt zu befolgender Forschungsaufbau. Trotzdem kann ein Forschungs-Design gewählt werden, das festlegt, auf welche Art die empirischen Daten mit der Forschungsfrage in Verbindung gebracht werden. Dies ist als Werkzeug zu betrachten, um sicherzustellen, dass die Forschungsfrage beantwortet werden kann.[284] Bei einer Fallstudie wird jeder Fall als ein einzelnes Experiment betrachtet[285]. So existieren Fallstudien, die einen Fall singulär oder aber mehrere Fälle parallel behandeln. Zur späteren Nachvollziehbarkeit der Schlussfolgerungen werden alle erhobenen Daten in einer Datenbank strukturiert[286]. Der Aufbau einer Fallstudie mit zwei Fällen, welche in der vorliegenden Dissertation eingesetzt wird (s. Teilkapitel 3.4.2), wird in Abbildung 3.4 dargestellt. Dieser kann nach YIN in drei Phasen unterteilt werden. Die erste Phase ist das „Definieren und Designen". Es folgt in der zweiten Phase das „Vorbereiten, Sammeln und Analysieren" der einzelnen Fälle. In der dritten Phase werden die Fälle gemeinsam analysiert und daraus „Schlussfolgerungen" gezogen.[287]

279 Vgl. Yin (2018), Case study research, S. 15f.

280 Vgl. Borchardt, Göthlich (2007), Erkenntnisgewinn mit Fallstudien, S. 35

281 Vgl. Eisenhardt (1989), Case Study Research, S. 548; Borchardt, Göthlich (2007), Erkenntnisgewinn mit Fallstudien, S. 46

282 Vgl. Eisenhardt, Graebner (2007), Theory Building From Cases, S. 30

283 Vgl. Porter (1991), Towards a dynamic theory of strategy, S. 99

284 Vgl. Yin (2018), Case study research, S. 29f.

285 Vgl. Eisenhardt (1989), Case Study Research, S. 542

286 Vgl. Borchardt, Göthlich (2007), Erkenntnisgewinn mit Fallstudien, S. 37

287 Vgl. Yin (2018), Case study research, S. 65

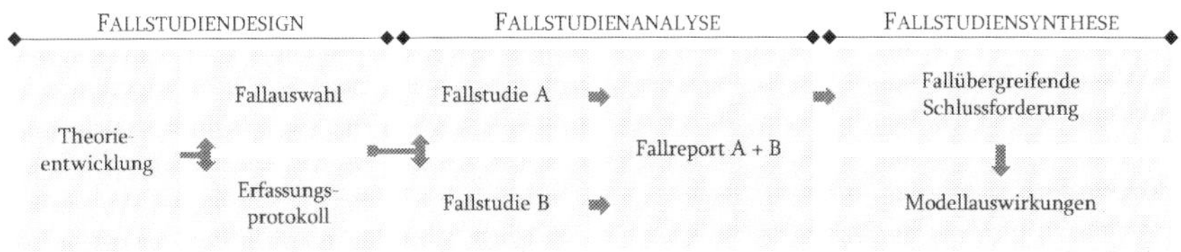

Abbildung 3.4: Aufbau mit zwei Fallstudien[288]

Die Phase „Definieren und Designen" beginnt mit der Theorieentwicklung. Hier werden die Grundlagen für die Fallstudie hergeleitet und präzisiert. Die Formulierung der Forschungsfrage ist besonders relevant für die Theorieentwicklung einer Studie, da sie deren Rahmen bestimmt[289]. Anschließend erfolgt sowohl die Fallauswahl als auch die Erstellung des Erfassungsprotokolls. Bei mehreren Fällen sind diese so auszuwählen, dass die Fälle der Replikationslogik folgen. In diesem Zusammenhang sollte die Vorhersage der Ergebnisse bei kleinen Fallstudien mit zwei oder drei Fällen sehr ähnlich ausfallen[290]. Vor allem bei Studien mit mehreren Fällen kann somit sichergestellt werden, dass diese vergleichbar und valide sind. Das Erfassungsprotokoll wird bei der Durchführung jeder einzelnen Fallstudie als Leitfaden zur Datenerhebung verwendet.[291] Nach YIN sollte ein Erfassungsprotokoll die folgenden Abschnitte beinhalten: Überblick über die Fallstudie, Verfahren zur Datenerhebung, Protokollfragen sowie die vorläufige Gliederung des Fallberichts.[292] Der Überblick über die Fallstudie dient bei der Bearbeitung eines neuen Falls als Einleitung und schafft die Voraussetzungen zur Datenerhebung. Darin enthalten sind die Forschungsfragen und grundlegende Literatur und Theorie zur Studie. Bei den Verfahren zur Datenerhebung wird festgelegt, auf welche Art von Daten der Anwender zurückgreift und mit welchen Methoden die Daten beschafft werden. In dem Abschnitt der Protokollfragen sind die Fragen definiert, welche sich der Anwender während der Datenerhebung stellt, um alle für die Fallstudie relevanten Aspekte abzudecken.

Die anschließende Phase „Vorbereiten, Sammeln und Analysieren" ist an keine Methode gebunden und beinhaltet meist verschiedene Arten der Datensammlung, wie z.B. Beobachtungen, Recherchen, Durchführung von Interviews sowie weitere quantitative und qualitative Belege[293]. Ist die Sammlung abgeschlossen, werden die beiden

[288] I.A.a. Yin (2018), Case study research, S. 65

[289] Vgl. Eisenhardt (1989), Case Study Research, S. 536

[290] Vgl. Yin (2018), Case study research, S. 61f.

[291] Vgl. Yin (2018), Case study research, S. 102

[292] Vgl. Yin (2018), Case study research, S. 102ff.

[293] Vgl. Eisenhardt (1989), Case Study Research, S. 534f.; Borchardt, Göthlich (2007), Erkenntnisgewinn mit Fallstudien, S. 37

Fallstudien separat voneinander durchgeführt und es werden unabhängige Fallreports geschrieben. Damit wird die zweite Phase abgeschlossen.

Die dritte und letzte Phase „Schlussfolgern" beginnt mit einer fallübergreifenden Schlussfolgerung, die zu einer Anpassung der eingangs aufgestellten Theorie führt. Bei der Verbindung der Daten mit der anfänglich aufgestellten Theorie ist besonders auf Widersprüche zu achten, da sie bei der Interpretation zu einem produktiveren Ergebnis führen können[294]. Zudem ist eine relativistische Perspektive einzunehmen, indem die Fälle aus verschiedenen Sichtweisen betrachtet werden[295]. Ist die Anpassung der Theorie abgeschlossen, können die Auswirkungen auf das Modell erarbeitet werden. Diese werden abschließend in den fallübergreifenden Report integriert.

3.3.2 Referenzmodellierung

Referenzmodelle sind theoretische Modelle, die als Ausgangspunkt für die Entwicklung von Lösungen für bestimmte Aufgabenstellungen dienen. Je nach Aufgabenstellung kann z.B. zwischen prozeduralen Referenzmodellen, softwarespezifischen Referenzmodellen und branchenspezifischen Referenzmodellen unterschieden werden[296].

Referenzmodelle zeichnen sich dadurch aus, dass sie nicht nur kontextspezifische Inhalte widerspiegeln, sondern bewusst eine Abstraktion ihres Kontextbezugs gewährleisten. In der vorliegenden Arbeit dient diese Abstraktion der Synchronisation unterschiedlicher Technologieentwicklungs- und Transferkonzepte. Ausgehend von den Prinzipien der sachgerechten Modellierung beschreibt SCHÜTTE – dessen Konzept aufgrund seiner breiten Anwendung und Anerkennung in der wissenschaftlichen Literatur gewählt wird – ein Vorgehensmodell zur Steuerung und Kontrolle der Modellierungsaktivitäten in fünf Phasen (vgl. Abbildung 3.5).

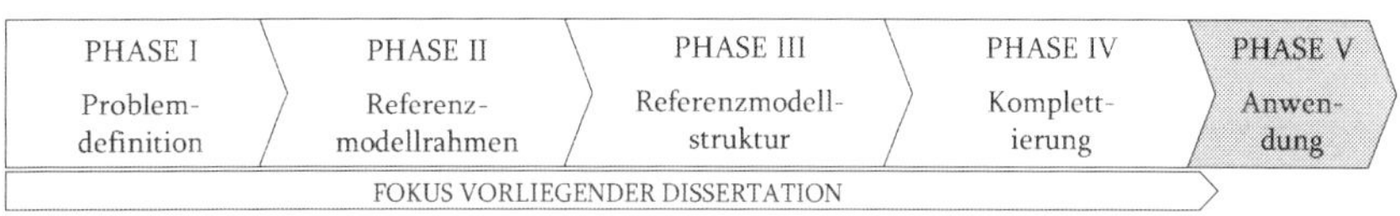

Abbildung 3.5: Strukturierter Ansatz für die Referenzmodellierung[297]

Das Vorgehen beginnt mit einer ersten Problemdefinition (Phase I), auf deren Basis *„top-down"* ein Referenzmodellrahmen zur Standardisierung von Begriffen und

294 Vgl. Eisenhardt (1989), Case Study Research, S. 544

295 Vgl. Yin (2018), Case study research, S. 38

296 Vgl. Scheer (1999), House of Business Engineering

297 I.A.a. Becker et al. (1999), Referenzmodellierung; Schütte (1998), Grundsätze ordnungsmäßiger Referenzmodellierung

Modellkomponenten aufgebaut wird (Phase II). Darauf basierend wird die Struktur des Referenzmodellrahmens anhand von Strukturanalogien detailliert (Phase III). Phase IV dient der Komplettierung des Referenzmodellrahmens, sodass in Phase V die endgültige Anwendung in der Praxis zum Nutzen der Anwender erfolgt.[298]

3.3.3 Typisierung

Nach KLUGE lassen sich Typologien als das Resultat eines systematischen Gruppierungsprozesses verstehen, bei welchem der Objektbereich anhand spezifischer Merkmale in unterschiedliche Typen untergliedert wird. Diese Typen bilden eindeutige Gruppen, welche sich voneinander maximal unterscheiden, während die Elemente innerhalb jeder Gruppe möglichst homogen sind.[299] Der Prozess der Typisierung kann auf unterschiedliche Weisen erfolgen, wobei das jeweilige Vorgehen kontextspezifisch zu wählen ist[300]

KNOBLICH beschreibt in seinem Ansatz, dass das Vorgehen zur Typisierung aus einer Identifikation und Synthese von Merkmalen, einer Selektion und Komposition dieser Merkmale sowie einer abschließenden Typenbildung besteht[301]. Optional kann dieser Prozess um eine Darstellung der finalen Typisierung ergänzt werden[302]. Die Typenbildung kann sowohl synthetisch-progressiv als auch analytisch-retrograd erfolgen. Bei einer synthetisch-progressiven Typenbildung werden die Typen auf Grundlage einer sinnvollen Kombination ausgewählter Merkmale gebildet. Im Kontrast hierzu steht die analytisch-retrograde Vorgehensweise, welche ein Verständnis des Forschungsbereichs zur Ableitung der Typen und ihrer Merkmale voraussetzt. Im Sinne der Validität wird in der Literatur eine Kombination beider Vorgehensweisen empfohlen.[303] Sollte das Resultat der Typisierung zu einer Vielzahl an Typen führen, kann mittels dem Model nach LAZARSFELD eine typologische Reduktion auf drei Wegen erfolgen[304]. Die Eliminierung von selten oder gar nicht vorkommende Typen wird als funktionale Reduktion bezeichnet. Bei einer Reduktion der Merkmalsausprägungen aus inhaltlichen Gründen wird von einer numerischen Reduktion gesprochen. Bei einer pragmatischen Reduktion werden ähnliche Typen oder Merkmalsausprägungen im Kontext des Forschungsprojekts gebündelt. Zusammenfassend dient die Typisierung als methodisches

298 Vgl. Becker et al. (1999), Referenzmodellierung; Schütte (1998), Grundsätze ordnungsmäßiger Referenzmodellierung

299 Vgl. Kluge (1999), Empirische Typenbildung, S. 26f.

300 Vgl. Kluge (1999), Empirische Typenbildung, S. 260ff.; Knoblich (1969), Betriebswirtschaftliche Warentypologie, S. 42ff.

301 Vgl. Knoblich (1969), Betriebswirtschaftliche Warentypologie, S. 47f.

302 Vgl. Knoblich (1969), Betriebswirtschaftliche Warentypologie, S. 58

303 Vgl. Welter (2006), Die Forschungsmethode der Typisierung, S. 116

304 Vgl. Bailey (1994), Typologies and Taxonomies, S. 21; Lazarsfeld (1937), Typological Procedures

Instrument zur Reduktion von Komplexität, indem sie eine strukturierte und inhaltlich fundierte Gliederung des Untersuchungsgegenstandes ermöglicht.

3.4 Grobkonzept zur Ableitung staatlicher Handlungsbedarfe und Unterstützungsoptionen im Technologietransfer von *Deep-Tech*

Zurückgreifend auf die inhaltlichen und formalen Anforderungen an die Methodik (vgl. Teilkapitel 3.1) sowie die Definitionen und Grundlagen der Objektbereiche (vgl. Teilkapitel 2.1 und 2.2) wird im Folgenden das Grobkonzept hergeleitet. Das Grobkonzept ist angelehnt an die Vorveröffentlichung von SCHUH UND LATZ[305]. Die folgende Vorgehensweise zur Grobkonzeptionierung orientiert sich an der Systemtheorie und -technik (vgl. Teilkapitel 3.2.2). Lösungen werden dem Ansatz folgend auf Basis der identifizierten Anforderungen „vom Groben ins Detail" erarbeitet.

3.4.1 Herleitung der Grobstruktur

Die der Arbeit zugrundeliegende Forschungsfrage ist der Innovationssystemtheorie zuzuordnen (vgl. Teilkapitel 1.2 und 2.3). In Teilkapitel 2.5 wurde festgestellt, dass es zur Beantwortung der Forschungsfrage einer Synthese aus TIS, NIS sowie dem Konzept des Technologietransfers bedarf. Diese Synthese wird als Ausgangsbasis für die Konzeption der Methodik im Nachfolgenden hergeleitet und ist in Abbildung 3.6 dargestellt. Die adaptierten Elemente der Synthese werden inklusive einer Verknüpfung zur

[305] Vgl. Schuh, Latz (2022), Concept Technology Transfer of Deep Tech

Abbildung vorgestellt und in diesem Zusammenhang die Notwendigkeit einzelner Teilelemente des Konzepts begründet.

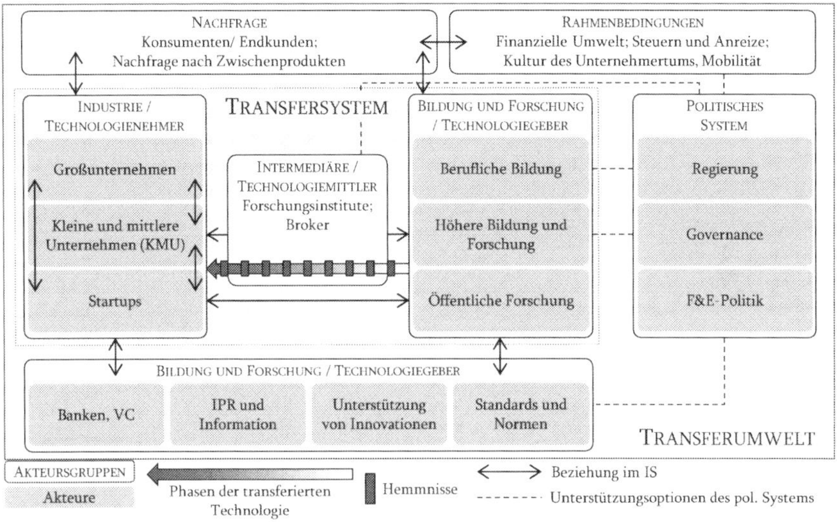

Abbildung 3.6: Synthese von Innovationssystem- und Technologietransfertheorie[306]

Innovationssystemkonzepte benennen Akteure als entscheidende Faktoren für das Gelingen von Innovationen. Dies geschieht i.d.R. auf einer abstrakten Ebene, ohne dabei einzelne Akteursgruppen (z.B. Bildung und Forschung, Industrie; weiße Felder in der Abbildung) stärker auf konkrete Akteure (z.B. Wissenschaftler an Forschungseinrichtungen, Maschinen- und Anlagenbauer; graue Felder in der Abbildung) zu fokussieren und deren Charakteristika zu spezifizieren. KUHLMANN UND ARNOLD liefern Vorarbeiten für eine solche Fokussierung, lassen jedoch eine dezidierte Analyse und Abgrenzung der Akteure zueinander vermissen[307]. Zur Erreichung der Zielstellung, der zielgerichteten Identifikation von Unterstützungsmaßnahmen zur Förderung des Technologietransfers, ist diese Konkretisierung zwangsläufig notwendig. Daher besteht der Bedarf nach einem Modell zur Charakterisierung einzelner Akteure im Zuge des Technologietransfers von *Deep-Tech*.

[306] I.A.a. Kuhlmann, Arnold (2001), Research and innovation system, S. 2; Meißner (2001), Technologietransfer in nationalen Innovationssystemen, S. 37

[307] Vgl. Kuhlmann, Arnold (2001), Research and innovation system

Weiter wird der Technologietransfer in bestehenden Konzepten als abstrakter Prozess beschrieben, ohne unterschiedliche Entwicklungsstufen von Technologien zu berücksichtigen. Diese Berücksichtigung spielt jedoch insbesondere im *Deep-Tech*-Bereich und dem Maschinenbau aufgrund sich stark ändernder Rahmenbedingungen im Entwicklungsfortschritt eine große Rolle (vgl. Teilkapitel 2.1.2). In vorliegender Arbeit ist der Technologietransfer daher mit bestehenden Technologieprozess- sowie -reifegradkonzepten zu kombinieren und in Form von Referenzphasen (als Farbverlauf der transferierten Technologie in der Abbildung dargestellt) in ein *Deep-Tech*-Referenzphasenmodell zu überführen.

Im Kontext dieser Phasen des Technologietransfers bestehen verschiedene Hemmnisse, die einen erfolgreichen Übertrag von Erkenntnissen aus der Forschung in die Industrie verlangsamen oder verhindern[308]. Diese sind sowohl in TIS und NIS als auch in Technologietransferkonzepten nicht ausreichend aufgegriffen und werden daher ergänzt (s. dunkelgraue Boxen entlang der Phasen der transferierten Technologie in der Abbildung). Hemmnisse können ihren Ursprung in einer spezifischen Technologie selbst, im isolierten Transfersystem oder im globalen Innovationssystem haben (vgl. Teilkapitel 2.1.3.2). Eine Strukturierung dieser Aspekte ist im Modell zur Ableitung phasenspezifischer Hemmnisse durchzuführen.

Im NIS wird die Einflussnahme des politischen Systems auf das Innovationsgeschehen beschrieben. Konkrete Handlungsoptionen zur Förderung werden dabei jedoch nicht gegeben (vgl. Teilkapitel 2.5; gestrichelte Linie in der Abbildung). Damit wird ein Modell notwendig, welches die Bestimmung der Optionen zur Einflussnahme durch den Staat sowie eine Verknüpfung zu den phasenspezifischen Hemmnissen ermöglicht. Zur Integration der Ergebnisse in einen für den Anwender nutzbaren Leitfaden schließt die Modellstruktur mit einem Vorgehen zur Identifikation *Deep-Tech*-spezifischer Unterstützungsoptionen.

Die aus den Konzepten des NIS, TIS sowie dem Technologietransfer abgeleiteten Teilmodelle sind in Abbildung 3.7 dargestellt und werden im Folgenden detaillierter konzeptioniert. Dabei werden die jeweiligen Ziele der Teilmodelle beschrieben und es werden die Zusammenhänge untereinander aufgezeigt.

308 Vgl. Walter (2003), Technologietransfer, S. 23

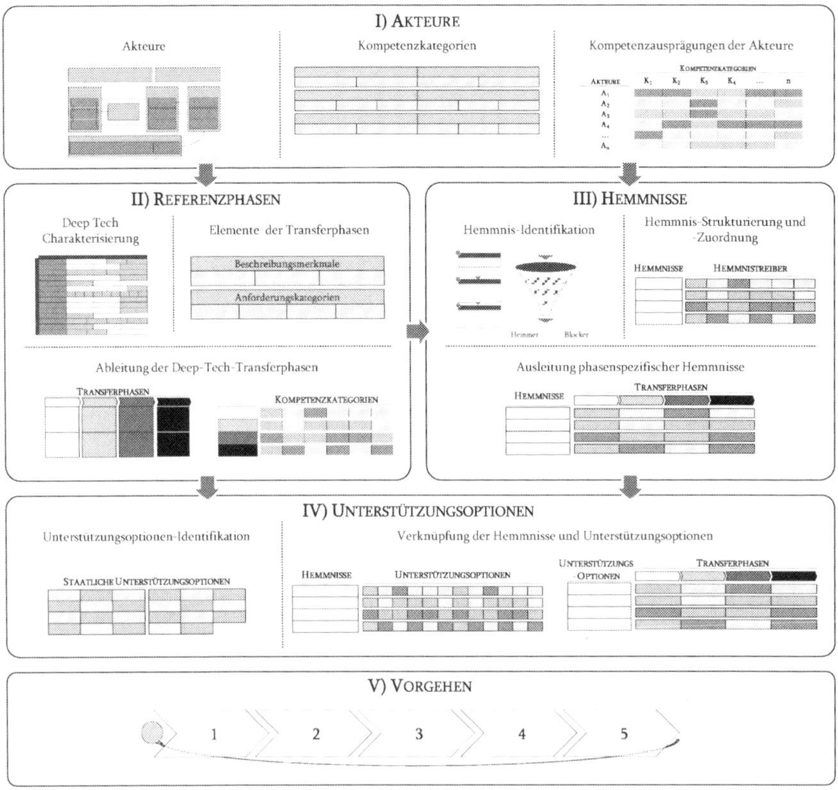

Abbildung 3.7: Grobkonzept zur Ableitung staatlicher Unterstützungsoptionen im Technologietransfer von *Deep-Tech*

3.4.2 Akteure im Innovationssystem

Das erste Teilmodell hat zum Ziel, die im Transferprozess involvierten Akteure in *Deep-Tech*-spezifischen Innovationssystemen hinsichtlich Kompetenzen zu charakterisieren. Hierdurch wird die zielgerichtete Ableitung von Unterstützungsoptionen ermöglicht. Mit dem Teilmodell ist die Forschungsfrage I *(„Wer sind die relevanten Akteure in Deep-Tech-Innovationssystemen und wie sind diese zu charakterisieren?")* zu beantworten. Dies ist notwendig, da es in bestehenden Ansätzen an *Deep-Tech*-spezifischen Beschreibungen der Kompetenzen relevanter Akteure entlang des Technologietransferprozesses mangelt (vgl. Teilkapitel 2.5). Aufgrund der komplexen

Herstellungsverfahren und Zulieferstrukturen im *Deep-Tech*-Bereich und im Maschinenbau ist eine holistische Betrachtung der Wertschöpfungsketten einzunehmen.

Entsprechend der vorherigen Konzeption werden initial relevante Akteure aus den in der Innovationssystemtheorie beschriebenen Akteursgruppen abgeleitet. Dabei gilt es, die besonderen Gegebenheiten des Technologietransfers sowie der Innovationssysteme von *Deep-Tech* zu berücksichtigen (vgl. Teilkapitel 3.1.1). Daher sind im Anschluss Beschreibungsmerkmale der Akteure in Form von Kompetenzkategorien herzuleiten. Aufgrund der breiten Verfügbarkeit von Werken zur Ressourcenbeschreibung und der thematischen Verbindung von Ressourcen- und Kompetenzmanagement[309], werden die Kompetenzkategorien aus dem Ressourcenmanagement literaturbasiert bestimmt. Dabei gilt es, eine umfangreiche Menge an Literatur zu berücksichtigen. Daher erscheint der Rückgriff auf die Arbeit von MANGOLDT zielführend, welcher bestehende Werke des Ressourcenmanagements bereits analysiert und synthetisiert hat[310]. Idealtypische, akteursspezifische Kompetenzprofile sind im Anschluss entlang der Kategorien zu ermitteln. Da bisher keine Literatur besteht, aus welche die dafür benötigten Elemente direkt ausgeleitet werden können, werden diese mit dem Fallstudiendesign nach YIN ermittelt[311]. Zur Einhaltung der formalen Anforderungen an die Arbeit (Zweckbezug und Handhabbarkeit) werden dabei zwei *Deep-Tech*-Bereiche fokussiert. Aufgrund der aktuellen Innovationsdynamik bieten die Elektrolyseurproduktion sowie die Batterieproduktion passende Ansatzpunkte. Das Akteursmodell schließt mit einer Synthese der Fallstudien-spezifischen Ergebnisse zur kompetenzspezifischen Beschreibung der relevanten Akteure.

3.4.3 Referenzphasen im *Deep-Tech* Transfer

Um die Herausforderungen des Technologietransfers von *Deep-Tech* zu verstehen, muss der zugrunde liegende Entwicklungs- und Evolutionsprozess detailliert werden. Dazu wird in Teilmodell II ein *Deep-Tech*-Transferphasenmodell erarbeitet und die Forschungsfrage II *(„Wovon ist der Technologietransfer von Deep-Tech gekennzeichnet und wie erfolgt er?")*, beantwortet. Wie in Teilkapitel 2.5 gezeigt, mangelt es in bestehenden Forschungsansätzen an spezifischen Beschreibungen von Transferphasen von *Deep-Tech.* Zusätzlich sind die Besonderheiten der entsprechenden Innovationssysteme in bestehenden Modellen nicht ausreichend berücksichtigt.

Daher werden im zweiten Teilmodell Beschreibungsmerkmale (Technologieindikatoren) definiert. Da bereits diverse Ansätze zur Charakterisierung von Technologien

309 Vgl. Moog (2009), Strategisches Ressourcen- und Kompetenzmanagement

310 Vgl. Mangoldt (2018), Technologiekompetenzbasierte Diversifikation

311 Vgl. Yin (2018), Case study research

existieren (vgl. Teilkapitel 2.1.1.2 sowie BULLINGER[312] und GERPOTT[313]), sind die für die vorliegende Arbeit relevanten Technologieindikatoren von *Deep-Tech* auf Basis der bestehenden Wissenschaftsliteratur identifizierbar. Von der Vielzahl bestehender Charakterisierungssystematiken wird auf die Technologieindikatoren von SCHOLZ zurückgegriffen, da dieser die in der Literatur bestehenden Charakteristika bereits synthetisiert und hinsichtlich ihrer Redundanzfreiheit geprüft hat[314].

Zur Herleitung der Phasen erscheint die Referenzmodellierung nach SCHÜTTE zielführend (vgl. Teilkapitel 3.3.2). Dabei werden unterschiedliche Technologieentwicklungs- und -transferkonzepte synchronisiert. Es werden die ersten vier Phasen nach SCHÜTTE, Problemdefinition, Referenzrahmenbestimmung, Referenzmodellstrukturbestimmung sowie Komplettierung, durchlaufen. Mit dem Aufzeigen von Problemen und Forschungsbedarfen in den Kapiteln 1 und 2 wurde die Phase I bereits abgeschlossen. Mit der Bestimmung von Beschreibungscharakteristika und Anforderungskategorien für die *Deep-Tech*-Referenzphasen wird die Phase II des Prozesses durchlaufen. Zur Untersuchung des aktuellen Wissensstandes, der für den Aufbau und die Vervollständigung des Referenzmodells erforderlich ist (Phasen III und IV), wird eine Literaturrecherche unter Berücksichtigung verschiedener bibliographischer Datenbanken als Suchwerkzeuge durchgeführt *(SciFinder, Refseek, WISO-Online, EBSCO, science.gov*, und *Google Scholar)*. Um eine erschöpfende Suche zu gewährleisten, wird auf Basis einer Reihe von Schlüsselwörtern in den Zusammenfassungen und Titeln veröffentlichter, von Experten begutachteter Literatur analysiert: Technologietransfer, Technologietransfermodell, Technologietransferprozess, universitärer Technologietransfer, akademisches Unternehmertum, *Deep-Tech, Deep-Technology, Deep-Tech-Start-ups, Deep-Tech*-Risikokapital, *Valley of Death* und systemische Innovation. Durch die Kombination verschiedener Forschungsarbeiten mit unterschiedlichen Schwerpunkten und eine vergleichende Analyse früherer Modelle wird die theoretische Grundlage für das neu vorgeschlagene Referenzphasenmodell geschaffen. Da die Definition von *Deep-Tech* vielfach aus grauer Literatur entstammt, werden Veröffentlichungen von Praktikern wie Regierungsbeamten, Nichtregierungsorganisationen, Unternehmern, Risikokapitalfonds und Strategieberatungsfirmen in die Analyse einbezogen. Durch die Kombination von Forschungsarbeiten mit unterschiedlichen Schwerpunkten und eine vergleichende Analyse bestehender Modelle wird die theoretische Grundlage für die letztliche Ausarbeitung des Referenzphasenmodells im Zuge der Komplettierung geschaffen. Die identifizierten Referenzphasen werden im

312 Vgl. Bullinger (1994), Einführung in das Technologiemanagement, S. 95ff.

313 Vgl. Gerpott (2005), Strategisches Technologie- und Innovationsmanagement, S. 26f.

314 Vgl. Scholz (2021), Potenzial- und risikobasierte Technologiebewertung, S. 81

letzten Schritt mit den Kompetenzkategorien der Akteure kausallogisch verknüpft, um darauf aufbauend im weiteren Verlauf des Konzepts *Deep-Tech*-phasenabhängige Transferhemmnissen abzuleiten.

3.4.4 Phasenspezifische Hemmnisse im Technologietransfer

Ziel in Teilmodell III ist die Identifikation und Beschreibung relevanter Hemmnisse des *Deep-Tech*-Transfers. Dabei ist die Forschungsfrage *„Welche Hemmnisse bestehen beim Technologietransfer von Deep-Tech?"* zu beantworten. Hierfür ist Kenntnis über die grundsätzlich vorherrschenden Hemmnisse im Technologietransfer erforderlich (vgl. Teilkapitel 3.1). Da *Deep-Tech*-spezifische Hemmnisse jedoch, wie in Teilkapitel 2.5 dargestellt, der Literatur nicht direkt übernommen werden können, wird eine entsprechende Methodik entwickelt und angewendet.

Das Vorgehen der Literaturrecherche basiert auf einer Kombination der STARLITE-Methodik nach BOOTH, welche eine standardisierte, Suchstrategie und -dokumentation vorgibt, sowie der PRISMA-Methodik nach MOHER ET AL., welche eine nachvollziehbare Methodik zur schrittweisen Selektion der Suchergebnisse beschreibt[315]. In Anlehnung an das Vorgehen nach LEEDY ET AL. werden die identifizierten Werke anschließend analysiert[316]. Hierbei werden einzelne Transferhemmnisse synthetisiert, um zu einer handhabbaren Menge an Hemmnissen mit vergleichbarem Detaillierungsgrad zu gelangen. Dabei wird auf die Methode der Typisierung zurückgegriffen. Die anschließende Beschreibung der Transferhemmnisse umfasst eine Bewertung der jeweiligen Kritikalität (Transferverzögerer oder Transferblocker), wodurch im weiteren Verlauf der Ausarbeitung eine differenziertere Analyse des Einsatzes potenzieller Unterstützungsoptionen (s. Teilkapitel 3.4.5) ermöglicht wird. Die Transferhemmnisse werden schließlich mit den tangierten Akteuren sowie mit den für die jeweiligen Hemmnisse relevanten Kompetenzkategorien synchronisiert. Dadurch werden die identifizierten Hemmnisse mit den Referenztransferphasen verknüpfbar. Es werden kausal-logische Verbindungen hergestellt und das Vorherrschen einzelner Hemmnisse in den jeweiligen Phasen wird somit beschrieben.

3.4.5 Phasenspezifische staatliche Unterstützungsoptionen

Entsprechend der Anforderung zur Ermöglichung einer phasenspezifischen Ausleitung staatlicher Handlungsoptionen zur Förderung (vgl. Teilkapitel 3.1.1) hat Teilmodell IV zum Ziel, den Lösungsraum zur Unterstützung des Technologietransfers zu ermitteln und dabei staatliche Optionen systematisch herzuleiten. Zusätzlich sind die

---

315 Vgl. Booth (2006), Reporting literature searches; Moher et al. (2009), The PRISMA statement

316 Vgl. Leedy et al. (2019), Practical research

Unterstützungsoptionen den Akteuren und Hemmnissen zuzuordnen. Es wird die Forschungsfrage „*Welche staatlichen Handlungsoptionen bestehen im Kontext des Technologietransfers und auf welche Transferhemmnisse sind diese anwendbar?*“ beantwortet.

Ausgehend von den dargestellten Grundlagen in Teilkapitel 2.2.2 und der Grobkonzeption in Teilkapitel 3.4.1 bildet der Akteur Staat hierfür den Kern der Untersuchung. Da in der bestehenden Literatur keine umfassende und zielgerichtete Sammlung von Unterstützungsoptionen zur Förderung von *Deep-Tech* festzustellen ist (vgl. Teilkapitel 2.4), können diese nicht direkt aus einzelnen Werken übernommen werden. Daher wird ein Vorgehen zur Erarbeitung der Unterstützungsoptionen entwickelt. Basierend auf der Arbeit von MEIßNER wird das Transfersystem ins Zentrum des Innovationssystems gestellt[317], da *Deep-Tech*-Innovation grundsätzlich nicht ohne den Transfer technologischer Erkenntnisse stattfinden kann. Weiter wird zugrunde gelegt, dass der Staat das Innovationssystem mit innovationspolitischen Instrumenten beeinflussen kann (vgl. Teilkapitel 2.2.2). Zur Identifikation der relevanten Unterstützungsoptionen werden mittels einer umfassenden Literaturrecherche, welche nach der im Teilmodell III beschriebenen Vorgehensweise durchgeführt wird, somit zunächst innovationspolitische Instrumente recherchiert. Diese werden anschließend erneut nach LEEDY ET AL. analysiert und synthetisiert, jedoch beeinflussen nicht alle innovationspolitischen Instrumente den Transfer von *Deep-Tech*. Um die jeweils relevanten Unterstützungsoptionen herauszuarbeiten sowie einen gezielten und bedarfsgerechten Einsatz der Unterstützungsoptionen zu gewährleisten, erfolgt daher im Anschluss die Verknüpfung der ausgeleiteten Optionen mit den Hemmnissen des Transfers aus Teilmodell III. Diese Verknüpfung wird vorgenommen, indem sachlogisch Zusammenhänge zwischen den Unterstützungsoptionen und den Transferhemmnissen identifiziert und beschrieben werden. In Kombination mit der in Teilmodell III durchgeführten Verbindung von Transferhemmnissen und Referenzphasen sind die staatlichen Unterstützungsoptionen letztlich den einzelnen *Deep-Tech*-Referenzphasen zuordenbar und die Forschungsfrage zu beantworten.

3.4.6 Vorgehen zur Identifikation von Unterstützungsoptionen für *Deep-Tech*

Abschließend ist die Gesamtmethodik auf Basis der Erkenntnisse der vorangegangenen Teilmodelle zu gestalten. Dabei ist die Forschungsfrage „*Wie ist vorzugehen, um eine gezielte Förderung im Technologietransfer einzelner Arten von Deep-Tech abzuleiten?*“ zu beantworten. LEHNER ET AL. beschreiben als Zielsetzung von Gestaltungsmodellen die zielgeleitete Unterstützung von Entscheidungsträgern bei der Auswahl eines

[317] Vgl. Meißner (2001), Technologietransfer in nationalen Innovationssystemen, S. 37

Optimums aus Alternativen[318]. Anwender der vorliegenden Methodik werden dazu initial bei der Verortung des *Deep-Tech*-Projekts entlang der Referenzphasen unterstützt (1). Dabei wird Verständnis über beteiligte Akteure und deren Kompetenzen und Schwächen erlangt. Weiter werden die typischen Hemmnisse im Technologietransfer der spezifischen *Deep-Tech* identifiziert (2). Diese sind vom Anwender auf Plausibilität zu überprüfen und optional Betrachtungsobjekt-spezifisch anzupassen (3). Mit der Identifikation bestehender und zukünftiger Hemmnisse der betrachteten Technologie können passende Unterstützungsoptionen abgeleitet werden (4). Letztlich sind diese Optionen zu überprüfen und für die betrachtete *Deep-Tech* zu priorisieren (5). Dieser Zyklus ist im Zuge des Technologietransfers wiederkehrend durchzuführen, um auf Veränderungen im Innovationssystem sowie im Erkenntnisstand der *Deep-Tech* mit adaptierten Unterstützungsoptionen reagieren zu können.

3.5 Zwischenfazit

In diesem Kapitel wurde eine Methodik für die Ableitung von Unterstützungsoptionen für den Technologietransfer von *Deep-Tech* konzeptioniert. Dazu wurden zunächst die inhaltlichen und formalen Anforderungen an die Methodik festgelegt, um eine gezielte Entwicklung der Modellstruktur und der erforderlichen Teilmodelle zu ermöglichen. Die inhaltlichen Anforderungen basieren auf der übergeordneten Zielsetzung der Dissertation, der praktischen Problemstellung (vgl. Kapitel 1) und dem identifizierten Theoriedefizit aus Abschnitt 2.5. Die formalen Anforderungen beruhen hingegen auf den Grundlagen der Modell- und Systemtheorie. Um das notwendige Verständnis für die Entwicklung des Grobkonzepts sowie die spätere Detaillierung in Kapitel 4 zu schaffen, wurden in Abschnitt 3.2 relevante Grundlagen der Modell- und Systemtheorie erläutert. Dabei wurden die Grundprinzipien der Systemtechnik mit dem Systemverständnis und dem Vorgehensmodell der Systemtechnik beschrieben. Des Weiteren wurden die relevanten Grundlagen der theoretisch-analytischen Konzeption der Dissertation in Form von Fallstudienforschung, Referenzmodellierung und Typisierung dargelegt (Teilkapitel 3.3). Zur Finalisierung des Kapitels wurde die Grobkonzeption der Methodik durchgeführt (Teilkapitel 3.4). Zunächst wurde die erforderliche Modellstruktur unter Berücksichtigung der zuvor definierten Anforderungen und basierend auf den Prinzipien der Innovationssystem- und Technologietransferlehre entwickelt, wobei die Schnittstellen zwischen den Teilmodellen herausgearbeitet wurden. Darauf aufbauend wurden schließlich die Ziele und das Grobkonzept der

[318] Vgl. Lehner et al. (2008), Wirtschaftsinformatik, S. 31f.

Teilmodelle als Grundlage für die an vorliegendes Kapitel anschließende detaillierte Ausarbeitung erarbeitet. Die Gesamtstruktur wurde in fünf Teilmodelle unterteilt.

Diverse Herausforderungen begegneten dem Autor bei der Konzeption. Eine wesentliche Schwierigkeit bestand darin, das grundsätzlich generische Thema der *Deep-Tech* Handlungsbedarfe und Unterstützungsoptionen in spezifische Teilmodelle zu unterteilen, die die Vielfalt und Komplexität dieses Bereichs angemessen abbilden und trotzdem für den Anwender handlungsweisende Erkenntnisse liefern. Insbesondere die Konzeption des Fallstudiendesigns erwies sich dabei als herausfordernd, da es eine Lösung erforderte, die flexibel genug ist, um die verschiedenen *Deep-Tech*-Bereiche zu berücksichtigen, jedoch Erkenntnisse aus konkreten *Deep-Tech*-Bereichen extrahiert. Eine weitere zentrale Herausforderung bestand darin, Forschungsmethoden zu identifizieren, die eine effektive Balance zwischen Aufwand und Nutzen bieten. Angesichts der Bandbreite von *Deep-Tech* war es entscheidend, robuste Methoden zu wählen, die aussagekräftige Ergebnisse liefern, ohne dabei einen unverhältnismäßig hohen Aufwand zu erfordern. Darüber hinaus war es herausfordernd, ein Vorgehensmodell zu entwickeln, das auch für Personen ohne technischen Hintergrund anwendbar ist. *Deep-Tech* ist für Nicht-Technologen in der Regel schwer zugänglich, insbesondere im Maschinenbau. Daher war es von entscheidender Bedeutung, eine Methodik zu gestalten, die klar strukturiert und verständlich ist und eine breite Anwendung und Akzeptanz sicherstellt. Entgegen dieser Herausforderungen wurde im Verlauf dieses Kapitels bedeutender Fortschritt für das Forschungsvorhaben erzielt. Die Identifizierung geeigneter Teilmodelle, die Auswahl adäquater Forschungsmethoden sowie die Entwicklung eines benutzerfreundlichen Vorgehensmodells legen die Grundlage für die folgende Detaillierung des Konzepts in Kapitel 4.

4 Detaillierung der Methodik

In diesem Kapitel wird die Methodik zur Ermittlung staatlicher Unterstützungsoptionen für die Förderung des Technologietransfers von *Deep-Tech* detailliert, indem die in Teilkapitel 3.4 konzipierten Teilmodelle ausgearbeitet werden. Initial werden dazu die Akteure eines Innovationssystems hinsichtlich ihrer jeweiligen Kompetenzen analysiert (Teilkapitel 4.1). Im Anschluss werden für *Deep-Tech* charakteristische Referenzphasen bestimmt und mit den Akteuren verknüpft (Teilkapitel 4.2). Es folgt eine Bestimmung typischer Hemmnisse im Technologietransfer, welche durch die Verknüpfung mit den vorangegangenen Teilmodellen phasenspezifisch beschrieben werden (Teilkapitel 4.3). Inhaltlich wird die Methodik finalisiert, indem Unterstützungsoptionen zur Förderung des Technologietransfers identifiziert und mit den Hemmnissen verknüpft werden (Teilkapitel 4.4). Zum *Deep-Tech*-spezifischen Einsatz der Arbeit wird abschließend ein Vorgehen zur Anwendung der Methodik dargestellt (Teilkapitel 4.5).

4.1 Akteure im Innovationssystem

In diesem Kapitel werden gemäß des Grobkonzept (vgl. Teilkapitel 3.4.2) Akteure des Technologietransfers von *Deep-Tech* entlang Kompetenzkategorien charakterisiert. Die entsprechende Struktur ist in Abbildung 4.1 visualisiert. Es werden die dafür grundsätzlich relevanten Akteure aus der Innovationssystem- und der Technologietransferlehre abgeleitet (Teilkapitel 4.1.1). Weiter werden zum Technologietransfer passende Kompetenzkategorien von Akteuren ermittelt (Teilkapitel 4.1.2). Letztlich werden idealtypische Kompetenzausprägungen der Akteure fallstudienbasiert bestimmt (Teilkapitel 4.1.3). Das Kapitel schließt mit einem Zwischenfazit (Teilkapitel 4.1.4).

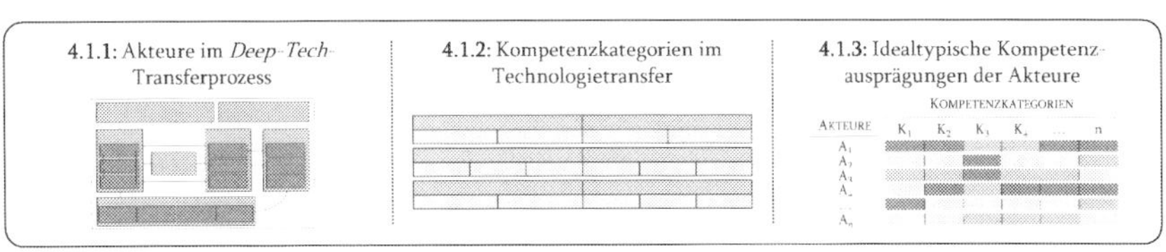

Abbildung 4.1: Struktur des Kapitels »Akteure im Innovationssystem«

4.1.1 Akteure im *Deep-Tech* Transferprozess

Da die vorliegende Dissertation in einem volkswirtschaftlichen Kontext verankert ist, wurde in der Grobkonzeption das NIS nach KUHLMANN UND ARNOLD (vgl. Teilkapitel 2.2.1.2) zur strukturierten Ableitung relevanter Akteure gewählt. Darin ist das Innovationssystem durch die Akteursgruppen „industrielles System", „Bildungs- und Forschungssystem", „Infrastruktur", „(Produkt-)Nachfrage", „politisches System", „Intermediäre" und „Rahmenbedingungen" gegliedert. Entlang dieser Akteursgruppen und unter Berücksichtigung der Gegebenheiten im Maschinenbau wird die Herleitung der für den *Deep-Tech*-Transferprozess relevanten Akteure strukturiert. Aufgrund der hohen Relevanz des *VoD* für *Deep-Tech* (vgl. Teilkapitel 2.1.3.2) und zur differenzierteren Ableitung der Akteurskompetenzen, wird in der Akteursgruppe Infrastruktur auf die finanzielle Infrastruktur fokussiert. Physische Transferinfrastruktur wird in der Gruppe Intermediäre inkludiert. Letztlich haben die Rahmenbedingungen sowie das rechtliche System keine Relevanz für den vorliegenden Betrachtungsbereich der *Deep-Tech*-Akteursstruktur. Die darin jeweils zu verortenden Aspekte werden im Optionsmodell zur phasenspezifischen Bestimmung staatlicher Unterstützungsmöglichkeiten (s. Teilkapitel 4.4) aufgegriffen.

Industrielles System

Durch Globalisierungsprozesse haben die Wertschöpfungsketten für nahezu alle Produkte an Komplexität gewonnen[319]. Im Bereich von *Deep-Tech* ist diese Komplexität besonders ausgeprägt: Rohstoffe und deren Gewinnung haben eine hohe strategische Bedeutung im Wertschöpfungsprozess, weshalb die Lieferanten als Akteure zu berücksichtigen sind[320]. Weiter sind die Herstellungsstufen, die mit produktions- und verfahrenstechnischen Herausforderungen einher gehen, auf verschiedene Akteure verteilt. Einen großen Einfluss haben Maschinenlieferanten, die in einzelnen Prozessschritten fokussiertes *Know-how* besitzen[321]. Zum anderen bündeln Produzenten das Wissen und die Ressourcen verschiedener Zulieferer. Unter Nutzung der *Deep-Tech*-Innovationen stellen sie Produkte in verketteten Produktionslinien her. Darüber hinaus ist eine ganzheitliche Betrachtung der Produktions- und Lebenszyklusphasen im Transferprozess notwendig. Dabei sind Start-ups und Spin-offs von großer Bedeutung, da diese die Impulsgeber für die entsprechenden *Deep-Tech*-Innovationen darstellen und sind daher explizit im Kontext des industriellen Systems zu berücksichtigen[322].

---

319 Vgl. Bundesverband der Deutschen Industrie e. V. (BDI) (2020), Globale Wertschöpfungsketten

320 Vgl. Carlsson, Stankiewicz (1991), Technological systems

321 Vgl. Dispan, Schwarz-Kocher (2014), Maschinen- und Anlagenbau in Deutschland, S. 21

322 Vgl. Trenkle, Beichert (2020), Typologisierung von Innovationsnetzwerken, S. 19

Bildungs- und Forschungssystem

Die Interessen und Verhaltensweisen von Verantwortlichen in Forschungseinrichtungen sowie den angestellten Forschenden divergieren stark[323]. Der Technologietransfererfolg hängt unter anderem von den organisatorischen Gegebenheiten inkl. der Förderung durch bspw. die Institutsleitenden ab, welche die Forschungseinrichtungen ermöglichen. Gleichzeitig ist es in hohem Maße von der intrinsischen Motivation und dem Interesse der Forschenden im Forschungssystem abhängig[324]. Aus diesem Grund sind beide Akteure für die Ausarbeitung relevant und zu berücksichtigen.

(Finanzielle) Infrastruktur

Zugang zu ausreichendem (Risiko-)Kapital ist für den erfolgreichen Transfer von *Deep-Tech* von enormer Bedeutung (vgl. Teilkapitel 2.1.2). Die Finanzierung ist entlang der Herkunft der Kapitalquellen in drei Haupttypen zu unterteilen: öffentliche Finanzierung, private Finanzierung und Finanzierung aus öffentlich-privaten Partnerschaften[325]. Als öffentliche Finanzierung werden finanzielle Mittel, welche von Regierungen oder regierungsähnlichen Einrichtungen (bspw. der Europäischen Union) stammen, bezeichnet[326]. Bei öffentlich-privaten Partnerschaften kann es sich um F&E-Kooperationsvereinbarungen zwischen Unternehmen und Universitäten bzw. Forschungseinrichtungen oder um externe Einheiten wie Akzeleratoren oder Inkubatoren mit unterschiedlichen beteiligten Akteuren handeln[327]. Bei privater Finanzierung kann *Deep-Tech* bspw. durch *Venture Capital* unterstützt werden. Banken können darüber hinaus Finanzierungen über Kredite und Darlehen bereitstellen[328]. Zur Komplexitätsreduktion wird in der vorliegenden Arbeit zwischen den Akteuren öffentliche Fördergeber sowie finanzwirtschaftliche Investoren differenziert. Die Kapitalbereitstellung durch industrielle Akteure (bspw. über *Corporate-Venture-Capital (CVC)*-Einheiten) wird in der Akteursgruppe industrielles System berücksichtigt.

(Produkt-)Nachfrage

Die durch die Akteure des industriellen Systems erzeugten Produkte werden in enger Zusammenarbeit mit den Endproduktintegratoren bzw. Anwendenden entwickelt[329]. Diese nehmen dadurch Einfluss auf den Transferprozess und sind als Akteur zu berücksichtigen. Dabei ist zwischen *Business-to-Business- (B2B)* und *Business-to-*

---

323 Vgl. Pechmann et al. (2010), Technologie- und Erkenntnistransfer aus der Wissenschaft, S. 47

324 Vgl. Walter (2003), Technologietransfer, S. 121f.

325 Vgl. Bräutigam, Gerybadze (2011), Wissens- und Technologietransfer, S. 151f.

326 Vgl. Czarnitzki et al. (2001), Rolle und Bedeutung von Intermediären, S. 44f.

327 Vgl. Schultz (2011), Kapitalquellen für technologieorientierte Unternehmen

328 Vgl. Schultz (2011), Kapitalquellen für technologieorientierte Unternehmen

329 Vgl. Kasperk, Drauz (2012), Kooperationsstrategien von Automobilproduzenten, S. 392ff.

Customer- (B2C) Geschäftsbeziehungen zu differenzieren[330]. Die Einflüsse von Endkunden und Konsumenten finden dabei indirekt in unterschiedlicher Stärke durch die Endproduktintegratoren Eingang in den Technologietransfer.

Intermediäre

Intermediäre bzw. Technologiemittler beeinflussen den Technologietransfer mit verschiedenen Schwerpunkten. Grundsätzlich ist dabei zwischen infrastrukurbasierten sowie methoden- und konzeptbasierten Intermediären zu differenzieren.[331] Infrastrukturbasierte Intermediäre unterstützen Technologiegeber und -nehmer durch die Bereitstellung technologischer Infrastruktur und Kollaborationsumgebungen. Dabei werden Technologiegeber und -nehmer vielfach gemeinschaftlich unterstützt. Methoden- und konzeptbasierte Intermediäre zeichnen sich durch einen inhaltlichen Schwerpunkt, z.B. Gründungsberatung oder Technologieprojektberatung, aus. Dabei findet die Unterstützung einseitig, also lediglich mit einer Transferpartei, statt. Häufig sind diese Intermediäre direkt an Universitäten angeschlossen.[332] Daher werden sie in der Akteursgruppe Forschung berücksichtigt und es wird bei den Intermediären in der vorliegenden Arbeit auf die infrastrukturbasierten Intermediäre fokussiert.

Die für den Technologietransfer von *Deep-Tech* relevanten Akteure sind in Abbildung 4.2 entlang der Akteursgruppen des NIS dargestellt. Sie werden in Teilkapitel 4.1.3 zur Ableitung idealtypischer Kompetenzausprägungen aufgegriffen.

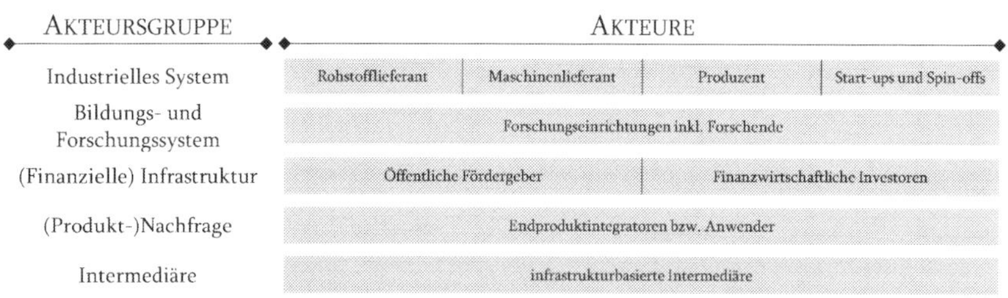

Abbildung 4.2: Abgeleitete Akteure des Innovationssystem von *Deep-Tech*

4.1.2 Kompetenzkategorien im Technologietransfer

Grundsätzlich ist unter „Kompetenz" eine hohe Leistungsfähigkeit in einer Anwendung zu verstehen[333]. Darüber hinaus wird der Begriff unterschiedlich definiert und

330 Vgl. Lohmann (2014), Interaktion im Technologietransfer, S. 86f.

331 Vgl. Czarnitzki et al. (2001), Rolle und Bedeutung von Intermediären, S. 41f.

332 Vgl. Bagdassarov (2012), Wissens- und Technologietransfer an Universitäten, S. 52ff.

333 Vgl. Kreis (2018), Handbuch der Betriebswirtschaftslehre, S. 3

mit den Begriffen *capability* („Fähigkeit"), *skill* („Fertigkeit"), *knowledge* („Wissen"), *assets* („Aktivposten"), oder *resource* („Ressource") spezifiziert[334]. Ein Akteur kann als ein System vernetzter Kompetenzen verstanden werden[335]. Kompetenzen können dabei in verschiedenen Bereichen innerhalb einer Unternehmensorganisation auftreten.[336] Dabei ist zwischen Personen- und Unternehmenskompetenzen sowie zwischen Technologie- und Managementkompetenzen zu differenzieren[337]. Personenkompetenzen inkludieren die Fertigkeiten und Fähigkeiten sowie das Wissen der Mitarbeitenden und der Führungskräfte eines Unternehmens[338]. Unternehmenskompetenzen demgegenüber werden von mehreren Mitarbeitenden getragen und bestehen aus einer Kombination von Ressourcen eines Unternehmens. Technologiekompetenzen bezeichnen Fähigkeiten, die für die Wettbewerbsposition und die Außenwahrnehmung eines Unternehmens entscheidend sind[339]. Managementkompetenzen bestehen aus der Führung, Planung und Kontrolle sowie in der Integration von Aktivitäten und Leistungen[340].

Bei der Ableitung der für die vorliegende Fragestellung relevanten Kompetenzkategorien werden Unternehmenskompetenzen fokussiert, da Akteure ganzheitlich und nicht einzelne Mitarbeitende isoliert betrachtet werden. Aufgrund ihres Einflusses auf den Technologietransfer sind sowohl Technologie- als auch Managementkompetenzen relevant. Zwecks Herleitung der Kompetenzkategorien wird der ressourcenbasierte Ansatz zur Unternehmensanalyse mit den Gegebenheiten des Technologietransfers von *Deep-Tech* kombiniert. Dadurch wird gewährleistet, dass die Kompetenzkategorien und -ausprägungen mit den bei einem Akteur verfügbaren Ressourcen bestimmbar sind und in der Fallstudie (s. Teilkapitel 4.1.3) eine Operationalisierung der akteursspezifischen Bewertung der einzelnen Kompetenzkategorien ermöglicht wird.

Da in der Arbeit von MANGOLD bereits verschiedene ressourcenbasierte Ansätze analysiert und synthetisiert sind[341], wird im Folgenden auf dessen Ressourcenstrukturierung zurückgegriffen. MANGOLD klassifiziert Unternehmensressourcen entlang materieller Ressourcen (unterteilt in physische und finanzielle Ressourcen), Technologien (entlang von Technologiefeldern) sowie immaterieller Ressourcen (unterteilt in

334 Vgl. Zahn (1996), Kernkompetenzen, S. 884

335 Vgl. Wernerfelt (1984), A resource-based view, S. 173

336 Vgl. Qian (2002), Strategisches Technologiemanagement, S. 77f.

337 Vgl. Zahn (1996), Kernkompetenzen, S. 885

338 Vgl. Turner, Crawford (1992), The role of competence, S. 242

339 Vgl. Dankbaar et al. (1994), Conceptual Framework and Technical Guidelines, S. 11ff.; Meyer-Krahmer, Reger (1995), Technologiemanagement in Europa, S. 921

340 Vgl. Turner, Crawford (1992), The role of competence, S. 243

341 Vgl. Mangoldt (2018), Technologiekompetenzbasierte Diversifikation, S. 135ff.

personenbezogene und organisationsbezogene Ressourcen). Diese Strukturierung ist in Abbildung 4.3 dargestellt.

UNTERNEHMENSRESSOURCEN

Materielle Ressourcen		Technologien	Immaterielle Ressourcen	
Physische Ressourcen	Finanzielle Ressourcen	Technologiefelder	Personenbezogene Ressourcen	Organisationsbezogene Ressourcen
➢ Maschinen und Anlagen ➢ Gebäude und Infrastruktur ➢ IT-Systeme ➢ Sonstige techn. Infrastruktur ➢ …	➢ Eigenkapital ➢ Stehengelassene Gewinne ➢ …	➢ Technologiefeld 1 ➢ Technologiefeld 2 ➢ …	➢ Mitarbeiterfähigkeit 1 ➢ Mitarbeiterfähigkeit 2 ➢ …	Immaterielle Vermögenswerte ➢ Patente ➢ Marken ➢ Netzwerke ➢ Kultur Reputation Prozesse und Organisation ➢ Prozesse ➢ Abläufe ➢ Managementsysteme ➢ …

Abbildung 4.3: Strukturierung von Unternehmensressourcen[342]

Mithilfe der *Deep-Tech*-Charakteristika (Teilkapitel 2.1.2) sowie der Eigenschaften des Technologietransfers (Teilkapitel 2.1.3) werden die relevanten Kompetenzkategorien im Folgenden auf Basis der Ressourcenarten nach MANGOLD identifiziert[343]. Aufgrund risikoreicher und langer Entwicklungszeiten für *Deep-Tech* ist es erfolgskritisch, die entsprechenden Projekte mit ausreichend Kapital auszustatten (vgl. Teilkapitel 2.1.2). Diese Kapitalverfügbarkeit ist mithilfe der finanziellen Unternehmensressourcen, dem Eigenkapital und den stehengelassenen Gewinnen als Kompetenzkategorie bewertbar. Dabei wird ermittelt, in welchem Ausmaß für Investitionen und Innovationen nutzbares Kapital bei den jeweiligen Akteuren zur Verfügung steht. Zusätzlich ist der erfolgreiche Technologietransfer von *Deep-Tech* von der Infrastruktur und den Ressourcen abhängig, mit welchen großskalige Entwicklungsprojekte durchgeführt werden können[344]. Die Möglichkeit der Bereitstellung von Transferinfrastruktur durch die Akteure wird daher als relevante Kompetenzkategorie betrachtet. Die physischen Unternehmensressourcen Maschinen und Anlagen, Gebäude und Infrastruktur sowie die sonstige Infrastruktur sind dieser Kategorie zuzuordnen. Der Erfolg und die Schnelligkeit eines Transferprojekts ist von den involvierten Personen (Forschende sowie Facharbeitende aus der Industrie) abhängig[345]. Der Transfer findet neben der physischen Übergabe von Elementen und Konzepten durch den Wissensaustausch „über Köpfe“

342 I.A.a. Mangoldt (2018), Technologiekompetenzbasierte Diversifikation, S. 136

343 Für die Belegung nachfolgender Argumentationen sei auf die der Dissertation zugrundeliegende Arbeitsdefinition von *Deep-Tech* verwiesen (vgl. Teilkapitel 2.1.2).

344 Vgl. Nestler (2023), Deep Tech

345 Vgl. Günther, Kichhof (2023), Science DeepTech

statt.[346] Die Personalverfügbarkeit wird daher als Kompetenzkategorie aufgenommen und mithilfe der personenbezogenen Ressourcen bestimmt. Zusätzlich ist das Netzwerk als organisationsbezogene Ressource bei der Personalverfügbarkeit zu berücksichtigen. Je stärker das Netzwerk ausgeprägt ist, desto besser kann auf Personalkapazitäten zugegriffen werden[347]. *Deep-Tech* ist charakterisiert als Basis für physische Produkte mit hohem technologischen Vorsprung gegenüber Konkurrenzprodukten (vgl. Teilkapitel 2.1.2). Zur Erreichung dieses Vorsprungs und wegen geringer TRLs ist oftmals wissenschaftliches bzw. Technologie-*Know-how* während des Transferprozesses einzubringen. Verschiedene Akteure haben unterschiedliche Schwerpunkte dieses *Know-hows* inne, welches durch die Ressourcen in einzelnen Technologiefeldern sowie durch bestehende und ausgelaufene Patente ermittelbar ist. Da das physische Produkt zusätzlich in einer Serienproduktion industriell zu produzieren ist, muss das entsprechende Produktions-*Know-how* zum erfolgreichen Transfer vorhanden sein. Dieses ist wiederrum mithilfe des bestehenden Maschinen- und Anlagenparks sowie den Kompetenzen in einzelnen Technologiefeldern als Unternehmensressourcen bestimmbar. Letztlich ist *Deep-Tech* charakterisiert durch die Lösung gesellschaftlicher Herausforderungen und die Schaffung neuer Märkte (vgl. Teilkapitel 2.1.2). Daher ist Marktkenntnis bereits im Zuge des Transferprozesses notwendig. Diese ist akteursspezifisch durch die organisationsbezogenen Ressourcen Marken und Netzwerke sowie Prozesse und Organisation bestimmbar.[348] In Summe resultieren hieraus die in Abbildung 4.4 dargestellten Kompetenzkategorien inkl. der zugehörigen Unternehmensressourcen.

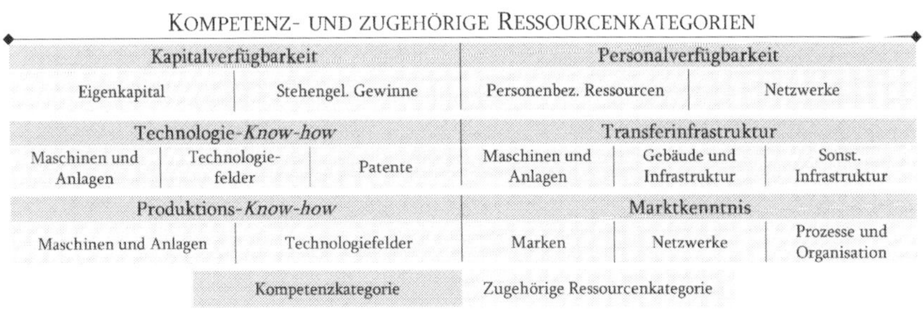

Abbildung 4.4: Abgeleitete Kompetenz- und zugehörige Ressourcenkategorien

346 Vgl. Meißner (2001), Technologietransfer in nationalen Innovationssystemen, S. 114

347 Vgl. Neweling, Sonnek (2006), Personalmanagement in Unternehmensnetzwerken, S. 17f.

348 Vgl. Mangoldt (2018), Technologiekompetenzbasierte Diversifikation, S. 136

Zur akteursspezifischen Bewertung der Kompetenzkategorien im Zuge der Fallstudie ist die Definition bewertbarer Ausprägungen notwendig. Für die abgeleiteten Kategorien existieren in der bestehenden Literatur keine Definitionen solcher Ausprägungen. Im Sinne der Modelltheorie und damit einhergehender Komplexitätsreduktion der Wirklichkeit und Handhabbarkeit im Zuge der Ausarbeitung bietet sich zur Bewertung eine dreistufige Skala an. Somit wird die Ausprägung der Akteure in den einzelnen Kompetenzkategorien jeweils mit gering, mittel und hoch im Vergleich zu den weiteren in der Fallstudie betrachteten Akteuren des Innovationssystems und unter Berücksichtigung der jeweiligen Ressourcenarten bewertet.

4.1.3 Idealtypische Kompetenzausprägungen der Akteure

Zur Ableitung idealtypischer Kompetenzausprägungen der einzelnen Akteure wird der Fallstudienaufbau nach YIN genutzt (vgl. Teilkapitel 3.4.2). Im Fallstudiendesign (Teilkapitel 4.1.3.1) wird dabei initial die Theorie der Fallstudie entwickelt und es werden relevante zu untersuchende Fälle ausgewählt. Zusätzlich wird das Erfassungsprotokoll aufgestellt. In der Fallstudienanalyse (Teilkapitel 4.1.3.2) werden die ausgewählten Fälle interpretiert und es werden Fallreports verfasst. Letztlich wird in der Fallstudiensynthese (Teilkapitel 4.1.3.4) eine fallübergreifende Schlussfolgerung erstellt. Das erläuterte Vorgehen zur Spezifizierung der Akteure entlang des gewählten Fallstudienansatzes ist in Abbildung 4.5 dargestellt.

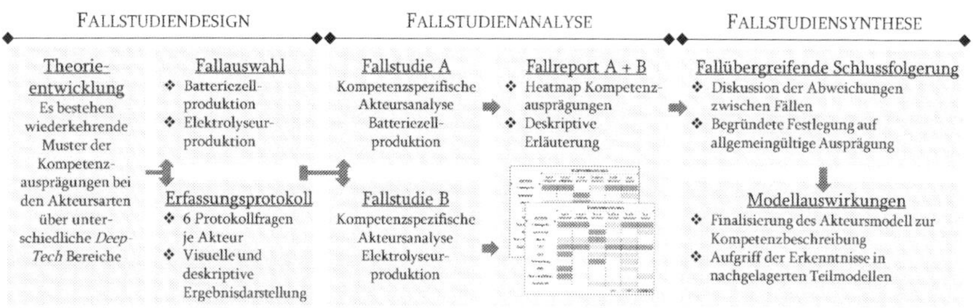

Abbildung 4.5: Vorgehen im Zuge der Fallstudie

4.1.3.1 Fallstudiendesign

Die Grundlage für die Theorieentwicklung wurde geschaffen, indem in Teilkapitel 4.1.1 die Akteure im *Deep-Tech*-Transfer bestimmt und in Teilkapitel 4.1.2 relevante Kompetenzkategorien hergeleitet wurden. Folgend ist zu bestimmen, wie stark die einzelnen Kompetenzkategorien bei unterschiedlichen Akteuren ausgeprägt sind. Die in die Fallstudie eingehende Hypothese des Autors ist, dass wiederkehrende Muster bei den Akteuren in unterschiedlichen *Deep-Tech*-Innovationsfeldern festzustellen sind. Daraus resultieren zwei Untersuchungsfragen, welche im Folgenden zu überprüfen sind:

(I) „Wie stark sind die Kompetenzkategorien akteursspezifisch ausgeprägt?"

(II) „Sind gleiche Ausprägungen von Akteuren verschiedener *Deep-Tech*-Innovationsfelder in den Kompetenzkategorien identifizierbar?"

In der Grobkonzeptionierung (vgl. Teilkapitel 3.4.2) ist dargestellt, aus welchem Grund eine mehrdimensionale Fallstudie zielführend ist. Exemplarisch werden zwei *Deep-Tech*-Innovationsfelder untersucht, die Batteriezell- und die Elektrolyseurproduktion. Beide Innovationsfelder entsprechen der Definition von *Deep-Tech* (vgl. Teilkapitel 2.1.2). In Bezug auf Batteriezellen bestehen trotz jahrelanger Forschungs- und Industrialisierungserfahrung Unsicherheiten bezüglich der Herstellung sowie der tatsächlichen Lebensdauer. Weiterhin wurden bereits hohe Summen für die Förderung und Finanzierung der Technologie aufgewendet. Das Marktrisiko ist immer noch hoch, da die zukünftige Nachfrage aufgrund der Technologieoffenheit in vielen Anwendungsbereichen (z.B. Antriebsarten in der *Automotive*-Branche) nicht vollends transparent ist. *Spill-over*-Effekte bestehen, da die Batteriezelle neben dem *Automotive*-Bereich weitere Branchen (z.B. stationäre Energiespeicher) verändern kann. Letztlich führen hohe Sicherheits- und Zertifizierungsanforderungen sowie elektrochemische Herausforderungen zu langen Entwicklungszeiten der Batteriezellen.[349]

Die Elektrolyseurproduktion wird seit Jahrzehnten weiterentwickelt. Insbesondere die Entwicklung von Hochtemperatur- und Festoxid-Elektrolyseuren erfordert langfristige Forschung und Entwicklung, um eine hohe Effizienz und Wirtschaftlichkeit zu erreichen. Die Produktion von Elektrolyseuren erfordert erhebliche Investitionen in Anlagen und Materialien. Insbesondere bei der Herstellung von Hochtemperatur-Elektrolyseuren ist der Kapitalbedarf hoch, da diese Technologien noch nicht in großem Maßstab produziert werden. Die Elektrolyseurproduktion ist Teil eines schnell wachsenden Ökosystems für erneuerbare Energien und Energiespeicherung. Da die Elektrolysetechnologie insbesondere in Bezug auf die Industrialisierung jedoch noch unreif ist, besteht eine hohe Unsicherheit bezüglich der zukünftigen Markt- und Technologieentwicklung. Die Elektrolysetechnologie hat in den letzten Jahren erhebliche Fortschritte erzielt. Diese Fortschritte haben das Potenzial, bestehende Märkte für erneuerbare Energien und Energiespeicherung radikal zu verändern und neue Märkte zu schaffen. Die Kriterien für *Deep-Tech* sind somit erfüllt.[350] Auf Basis der Akteursdefinitionen werden exemplarische Unternehmen bzw. Einrichtungen in den

[349] Vgl. Schuh et al. (2022), Accelerating Deep Tech Innovations, S. 10f.

[350] Vgl. Schuh et al. (2022), Accelerating Deep Tech Innovations, S. 14f.

vorgestellten *Deep-Tech*-Innovationsfeldern ausgewählt. Diese sind in Abbildung 4.6 strukturiert und in Anhang A.1 begründet hergeleitet.

AKTEURSART	FALLSTUDIEN-SPEZIFISCHE AKTEURE	
	Batteriezellproduktion	Elektrolyseurproduktion
Systemintegrator	Volkswagen AG (**VW**)	thyssenkrupp nucera AG & Co. KGaA (**TK**)
Start-up bzw. Spin-off	Quantumscape Corporation (**QS**)	Sunfire GmbH (**Sunfire**)
Maschinenlieferant	Manz AG (**Manz**)	COATEMA Coating Machinery GmbH (**Coatema**)
Produzent	Contemporary Amperex Technology Co. Ltd (**CATL**)	Siemens Energy Global GmbH & Co. KG (**SE**)
Rohstofflieferant	BASF SE (**BASF**)	Lynas Rare Earths Ltd (**LRE**)
Forschungseinrichtung inkl. Forschende	Technische Universität Braunschweig (**TUB**)	Fraunhofer-Institut für Produktionstechnik und Automatisierung (**IPA**)
Öffentliche Fördergeber	Bundesministerium für Bildung und Forschung (**BMBF**)	Land Baden-Württemberg (**Land BW**)
Finanzwirtschaftliche Investoren	Omers Capital Markets (**OCM**)	Planet First Partners Gérant Sàrl (**PFP**)
Infrastrukturbasierte Intermediäre	Fraunhofer-Einrichtung Forschungsfertigung Batteriezelle (**FFB**)	Zentrum für Sonnenenergie- und Wasserstoff-Forschung Baden-Württemberg (**ZSW**)

Abbildung 4.6: Zuordnung der ausgewählten Unternehmen zu den Akteuren

Die Informationen zur Durchführung der Fallstudie werden aus öffentlich zugänglichen Quellen und Daten gewonnen. Die Protokollfragen setzen sich aus den analysierten Akteuren und den Kompetenzkategorien zusammen. Sie sind in der Form „Welche Ausprägung hat Akteur X (z.B. die *Volkswagen AG*) des *Deep-Tech*-Innovationssystems (z.B. Batteriezellfertigung) in der Kompetenzkategorie Y (z.B. Marktkenntnis) aufzuweisen". Je betrachtetem Akteur sind somit sechs Protokollfragen entlang der Kompetenzkategorien (Kapitalverfügbarkeit, Technologie-*Know-how*, Produktions-*Know-how*, Personalverfügbarkeit, Transferinfrastruktur und Marktkenntnis) zu beantworten. Als Fallreport wird eine visuelle Darstellung der Ergebnisse gewählt, welche deskriptiv ergänzt wird. Diese ermöglicht eine schnelle und übersichtliche Vergleichbarkeit der Analyseergebnisse.

4.1.3.2 Fallstudienanalyse I: Akteure im Innovationssystem Batteriezelle

Das im Zuge des Fallstudiendesigns dargelegte Vorgehen wird im Folgenden auf die für das Innovationssystem Batteriezelle identifizierten Akteure angewendet. Die Analyse wird dabei entlang der Kompetenzkategorien Marktkenntnis, Transferinfrastruktur, Produktions- und Technologie-*Know-how*, Personalverfügbarkeit und Kapitalverfügbarkeit strukturiert.

Marktkenntnis

Aufgrund einer bekannten Marke sowie eines großen Netzwerks in Form von Verkaufsstellen und Events[351] hat die *Volkswagen AG (VW)* eine hohe Marktkenntnis. Dadurch kann das Unternehmen die aktuellen sowie zukünftigen Marktbedürfnisse antizipieren und in das Innovationssystem vermitteln. Durch den engen Kontakt zu Systemintegratoren in gemeinsamen Entwicklungsinitiativen (mit z.B. *NIO*[352]) oder *Joint Ventures* (wie z.B. mit *SAIC* und *GAC* in der Zell- und Packproduktion für Batteriezellen[353]) ist die Marktkenntnis von *Contemporary Amperex Technology Co. Limited (CATL)* – als mittlerweile einer der zehn größten Automobilzulieferer[354] – ebenfalls hoch. Die Marktkenntnis von *Quantumscape (QS)*, als seit 13 Jahren agierendem *Start-up*[355], wird mittel bewertet. Es ist gelungen, eine bekannte Marke aufzubauen und mit relevanten Stakeholdern zu kooperieren (z.B. mit *VW*[356] oder *Fluence Energy Inc.*[357]). Ausgeprägte Marktnetzwerke und -strukturen fehlen jedoch. Als Maschinen- bzw. Rohstoffzulieferer haben die *Manz AG (Manz)*[358] sowie die *BASF SE (BASF)*[359] keine direkten Einblicke in die Marktbedürfnisse, sondern reagieren auf Anfragen der Produzenten und Systemintegratoren[360]. Daher ist die Marktkenntnis gering. Die *Fraunhofer-Einrichtung Forschungsfertigung Batteriezelle (FFB)* als infrastrukturbasierter Intermediär unterstützt insbesondere Forschende und KMUs bei der Skalierung von Innovationen und Prozessen[361]. Da die Projekte i.d.R. eine geringe Marktreife aufweisen, ist die dazu benötigte und dementsprechende vorhandene Marktkenntnis ebenfalls gering. Gleiches gilt für die *Technische Universität Braunschweig (TUB)* als Akteur aus der Forschung[362]. *Omers Capital Markets (OCM)* hat als Risikokapitalgeber[363] verschiedene Unternehmen im Portfolio, welche Einblicke aus dem Markt generieren. Daher hat der Akteur indirekten Zugriff auf Marktkenntnisse. Weiterhin ist *OCM* mit mehr als einem Drittel in „*Green Assets*" investiert[364] und deshalb auf eine gute Marktkenntnis angewiesen. In Summe wird die Marktkenntnis mittel bewertet.

351 Vgl. Volkswagen AG (2022), Annual Report 2021
352 Vgl. Contemporary Amperex Technology Co. Limited (CATL) (2023), NIO Partnership
353 Vgl. GoSaveTime (2021), CATL's battery joint ventures
354 Vgl. Statista (2023), Größte Automobilzulieferer nach Umsatz 21/22
355 Vgl. Quantumscape Corp. (o.J.), About
356 Vgl. Henßler (2018), VW x QuantumScape
357 Vgl. Quantumscape Corp. (2022), Fluence Collaboration
358 Vgl. Manz AG (o.J.), Batteriefertigung
359 Vgl. BASF SE (o.J.), Batteriematerialien
360 Vgl. BASF SE (2021), LIB Kollaboration mit Porsche
361 Vgl. Fraunhofer-Einrichtung Forschungsfertigung Batteriezelle FFB (o.J.), Profil
362 Vgl. Technische Universität Braunschweig (o.J.), Ziele & Werte
363 Vgl. Omers Capital Markets (o.J.), Sustainable Investing
364 Vgl. Omers Capital Markets (o.J.), Sustainable Investing

Letztlich fördert das *Bundesministerium für Bildung und Forschung (BMBF)* Projekte, welche langfristige Relevanz für die Märkte und die Gesellschaft haben[365]. Da diese jedoch noch in frühen Phasen sind und in Bundesministerien keine klassische Marktforschung durchgeführt wird, ist die Marktkenntnis gering.

Transferinfrastruktur

VW[366] sowie *CATL*[367] haben als weltweit agierende Konzerne mit Produktionsstätten sowie Entwicklungslaboren umfangreiche Ausstattung im Bereich der Maschinen und Anlagen sowie bei Gebäuden und sonstiger Infrastruktur. Die Kompetenz Transferinfrastruktur ist dementsprechend hoch. *Manz*[368] und *BASF*[369] sind in ihren Schwerpunkten auf Maschinen und Anlagen bzw. Rohstoffe fokussiert und besitzen in diesen Bereichen entsprechendes Equipment. Bei der ganzheitlichen Betrachtung von Transferinfrastruktur wird diese dadurch mittel bewertet. *QS* fokussiert als Start-up insbesondere die pilotbasierte Entwicklung von Produktinnovationen[370]. Bei für den Transfer relevanter Infrastruktur ist das Unternehmen auf unterstützende Akteure angewiesen. Die Ausprägung ist gering. Die *FFB* hat als infrastrukturbasierter Intermediär die Mission, Forschung und Industrie zu verknüpfen. Aufgrund der öffentlichen Förderung ist der Handlungsraum in der Beschaffung von relevanter Infrastruktur begrenzt[371]. Die Kompetenzausprägung ist mittel. Gleiche Bewertung gilt für die *TUB*. Diese ist mit relevanter Infrastruktur für frühe Transferphasen ausgestattet[372], ohne eine ganzheitliche Infrastruktur vorzuweisen. Letztlich fungieren das *BMBF*[373] sowie *OCM*[374] als Förderer und Finanzierer, ohne produktions- oder prozesstechnologische Infrastruktur zu besitzen. Die Kompetenz ist jeweils gering ausgeprägt.

Produktions- und Technologie-*Know-how*

Da bei den Kompetenzbereichen Produktions- und Technologie-*Know-how* deutliche Unterschiede je Akteur festzustellen sind, ist es zielführend, diese gemeinsam zu betrachten. Als Systemintegrator ist es für *VW* nicht notwendigerweise relevant[375], Kompetenzen im Bereich der Produktion oder einzelner Prozessschritte der

---

365 Vgl. Bundesministerium für Bildung und Forschung (o.J.), Aufgaben und Aufbau

366 Vgl. Volkswagen AG (o.J.), Pressemitteilungen Batterie

367 Vgl. Contemporary Amperex Technology Co. Limited (CATL) (o.J.), Company profile

368 Vgl. Manz AG (o.J.), Future Battery Technologies

369 Vgl. BASF SE (o.J.), Batteriematerialien

370 Vgl. Quantumscape Corp. (2023), Q4 Fiscal 2022

371 Vgl. Fraunhofer-Einrichtung Forschungsfertigung Batteriezelle FFB (o.J.), Profil

372 Vgl. Technische Universität Braunschweig (o.J.), Battery LabFactory

373 Vgl. Bundesministerium für Bildung und Forschung (o.J.), Aufgaben und Aufbau

374 Vgl. Omers Capital Markets (o.J.), Capital Markets

375 Vgl. Volkswagen AG (o.J.), Batteriezellen: Energieschonend in die Zukunft

Batteriezellfertigung aufzubauen. Da das strategische Interesse darin besteht, die Wertschöpfungstiefe zu erhöhen und perspektivisch selbst Batteriezellproduzent zu werden – wie z.B. in Kanada mit dem Bau einer Gigafactory -, eignet *VW* sich z.B. über *Joint Ventures* Produktions- und Technologie-*Know-how* an[376]. Beides ist mittel zu bewerten. *CATL* hat als bereits aktiver Produzent[377] das größte Produktions-*Know-how* für Batteriezellen der in der Fallstudie berücksichtigten Akteure (hohe Kompetenz). Gleichzeitig muss *CATL* zur Produktion qualitativ hochwertiger und funktionierender Batteriezellen Wissen in einzelnen Prozessbereichen besitzen, wobei dieses aufgrund von Partnerschaften mit Zulieferern und Kompetenzträgern intern nicht vollumfänglich ausgeprägt ist[378] (mittel). *QS* hat lediglich gering ausgeprägtes Produktions-*Know-how*, da der Fokus des *Start-ups* auf der Produkt- und Technologieentwicklung liegt[379]. Die technologiebasierte Kompetenz ist daher stark ausgeprägt. *Manz* als Maschinen- und Anlagenbauer hat ebenfalls hohe Kompetenz, da langjährige Erfahrung in der Erstellung von Produktionsanlagen von der Klein-, bis zur Serienfertigung besteht[380]. Da das Unternehmen selbst keine kompletten Batteriezellen fertigt, jedoch durch engen Kontakt Einblicke in die Herausforderungen der Produktionsprozesse bekommt, ist das Produktions-*Know-how* mittel. Als Rohstofflieferant hat *BASF* keine direkte Verbindung zu den Produktionsprozessen. Für das Unternehmen ist es lediglich notwendig, die Prozessierbarkeit der Materialien in der Elektrodenproduktion auf die Fertigungsgegebenheiten abzustimmen[381]. Das Produktions- und Technologie-*Know-how* sind somit jeweils mittel bewertet. Die *FFB* hat als infrastrukturbasierter Intermediär zum Ziel, Pionier im Technologietransfer in Deutschland zu sein[382]. Dafür werden Produktionslinien aufgebaut, an denen von Akteuren aus Industrie und Forschung Produktionsversuche und -tests durchgeführt werden können. Da das Produktionsverständnis in Relation zu einem seit Jahren und global produzierenden Unternehmen wie *CATL* geringer ist, wird sowohl die Produktions- als auch die Technologie-*Know-how*-Kompetenz mittel bewertet. Die *TUB* ist letztlich Experte auf isolierten Gebieten der Batterieproduktionsprozesse[383] (Technologie-*Know-how* hoch), hat jedoch keine Produktionsexpertise[384] (Produktions-*Know-how* gering). Analog zur Argumentation im

---

376 Vgl. Volkswagen AG (2023), Gigafabrik St. Thomas in Kanada

377 Vgl. Contemporary Amperex Technology Co. Limited (CATL) (2022), Kick off cell production

378 Vgl. Contemporary Amperex Technology Co. Limited (CATL) (o.J.), Innovative Technology

379 Vgl. Quantumscape Corp. (o.J.), Press Releases

380 Vgl. Manz AG (o.J.), Batteriefertigung

381 Vgl. BASF SE (o.J.), Batteriematerialien

382 Vgl. Fraunhofer-Einrichtung Forschungsfertigung Batteriezelle FFB (o.J.), Profil

383 Vgl. Technische Universität Braunschweig (o.J.), Research & Development

384 Vgl. Technische Universität Braunschweig (o.J.), Battery LabFactory

Bereich der Transferinfrastruktur fungieren das *BMBF*[385] sowie *OCM*[386] als Förderer und Finanzierer, ohne Bezug zu Produktionsprozessen zu haben. Die Kompetenzen sind bei beiden Akteuren gering.

Personalverfügbarkeit

Die Bewertung der Personalverfügbarkeit als Kompetenz im Gebiet der Batteriezellproduktion ist quantitativ bestimmbar, muss jedoch in Bezug auf das spezifische *Deep-Tech*-Innovationsfeld betrachtet werden. *VW* mit mehr als 116.000 Mitarbeitenden (2022)[387] und *CATL* mit mehr als 80.000 Mitarbeitenden (2022)[388] haben eine hohe Anzahl an in dem Technologiebereich aktivem oder potenziell verfügbarem Fachpersonal (Personalverfügbarkeit hoch). *BASF* ist ebenfalls ein globaler Konzern mit 111.000 Mitarbeitenden (2022) [389]. Allerdings ist *BASF* in mehreren Märkten und Industrien aktiv und verfügt nicht über ausgeprägtes Batterieproduktions-*Know-how*. Daher ist die Ausprägung der Personalverfügbarkeit mittel. *Manz* ist als mittelständisches Unternehmen limitiert in der Personalverfügbarkeit (1.500 Mitarbeitende weltweit (2022)[390]). Durch den starken Fokus des Unternehmens auf Batteriezellproduktion resultiert eine mittlere Ausprägung. *QS* als *Start-up* in der Finanzierungsphase und mit 570 Mitarbeitenden (2022)[391] hat geringe Personalverfügbarkeit für Transferinitiativen. Die *FFB* mit aktuell 35 (2022) und perspektivisch 150 Mitarbeitenden[392] sowie die *TUB*, bei der aktuell 3.800 Mitarbeitende (2022) hauptberuflich arbeiten, von denen sich aber nur ein kleiner Teil mit der Batteriezellproduktion beschäftigt[393], können lediglich einen geringen Anteil an Fachpersonal für die Batteriezellproduktion aufweisen. Die Mitarbeitenden sind in der Regel Forschende, welche an konkrete Projekte und Initiativen, zumindest temporär, gebunden sind. Daher ist die Personalverfügbarkeit jeweils gering. Erneut haben die *OCM* sowie das *BMBF* aufgrund des fehlenden operativen Bezugs zur Batteriezellproduktion sowie aufgrund der organisationalen Ausgestaltung keine Kompetenz im untersuchten Bereich.

385 Vgl. Bundesministerium für Bildung und Forschung (o.J.), Aufgaben und Aufbau

386 Vgl. Omers Capital Markets (o.J.), Capital Markets

387 Vgl. Volkswagen AG (o.J.), Geschäftsberichte 2013-2022

388 Vgl. Contemporary Amperex Technology Co. Limited (CATL) (o.J.), Career

389 Vgl. BASF SE (2023), Geschäftsbericht 2022

390 Vgl. Manz AG (2023), Geschäftsbericht 2022

391 Vgl. PitchBook (o.J.), Firmenprofil der QuantumScape Corp.

392 Vgl. Fraunhofer-Einrichtung Forschungsfertigung Batteriezelle FFB (o.J.), Profil

393 Vgl. Technische Universität Braunschweig (o.J.), TUB in Zahlen

Kapitalverfügbarkeit

Die Kapitalverfügbarkeit wird mit den Ressourcenkategorien Eigenkapital sowie stehengelassene Gewinne bestimmt. Da sowohl das *BMBF* als Fördergeber als auch die *OCM* als Finanzgeber, mit einem investierten Volumen von 55,5 Milliarden Dollar (2023)[394], auf Bereitstellung von Kapital fokussiert sind, sind deren Kapitalverfügbarkeiten hoch. Zusätzlich haben *VW*, *CATL* und *BASF*, basierend auf den historischen Investitionsentscheidungen sowie Gewinnen vergangener Jahre, hohe Kapitalverfügbarkeiten[395]. Die *FFB*[396] und *TUB*[397] haben mithilfe von öffentlichen Förderungen sowie Drittmitteln finanziellen Spielraum für Projekte im Bereich der Batterieproduktion, sind dabei jedoch vollständig auf externe Förderung angewiesen. Daher ist die Bewertung gering. *Manz* ist zunehmend in dem Wachstumsmarkt Batterieproduktion aktiv und erhöht die Umsatzziele jährlich[398]. Zusätzlich besteht eine Beteiligung an der *CUSTOMCELLS* Tübingen GmbH[399]. Das Umsatzvolumen ist jedoch verglichen mit den Großkonzernen gering, wodurch die Bewertung insgesamt mittel bewertet ist. Letztlich ist *QS* als Start-up in der Wachstumsphase[400] auf Kapital angewiesen und hat wenig Spielraum, dieses für Transferaktivitäten zu investieren. Die Kapitalverfügbarkeit ist gering.

Die Ergebnisse aus Fallstudie I sind in Abbildung 4.7 visualisiert. Dabei werden die abgeleiteten Ausprägungen der einzelnen Kompetenzkategorien entlang der spezifischen Akteure des Innovationssystems Batteriezellproduktion gegliedert. Die entsprechende Farbzuordnung der *Heatmap* ist in der Abbildung zu finden. Das Zwischenergebnis wird in der Fallstudiensynthese (s. Teilkapitel 4.1.3.4) aufgegriffen und verarbeitet.

394 Vgl. Omers Capital Markets (o.J.), Capital Markets

395 Vgl. Volkswagen AG (o.J.), Geschäftsberichte 2013-2022; Contemporary Amperex Technology Co. Limited (CATL) (o.J.), Investor Relations; BASF SE (2023), Geschäftsbericht 2022

396 Vgl. Fraunhofer-Einrichtung Forschungsfertigung Batteriezelle FFB (o.J.), EUR 680M Förderung

397 Vgl. Technische Universität Braunschweig (o.J.), TUB in Zahlen

398 Vgl. Manz AG (2023), Geschäftsbericht 2022

399 Vgl. Manz AG (2022), Beteiligung an CUSTOMCELLS

400 Vgl. Quantumscape Corp. (o.J.), Website

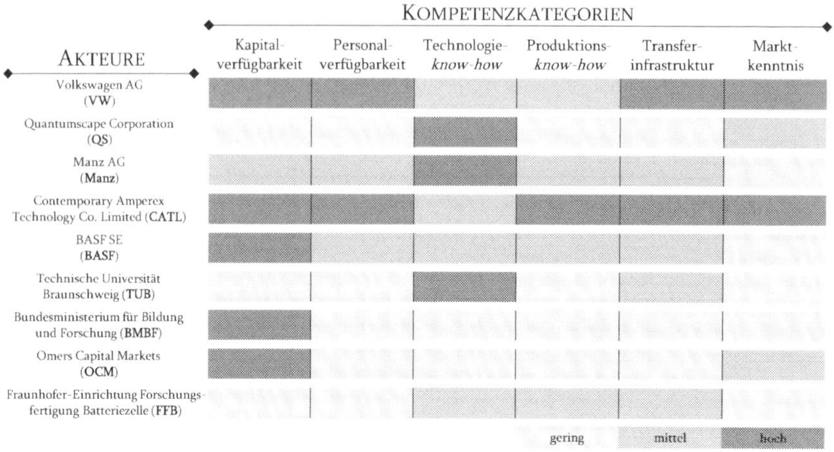

Abbildung 4.7: Darstellung der Kompetenzausprägungen exemplarischer Akteure im Innovationssystem Batteriezellproduktion

4.1.3.3 Fallstudienanalyse II: Akteure im Innovationssystem Elektrolyseur

Das im Zuge des Fallstudiendesigns dargelegte Vorgehen wird im Folgenden zusätzlich auf die für das Innovationssystem Elektrolyser identifizierten Akteure angewendet. Die Analyse wird dabei erneut entlang der Kompetenzkategorien Marktkenntnis, Transferinfrastruktur, Produktions- und Technologie-*Know-how*, Personalverfügbarkeit und Kapitalverfügbarkeit strukturiert.

Marktkenntnis

thyssenkrupp nucera AG & Co. KGaA (TK) ist ein industrieller Akteur, welcher bereits seit den 1960er Jahren im Bereich der Elektrolyse aktiv ist und unterschiedliche, marktnahe Kooperationsprojekte durchführt[401]. Die Marktkenntnis ist dadurch hoch. *Siemens Energy Global GmbH & Co. KG (SE)* ist ein etablierter Akteur in der Energiebranche mit einem breiten Kundenstamm in unterschiedlichen technologischen Bereichen. Das Unternehmen hat eine starke Präsenz auf dem Markt für Wasserstofftechnologie und bereits mehrere Elektrolyse-Projekte durchgeführt[402], wodurch die Marktkenntnis ebenfalls hoch ist. *Sunfire GmbH (Sunfire)* hat verschiedene Projekte und Partnerschaften rund um die Elektrolyseur-Technologie begleitet (z.B. mit Audi

401 Vgl. thyssenkrupp Nucera AG & Co. KGaA (o.J.), Firmenwebsite

402 Vgl. Siemens Energy AG (o.J.), Website; Siemens Energy AG (2022), Electrolyzer production; Siemens Energy AG (2022), Fertigung für Wasserstoff-Elektrolyseure

zur Produktion von synthetischen Erdöl-Substitut *Blue Crude*)[403]. Aufgrund des noch jungen Unternehmensalters (Gründung 2010)[404] ist die Marktkenntnis jedoch noch eingeschränkt (Ausprägung mittel). *COATEMA Coating Machinery GmbH (Coatema)* beteiligt sich an unterschiedlichen Elektrolyse-Projekten als Anlagenpartner. Das Segment ist für das Unternehmen noch jung und stellt nicht das Kerngeschäft dar[405]. Dadurch ist auch die Kenntnis über konkrete Marktanforderungen gering. *Lynas Rare Earths Ltd (LRE)* verfügt als führender Produzent von seltenen Erden über eine etablierte Präsenz auf dem Markt. Das Unternehmen hat in der Vergangenheit Partnerschaften mit anderen Unternehmen und Regierungen geschlossen, um Marktzugänge zu erweitern. Die direkte Kenntnis der Anforderungen der Endanwender der Produkte bleibt aufgrund der Positionierung in der Wertschöpfungskette jedoch verschlossen[406]. Die Marktkenntnis ist gering. Das *Fraunhofer-Institut für Produktionstechnik und Automatisierung (IPA)* ist ein Forschungsinstitut und arbeitet mit Industriepartnern zusammen, um relevante Forschungsergebnisse in die Industrie zu transferieren[407]. Obwohl das Institut namhaft und etabliert ist sowie ein breites Netzwerk von Industriepartnern hat, liegt der Fokus auf anwendungsorientierten Forschungs- und Entwicklungsaktivitäten. Die Marktkenntnis ist mittel. Gleiche Argumentation gilt für das *Zentrum für Sonnenenergie- und Wasserstoff-Forschung Baden-Württemberg (ZSW)* als infrastrukturbasierter Intermediär und als eines der führenden Institute für Energiespeichertechnologien. *Planet First Partners Gérant Sàrl (PFP)* weist als Risikokapitalgeber ein diversifiziertes Unternehmensportfolio auf. In Teilen bestehen dadurch Einblicke in den Elektrolyseur-Markt[408] (s. z.B. *MultiPHLY*-Projekt). Eine mittlere Ausprägung der Marktkenntnis resultiert. Das *Land Baden-Württemberg (Land BW)* unterstützt Initiativen mit Relevanz für Märkte und Gesellschaften[409]. Konkrete betriebswirtschaftliche oder technologische Kenntnisse bestehen dabei nicht, die Marktkenntnis ist gering.

Transferinfrastruktur

TK hat eine etablierte Forschungs- und Entwicklungsabteilung, zudem hat *TK* mehr als 50 Jahre Erfahrung in der Elektrolyseurherstellung sowie bestehende Produktionslinien. Zusätzlich betreibt thyssenkrupp zwei Testanlagen im Produktionsmaßstab für

---

403 Vgl. Sunfire GmbH (2017), Blue Crude

404 Vgl. Sunfire GmbH (o.J.), Über Sunfire

405 Vgl. Coatema Coating Machinery GmbH (o.J.), Erneuerbare Energien; Coatema Coating Machinery GmbH (o.J.), FuE

406 Vgl. Lynas Rare Earths Limited (o.J.), Firmenwebsite

407 Vgl. Fraunhofer-Institut für Produktionstechnik und Automatisierung IPA (o.J.), Projektpartner; Fraunhofer-Institut für Produktionstechnik und Automatisierung IPA (o.J.), Referenzprojekte

408 Vgl. Planet First Partners (o.J.), Team; Planet First Partners (o.J.), Firmenwebsite

409 Vgl. Staatsministerium Baden-Württemberg (o.J.), BW ist spitze in der Forschung

die verschiedene Elektrolyse[410]. Sie haben darüber hinaus Partnerschaften mit anderen Unternehmen und Institutionen, um den Technologietransfer zu erleichtern[411]. Die bestehende Transferinfrastruktur als Kompetenz für den Transfer ist hoch. *SE* hat eine etablierte Forschungs- und Entwicklungsabteilung und investiert aktiv in neue Technologien[412]. Es bestehen Produktionslinien, auf denen Skalierungsprojekte durchgeführt werden können. Die Ausprägung der Kompetenz Transferinfrastruktur ist hoch. *Sunfire* hat das Ziel, innovative Technologien für eine nachhaltige Energieversorgung zu entwickeln[413]. Zur Kommerzialisierung arbeiten sie eng mit weiteren Unternehmen und Forschungseinrichtungen zusammen[414]. Alleinstehend bestehen jedoch nicht die notwendigen infrastrukturellen Ressourcen zur Beschleunigung des Technologietransfers (geringe Kompetenzausprägung). *Coatema* arbeitet in bilateralen Entwicklungsprojekten mit Partnern zusammen, um bestehende Maschinen- und Anlagen auf die Elektrolyseur-Produktion anzupassen[415]. Das Unternehmen kann jedoch nur Teile der ganzheitlich benötigten Transferinfrastruktur bereitstellen, die Ausprägung ist mittel. Die *LRE* ist auf die Rohstoffproduktion fokussiert und besitzt in diesem Bereich entsprechendes Equipment und Anlagen[416]. Für den Transfer innerhalb der Elektrolyseur-Produktion ist dieses jedoch nur bedingt relevant (Kompetenzausprägung gering). Das *IPA* verfügt über einen Maschinen- und Anlagenpark und kooperiert mit weiteren Fraunhofer-Instituten sowie Universitäten. Das Institut bietet spezialisierte Dienstleistungen zur Optimierung von Technologien und Prozessen an[417]. Ganzheitliches und skalierungsfähiges Produktionsequipment kann jedoch nicht bereitgestellt werden, wodurch relevante Transferelemente fehlen (Kompetenzausprägung mittel). Das *ZSW* positioniert sich im Innovationssystem als Partner für erfolgreichen Technologietransfer. Dabei werden relevante Bereiche der Wertschöpfungskette mit unterstützender Infrastruktur abgedeckt[418]. Skalierungsfähige Produktionsprozesse gehören nicht dazu, wodurch die Kompetenzausprägung mittel ist. Letztlich agieren das *Land BW*[419] sowie

410 Vgl. thyssenkrupp Nucera AG & Co. KGaA (o.J.), Zukunftslösungen

411 Vgl. H2Global Stiftung (o.J.), Website

412 Vgl. Siemens Energy AG (2022), Fertigung für Wasserstoff-Elektrolyseure

413 Vgl. Sunfire GmbH (o.J.), Wasserstoff

414 Vgl. Sunfire GmbH (o.J.), Über Sunfire

415 Vgl. Coatema Coating Machinery GmbH (o.J.), Ausstattung; Coatema Coating Machinery GmbH (o.J.), Laufende Projekte

416 Vgl. Lynas Rare Earths Limited (o.J.), Firmenwebsite

417 Vgl. Fraunhofer-Institut für Produktionstechnik und Automatisierung IPA (o.J.), Mission & Leitbild; Fraunhofer-Institut für Produktionstechnik und Automatisierung IPA (o.J.), Institutsprofil

418 Vgl. Zentrum für Sonnenenergie- und Wasserstoff-Forschung (ZSW) (o.J.), ZSW - Stiftung; Zentrum für Sonnenenergie- und Wasserstoff-Forschung (ZSW) (o.J.), Technologietransfer

419 Vgl. Staatsministerium Baden-Württemberg (o.J.), BW ist spitze in der Forschung

PFP[420] als Förderer und Finanzierer, ohne produktions- oder prozesstechnologische Infrastruktur zu besitzen. Die Kompetenz ist somit jeweils gering ausgeprägt.

Produktions- und Technologie-*Know-how*

TK hat jahrelange Erfahrung in der Produktion von Elektrolyseuren in großem Maßstab (großtechnische Elektrolyse seit 1960) und hat proprietäre Fertigungsprozesse entwickelt, um die Produktionseffizienz zu optimieren[421]. Das Produktions-*Know-how* ist somit hoch. Weiter verfügt *TK* über umfangreiche Erfahrung in der Entwicklung komplexer industrieller Prozesse, einschließlich solcher, die mit der Produktion von grünem Wasserstoff zusammenhängen. Das Unternehmen arbeitet seit mehreren Jahren an der Elektrolyse-Technologie und hat eine proprietäre alkalische Elektrolyse-Technologie entwickelt[422]. Dabei arbeitet *TK* in der Regel mit Partnern aus dem Maschinen- und Anlagenbau zusammen. Das Technologie-*Know-how* ist in Summe mittel. *SE* hat langjährige Erfahrung in der Produktion von Elektrolyseuren mit einem großen Produktportfolio. Das Unternehmen baut zurzeit eine Produktionslinie für die Fertigung von Elektrolyseuren für grünen Wasserstoff auf, welche ab 2025 eine jährliche Kapazität von 3 Gigawatt leisten soll[423]. Das geht neben einem hohen Produktions-*Know-how* mit einem mittleren *Know-how* in den relevanten Prozessschritten einher. *Sunfire* hat umfangreiche Erfahrungen in der Entwicklung von Elektrolyse-Technologie und verfügt über 56 Patente, inkl. einer patentierten Hochtemperatur-*Solid-Oxide*-Elektrolyse-Technologie[424] (Technologie-*Know-how* hoch). Das Unternehmen hat Erfahrung in der Produktion von Elektrolyseuren im kleinen bis mittleren Maßstab und hat in der Vergangenheit erfolgreich Elektrolyseure für verschiedene Anwendungen produziert[425]. Aktuell bestehen keine signifikanten Produktionskapazitäten. In Relation zu *TK* und *SE* ist das aktuelle Produktions-*Know-how* mittel. *Coatema* verfügt über umfangreiche Erfahrungen in der Entwicklung und Herstellung von Beschichtungsanlagen[426]. Obwohl das Unternehmen derzeit keine spezifischen Elektrolyse-Anlagen produziert, ist das *Know-how* in der Beschichtungstechnologie auf die Elektrolyse-Technologie übertragbar (Technologie-*Know-how* hoch). Der ganzheitliche

420 Vgl. Bloomberg (o.J.), Firmenprofil der Planet First Partners

421 Vgl. thyssenkrupp Steel Europe AG (o.J.), FuE

422 Vgl. thyssenkrupp Nucera AG & Co. KGaA (o.J.), Grüner Wasserstoff

423 Vgl. Siemens Energy AG (2022), Fertigung für Wasserstoff-Elektrolyseure; Siemens Energy AG (o.J.), Green hydrogen production

424 Vgl. JUSTIA Patents (2023), Patents Assigned to SunFire GmbH; GoodIP (2019), Sunfire Patent Filings

425 Vgl. Sunfire GmbH (o.J.), Über Sunfire

426 Vgl. Coatema Coating Machinery GmbH (o.J.), Märkte; Coatema Coating Machinery GmbH (o.J.), FuE

Elektrolyseur-Produktionsprozess ist von *Coatema* nicht erschlossen[427], sodass das holistische Produktions-*Know-hows* für Elektrolyseure gering ist. *LRE* verfügt über Erfahrung in der Gewinnung und Verarbeitung von seltenen Erden[428]. Sie haben zusätzlich neue Verarbeitungs- und Recycling-Technologien entwickelt[429]. Als Rohstofflieferant sind sie in die initialen Wertschöpfungsschritte der Elektrolyseurproduktion involviert, sodass das ganzheitlich betrachtete Technologie-*Know-how* mittel ist. Das holistische Produktions-*Know-how* von Elektrolyseuren ist für *LRE* als Zulieferer nicht relevant und somit gering. Das *IPA* ist ein erfahrenes Forschungsinstitut mit umfangreichem *Know-how* in der Prozessentwicklung und -optimierung. Sie haben in der Vergangenheit erfolgreich innovative Technologien und Prozesse für Industriepartner entwickelt[430]. In Summe ist das Technologie-*Know-how* somit hoch. Weiterhin hat das *IPA* umfangreiches *Know-how* in der Produktionstechnik und Automatisierung[431]. Ein spezifisches Elektrolyseur-Produktions-*Know-how* ist jedoch nicht vorhanden, sodass die Kompetenz mittel ausgeprägt ist. Das *ZSW* erforscht in Forschungsprojekten die Serienfertigung von Elektrolyseblöcken[432]. Zusätzlich wird an einer kostengünstigen Elektrodenherstellung geforscht[433]. Dabei ist das gesammelte Produktions-*Know-how* mittel. Durch die enge Zusammenarbeit mit Partnern an neuen Technologien und Prozessschritten zur Verbesserung der Elektrolyse auf Produkt- und Prozessebene ist das Technologie-*Know-how* hoch. Analog zur Argumentation im Bereich der Transferinfrastruktur fungieren das *Land BW* sowie *FPF* als Förderer und Finanzierer, ohne Bezug zu Produktionsprozessen zu haben. Die Kompetenzen sind dementsprechend gering ausgeprägt.

Personalverfügbarkeit

2022 beschäftigte der gesamte Konzern *ThyssenKrupp* weltweit rund 69.000 Mitarbeitende[434]. Obwohl das Unternehmen über einen großen Talentpool verfügt, hat nur ein geringer Teil dieser Mitarbeitenden spezifisches Fachwissen in der Elektrolyse-Technologie. Angesichts ihrer Forschungs- und Entwicklungsabteilung und Partnerschaften mit anderen Unternehmen und Institutionen haben sie jedoch Zugang zu Experten

427 Vgl. Coatema Coating Machinery GmbH (o.J.), Laufende Projekte; Coatema Coating Machinery GmbH (o.J.), Erneuerbare Energien

428 Vgl. Lynas Rare Earths Limited (o.J.), Firmenwebsite

429 Vgl. Lynas Rare Earths Limited (o.J.), Residue and Tailings Management

430 Vgl. Fraunhofer-Institut für Produktionstechnik und Automatisierung IPA (o.J.), Suchergebnis Elektrolyseure; Fraunhofer-Institut für Produktionstechnik und Automatisierung IPA (o.J.), H2Giga

431 Vgl. Fraunhofer-Institut für Produktionstechnik und Automatisierung IPA (o.J.), Referenzprojekte; Fraunhofer-Institut für Produktionstechnik und Automatisierung IPA (o.J.), Wasserstofftechnologien

432 Vgl. Zentrum für Sonnenenergie- und Wasserstoff-Forschung (ZSW) (o.J.), Projekte im Bereich Wasserstoff & eFuels

433 Vgl. Zentrum für Sonnenenergie- und Wasserstoff-Forschung (ZSW) (2023), Projekt „Ely-ZnCoat"

434 Vgl. Statista (2023), Entwicklung der Mitarbeiterzahl

auf diesem Gebiet, die Personalverfügbarkeit von *TK* ist hoch. *SE* beschäftigte 2022 weltweit rund 91.000 Mitarbeitende[435]. Sie haben eine starke Präsenz auf dem Arbeitsmarkt für Ingenieure und Techniker und haben daher Zugang zu Talenten in diesem technologischen Bereich[436] (Kompetenzausprägung hoch). *Sunfire* und *Coatema* haben kleine Teams von rund 130 (2019)[437] bzw. 100 Mitarbeitenden[438], darunter Ingenieure, Wissenschaftler und Techniker. Für eine Unternehmen mit einer solchen Größe ist es herausfordernd, spezialisierte Fachkräfte in der Elektrolyse-Technologie zu gewinnen bzw. Kapazitäten für Transferprojekte einzuräumen. Die Verfügbarkeit von Personal ist gering. *LRE* beschäftigt rund 900 Mitarbeitende (2022)[439]. Das Unternehmen ist technologisch breit aufgestellt ohne konkreten Fokus auf Elektrolyseure. Daher ist die Ausprägung der Personalverfügbarkeit für Transferaktivitäten gering. Das *IPA* hat 1.200 Mitarbeitende und ein Team von insgesamt 650 erfahrenen Wissenschaftlern und Technikern, die in verschiedenen Bereichen der Produktionstechnik und Automatisierung spezialisiert sind[440]. Sie verfügen über Erfahrung in der Zusammenarbeit mit Unternehmen und können spezifische Expertise – insbesondere im Zuge von geförderten Kooperationsprojekten – aufweisen. Gepaart mit der globalen Präsenz der Fraunhofer-Gesellschaft ist die Personalverfügbarkeit mittel. Das *ZSW* hat 350 Mitarbeitende in verschiedenen Projekten und Initiativen entlang der nachhaltigen und klimafreundlichen Bereitstellung von Strom, Wärme und regenerativen Kraftstoffen[441]. Dementsprechend steht nur ein kleiner Teil für die Elektrolyseur-Produktion zur Verfügung, die Kompetenzausprägung ist gering. Erneut haben das *Land BW* sowie das *PFP* aufgrund des fehlenden operativen Bezugs zur Elektrolyseur-Produktion sowie aufgrund der organisationalen Ausgestaltung keine Kompetenz im Bereich Personalverfügbarkeit.

Kapitalverfügbarkeit

Der Mutterkonzern *ThyssenKrupp* hatte zum 30. September 2021 eine Nettoliquidität von 1,3 Milliarden Euro[442] und somit ausreichende finanzielle Ressourcen, um in Elektrolyse-Technologie und andere Innovationsinitiativen zu investieren und das Tochterunternehmen *TK* entsprechend zu finanzieren (Kompetenzaufprägung Kapitalverfügbarkeit hoch). *SE* ist ein großes börsennotiertes Unternehmen. Laut ihres

[435] Vgl. Siemens Energy AG (2023), Umsatz 2019-2023

[436] Vgl. Siemens Energy AG (2022), Annual Report 2022

[437] Vgl. Sunfire GmbH (2019), Technologiepartner bei Sunfire

[438] Vgl. Kompass (o.J.), Firmenprofil der Coatema

[439] Vgl. Lynas Rare Earths Limited (2022), 2022 Annual Report

[440] Vgl. Statistisches Landesamt Baden-Württemberg (2021), FuE Ausgaben in Relation zum BIP in 2021

[441] Vgl. Zentrum für Sonnenenergie- und Wasserstoff-Forschung (ZSW) (2023), Jahresbericht 2022

[442] Vgl. thyssenkrupp AG (2022), Geschäftsjahr 2021/2022

Jahresberichts 2021 bestand zum 31. Dezember 2020 eine Nettoliquidität von rund 2,7 Milliarden Euro. Damit bestehen hohe finanzielle Ressourcen, um in Elektrolyse-Technologie und andere Innovationsinitiativen zu investieren. *Sunfire* veröffentlicht als Privatunternehmen keine detaillierten Finanzberichte. Es ist jedoch bekannt, dass das *Start-up* in der Vergangenheit erfolgreich finanziert wurde und Partnerschaften mit anderen Unternehmen eingegangen ist[443]. Die Finanzierung wird insbesondere für den gezielten Unternehmensaufbau eigesetzt. Daher besteht lediglich eine geringe Kapitalverfügbarkeit für die Partizipation an Technologietransferinitiativen[444]. Da sowohl das *Land BW* als Fördergeber[445] als auch die *PFP* als Finanzgeber[446] auf Bereitstellung von Kapital fokussiert sind, sind deren Kapitalverfügbarkeiten hoch. Das *IPA* sowie das *ZSW* haben mithilfe von öffentlichen Förderungen sowie Drittmitteln finanziellen Spielraum für Projekte im Bereich der Elektrolyseur-Produktion, sind dabei jedoch vollständig auf diese externe Förderung angewiesen[447]. Daher ist die Bewertung der Kapitalverfügbarkeit bestehend aus Eigenkapital und stehengelassenen Gewinnen gering. *Coatema* ist zunehmend in dem Wachstumsmarkt Elektrolyseur-Produktion aktiv und erhöht die Umsatzziele jährlich[448]. Zusätzlich besteht eine Beteiligung der *Altonaer-Technologie-Holding GmbH* an *Coatema*[449]. Das Umsatzvolumen ist jedoch verglichen mit den Großkonzernen gering[450], wodurch die Bewertung insgesamt mittel zu bewerten ist. *LRE* hat aufgrund der zunehmenden Relevanz von Rohstoffverfügbarkeiten und seltenen Erden die Möglichkeit, Margen und somit die Liquidität zu erhöhen. Mit einem Umsatz von 920 Millionen Dollar in 2022[451] ist die Unternehmensgröße moderat und die Kompetenzausprägung in Summe mittel.

Die Erkenntnisse der Fallstudie II sind in Abbildung 4.8 visualisiert. Dabei werden die abgeleiteten Ausprägungen der einzelnen Kompetenzkategorien in diesem Fall entlang der spezifischen Akteure des Innovationssystems Elektrolyseurproduktion gegliedert. Die entsprechende Farbzuordnung der *Heatmap* ist in der Abbildung zu finden. Diese Zwischenergebnisse werden ebenfalls in der Fallstudiensynthese (s. Teilkapitel 4.1.3.4) aufgegriffen und verarbeitet.

---

443 Vgl. Sunfire GmbH (2021), Investment in Wasserstoff-Technologien

444 Vgl. Northdata (o.J.), Firmenprofil der Sunfire GmbH

445 Vgl. Statistisches Landesamt Baden-Württemberg (2021), FuE Ausgaben in Relation zum BIP in 2021

446 Vgl. Planet First Partners (2023), Kapitalaufnahme in 2023

447 Vgl. Fraunhofer IPA (2021), Jahresbericht 2021; Zentrum für Sonnenenergie- und Wasserstoff-Forschung (ZSW) (2023), Jahresbericht 2022

448 Vgl. Coatema Coating Machinery GmbH (o.J.), Erneuerbare Energien

449 Vgl. Kanzlei Heuking (2018), ATH übernimmt Coatema

450 Vgl. Implisense GmbH (o.J.), Firmenprofil der Coatema Coating Machinery GmbH

451 Vgl. Lynas Rare Earths Limited (2022), 2022 Annual Report

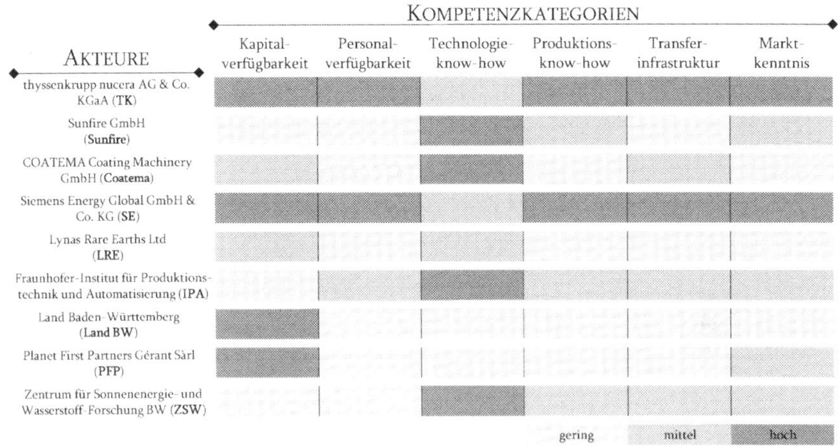

Abbildung 4.8: Darstellung der Kompetenzausprägungen exemplarischer Akteure im Innovationssystem Elektrolyseurproduktion

4.1.3.4 Fallstudiensynthese

Initial werden die ermittelten Ausprägungen in den einzelnen Kompetenzkategorien der Akteure abgeglichen (vgl. Abbildung 4.9). Der Aufbau der Abbildung ist analog den Zwischenergebnissen der Fallstudienanalysen (vgl. Abbildungen 4.7 und 4.8). Insbesondere in den Kompetenzkategorien Personalverfügbarkeit und Produktions-*Know-how* sind Divergenzen der Ausprägungen, welche in der Abbildung mit weißen Boxen dargestellt sind, bei verschiedenen Akteuren festzustellen. Diese sowie die einzelnen, bei unterschiedlichen Akteuren festzustellenden Divergenzen werden im Folgenden diskutiert. Darauf aufbauend werden zielführende generische Ausprägungen in den relevanten Innovationsfeldern mit Blick auf den Fokus der vorliegenden Arbeit bestimmt. Letztlich wird die finale Synthese als Ergebnis des ersten Teilmodells visualisiert.

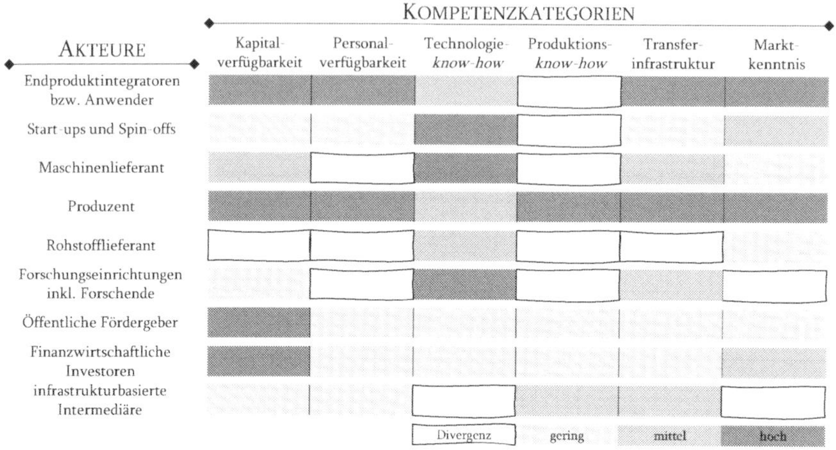

Abbildung 4.9: Abgleich der identifizierten Kompetenzausprägungen

Produktions-*Know-how* des Endproduktintegrators: Häufig wird die *Deep-Tech*-Produktion als Input für die eigentlichen Endprodukte über Zulieferer oder *Joint Ventures* ausgelagert[452]. Die Kernkompetenz der Endproduktintegratoren liegt in dem passgenauen und auf den Markt zugeschnittenen Einsatz der *Deep-Tech*. *TK* stellt aufgrund der langjährigen Präsenz der Muttergesellschaft im Wasserstoffmarkt eine Ausnahme dar[453]. Durch die sukzessive Vergrößerung des Elektrolyseur-Markts und den damit verbundenen Eintritt weiterer Akteure ist es denkbar, dass sich auch *TK* perspektivisch auf den reinen Einsatz der *Deep-Tech* fokussiert und die Produktion von Elektrolyseuren externalisiert. Daher wird die Kompetenz Produktions-*Know-how* des Endproduktintegrators übergeordnet mit mittlerer Ausprägung bewertet.

Produktions-*Know-how* von *Start-ups* und *Spin-offs*: Der Aufbau von Produktionskapazitäten für *Deep-Tech* ist komplex und kapitalintensiv (vgl. Teilkapitel 2.1.2). Daher ist es unüblich, dass junge Unternehmen die Produktionsprozesse ganzheitlich beherrschen und skaliert anwenden können. In der Regel sind dazu signifikante strategische Partnerschaften notwendig[454], wie die Partnerschaft von *Northvolt* und *VW* zeigt. *Sunfire* hat Kompetenzen auf kleinskaliger Ebene entwickelt, stößt im Zuge der aktuellen Skalierungsaktivitäten allerdings aufgrund von Kapital- und Personalmangel an

452 Vgl. Schuh et al. (2022), Accelerating Deep Tech Innovations, S. 5

453 Vgl. tagesschau.de (2023), thyssen - Börsengang von Nucera

454 Vgl. Staudinger, Vercaigne (2020), Batterieproduktion in Zeiten der Energiewende

Grenzen. Um die durchschnittliche Ausprägung des Produktions-*Know-how* von *Start-ups* unterschiedlicher Branchen auszuweisen, wird die Kompetenz daher gering im Vergleich mit den Akteursgruppen bewertet.

Produktions-*Know-how* von Maschinenlieferanten: Grundlegendes Produktions-*Know-how* ist bei Maschinenlieferanten aufgrund eigener Produktionslinien und Fertigungsprozesse zur Maschinenherstellung gegeben. Es besteht dadurch rudimentäres Verständnis über Herausforderungen und Anforderungen an die *Deep-Tech*-Produktion. Holistisches Detail-*Know-how* für die Herstellung von *Deep-Tech* und deren Prozessketten, welches einhergeht mit dezidiertem Technologie-*Know-how* für einzelne Fertigungsschritte, ist jedoch nicht vorhanden. Das Produktions-*Know-how* der Maschinenlieferanten wird somit in Summe in Relation zum gesamten Innovationssystem mittel bewertet.

Personalverfügbarkeit von Maschinenlieferanten: Den europäischen Maschinen- und Anlagenbau prägen KMUs. Diese benennen seit vielen Jahren Fachkräftemangel als signifikante Herausforderung[455]. Gleichzeitig sind die Auftragsprognosen positiv und ermöglichen eine volle Kapazitätsauslastung[456]. Um parallel dazu an relevanten technologischen Entwicklungen zu partizipieren, werden Kooperationsprojekte mit Partnern im Innovationsystem eingegangen[457]. Dabei werden auch personelle Ressourcen durch die Maschinenlieferanten bereitgestellt. Zusammenfassend ist die Personalverfügbarkeit von Maschinenlieferanten für innovative Transferprojekte im Vergleich zum gesamten Innovationssystem mittel zu bewerten.

Kapitalverfügbarkeit von Rohstofflieferanten: *BASF* stellt als Rohstofflieferant eine Besonderheit in Bezug auf die Unternehmensgröße und Diversität dar. Darüber hinaus sind die meisten großen Rohstoffunternehmen außereuropäisch[458]. Daher ist die Kapitalverfügbarkeit im Kontext zu den weiteren Akteuren des Innovationssystems im Durchschnitt als mittel zu bewerten.

Personalverfügbarkeit von Rohstofflieferanten: Die Kompetenzen des Personals von Rohstofflieferanten sind vielfach nicht wesentlich für Transferinitiativen im Innovationssystem, da sie auf Kerntechnologien- und -verfahren im Rohstoffabbau beruhen[459].

[455] Vgl. Schuh et al. (2021), Industrie 4.0 als Chance gegen den Fachkräftemangel, S. 12f.
[456] Vgl. Statista (2023), Kapazitätsauslastung im deutschen Maschinenbau
[457] S. exemplarisch das von der EU geförderte *Nouveau*-Projekt (https://www.nouveau-project.eu).
[458] Vgl. Neitzel (2017), Die größten Bergbaukonzerne der Welt
[459] Vgl. mining-report.de (2023), Prozessketten der Rohstoffindustrie

Somit besteht eine geringe Personalverfügbarkeit von Rohstofflieferanten für Transferprojekte von *Deep-Tech*.

Produktions-*Know-how* von Rohstofflieferanten: Der produktionstechnologische Fokus von Rohstofflieferanten besteht in der Verfahrenstechnik und Fördertechnologie. Dabei sind hochpräzise Produktionsverfahren selten relevant. Aus diesen Gründen ist das *Know-how* für *Deep-Tech*-Produktion von Rohstofflieferanten gering relativ zum Innovationssystem.

Transferinfrastruktur von Rohstofflieferanten: Die internen Produktionsprozesse der Rohstofflieferanten sind technologisch weit entfernt vom zu entwickelnden und skalierenden Produktionsprozess der *Deep-Tech*-Innovation. Neumaterial-Entwicklungsprojekte mit fundamentaler Relevanz für die *Deep-Tech*-Eigenschaften (z.B. *Graphene*-Entwicklung für Batteriezellen[460]) sind selten und insbesondere Labor-basiert. In Summe hat die reine Infrastruktur der Rohstofflieferanten daher geringe Bedeutung für Transferprozesse.

Personalverfügbarkeit von Forschungseinrichtungen inkl. Forschenden: Das aktuell vorherrschende Umdenken in nationalen Innovationsprozessen führt zu verändertem Fokus von Forschungsaktivitäten (mehr Transfer und industrielle Relevanz in der Forschung[461]). Dies geht einher mit der verstärkten Verfügbarkeit von Forschenden für Transferprojekte und resultiert in einer mittleren Personalverfügbarkeit der Forschungseinrichtungen relativ zum Innovationssystem.

Produktions-*Know-how* von Forschungseinrichtungen inkl. Forschenden: Anwendungsnahe Forschungsinstitute bauen verstärkt Pilotlinien auf, um industrielle Partner bei Skalierungsprozessen zu unterstützen[462]. Dadurch wird Produktions-*Know-how* gebündelt und ist für Transferprozesse vorhanden. Durch den grundsätzlichen Fokus vieler Forschungseinrichtungen auf anwendungsfernere Themen ist die Ausprägung in Summe als mittel zu bewerten.

Marktkenntnis von Forschungseinrichtungen inkl. Forschenden: Das *IPA* ist eine der größten Forschungseinrichtungen in der angewandten Forschung[463]. Insbesondere bei stärker in der Grundlagenforschung aktiven Instituten besteht eine signifikante Entfernung vom Markt und den Bedürfnissen und Anforderungen der letztlichen

---

460 https://graphenemg.com/energy-storage-solutions/aluminum-ion-battery/

461 Vgl. Zentrum für Sonnenenergie- und Wasserstoff-Forschung (ZSW) (o.J.), Technologietransfer; Fraunhofer-Institut für Produktionstechnik und Automatisierung IPA (o.J.), Referenzprojekte

462 Vgl. Fraunhofer-Institut für Produktionstechnik und Automatisierung IPA (o.J.), Batterieproduktion

463 Vgl. Fraunhofer-Institut für Produktionstechnik und Automatisierung IPA (o.J.), Institutsprofil

Anwendenden. Daher besteht bei Forschungseinrichtungen in Summe eine geringe Marktkenntnis in Relation zum gesamten Innovationssystem.

Technologie-*Know-how* von Intermediären: Das in einer Entwicklungsumgebung verfügbare *Know-how* entsteht in der Regel erst durch die Partner und Unternehmen, die in der Transferumgebung aktiv sind (s. FFB). Das *ZSW* stellt als Intermediär eine Besonderheit dar, da es in anderen Projekten auch als Forschungseinrichtung auftritt und dabei entsprechendes Technologie-*Know-how* vermittelt[464]. Bei isolierter Betrachtung der Intermediärs-Umgebung ist das Technologie-*Know-how* daher als mittel relativ zum Innovationssystem zu bewerten.

Marktkenntnis von Intermediären: Intermediäre haben grundsätzlich nur über die Partner Kontakt und indirekten Zugang zum Markt[465]. Die direkte und alleinige Marktkenntnis ist daher bei klassischen Intermediären gering in Relation zu den anderen Akteursgruppen.

Auf Basis der vorangegangenen Argumente ist die finale Bewertung der Ausprägung von Kompetenzkategorien der einzelnen Akteure in Abbildung 4.10 dargestellt. Erneut wird auf die Visualisierungsstruktur der vorherigen Abbildungen zurückgegriffen. Endproduktintegratoren und Produzenten weisen aufgrund ihrer durchschnittlichen Unternehmensgröße hohe Ausprägungen in vielen der Kategorien auf. Lediglich das Technologie-*Know-how* ist bei beiden Akteuren mittel bewertet. Dieses wird von Start-ups, Maschinenlieferanten sowie Forschungseinrichtungen ergänzt. In Summe ist jede Kompetenzkategorie von mindestens einem Akteur mit einer hohen Ausprägung bewertet.

---

464 Vgl. Zentrum für Sonnenenergie- und Wasserstoff-Forschung (ZSW) (o.J.), Projekte im Bereich Wasserstoff & eFuels

465 Vgl. Fraunhofer-Institut für Produktionstechnik und Automatisierung IPA (o.J.), Projektpartner; Zentrum für Sonnenenergie- und Wasserstoff-Forschung (ZSW) (o.J.), ZSW - Stiftung

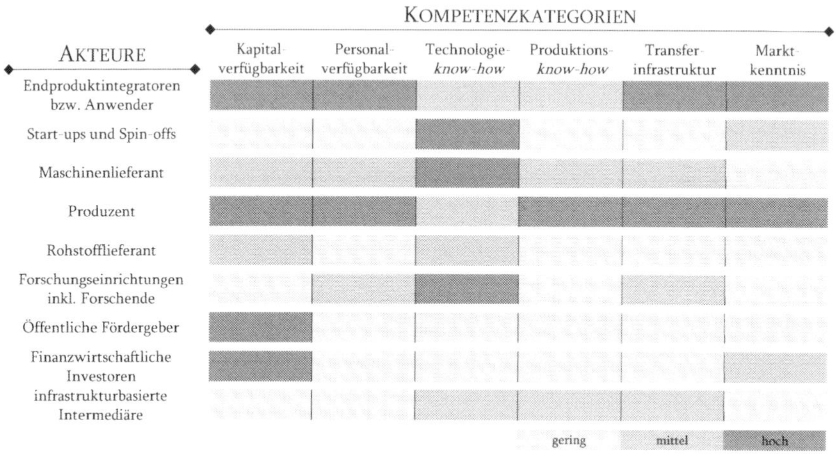

Abbildung 4.10: Ausprägungen in den Kompetenzkategorien der Akteure

4.1.4 Zwischenfazit

Ziel dieses Teilkapitels war die Charakterisierung relevanter Akteure des Innovationssystems von *Deep-Tech*-Innovationen in Form von Kompetenzprofilen. Dazu wurden initial in Summe neun Akteure aus Forschung, Industrie und Finanzwirtschaft identifiziert. Im zweiten Schritt wurden die für die angestrebte Charakterisierung notwendigen Kompetenzkategorien bestimmt. Die neun Akteure sowie sechs mit dem ressourcenbasierten Ansatz abgeleiteten Kompetenzkategorien dienten als Grundlage für eine Fallstudie. Durch Anwendung des Fallstudiendesigns nach YIN wurden Ausprägungen praxisnah in den einzelnen Kompetenzkategorien der verschiedenen Akteure identifiziert. Dabei wurden zwei Innovationsfelder, die Batteriezellproduktion sowie der Elektrolyseurproduktion, betrachtet. Das Gesamtergebnis ist eine Übersicht der Ausprägungen der Kompetenzkategorien über die einzelnen Akteure hinweg. Dieses Ergebnis stellt eine notwendige Grundlage zur Ableitung phasenspezifischer Hemmnisse im weiteren Verlauf der Ausarbeitung dar.

In der Retrospektive des Teilkapitels ist die Vorgehensweise und Ergebnisableitung kritisch zu analysieren: Im Sinne der Modelltheorie und damit einhergehender Komplexitätsreduktion wurden lediglich zwei Fälle bzw. Innovationsfelder untersucht. Durch die Auswahl von zwei unterschiedlichen Branchen wurden Spezifitäten einzelner Branchen in der Ableitung generischer Ergebnisse reduziert. Es ist jedoch nicht ausgeschlossen, dass beide Branchen (Batteriezellproduktion und Elektrolyseurproduktion) spezielle Akteure haben und die Kompetenzausprägungen in anderen Bereichen differenziert ausfallen würden. Darüber hinaus hat das Fallstudiendesign zum Effekt, dass in der Fallstudiensynthese Unschärfe hinsichtlich der tatsächlichen Ausprägungen der Akteure in einzelnen Innovationssystemen entsteht. Anspruch und inhaltliche Anforderung dieser Arbeit ist die generische Nutzbarkeit der Ergebnisse (vgl. Teilkapitel 3.1.1). Auf dieser Basis kann die Kompetenzanalyse für dezidierte Branchen und Industrien spezifisch durchgeführt werden. Eine Erhöhung der Fallstudienmenge würde zusätzliche Sicherheit für die Wahl der Kompetenzausprägungen geben. Aufgrund des signifikanten Aufwands bei der Durchführung und da dieses Teilmodell in einen größeren Forschungskontext einzuordnen ist, ist die Unschärfe an dieser Stelle vertretbar.

4.2 Referenzphasen im *Deep-Tech*-Transfer

In diesem Teilkapitel werden charakteristische Phasen des Transfers von *Deep-Tech*-Innovationen aus der Forschung in die Industrie erarbeitet. Die Struktur des Teilkapitels ist in Abbildung 4.11 dargestellt. Dabei wird zunächst das Verständnis von *Deep-Tech* vertieft und entlang etablierter Technologiecharakteristika eingeordnet (Teilkapitel 4.2.1). Im Anschluss werden gestaltungsrelevante Merkmale des Transferphasenmodells aus der Problemstellung sowie dem Betrachtungsbereich der vorliegenden Arbeit als Referenzmodellrahmen hergeleitet (Teilkapitel 4.2.2). Abschließend erfolgt die Bestimmung von Referenzphasen im *Deep-Tech*-Transfer entlang dieser Merkmale. In diesem Zusammenhang wird eine Verknüpfung zu den in Teilkapitel 4.1 beschriebenen Kompetenzkategorien sowie Akteuren hergestellt (Teilkapitel 4.2.3).

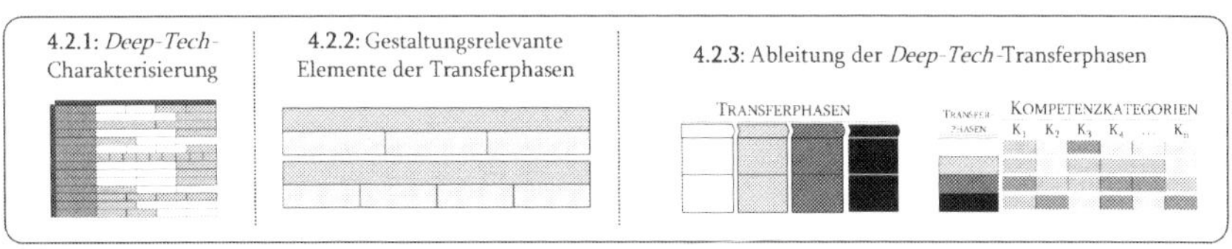

Abbildung 4.11: Struktur des Kapitels »Referenzphasen im *Deep-Tech*-Transfer«

4.2.1 Detaillierung des *Deep-Tech*-Verständnisses

Technologische Charakterisierungen werden zur generischen Beschreibung von Technologieformen entlang definierter Indikatoren genutzt. Dabei werden Ausprägungen für die betrachtete Technologie festgelegt (vgl. dazu die Systematisierung von

Technologien in Teilkapitel 2.1.1.1), wodurch die strukturierte Analyse einer Technologie und eine verbesserte Vergleichbarkeit verschiedener Technologien ermöglicht werden[466].

Da SCHOLZ die in der Literatur vorherrschenden Charakteristika bereits synthetisiert und hinsichtlich ihrer Redundanzfreiheit geprüft hat, wird dieser für die weitere Ausarbeitung gewählt und somit die Berücksichtigung einer Vielzahl von Grundlagenwerken indirekt gewährleistet[467]. Er definiert insgesamt 21 Indikatoren. Die Festlegung der jeweiligen Ausprägungen erfolgt gemäß der in den Grundlagen beschriebenen Merkmalen von *Deep-Tech*. Für eine detaillierte Beschreibung der einzelnen Indikatoren samt Merkmalsausprägungen sei auf SCHOLZ verwiesen[468]. Auf der Ausarbeitung aufbauend wird nachfolgend die Begründung der *Deep-Tech*-spezifischen Ausprägungen fokussiert.

Die Anwendungsbreite beschreibt qualitativ das mögliche Einsatzspektrum einer Technologie. *Deep-Tech* wird häufig für einen konkreten Anwendungsfall entwickelt[469]. Aufgrund des hohen Neuheitsgrades können mit fortschreitender Entwicklung und Diffusion jedoch weitere Märkte und Anwendungen entstehen. Daher kann *Deep-Tech* sowohl eine spezifische Technologie als auch eine Querschnittstechnologie darstellen. *Deep-Tech* weisen lange Entwicklungszeiten sowie einen hohen Kapitalbedarf im Laufe der Entstehung und des Transfers auf (vgl. Teilkapitel 2.1.2). Dementsprechend sind für die Entwicklung von *Deep-Tech* viele F&E-Ressourcen notwendig. Bezüglich des Gegenstands von *Deep-Tech* ist keine Einschränkung dahingehend festzustellen, ob *Deep-Tech* als Prozesstechnologie oder als Produkttechnologie eingesetzt wird. Diese Bestimmung ist stark abhängig von der Betrachtungsperspektive des Anwendenden[470].

Die Komplexität von *Deep-Tech* ist als Folge des radikalen Neuheitsgrades bei gleichzeitig hohem Leistungsvorsprung gegenüber bestehenden Technologien sowie des stark interdisziplinären Charakters hoch[471]. Damit geht zusätzlich einher, dass die Nähe zum Kerngeschäft bei mit *Deep-Tech* in Zusammenhang stehenden Projekten

466 Vgl. Scholz (2022), Applikation maschinell lernender Systeme, S. 164

467 Vgl. Scholz (2021), Potenzial- und risikobasierte Technologiebewertung, S. 81

468 Vgl. Scholz (2021), Potenzial- und risikobasierte Technologiebewertung, S. 74ff.

469 Vgl. Nedayvoda et al. (2020), Deep Tech Solutions, S. 2

470 Vgl. Schuh et al. (2010), Grundlagen zum Technologiemanagement, S. 35f.

471 Vgl. Romasanta et al. (2022), Deep Tech, S. 1; Nedayvoda et al. (2020), Deep Tech Solutions, S. 2; Stanfield et al. (2022), Innovation, S. 15

gering ist[472]. Von der gesellschaftlichen Relevanz von *Deep-Tech*-Innovationen ist abzuleiten, dass die öffentliche Unterstützung, z.B. durch Fördermittel, hoch ist[473].

Bezüglich des Reifegrads von *Deep-Tech* ist keine Fokussierung vorzunehmen, da die vorliegende Bewertung nicht zu einem bestimmten Zeitpunkt in der Entwicklung von *Deep-Tech* vorgenommen wird und diese somit jedes *TRL* durchlaufen kann. Die Schützbarkeit ist ebenfalls nicht allgemeingültig zu bewerten, sondern ist abhängig von der konkret betrachteten *Deep-Tech* und dem entsprechenden Reifegrad. Dennoch ist zu berücksichtigen, dass der Schutz von *Deep-Tech* besondere Relevanz besitzt. So zeigt eine Studie der Unternehmensberatung *Boston Consulting Group* aus dem Jahr 2021, dass über 70 % der analysierten *Deep-Tech*-Unternehmen die entsprechende Technologie patentiert haben[474].

Aufgrund des sozialen und nachhaltigen Charakters von *Deep-Tech* ist die Umweltverträglichkeit hoch[475]. Die Leistungsreserve ist ebenfalls hoch, da sich *Deep-Tech* durch einen hohen Neuheitsgrad auszeichnet und anzunehmen ist, dass das maximale Leistungsniveau noch zu erreichen ist[476]. *Deep-Tech* werden im Kontext ihrer Anwendungsbedeutung als Haupttechnologien eingesetzt. Diese Einordnung ist damit begründet, dass sie zur Lösung konkreter Probleme entwickelt werden und entscheidend zur Umsetzung dieser beitragen[477]. Bezüglich der Interdependenzen zu anderen Technologien innerhalb eines Systems kann für *Deep-Tech* keine allgemeingültige Aussage getroffen werden. Die Kompatibilität mit bestehenden Technologien ist gering, da *Deep-Tech* einen radikalen Neuheitsgrad sowie einen erheblichen Vorsprung zu bestehenden Technologien aufweist (vgl. Teilkapitel 2.1.2). Aufgrund dieser Eigenschaften ist davon auszugehen, dass wenige Komplementär- und Konkurrenztechnologien der jeweiligen *Deep-Tech* existieren.

Bezüglich der Leistungsdifferenz weist *Deep-Tech* einen erheblichen Leistungsvorsprung gegenüber bestehenden Technologien auf[478]. Die zu Beginn der Entwicklung radikale Neuheit bedingt, dass diese keine oder eine lediglich geringe Marktdurchdringung aufweist. Der Neuheitsgrad wird in der Literatur übereinstimmend als hoch, bzw.

---

472 Vgl. Siota, Prats (2021), Open Innovation, S. 12; Stanfield et al. (2022), Innovation, S. 15; Siegel, Krishnan (2020), Impact with Deep Technology, S. 12; Kilic, Duran (2021), Deep Tech Entrepreneurship, S. 91

473 Vgl. Romasanta et al. (2022), Deep Tech, S. 13f.; Kilic, Duran (2021), Deep Tech Entrepreneurship, S. 91; La Tour et al. (2021), Wave of Innovation, S. 11

474 Vgl. La Tour et al. (2021), Wave of Innovation, S. 7

475 Vgl. Romasanta et al. (2022), Deep Tech, S. 13f.; Kilic, Duran (2021), Deep Tech Entrepreneurship, S. 91; La Tour et al. (2021), Wave of Innovation, S. 11

476 Vgl. Schuh et al. (2022), Corporates and Deep Tech Startups, S. 3

477 Vgl. Nedayvoda et al. (2020), Deep Tech Solutions, S. 1f.

478 Vgl. Siota, Prats (2021), Open Innovation, S. 12; Romasanta et al. (2022), Deep Tech, S. 13f.

radikal beschrieben[479]. Zu der Robustheit und der Sicherheit sind keine allgemeingültigen Aussagen möglich, da diese Indikatoren von der konkreten *Deep-Tech* abhängen und sämtliche Ausprägung annehmen können. Da *Deep-Tech* in technischen Systemen als Haupttechnologie fungiert, ist die ermöglichte Funktionalität unmittelbar für den Nutzenden wahrzunehmen, wodurch Sichtbarkeit gegeben ist. Abbildung 4.12 gibt einen zusammenfassenden Überblick über das Ergebnis der zuvor explizierten detaillierten Charakterisierung von *Deep-Tech* entlang der Technologieindikatoren nach SCHOLZ. Diese werden im weiteren Verlauf der Dissertation wiederkehrend aufgegriffen.

INDIKATOR	AUSPRÄGUNG								
Anwendungsbreite	**spezifische Technologie**	**eher spezifische Technologie**	**eher Querschnittstechnologie**	**Querschnittstechnologie**					
F&E Ressourcen	wenige	durchschnittlich	**viele**						
Gegenstand	**Produkttechnologie**	**Prozesstechnologie**							
Komplexität	gering	durchschnittlich	**direkt**						
Nähe zum Kerngeschäft	**gering**	durchschnittlich	hoch						
Öffentliche Unterstützung	keine	gering	durchschnittlich	**hoch**					
Reifegrad	**1**	**2**	**3**	**4**	**5**	**6**	**7**	**8**	**9**
Schützbarkeit	**gering**	**durchschnittlich**	**hoch**						
Umweltverträglichkeit	gering	durchschnittlich	**hoch**						
Leistungsreserve	gering	mittel	**hoch**						
Anwendungsbedeutung	**Haupttechnologie**	Nebentechnologie	Hilfstechnologie						
Interdependenzen	**Einzeltechnologie**	**eher Einzeltechnologie**	**eher Systemtechnologie**	**Systemtechnologie**					
Kompatibilität	**gering**	durchschnittlich	hoch						
Komplementärtechn.	**keine**	**wenige**	einige	viele					
Konkurrenztechn.	**keine**	**wenige**	einige	viele					
Leistungsdifferenz	Leistungsrückstand	Leistungsparität	**Leistungsvorsprung**						
Marktdurchdringung	**keine**	**gering**	durchschnittlich	hoch	vollständig				
Neuheitsgrad	inkrementell	eher inkrementell	eher radikal	**radikal**					
Robustheit	**gering**	**durchschnittlich**	**hoch**						
Sicherheit	**gering**	**durchschnittlich**	**hoch**						
Sichtbarkeit	nicht sichtbar	**sichtbar**							

Ausprägung von *Deep-Tech*

Abbildung 4.12: Technologische Charakterisierung von *Deep-Tech*[480]

[479] Vgl. Stanfield et al. (2022), Innovation, S. 15; Siegel, Krishnan (2020), Impact with Deep Technology, S. 12

[480] I.A.a. Scholz (2021), Potenzial- und risikobasierte Technologiebewertung, S. 81

4.2.2 Bestimmung der Elemente zur Phasenbeschreibung

Folgend wird der Referenzmodellrahmen in Anlehnung an das Vorgehen nach SCHÜTTE erarbeitet[481]. Dabei sind jene gestaltungsrelevanten Elemente zu bestimmen, welche eine zielführende Phasenbeschreibung ermöglichen. Die im Folgenden herzuleitenden Elemente werden in Beschreibungscharakteristika sowie Anforderungskategorien unterteilt. Charakteristika werden als bezeichnende Eigenschaften oder auffällige Merkmale definiert[482], welche vorliegend dazu dienen, die einzelnen Phasen inhaltlich voneinander abzugrenzen. Einzelne Ausprägungen in den Anforderungskategorien können demgegenüber auch wiederkehrend in verschiedenen Phasen auftreten. Dem Ziel der Arbeit folgend sind die Phasen in Hinblick auf spezifische Charakteristika zu beschreiben und voneinander abzugrenzen. Für eine Abgrenzung der Phasen zueinander sind entsprechende Kategorien zu ermitteln. Diese werden aus der granularen *Deep-Tech*-Charakterisierung (vgl. Teilkapitel 4.2.1) in Kombination mit den relevanten Grundlagen dieser Dissertation, also Innovationssysteme (vgl. Teilkapitel 2.2.1) und Technologietransfer (vgl. Teilkapitel 2.1.3), hergeleitet. Übergeordnet wird der *Stage-Gate*-Prozess nach COOPER der Ausgestaltung des Referenzmodells zugrunde gelegt, da dieser ein etablierter Prozess zur Strukturierung und Segmentierung von Innovationsinitiativen aus dem Technologie- und Innovationsmanagement ist (vgl. Teilkapitel 2.1.1.2).

Beschreibungscharakteristika der Technologietransferphasen

TRL dienen der Differenzierung von Technologieentwicklungsstufen[483]. *Deep-Tech* kann über alle *TRL* ausgeprägt sein (vgl. Teilkapitel 4.2.1). Eine Strukturierung der Referenzphasen entlang der einzelnen Level ist daher sinnvoll. Wie einleitend beschrieben, ist es darüber hinaus zielführend, das Referenzphasenmodell an Elemente des *Stage-Gate*-Konzepts von COOPER anzulehnen. Das vorherrschende Prinzip dieses Konzepts ist die Sequenzierung von sequenziellen Innovationsaktivitäten mit isolierten Aufgaben zur Erreichung aufeinanderfolgender (Entwicklungs-)*Gates*[484]. Dieser Fokus wird daher als Charakteristikum in der Referenzphasenbeschreibung aufgenommen. Gleichzeitig sind Zielzustände einzelner Phasen zu definieren. Diese gewährleisten die Prüfung, ob eine Phase erfolgreich abgeschlossen und dementsprechend der zugrunde liegende Fokus zu ändern ist[485].

---

[481] Vgl. Schütte (1998), Grundsätze ordnungsmäßiger Referenzmodellierung

[482] Vgl. Digitales Wörterbuch der deutschen Sprache (2023), Stichwort Charakteristikum

[483] Vgl. Valerdi, J Kohl (2004), Technology Risk Management

[484] Vgl. Cooper (1990), Stage-gate systems

[485] Vgl. Cooper (1990), Stage-gate systems

Anforderungskategorien innerhalb der Technologietransferphasen

Den Beschreibungscharakteristika folgend ändern sich sowohl die Schwerpunkte innerhalb einzelner Phasen als auch die Zielzustände zwischen den Phasen. Darüber hinaus ist *Deep-Tech* durch einen hohen Aufwand an F&E-Ressourcen gekennzeichnet (vgl. Teilkapitel 2.1.2). Daher ist ein Verständnis über die zeitpunktabhängige Relevanz der technologie- und wissensbasierten Elemente im Transferprozess notwendig. Daraus lassen sich Anforderungen an die jeweilige Wissensart sowie die in jeder Phase benötigten Ressourcen und Infrastrukturen ableiten. Eine Technologie erfährt während des Entwicklungsprozesses bzw. des Transfers (vom theoretischen Modell über den Prototyp zum Vorserienprodukt[486]) große Veränderungen. Komplexe technologische Entwicklungen scheitern vielfach an fehlenden Finanzierungsoptionen[487]. Die Strukturierung und Bewertung der Finanzierungsoptionen ist daher als Anforderungskategorie für Transferphasen relevant. Da die Wertschöpfungsketten der industrialisierten *Deep-Tech* komplex und verschiedene Akteure des Innovationssystems an den Entwicklungs- und Transferprozessen beteiligt sind[488], sind die phasenabhängig primär an der Weiterentwicklung involvierten Akteure zu betrachten. Die Differenzierung sollte dabei über die in der Technologietransfertheorie vorgenommene (d.h. Technologiegeber, -nehmer und -mittler[489]) hinausgehen. Dementsprechend werden die in Teilkapitel 4.1.1 bestimmten Akteure im Phasenmodell aufgegriffen. Die vorgestellten Beschreibungscharakteristika und Anforderungskategorien sind in Abbildung 4.13 zusammenfassend dargestellt.

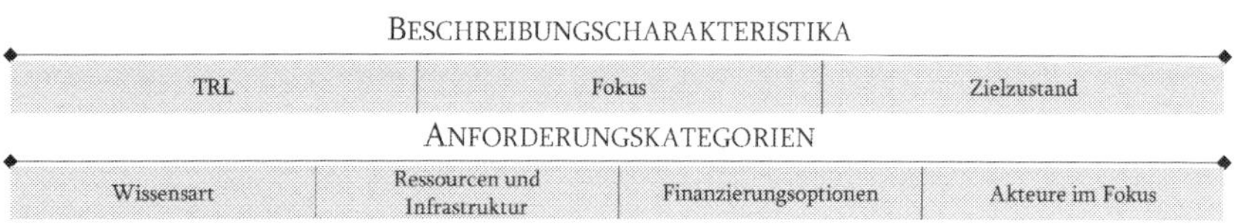

Abbildung 4.13: Beschreibungscharakteristika und Anforderungskategorien zur Differenzierung der Referenzphasen

4.2.3 Modellierung der Referenzphasen im Technologietransfer

Ausgehend von den Beschreibungscharakteristika und Anforderungskategorien wird das Transferphasenmodell nachfolgend konzeptioniert. Zur Identifizierung von Ausprägungen wird zunächst relevante Literatur zur Prozess- und Phasenbeschreibung in

[486] Vgl. Valerdi, J Kohl (2004), Technology Risk Management

[487] Vgl. Auerswald, Branscomb (2003), Valleys of Death and Darwinian Seas

[488] Vgl. Bundesverband der Deutschen Industrie e. V. (BDI) (2020), Globale Wertschöpfungsketten

[489] Vgl. Meißner (2001), Technologietransfer in nationalen Innovationssystemen

Transfer- und Entwicklungsprozessen analysiert (Teilkapitel 4.2.3.1). Die Ergebnisse werden im Anschluss in Form einer Referenzmodellstruktur (Teilkapitel 4.2.3.2) sowie durch die Charakterisierung der einzelnen Phasen (Teilkapitel 4.2.3.3) synthetisiert.

4.2.3.1 Analyse bestehender Phasenmodelle

Zur Analyse des aktuellen Standes der Technik werden Modelle für die Gestaltung des Referenzmodells mit Fokus auf die in Teilkapitel 4.2.2 abgeleiteten Beschreibungscharakteristika und Anforderungskategorien analysiert. Relevante Modelle werden mit der in der Grobkonzeptionierung (vgl. Teilkapitel 3.4.3) vorgestellten Literaturanalyse identifiziert. Da in der vorliegenden Arbeit ein hoher Praxisbezug angestrebt wird, werden Modelle ausgeschlossen, welche generisch sind oder nicht zum spezifischen Betrachtungsbereich vorliegender Arbeit gehören (vgl. Teilkapitel 2.3, z.B. Modelle, die den internationalen oder zwischenbetrieblichen Technologietransfer behandeln). Die Eingrenzung liefert die Werke von BRADLEY[490], AUERSWALD UND BRANSCOMB[491], MURPHY UND EDWARDS[492], HARLÉ ET AL.[493], ROMASANTA ET AL.[494] und SCHUH ET AL.[495] für die Referenzierung. Diese sind in Anhang A.2 einzeln hinsichtlich der Behandlung der Beschreibungscharakteristika und Anforderungskategorien beschrieben.

Entlang der in Teilkapitel 4.2.2 abgeleiteten gestaltungsrelevanten Merkmale des *Deep-Tech*-Referenzmodells wird die Abdeckung durch die identifizierte Literatur bewertet. Die Beschreibungscharakteristika Fokus und Zielzustand sowie die Anforderungskategorie Finanzierungsoptionen werden in nahezu allen Prozessmodellen aufgegriffen. Demgegenüber werden das *TRL* sowie Ressourcen und Infrastruktur in lediglich einem Werk beschrieben. Keins der analysierten Werke deckt sämtliche Beschreibungscharakteristika und Anforderungskategorien ab. Das Ergebnis der Prozessmodellanalyse ist in Abbildung 4.14 zusammenfassend dargestellt, indem die einzelnen Werke den Beschreibungscharakteristika und Anforderungskategorien gegenübergestellt werden. Die verschiedenen Ansätze werden in den folgenden Teilkapiteln zur Ableitung der Referenzmodellstruktur und zur Detaillierung des *Deep-Tech*-Transferphasenmodells verwendet.

490 Vgl. Bradley (2013), University Technology Transfer
491 Vgl. Auerswald, Branscomb (2003), Valleys of Death and Darwinian Seas
492 Vgl. Murphy, Edwards (2003), Bridging the Valley of Death
493 Vgl. Harlé et al. (2017), Deep-Tech Collaboration
494 Vgl. Romasanta et al. (2022), Deep Tech
495 Vgl. Schuh et al. (2022), Corporates and Deep Tech Startups

	BESCHREIBUNGS-CHARAKTERISTIKA			ANFORDERUNGS-KATEGORIEN			
	TRL	FOKUS	ZIELZUSTAND	WISSENSART	RESSOURCEN UND INFRASTRUKTUR	FINANZBEDARF	AKTEURE IM FOKUS
ALTERNATIVE MODEL OF UNIVERSITY TECHNOLOGY TRANSFER (BRADLEY 2013)		☆				☆	☆
SEQUENTIAL MODEL OF DEVELOPMENT AND FUNDING (AUERSWALD UND BRANSCOMB 2003)		☆	☆			☆	
THE CASH FLOW VALLEY OF DEATH CONCEPT (MURPHY UND EDWARDS 2003)		☆				☆	
COLLABORATION MODEL (HARLÉ ET AL. 2017)	☆	☆	☆	☆	☆		☆
DEEP TECH FRAMEWORK (ROMANSANTA ET AL. 2021)		☆	☆			☆	☆
LIFE CYCLE MODEL FOR DEEP TECH STARTUPS (SCHUH ET AL. 2022)		☆	☆	☆		☆	

☆ von Autoren genutzt

Abbildung 4.14: Analyse von Phasenmodellen entlang der Beschreibungscharakteristika und Anforderungskategorien[496]

4.2.3.2 Ableitung der Referenzmodellstruktur

Der Technologieentwicklungsprozess von *Deep-Tech* beginnt in der Grundlagenforschung (vgl. Teilkapitel 4.2.1). Dies entspricht den Phasen 1-3 des *TRL*-Modells[497]. Die Grundlagenforschung ist als Zeitraum mit einer starken Verknüpfung von Universitäten und Forschungseinrichtungen mit öffentlichen Institutionen und den zugehörigen Fördermitteln zu sehen[498]. Daher wird die erste Prozessphase des *Deep-Tech*-Referenzphasenmodells als „Exploration und Entdeckung" definiert. Diese Einordnung deckt sich mit einem großen Teil der betrachteten Literatur (*Scientific Discovery, Research, Exploration, Scientific Discovery / Engineering Innovation*). In dieser Anfangsphase des Entwicklungs- und Transferprozesses existiert keine praktisch nutzbare Technologie. Es liegen lediglich experimentelle bzw. konzeptionelle Nachweise vor.

496 I.A.a. Schuh et al. (2023), Reference-phase Model for the Transfer Process of Deep Tech Innovations, S. 9

497 Vgl. Raffaini, Manfredi (2022), Project management

498 Vgl. Murphy, Edwards (2003), Bridging the Valley of Death

Auf die Grundlagenforschung folgen (Hardware-)Entwicklungsprozesse, innerhalb derer die *Deep-Tech* bzw. erste Funktionen und Komponenten eines einsatzfähigen Produkts entstehen (analog zu *TRL* 4 und 5)[499]. Die Technologie befindet sich im Entstehungs- oder Aufbauprozess, sodass diese zweite Phase als „*Deep-Tech*-Entwicklung" definiert wird. Auch zu dieser Phase sind zuordenbare Elemente in einigen der analysierten Werke zu finden (*Invention, Technology Creation, Functional Prototype, Prototype, R&D-Stage*).

Durch die Literaturanalyse und die Beschreibung der grundlegenden Problemstellung wird aufgezeigt, dass das *VoD* von außerordentlicher Relevanz für den *Deep-Tech*-Transfer ist (vgl. Teilkapitel 1.1 und 2.5). Zur Identifikation der bestmöglichen Unterstützungsoptionen für dieses Phänomen ist es somit isoliert als Phase zu betrachten. In Anlehnung an die Veröffentlichung von Hirzel et al. wird das *VoD* den *TRL*-Phasen 6 und 7 zugeordnet[500]. Zusätzlich sind die in der analysierten Literatur identifizierten Phasen *Early Stage Technology Development (ESTD), Market Focused Biz and Product Development, Minimum Viable Product (MVP), Scaleable Product and Prototype* und *Growth-Stage* mit dem „*Valley of Death*" inhaltlich verknüpft.

Sobald das *VoD* überwunden ist, wird die Marktnähe und Relevanz der *Deep-Tech* sichtbar und bewertbar[501]. Vorliegend wird diese letzte Phase als „Industrialisierung und Kommerzialisierung" bezeichnet. Dies entspricht den *TRL*-Phasen 8 und 9. Alle analysierten Werke beinhalten diesem Bereich zuordenbare Elemente (*Licensing and Usage, Production and Marketing, Early Commercialization, Industrialization, Societal Impacts, Late Stage*).

In Abbildung 4.15 sind die einzelnen Phasen der analysierten Ansätze zusammengefasst und entlang des resultierenden Referenzprozesses strukturiert dargestellt. Die in diesem Teilkapitel dargelegten inhaltlichen Überschneidungen zwischen dem Referenzmodell und den analysierten Eingangsmodellen sind durch unterschiedliche Farben (weiß, hellgrau, dunkelgrau und schwarz) visualisiert.

499 Vgl. Raffaini, Manfredi (2022), Project management

500 Vgl. Hirzel et al. (2018), Bridging the valley of death

501 Vgl. Ellwood et al. (2020), Crossing the valley of death

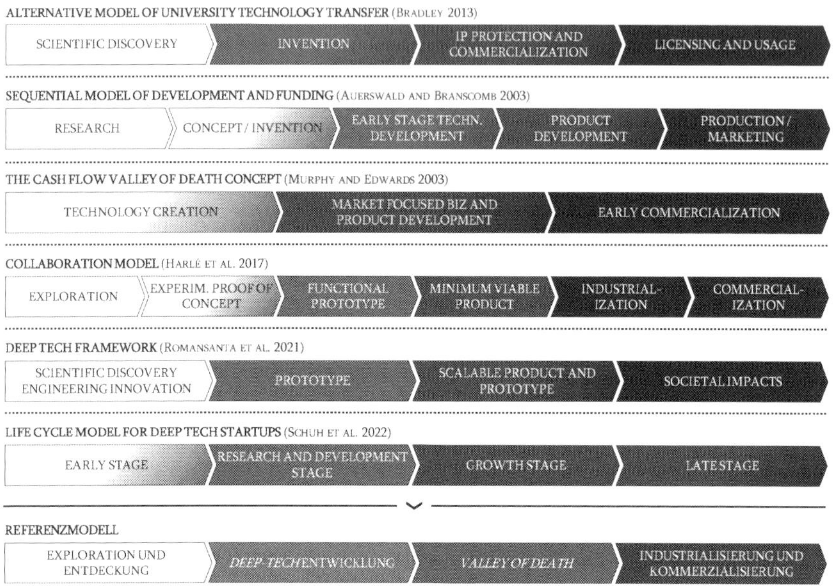

Abbildung 4.15: Referenzmodellierung des *Deep-Tech*-Transfers[502]

4.2.3.3 Detaillierung der *Deep-Tech*-Transferphasen

Als letzter vorliegend betrachteter Schritt der Referenzmodellierung nach SCHÜTTE wird die Komplettierung des Referenzphasenmodells vorgenommen. Aufbauend auf der zuvor erstellten Referenzmodellstruktur werden die einzelnen Technologietransferphasen entlang der Beschreibungscharakteristika und Anforderungskategorien detailliert. Zusätzlich wird die jeweilige Verknüpfung zu den in Teilkapitel 4.1 definierten *Deep-Tech*-Kompetenzkategorien und Akteuren hergestellt.

Exploration und Entdeckung von *Deep-Tech*-Innovationen

Der Schwerpunkt der ersten Phase des Transfers von *Deep-Tech*-Innovationen liegt in der technologischen Grundlagenforschung, die vor allem an Universitäten und Forschungseinrichtungen für angewandte Wissenschaft durchgeführt wird[503]. Der angestrebte Zielzustand ist ein erprobtes Konzept, vielfach fundiert in Form eines Patents

[502] I.A.a. Schuh et al. (2023), Reference-phase Model for the Transfer Process of Deep Tech Innovations, S. 10

[503] Vgl. Auerswald, Branscomb (2003), Valleys of Death and Darwinian Seas; Schuh et al. (2022), Corporates and Deep Tech Startups

oder durch wissenschaftliche Publikationen[504]. Ein Kernteam ist notwendig, welches die Weiterentwicklung in dieser Phase verantwortet[505]. Die dafür benötigten personellen Kapazitäten sind somit gering. Das erforderliche Wissen für die Erreichung der Zielzustände ist in erster Linie wissenschaftlicher Art. Grundlegende Konzepte und Erkenntnisse müssen verstanden und kombiniert werden und die technischen, prozess-bezogenen Herausforderungen müssen vom Entwicklungsteam beherrscht werden[506]. Für erfolgreiche Grundlagenforschung und um mit potenziellen Kooperations- und Unterstützungspartnern in Kontakt zu treten, müssen öffentliche Finanzierungs- und Unterstützungsmechanismen vorhanden sein[507]. In dieser Phase liegt der Schwerpunkt der Ressourcen und Infrastruktur auf Versuchslaboren und Wissenschaftlern in spezifisch relevanten Technologiebereichen[508]. Dementsprechend ist eine Transferinfrastruktur noch nicht relevant. Die Kapitalverfügbarkeit ist immanent, wobei öffentliche Fördereinrichtungen (z.B. Fachministerien, europäische Fonds) und der Staat als Förderer technologischer Grundlagenforschung auftreten[509]. In der Phase stehen Universitäten, Forschungszentren und Industrielabore im Mittelpunkt. Daneben leistet der Staat einen finanziellen Beitrag. Industrielle Akteure spielen eine untergeordnete Rolle, da die Anwendung in einer realen Produktionsumgebung nicht im Fokus steht und die potenziell generierbaren Erkenntnisse und Beiträge noch abstrakt sind[510]. Die

504 Vgl. Auerswald, Branscomb (2003), Valleys of Death and Darwinian Seas; Harlé et al. (2017), Deep-Tech Collaboration; Schuh et al. (2022), Corporates and Deep Tech Startups

505 Vgl. Schuh et al. (2022), Corporates and Deep Tech Startups

506 Vgl. Harlé et al. (2017), Deep-Tech Collaboration

507 Vgl. O'Gorman et al. (2008), How scientists commercialise new knowledge

508 Vgl. Romasanta et al. (2022), Deep Tech

509 Vgl. Murphy, Edwards (2003), Bridging the Valley of Death; Romasanta et al. (2022), Deep Tech

510 Vgl. Bradley (2013), University Technology Transfer; Romasanta et al. (2022), Deep Tech

Zuordnung der Explorations- und Entdeckungsphase zu den Kompetenzkategorien und Akteuren im Innovationssystem ist in Abbildung 4.16 dargestellt.

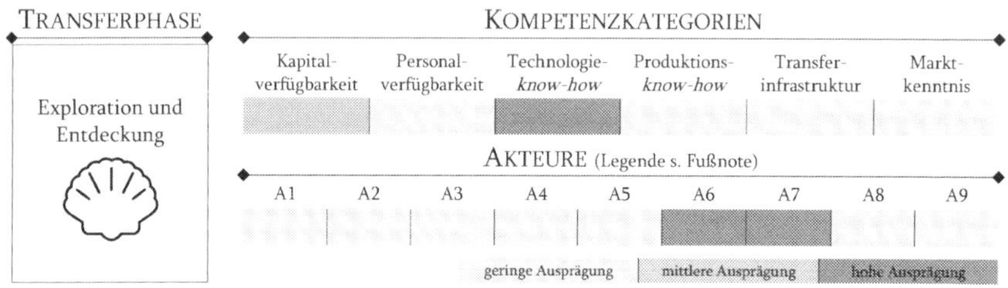

Abbildung 4.16: Relevanz der Kompetenzkategorien und Akteure in der Referenzphase Exploration und Entdeckung[511]

Entwicklung von *Deep-Tech*-Innovationen

In der Entwicklungsphase liegt der Fokus auf der Schaffung einer marktorientierten technologischen Anwendung auf Grundlage der vorher erstellten Patente und Konzepte[512]. Darüber hinaus sind die *IP*-bezogenen Optionen (z.B. bestehende Patente oder Lizensierungsoptionen) zu bewerten[513]. Der Zielzustand ist ein Prototyp, der eine erste technologische Validierung ermöglicht und Interessierten die Chance zur Analyse und Diskussion bietet[514]. Außerdem ist ein Geschäftsmodellentwurf einschließlich eines definierten Wertversprechens zu erstellen[515]. Das erforderliche Wissen ist somit sowohl technologie- als auch produktionsbasiert und inkludiert (agile) *Prototyping*-Aktivitäten[516]. Zusätzlich sind Kompetenzen im Bereich von *IP* und Geschäftsentwicklung, und somit Marktkenntnis, erforderlich[517]. Die relevanten Ressourcen und die Infrastruktur sind mit den Elementen in der Explorations- und Entdeckungsphase vergleichbar. Hinzu kommt Transferinfrastruktur, z.B. in Form von Reallaboren oder Demonstrator-Umgebungen. Durch die Einbeziehung von Technologietransferbüros

[511] A1: Endproduktintegratoren bzw. Anwender, A2: *Start-ups* und *Spin-offs*, A3: Maschinenlieferant, A4: Produzent, A5: Rohstofflieferant, A6: Forschungseinrichtungen inkl. Forschende, A7: Öffentliche Fördergeber, A8: Finanzwirtschaftliche Investoren, A9: infrastrukturbasierte Intermediäre

[512] Vgl. Auerswald, Branscomb (2003), Valleys of Death and Darwinian Seas; Murphy, Edwards (2003), Bridging the Valley of Death; Schuh et al. (2022), Corporates and Deep Tech Startups

[513] Vgl. Romasanta et al. (2022), Deep Tech

[514] Vgl. Bradley (2013), University Technology Transfer; Harlé et al. (2017), Deep-Tech Collaboration; Romasanta et al. (2022), Deep Tech

[515] Vgl. Bradley (2013), University Technology Transfer; Harlé et al. (2017), Deep-Tech Collaboration; Schuh et al. (2022), Corporates and Deep Tech Startups

[516] Vgl. Harlé et al. (2017), Deep-Tech Collaboration

[517] Vgl. O'Gorman et al. (2008), How scientists commercialise new knowledge

wird Unterstützung der Projekte mit Geschäfts- und *IP-Know-how* sichergestellt[518]. Die finanziellen Anforderungen und Optionen (Kapitalverfügbarkeit) ändern sich im Vergleich zur vorherigen Phase, da die öffentliche Grundlagenförderung nicht mehr im Mittelpunkt steht. Private Finanzierung nimmt einen erhöhten Stellenwert ein. Zur Unterstützung dieser Phase existieren halbstaatliche Fonds (z.B. *High-Tech*-Gründerfonds, *European-Investment-Fund*)[519]. Zusätzlich agieren *Angel*-Investoren oder *VC*-Fonds[520]. Als Akteure stehen *Start-ups* oder *Spin-offs* im Fokus[521]. Diese haben vielfach engen Bezug zur Forschungs- und Institutsumgebung. Intermediäre bilden neben den öffentlichen und privatwirtschaftlichen Kapitalgebern das Innovationsumfeld für diese Entwicklungsphase. Darüber hinaus sind Produzenten in die Entwicklungs- und Transferinitiativen involviert, da die Prototypen einen stärkeren Bezug zur industriellen Anwendung haben[522]. Die Zuordnungen der Kompetenzkategorien und Akteure zu der Transferphase sind in Abbildung 4.17 dargestellt.

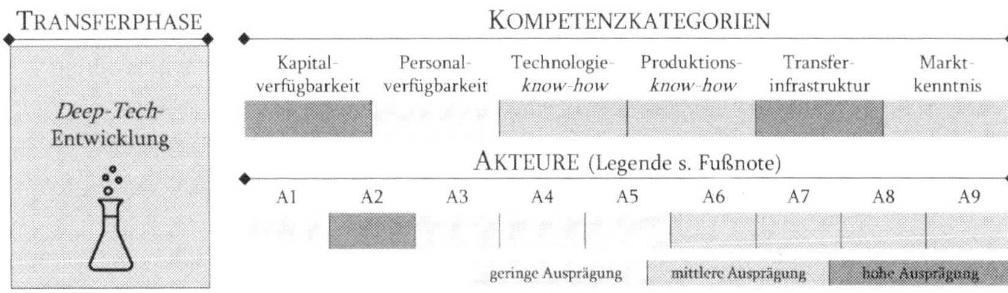

Abbildung 4.17: Relevanz der Kompetenzkategorien und Akteure in der Referenzphase *Deep-Tech*-Entwicklung[523]

Valley of Death im *Deep-Tech*-Transfer

In der Phase des *VoD* liegt der Fokus auf einer marktorientierten Produkt- und Geschäftsentwicklung rund um die *Deep-Tech*-Innovation[524]. Der Zielzustand ist ein erfolgreich entwickeltes, skalierbares und marktfähiges Produkt. Darüber hinaus ist das

518 Vgl. Romasanta et al. (2022), Deep Tech

519 Vgl. Röhl (2021), Start-ups und Venture Capital in Deutschland

520 Vgl. Auerswald, Branscomb (2003), Valleys of Death and Darwinian Seas; Murphy, Edwards (2003), Bridging the Valley of Death

521 Vgl. Romasanta et al. (2022), Deep Tech

522 Vgl. Romasanta et al. (2022), Deep Tech

523 A1: Endproduktintegratoren bzw. Anwender, A2: *Start-ups* und *Spin-offs*, A3: Maschinenlieferant, A4: Produzent, A5: Rohstofflieferant, A6: Forschungseinrichtungen inkl. Forschende, A7: Öffentliche Fördergeber, A8: Finanzwirtschaftliche Investoren, A9: infrastrukturbasierte Intermediäre

524 Vgl. Auerswald, Branscomb (2003), Valleys of Death and Darwinian Seas; Murphy, Edwards (2003), Bridging the Valley of Death; Schuh et al. (2022), Corporates and Deep Tech Startups

Umfeld dieses Produkts im Zielzustand ein Unternehmen mit einem validierten Produkt-Markt-Fit[525]. Aus diesem definierten Fokus und Zielzustand resultieren unterschiedliche Wissensanforderungen. Kompetenzen für die Geschäftsmodellentwicklung müssen vorhanden sein[526]. Darüber hinaus muss die Erstellung und Adaption eines *MVP* beherrscht werden[527]. Dies erfordert eine enge Interaktion zwischen Technik und Marktentwicklung, einhergehend mit hoher Marktkenntnis. Zur langfristigen Gewährleistung von Produzierbarkeit und Skalierbarkeit der *Deep-Tech* muss Industrialisierungskompetenz bestehen[528]. Ab dieser Phase hat das Produktions-*Know-how* somit höhere Relevanz als die isolierte Analyse und Verbesserung einzelner Prozessschritte. Da die *VoD*-Phase in Bezug auf die Liquidität von Technologieprojekten kritisch ist, sind Kenntnisse über Finanzierungsoptionen notwendig. Die wichtigsten Ressourcen und Infrastrukturen – ergänzend zu den in der Entwicklungsphase definierten – sind (Pilot-)Produktionsanlagen, mit denen die Produzierbarkeit des Produkts validiert und verbessert werden kann[529]. Die Verfügbarkeit hilfreicher Transferinfrastruktur spielt in dieser Phase eine signifikante Rolle. Daneben hat die Akquisition von technischem und kaufmännischem Personal Relevanz. Aufgrund der Wichtigkeit von Liquidität sind Risikokapitalfonds mit *Deep-Tech*-Fokus von großer Bedeutung[530]. Öffentliche Fördermittel sind in dieser Phase nur selten verfügbar[531]. Dennoch existieren Konzepte halb-öffentlicher *VCs*[532], die risikoreiche *Deep-Tech*-Projekte unterstützen[533]. Durch Kooperationen oder Übernahmen *(M&As)* spielen industrielle Akteure eine Rolle bei der Finanzierung der *Deep-Tech*. Da diese jedoch risikoavers agieren, ist deren Finanzierungsanagebot in dieser Phase meist niedrig[534]. Zusammenfassend sind finanzstarke Industrieunternehmen, infrastrukturbasierte Intermediäre, *Boutique VCs* und das Team, welches die *Deep-Tech* in Form von *Start-ups* oder *Spin-offs* skaliert,

525 Vgl. Romasanta et al. (2022), Deep Tech; Schuh et al. (2022), Corporates and Deep Tech Startups

526 Vgl. Harlé et al. (2017), Deep-Tech Collaboration; Schuh et al. (2022), Corporates and Deep Tech Startups

527 Vgl. Harlé et al. (2017), Deep-Tech Collaboration

528 Vgl. Schuh et al. (2022), Corporates and Deep Tech Startups

529 Vgl. Tan et al. (2022), Scaling up

530 Vgl. Auerswald, Branscomb (2003), Valleys of Death and Darwinian Seas; Murphy, Edwards (2003), Bridging the Valley of Death

531 Vgl. Murphy, Edwards (2003), Bridging the Valley of Death, S. 3

532 S. bspw. den *High-Tech*-Gründerfonds (HTGF)

533 Vgl. Murphy, Edwards (2003), Bridging the Valley of Death

534 Vgl. Cowling et al. (2021), High-tech industries

als Akteure im Fokus. Die Zuordnungen der Kompetenzkategorien und Akteure zur Transferphase *VoD* sind in Abbildung 4.18 dargestellt.

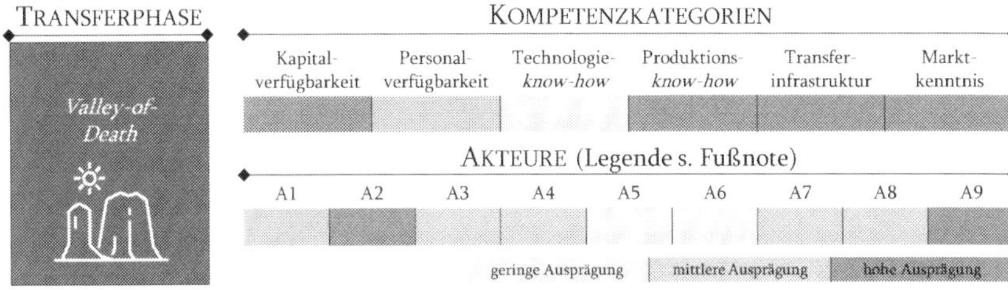

Abbildung 4.18: Relevanz der Kompetenzkategorien und Akteure in der Referenzphase *VoD*[535]

Industrialisierung und Kommerzialisierung von *Deep-Tech*-Innovationen

Die Industrialisierungsphase bildet den Abschluss des Technologietransferprozesses für *Deep-Tech*. Der Fokus liegt auf dem *Ramp-up* und der Skalierung von Produktionsprozessen, der Markteinführung der *Deep-Tech*-Produkte und konsekutiven Technologie- und Produktoptimierungen[536]. Sind diese Tätigkeiten erfolgreich durchgeführt, ist eine Ökosystem-Reife der *Deep-Tech* erreicht[537]. Dazu zählt eine breite Anwendung der *Deep-Tech* in unterschiedlichen Branchen (*Spillover*-Effekte)[538]. Zur Erreichung der Ökosystem-Reife muss Wissen in verschiedenen Domänen vorhanden sein. Insgesamt ist *Skalierungs-Know-how* sowohl aus wirtschaftlicher als auch aus (produktions-)technologischer Perspektive erforderlich[539]. Vor allem der *Scale-up* der Produktion von *Deep-Tech* ist mit hohen *Trial-and-Error*-Kosten verbunden[540]. Zudem wächst die Organisation hinter der *Deep-Tech* erheblich. Professionelle Organisationsstrukturen einschließlich Managementfähigkeiten sind zu beherrschen[541]. Die organisatorischen Veränderungen gehen mit dem Bedarf an Produktionsstätten, Vertriebsnetzen und *Human Ressource (HR)*-Strukturen einher[542]. In der Phase ist der Finanzbedarf hoch. Dabei können alle gängigen Mechanismen des Finanzmarktes

---

535 A1: Endproduktintegratoren bzw. Anwender, A2: *Start-ups* und *Spin-offs*, A3: Maschinenlieferant, A4: Produzent, A5: Rohstofflieferant, A6: Forschungseinrichtungen inkl. Forschende, A7: Öffentliche Fördergeber, A8: Finanzwirtschaftliche Investoren, A9: infrastrukturbasierte Intermediäre

536 Vgl. Harlé et al. (2017), Deep-Tech Collaboration; Murphy, Edwards (2003), Bridging the Valley of Death; Romasanta et al. (2022), Deep Tech

537 Vgl. Harlé et al. (2017), Deep-Tech Collaboration

538 Vgl. Schuh, Latz (2022), Concept Technology Transfer of Deep Tech

539 Vgl. Schuh et al. (2022), Corporates and Deep Tech Startups

540 Vgl. Doltsinis et al. (2013), Performance measurement during production ramp-up, S. 85

541 Vgl. Harlé et al. (2017), Deep-Tech Collaboration

542 Vgl. Röhl (2021), Start-ups und Venture Capital in Deutschland

eingesetzt werden (z.B. *Private Equity, Corporate Venture Funds, Commercial Dept, M&A*)[543]. Dementsprechend haben die finanzwirtschaftlichen Investoren hohe Relevanz. Darüber hinaus haben industrielle Akteure (insb. Endproduktintegratoren und Produzenten) einen starken Einfluss, z.B. um sicherzustellen, dass *Deep-Tech* in die bestehenden Produktionsmechanismen und Lieferketten integrierbar ist. Die Zuordnungen der Kompetenzkategorien und Akteure zur Transferphase sind in Abbildung 4.19 dargestellt.

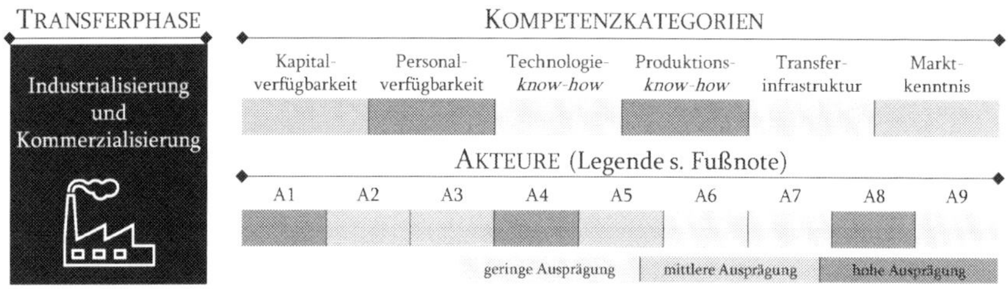

Abbildung 4.19: Relevanz der Kompetenzkategorien und Akteure in der Referenzphase Industrialisierung und Kommerzialisierung[544]

Abschließend kann nun das Referenzphasenmodell zusammengesetzt werden, welches in Abbildung 4.20 entlang der Phasen sowie Beschreibungscharakteristika und Anforderungskategorien visualisiert ist. Das Modell fungiert als alleinstehendes Ergebnis, welches zum Verständnis des *Deep-Tech*-Transfers in der Praxis anwendbar ist. Im weiteren Verlauf der Dissertation wird die Phasenspezifität der Methodik gewährleistet, indem die dargestellten Zuordnungen der Phasen zu den Kompetenzkategorien sowie den Akteuren wiederkehrend aufgegriffen werden.

[543] Vgl. Auerswald, Branscomb (2003), Valleys of Death and Darwinian Seas; Murphy, Edwards (2003), Bridging the Valley of Death; Romasanta et al. (2022), Deep Tech

[544] A1: Endproduktintegratoren bzw. Anwender, A2: *Start-ups* und *Spin-offs*, A3: Maschinenlieferant, A4: Produzent, A5: Rohstofflieferant, A6: Forschungseinrichtungen inkl. Forschende, A7: Öffentliche Fördergeber, A8: Finanzwirtschaftliche Investoren, A9: infrastrukturbasierte Intermediäre

		Exploration und Entdeckung	*Deep-Tech*-Entwicklung	*Valley-of-Death*	Industrialisierung und Kommerzialisierung
BESCHREIBUNGS-CHARAKTERISTIKA	TRL	1-3	4-5	6-7	8-9
	Fokus	○ Technologische Grundlagenforschung	○ Schaffung einer technologischen Anwendung	○ Marktorientierte Produkt- und Geschäftsentwicklung	○ Ramp-up von Produktion ○ Markteinführung
	Ziel-zustand	○ Erprobtes Konzept, z.B. als Patent ○ Gebildetes Kernteam	○ Initialer Prototyp ○ Geschäftsmodellentwurf inkl. Werteversprechen	○ Erfolgreich entwickeltes, skalierbares und marktreifes Produkt ○ Unternehmen mit *Product-Market-Fit*	○ Ökosystem-Reife der Deep Tech ○ Breite Anwendung in unterschiedlichen Branchen
ANFORDERUNGS-KATEGORIEN	Wissensart	○ Verständnis und Kombination allgemeiner wissenschaftl. Konzepte ○ Verständnis über die technischen, prozess-bezogenen Herausforderungen ○ Kenntnis über Förderoptionen	○ Prozess- und produktionsbasiertes Technologieverständnis ○ *Prototyping*-Aktivitäten ○ *IP*-Regeln ○ Geschäftsentwicklung	○ Geschäftsmodellentwickl. ○ Enge Interaktion zwischen Technik und Marktentwickl. ○ Industrialisierung ○ Kenntnis über Finanzierungsoptionen	○ Skalierungs-*know-how* (Produktion und Geschäft) ○ Professionelle Organisationsstrukturen ○ Allgemeine Managementfähigkeiten
	Ressourcen und Infra-struktur	○ Versuchslabore ○ WissenschaftlerInnen in spezialisierten Technologiebereichen	○ *Prototyping*-Labore ○ WissenschaftlerInnen ○ Reallabore, Demonstrator-Umgebungen ○ Technologietransfer-Büros	○ *Prototyping*-Labore ○ Technologietransfer-Büros ○ Pilotanlagen ○ Technisches und kaufmännisches Personal	○ Produktionsstätten ○ Vertriebsnetze ○ HR ○ Supply Chains
	Finan-zierungs-optionen	○ Öffentliche Fördereinrichtungen ○ Regierungen	○ Halbstaatliche Fonds ○ *Angel*-Investoren ○ *Venture-Capital*-Fonds	○ Risikokapitalfonds ○ Halb-öffentliche *VC* ○ *M&A*	○ Börsengang ○ *Private Equity* ○ Kredite ○ *M&A*
	Akteure im Fokus	○ Universitäten und ○ Forschungszentren ○ Industrielabors ○ Regierungen	○ *Start-ups* und *Spin-offs* ○ Akzeleratoren und Inkubatoren ○ Produzenten	○ *Start-ups* und *Spin-offs* ○ Industrieunternehmen ○ Infrastrukturbasierte Intermediäre ○ *VCs*	○ Finanzwirtschaftliche Investoren ○ Industrieunternehmen ○ Management-Team

Abbildung 4.20: Detailliertes *Deep-Tech*-Transferphasenmodell[545]

4.2.4 Zwischenfazit

Der *Deep-Tech*-spezifische Technologietransfer unterscheidet sich stark von generellen Technologietransferprozessen. Insbesondere das *VoD* ist für *Deep-Tech*-Innovationen von hoher Relevanz und daher von Bedeutung für die Definition von Referenzphasen. Darüber hinaus haben die komplexen Wertschöpfungsketten und Ökosysteme innerhalb der *Deep-Tech*-Entwicklung und Industrialisierung einen starken Einfluss. Unter Berücksichtigung der *Deep-Tech*-Charakteristika wurden vier Referenzphasen gebildet und entlang von Beschreibungsmerkmalen (*TRL*, Fokus, Zielzustand) und Anforderungskategorien (Wissen, Ressourcen und Infrastruktur, finanzielle Anforderungen, Akteure im Fokus) beschrieben.

Die Analyse zeigt, dass sich die Anforderungen innerhalb der einzelnen Phasen aufgrund eines angepassten Fokus und Zielzustandes im Laufe des Technologietransferprozesses stark verändern. Obwohl das entwickelte Modell auf bestehenden

[545] I.A.a. Schuh et al. (2023), Reference-phase Model for the Transfer Process of Deep Tech Innovations

Technologieentwicklungskonzepten und -definitionen basiert, erfordert es eine praktische Anwendungsvalidierung. Eine ganzheitliche Betrachtung sämtlicher zu berücksichtigender Faktoren kann mit dem gewählten Ansatz der Referenzmodellierung nicht gewährleistet werden. Bei dieser Forschungsmethode ist eine Eingrenzung der ausgewählten, zugrunde liegende Ansätze vorzunehmen, sodass die Vollständigkeit nicht gewährleistet werden kann. Die Validierung des Referenzphasenmodells kann durch die Durchführung einer retrospektiven Fallstudie erfolgen, in der erfolgreich entwickelte *Deep-Tech* analysiert wird. Darüber hinaus kann eine Interviewstudie mit mehreren Forschenden und Gründenden über verschiedene *TRLs* durchgeführt werden. Das in dieser Arbeit entwickelte Referenzphasenmodell für den *Deep-Tech*-Transfer stellt einen wichtigen Schritt für die Ableitung von staatlichen Unterstützungsmöglichkeiten für spezifische *Deep-Tech*-Initiativen dar und wird im weiteren Verlauf der Dissertation genutzt.

4.3 Phasenspezifische Hemmnisse im Technologietransfer

In diesem Teilkapitel werden gemäß des Grobkonzepts (vgl. Teilkapitel 3.4.2) phasenspezifische Hemmnisse im Technologietransfer von *Deep-Tech* bestimmt und bewertet. Initial werden Hemmnisse des Technologietransfers aus bestehender Literatur ausgeleitet und beschrieben (Teilkapitel 4.3.1). Diese werden dabei mit jeweils passenden Kompetenzkategorien und Akteuren verknüpft. Durch einen Abgleich der Ergebnisse der vorangegangenen Kapitel werden weitere Hemmnisse identifiziert und ergänzt (Teilkapitel 4.3.2). Dadurch wird die Bestimmung phasenspezifischer Hemmnisse ermöglicht (Teilkapitel 4.3.3). Die Struktur des Kapitels ist in Abbildung 4.21 schematisch visualisiert und die Teilkapitel werden im Folgenden expliziert.

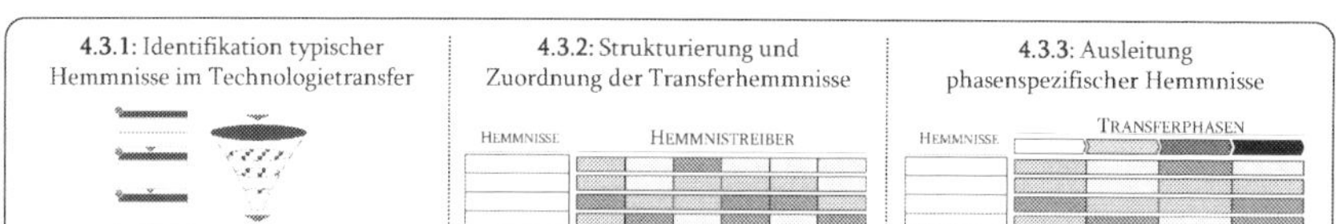

Abbildung 4.21: Struktur des Kapitels »Phasenspezifische Hemmnisse im Technologietransfer«

4.3.1 Identifikation typischer Hemmnisse im Technologietransfer

Da *Deep-Tech*-spezifische Forschung noch nicht über eine langjährige Historie verfügt und rein literaturbasiert lediglich generische Hemmnisse im Technologietransfer identifiziert werden können, ist es zunächst notwendig, ein adaptiertes Vorgehen zur Identifikation zu detaillieren (Teilkapitel 4.3.1.1). Im Anschluss wird die Durchführung der systematischen Literaturrecherche (Teilkapitel 4.3.1.2) dargestellt, bevor abschließend die Analyse, Synthese und Bewertung der Ergebnisse (Teilkapitel 4.3.1.3) erfolgen.

4.3.1.1 Vorgehen zur Identifikation von *Deep-Tech*-Transferhemmnissen

Es existiert eine Vielzahl an Untersuchungen zu hemmenden Faktoren des Technologietransfers[546]. Zielführend ist daher die Durchführung einer strukturierten Literaturanalyse zur Identifikation bekannter und verbreiteter Hemmnisse und die anschließende Synthese der Ergebnisse im Hinblick auf die Forschungsfrage vorliegender Dissertation. Wie BOOTH zeigt, hängt die Qualität der Recherche in hohem Maße von der Auswahl der verwendeten Quellen ab[547]. Da die Vorgehensweise der Recherche in vielen wissenschaftlichen Arbeiten nicht ausreichend dokumentiert wird, wurde die *STARLITE*-Methodik (*Standards for Reporting Literature Searches*) entwickelt. Zur besseren Nachvollziehbarkeit wird diese als Grundlage für das Recherchevorgehen in der vorliegenden Arbeit verwendet. Es ist darin noch keine Lösung zur Darstellung von Rechercheergebnissen vorgegeben, daher wird sie durch das von MOHER ET AL. beschriebene *PRISMA*-Vorgehen (*Preferred Reporting Items for Systematic Reviews and Meta-Analysis*) erweitert[548]. Im Folgenden werden beide Konzepte vorgestellt und es wird die der Arbeit zugrundeliegende Recherchemethodik abgeleitet.

STARLITE ist ein standardisiertes Verfahren zur Dokumentation von Literaturrecherchen mit dem Ziel der Erhöhung der Transparenz einer Recherche. Die Methodik umfasst acht Schritte, die sukzessive ausgeführt werden[549]. In der Suchstrategie wird der Umfang der Recherche festgelegt. Eine flächendeckende Recherche verfolgt das Ziel, die Suche nach relevanten Veröffentlichungen innerhalb eines gewählten Themengebiets anzustellen. Der inhaltliche Betrachtungsbereich wird bei einer zweckmäßigen oder selektiven Recherche so eingegrenzt, dass nur ein vordefinierter Suchbereich untersucht wird. Durch die Vorgabe der Art der zu berücksichtigenden Veröffentlichungen wird die Suche weiter eingegrenzt (bspw. durch die Beschränkung auf Monografien, Zeitschriftenaufsätze oder Hochschulschriften). Der Betrachtungszeitraum dient einer zusätzlichen Filterung der Ergebnisse. Dieser ist nachvollziehbar zu wählen und erfolgt meist durch den ausdrücklichen Ausschluss bestimmter Zeiträume. Es sind außerdem limitierende Faktoren zu nennen, die zwar keine thematischen Einschränkungen darstellen, den Umfang der Recherche aber begrenzen. Bspw. werden vielfach ein bis maximal zwei Sprachen zur Suche verwendet. Die Suchergebnisse werden durch

---

546 Vgl. Fichtel (1997), Technologietransfer, S. 335ff.; Mazurkiewicz, Poteralska (2017), Barriers and Challenges, S. 459f.; Merklein (2019), Marktorientierter Technologietransfer, S. 22f.; Quiñones et al. (2019), Open Innovation, S. 13f.

547 Vgl. Booth (2006), Reporting literature searches

548 Vgl. Moher et al. (2009), The PRISMA statement

549 Vgl. Booth (2006), Reporting literature searches, S. 424f.

die Möglichkeit, bestimmte Begriffe in die Ergebnisse einzubeziehen oder explizit auszuschließen, verfeinert. Somit können nicht-zielführende Ergebnisse ausgeschlossen und Themenbereiche selektiv gesteuert werden. Außerdem werden – soweit vorhanden – mögliche Abkürzungen, Vereinfachungen und Trunkierungen[550] dokumentiert. Neben den Suchbegriffen und Schlagwörtern sind die verwendeten Datenbanken festzulegen. Dazu zählen auch Suchplattformen und Verlage. Für die genannten Kriterien bzw. Abläufe ist von BOOTH keine chronologische Reihenfolge festgelegt. Die vorgestellten Kriterien dienen als Richtlinie, anhand derer die Ausgestaltung eines spezifischen Vorgehens vorzunehmen ist.

Durch die universelle Anwendbarkeit der *STARLITE*-Methodik bietet diese keine konkrete Lösung zur Darstellung von Rechercheergebnissen. Ergänzend muss ein Prozessablauf definiert werden. Daher werden zur Darstellung relevante Teilaspekte des *PRISMA*-Vorgehens eingeführt. Das *PRISMA*-Vorgehen nach MOHER ET AL. entstammt, analog zur *STARLITE*-Methodik, aus der medizinischen Wissenschaft[551]. Mit Hilfe des *PRISMA*-Modells ist das phasenbasierte Vorgehen einer Literaturreche übersichtlich darstellbar. Die drei Schritte des Phasenmodells dienen der Filterung und Detaillierung der Rechercheergebnisse (vgl. Abbildung 4.22).

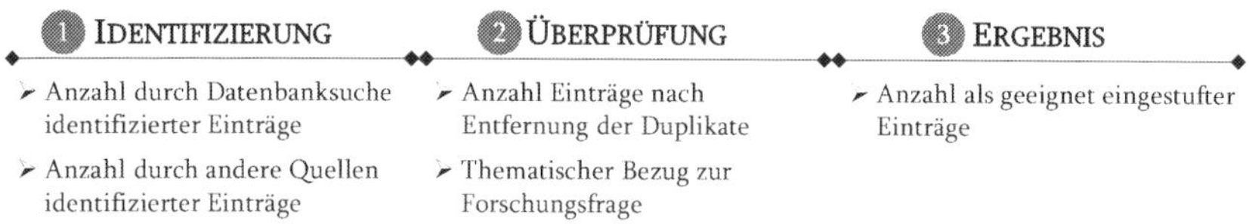

Abbildung 4.22: Vereinfachtes *PRISMA*-Phasenmodell[552]

Im ersten Schritt („Identifizierung") wird in Datenbanken sowie weiteren Quellen (bspw. lokale Bibliotheken) recherchiert. Die Ergebnisse dieser Recherchen werden kombiniert, woraus die initiale Anzahl an Suchergebnissen resultiert. Enthält diese Menge von Ergebnissen Dubletten, werden diese im zweiten Schritt („Überprüfung") entfernt. Ausgehend von dieser Anzahl werden Suchergebnisse ausgeschlossen, welchen ein thematischer Bezug zur Forschungsfrage fehlt. Abschließend resultiert im Schritt „Ergebnis" die Anzahl der für die Analyse nutzbaren Literaturquellen.[553] Das eingesetzte Vorgehen zur systematischen Literaturanalyse von Transferhemmnissen

550 Trunkierungen ersetzen Zeichen am Anfang oder Ende des Wortstamms, wodurch eine Suche nach relevanten Variationen ermöglicht wird. Hierfür wird häufig ein Asterisk (*) als Platzhalter gesetzt.

551 Vgl. Moher et al. (2009), The PRISMA statement, S. 3

552 I.A.a. Moher et al. (2009), The PRISMA statement

553 Vgl. Moher et al. (2009), The PRISMA statement

orientiert sich an den vorgestellten Methoden und kombiniert damit die Recherchekriterien nach BOOTH mit dem Phasenmodell nach MOHER ET AL.. Somit werden die Vorteile beider Methoden vereint und es wird neben einer systematischen Identifizierung eine nachvollziehbare Dokumentation der Recherche gewährleistet.

4.3.1.2 Durchführung der systematischen Literaturanalyse

Nachfolgend werden die im Rahmen der systematischen Literaturanalyse verwendeten Datenbanken, Schlüsselwörter sowie die zugrundeliegende Suchstrategie vorgestellt, bevor die Ergebnisse dargestellt werden. Zur Komplexitätsbeherrschung werden die berücksichtigten Datenbanken auf vier online verfügbare und frei zugängliche Datenbanken beschränkt. Diese sind sowohl allgemein als auch fachspezifisch gewählt (s. Abbildung 4.23). Um die Anforderung einer umfassenden Recherche zu erfüllen, werden unterschiedliche Wissenschaftsdisziplinen im Hinblick auf den Kontext der Arbeit berücksichtigt.

Datenbank	Fokus
Deutsche Nationalbibliographie	Verzeichnis aller in Deutschland erscheinenden Veröffentlichungen
WorldCat	Internationale bibliografische Datenbank mit Fokus auf wissenschaftliche Veröffentlichungen
SpringerLink	Internationale Datenbank mit Fokus auf naturwissenschaftliche, technische und medizinische Bücher und Zeitschriften
Scopus	Internationale Datenbank mit Fokus auf Naturwissenschaften, Technologie, Medizin, Sozialwissenschaften und Kunst

Abbildung 4.23: Verwendete Datenbanken bei der Recherche nach Transferhemmnissen

Die deutsche Nationalbibliothek, als größte zentrale Archivbibliothek der Bundesrepublik Deutschland, führt ein Verzeichnis über sämtliche seit 1911 in Deutschland erschienenen Veröffentlichungen. Zusätzlich werden Medienwerke aus dem Ausland geführt. Die deutsche Nationalbibliothek umfasst eine alle Wissenschaftsbereiche abdeckende Datenbank und legt damit, analog zur *WorldCat* Bibliothek, keinen Fokus auf spezifische Themengebiete. Der Umfang der Recherche wird aus diesem Grund durch die Datenbank *SpringerLink* erweitert, welche Veröffentlichungen und Fachliteratur aus den Bereichen Medizin, Naturwissenschaft und Technik fokussiert. Die Auswahl wird durch die Datenbank *Scopus* ergänzt, welche internationale Veröffentlichungen mit Fokus auf Naturwissenschaften, Technologie, Medizin, Sozialwissenschaften und Kunst beinhaltet.

Für die Suche werden die in Teilkapitel 2.1.3.2 definierten, synonym verwendeten Begriffe des Terminus Transferhemmnis in deutscher und in englischer Sprache genutzt. Dadurch werden Werke aus der internationalen Forschungslandschaft einbezogen und umfassende Ergebnisse erzielt. Eine Übersicht über die verwendeten Suchbegriffe ist in Abbildung 4.24 aufgeführt.

Verwendete deutsche Suchbegriffe	Verwendete englische Suchbegriffe
Hemmnis* Technologietransfer*	barrier* technology transfer*
Barriere* Technologietransfer*	obstacle* technology transfer*

Abbildung 4.24: Verwendete Suchbegriffe bei der Recherche nach Transferhemmnissen

Das Erscheinungsjahr der Literatur wird nicht eingegrenzt, da viele als Standardwerke des Technologietransfers beschriebenen Arbeiten bereits in der zweiten Hälfte des letzten Jahrhunderts erschienen sind[554]. Sollten durch die Suche Hemmnisse identifiziert werden, die bspw. aufgrund einer veränderten Rechtslage keine Relevanz mehr besitzen (z.B. das Hochschullehrerprivileg[555]), werden diese im weiteren Verlauf der Analyse eliminiert.

Die Literaturrecherche wird am 20. Juni 2022 durchgeführt und liefert zunächst 1.889 Ergebnisse. Nach Entfernung der Dubletten und Konsolidierung der Sucheinträge resultiert eine Gesamtzahl von 1.653 unterschiedlichen Veröffentlichungen. Danach werden die Filterkriterien festgelegt und die Ergebnisse zur Schärfung der Ergebnisrelevanz eingegrenzt. Die Suchergebnisse werden zunächst mit Hilfe einer Vorselektion der Titel reduziert, wobei geprüft wird, ob eine grundlegende thematische Übereinstimmung besteht. Es werden 1.024 Titel ausgeschlossen, sodass die Anzahl der im weiteren Verlauf berücksichtigten Veröffentlichungen auf 631 eingegrenzt ist. Anschließend werden die Zusammenfassungen geprüft, wobei ein hoher thematischer Übereinstimmungsgrad zur Forschungsfrage gefordert wird. Die dadurch eingegrenzte Menge auf 66 relevante Publikationen wird der nachfolgenden Analyse und Extraktion der Transferhemmnisse zugrunde gelegt.[556]

4.3.1.3 Ableitung relevanter Transferhemmnisse

Zur Ableitung der Hemmnisse werden die identifizierten Veröffentlichungen systematisch analysiert. Dazu existiert in der Literatur kein standardisiertes Vorgehen. Zudem ist aufgrund der Spezifizität des angestrebten Erkenntnisgewinns ein individuell

[554] Vgl. Corsten (1982), Nationaler Technologietransfers; Engeleiter (1982), Technologietransfer; Müller (1988), Organisation des Technologietransfers; Rothholz (1986), Barrieren im Technologie-Transfer

[555] Das Hochschullehrerprivileg, welches 1957 gesetzlich verankert und 2002 schließlich wieder abgeschafft wurde, erlaubte den Beschäftigten von Hochschulen, ihre im Rahmen des Beschäftigungsverhältnisses entwickelte Erfindungen selbst zu verwerten.

[556] Vgl. Schuh et al. (2022), Governmental Support Options, S. 30ff.

gestaltetes Vorgehen zielführender[557]. LEEDY ET AL. folgend sind die Rechercheergebnisse inhaltlich kritisch zu evaluieren, anhand definierter Kriterien zu organisieren und zielgerichtet zu synthetisieren[558]. Darauf aufbauend erfolgt die Analyse der Publikationen zur Identifikation der typischen Hemmnisse im Technologietransfer (vgl. Abbildung 4.25).

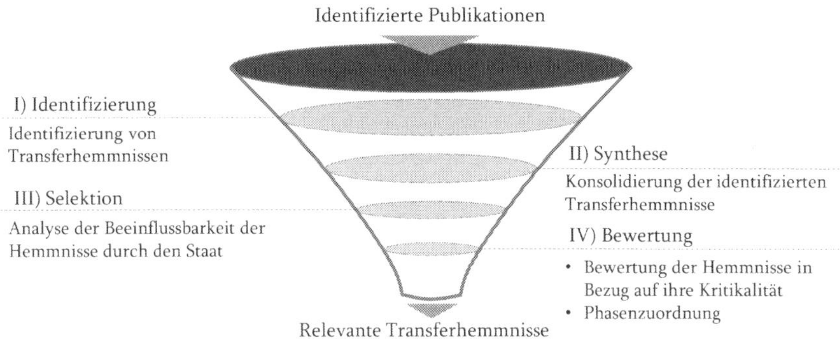

Abbildung 4.25: Vorgehen zur Ableitung relevanter Transferhemmnisse[559]

Zur Identifizierung von Transferhemmnisse werden die Publikationen ganzheitlich gesichtet (Schritt I). Sie werden hinsichtlich ihres Bezugs zum Transfer zwischen Forschung und Industrie, ihrer aktuellen Relevanz sowie ihrer Technologieunabhängigkeit kritisch geprüft. Dadurch werden bspw. Hemmnisse exkludiert, welche beim internationalen Technologietransfer zur Unterstützung von Entwicklungsländern auftreten (vgl. Abbildung 2.9) oder welche lediglich Bezug zu expliziten Technologien (z.B. Verbot von Kühlstoffen in der Wärmepumpenproduktion[560]) haben. Diesem Vorgehen folgend resultieren aus den 66 analysierten Veröffentlichungen 317 Hemmnisse des Technologietransfers.

Die Synthese umfasst die Konsolidierung der zuvor identifizierten Hemmnisse (Schritt II). Es werden synonyme Hemmnisse agglomerativ unter Oberbegriffen gebündelt. Damit wird eine mehrfache Berücksichtigung inhaltlich gleicher Hemmnisse verhindert. Da die Synthese mit einem Informationsverlust verbunden ist, ist bei jeder Iteration zwischen diesem und dem potenziellen Gewinn an Handhabbarkeit abzuwägen.

557 Vgl. Webster, Watson (2002), Analyzing the past to prepare for the future, S. 16
558 Vgl. Leedy et al. (2019), Practical research, S. 98
559 I.A.a. Schuh et al. (2022), Governmental Support Options, S. 30
560 Vgl. Kurmayer (2023), Wärmepumpen-Industrie besorgt

Nach sorgfältiger Prüfung werden die initial identifizierten 317 Transferhemmnisse zu 17 Hemmnissen synthetisiert. Die Ausgangsergebnisse sind in Anhang A.3 inklusive der Originalbezeichnungen dargestellt. An dieser Stelle ist anzumerken, dass die Hemmnisse weder auf alle Wissenschaftsdisziplinen noch auf alle öffentlichen Forschungseinrichtungen und Hochschultypen zutreffen. Sie stellen ein mögliches Spektrum von Transferhemmnissen dar. Da das Ziel der vorliegenden Arbeit die Identifikation von Unterstützungsoptionen des Staates beim Technologietransfer ist, wird im Zuge einer Selektion das Kriterium der Beeinflussbarkeit durch den Staat als Akteur des Innovationssystems herangezogen (Schritt III). Das in diesem Schritt ausgeschlossene Hemmnis ist die Abneigung gegenüber externen Lösungen („not invented here-Syndrom"). Dieses hat kulturelle sowie psychologische Hintergründe und ist nicht vom Staat beeinflussbar.

Nachfolgend werden die selektierten Hemmnisse beschrieben. Dabei wird auch die Kritikalität der Hemmnisse bewertet (Schritt IV). Dazu wird zwischen zwei Hemmnisarten differenziert: Die erste Art umfasst Hemmnisse, welche den Transfer insofern behindern, als dass Transferpartner nicht partizipieren können oder der Transfer selbst nicht durchgeführt werden kann („Blocker"). Die zweite Ausprägung beschreibt Hemmnisse, welche den Transfer verzögern, aufwändiger oder auf weitere Weise unattraktiver gestalten mit dem Effekt, dass Transferpartner nicht ohne Weiteres am Transfer teilnehmen wollen („Verzögerer"). Zusätzlich werden die Hemmnisse hinsichtlich ihrer verstärkenden Elemente untersucht. Zur Gewährleistung einer späteren Verknüpfung der Teilmodelle der Dissertation werden die Kompetenzkategorien der Akteure in den Referenzphasen (vgl. Teilkapitel 4.1.2) aufgegriffen und als Hemmnistreiber formuliert. Somit wird im Folgenden zwischen den Hemmnistreibern Kapital, Personal, Technologie-*Know-how*, Produktions-*Know-how*, Infrastruktur und Markt-*Know-how* differenziert[561]. Bei der Bewertung dieser Treiber wird zwischen keinem, einem geringem, einem mittleren sowie einem starken Zusammenhang unterschieden. Zusätzlich werden die von dem jeweiligen Hemmnis tangierten Akteure expliziert. Es existieren gleichzeitig Hemmnisse, die weder Kompetenzkategorien noch Akteuren dezidiert zuzuordnen sind und welche deshalb als strukturelle Hemmnisse des Technologietransfers aufgegriffen werden. Aufbauend auf diesen einleitenden Erläuterungen werden nachfolgend die identifizierten Hemmnisse vorgestellt.

H1: Sorge der Transferpartner vor *Know-how*-Abfluss

Unternehmen fürchten den Verlust langjährig aufgebauter Kompetenzen durch externe Kooperationen wie bspw. durch Konsortialprojekte mit Forschungs-

[561] Beispiel: Hemmnis X wird durch die mangelnde Verfügbarkeit von Kapital signifikant erhöht.

einrichtungen[562]. Es besteht insbesondere Sorge vor einer Weitergabe des Wissens an Marktbegleiter[563]. Dies behindert den Transfer insofern, als dass relevante Informationen nicht vollumfänglich zwischen Transferpartnern geteilt werden, Mitarbeitende eine abneigende Haltung gegenüber dem Transfer einnehmen und im Extremfall nicht an diesem partizipieren wollen. Das Hemmnis stellt einen Verzögerer dar, welches insbesondere industrielle Akteure tangiert. Es geht stark einher mit dem zu transferierenden Technologie- und Produktions-*Know-how*, da dabei besonders viel Wissen offengelegt wird und somit abfließen kann. Abgeschwächt ist das Hemmnis mit der notwendigen Transferinfrastruktur verknüpft, da durch die Einbringung von Maschinen und Anlagen sowie Produktionsumgebung teilweise implizites Wissen offengelegt wird[564].

H_2: Bürokratische Hürden im Transferprozess

Bürokratische Hürden im Transferprozess beschreiben die in der Verwaltung des gesamten Transfers begründeten Komplexitäten von der Initiierung bis zum Abschluss. In der Literatur wird insbesondere auf die Hochschulbürokratie als Transferhemmnis verwiesen[565]. Beispiele hierfür sind langwierige Genehmigungs- und Verwaltungsverfahren oder ein hoher Grad an Standardisierung und Zentralisierung von Hochschulen, welche mit einer geringen Flexibilität einhergehen. Ebenso zählt eine unflexible Abwicklung von Drittmitteln hinzu[566]. Bürokratische Hürden steigern sowohl den zeitlichen als auch den finanziellen Aufwand der Anbahnung und Durchführung von Transferkooperationen, wodurch deren Attraktivität für die beteiligten Akteure sinkt. Für Wissenschaftler kann z.B. die Nebentätigkeitsverordnung zu einer Verringerung der Transferaktivität und Innovationsfreude führen[567]. Einen weiteren Aspekt stellt die Haftungsverordnung im Technologietransfer dar. Universitäten haften in der Regel nicht für entstehende Probleme nach dem Transfer einer Technologie[568]. Dies erhöht das Risiko für den Technologienehmer. Weiterhin hemmen Vorhabensbeschreibungen in Forschungsprojekten und das Controlling der Erreichung a priori definierter Meilensteine die Flexibilität und Agilität. Bürokratische Hürden im Transferprozess

562 Vgl. Quiñones et al. (2019), Open Innovation, S. 13; Jung (1980), Barriers to technology transfer, S. 20

563 Vgl. Fichtel (1997), Technologietransfer, S. 343; Rudawska, Kowalik (2019), Towards university-business cooperation, S. 96

564 Vgl. Rösner, Straßburger (2003), Technologietransfer externer Industrieforschungseinrichtungen, S. 55

565 Vgl. Bagdassarov (2012), Wissens- und Technologietransfer an Universitäten, S. 69; Fichtel (1997), Technologietransfer, S. 362; Spann et al. (1993), Improving federal technology commercialization, S. 66

566 Vgl. Fichtel (1997), Technologietransfer, S. 362; Schmoch (2000), Wissens- und Technologietransfer in Deutschland, S. 67; Meißner (2001), Technologietransfer in nationalen Innovationssystemen, S. 233; Corsten (1982), Nationaler Technologietransfers, S. 231ff.

567 Vgl. Meißner (2001), Technologietransfer in nationalen Innovationssystemen, S. 235

568 Vgl. Meißner (2001), Technologietransfer in nationalen Innovationssystemen, S. 234f.

verzögern diesen oder machen den Transfer aufgrund des erhöhten Aufwandes unattraktiv. Für öffentliche Forschungseinrichtungen besteht zudem keine Incentivierung für die Durchführung des Transfers (vgl. dazu das Hemmnis „Mangel an Anreizstrukturen für die Transferbeteiligung"). Demnach stellt dieses strukturelle Hemmnis einen Verzögerer dar, welcher sich auf den gesamten Prozess des Technologietransfers auswirkt.

H3: Geographische Distanz der Transferpartner

Die geographische Distanz beschreibt den räumlichen Abstand zwischen den Transferpartnern. Eine weite Distanz ermöglicht es diesen nicht, flexibel physisch zusammenzuarbeiten und wirkt somit hemmend auf den Transfer[569]. Das gegenseitige Vertrauen und das Gefühl der Verpflichtung gegenüber dem Transferpartner sind bei virtuellen oder seltenen physischen Treffen schwächer ausgeprägt als bei regelmäßiger physischer Zusammenarbeit. Bezogen auf *Deep-Tech* erschwert die geographische Distanz den Transfer zusätzlich, da physische Artefakte nur mit tatsächlicher räumlicher Nähe funktionsfähig transferiert werden können. Ist die Distanz zu groß, kann kein erfolgreicher Transfer stattfinden. Demnach stellt dieses Hemmnis einen Blocker dar. Grundsätzlich sind alle operativ an den Transferphasen beteiligten Akteure (Endproduktintegratoren bzw. Anwender, *Start-ups* und *Spin-offs*, Maschinenlieferanten, Produzenten, Rohstofflieferanten und Forschungseinrichtungen) von dem Hemmnis betroffen. Dementsprechend hat eine relevante Transferinfrastruktur hohen Einfluss auf dieses Hemmnis. Zusätzlich haben das benötigte Technologie- und Produktions-*Know-how* jeweils leichten Einfluss.

H4: Geringe Kompatibilität des Transferobjekts mit industriellen Infrastrukturen

Die Kompatibilität des Transferobjekts mit bestehenden industriellen Infrastrukturen beschreibt, inwiefern die transferierte Technologie mit dem Status-Quo des in der Industrie vorhandenen Equipments genutzt bzw. weiterentwickelt werden kann[570]. Dies beeinflusst maßgeblich den Transfer, da eine geringe Kompatibilität einen erheblichen Mehraufwand für die Integration der Technologie in die Organisation des Technologienehmers, in Kombination mit umfangreichen Investitionen, bedeutet[571]. Demnach stellt eine geringe Kompatibilität einen Verzögerer dar, mit starker Abhängigkeit von der zur Verfügung stehenden Transferinfrastruktur und dem für den Transfer

569 Vgl. Quiñones et al. (2019), Open Innovation, S. 14; Gartner, Naiman (1976), Overcoming the Barriers to Technology Transfer, S. 23; Jung (1980), Barriers to technology transfer, S. 23

570 Vgl. Corsten (1982), Nationaler Technologietransfers, S. 228; Fichtel (1997), Technologietransfer, S. 357; Bagdassarov (2012), Wissens- und Technologietransfer an Universitäten, S. 69

571 Vgl. Corsten (1982), Nationaler Technologietransfers, S. 220

notwendigen Produktions-*Know-how*. Von dem Hemmnis sind die operativ am Technologietransfer beteiligten Akteure[572] betroffen.

H5: Lange *Deep-Tech*-Transferzeiten mit einem geringen technologischen Reifegrad über eine lange Zeit

Ein geringer technologischer Reifegrad einer Technologie, welcher oftmals mit geringer Marktnähe verbunden ist, wirkt hemmend auf den Transfer[573]. Dies ist damit begründbar, dass Technologien mit geringen technologischen Reifegraden einen hohen finanziellen und zeitlichen Entwicklungsaufwand für den Technologienehmer bedingen. Zudem besteht für Technologien mit geringem technologischem Reifegrad ein erhöhtes Risiko, dass diese in großen Stückzahlen nicht wirtschaftlich nutzbar sind[574]. Unternehmen haben ein Interesse an der kurzfristigen Kommerzialisierung von transferierten Technologien[575]. Bedarf eine Technologie nach der Implementierung in die Infrastruktur des Technologienehmers einer langen Weiterentwicklung bis zur Marktreife, ist diese aus betriebswirtschaftlicher Sicht für Technologienehmer unattraktiv. Ein Grund für die Verlängerung der Entwicklungs- und Transferaktivitäten können umfangreiche Validierungsverfahren (z.B. Validierung neuer Materialkombinationen oder Gewährleistung der Prozesssicherheit neuer Fertigungsprozesse) der Technologie in der finalen Produktionsumgebung sein. Diese können gleichzeitig mit hohen *Ramp-up*-Kosten einhergehen[576]. Weiterhin besteht Unklarheit über das adäquate Geschäftsmodell, das der Technologienehmer perspektivisch für die *Deep-Tech* verwendet[577]. Zusätzlich ist eine Absatzsicherheit zukünftiger Produkte auf Basis der neuen Technologie nicht gewährleistet[578]. Diese Risiken sind Technologienehmer vielfach nicht bereit einzugehen, was zu einem reduzierten Interesse am Transfer führt. Demnach stellt der geringe technologische Reifegrad einen Verzögerer dar. Dieser korreliert stark mit dem Technologie-*Know-how* und in Teilen mit Produktions-*Know-how*, welches jeweils aufzubauen ist. Betroffen sind die operativ am Transfer beteiligen Akteure sowie privatwirtschaftliche Kapitalgeber.

---

572 S. Hemmnis H3

573 Vgl. Colyvas et al. (2002), How Do University Inventions Get Into Practice?, S. 65; Beise, Spielkamp (1996), Technologietransfer von Hochschulen, S. 16; Jensen, Thursby (2001), The Licencing of University Inventions, S. 241; Rasmussen, Rice (2012), Government support mechanisms, S. 4

574 Vgl. Mazurkiewicz, Poteralska (2017), Barriers and Challenges, S. 460; Quiñones et al. (2019), Open Innovation, S. 13

575 Vgl. Koschatzky (2014), Regionale Innovationssysteme, S. 531; Spann et al. (1993), Improving federal technology commercialization, S. 66; Rasmussen, Rice (2012), Government support mechanisms, S. 4

576 Vgl. Kampker et al. (2013), Elektromobilität, S. 210

577 Vgl. Born (2018), Geschäftsmodell-Innovation, S. 1f.

578 Vgl. Schulte-Gehrmann et al. (2010), Technologiestrategie, S. 71

H6: Durchgehend hohe technologische Komplexität

Die Vermittlung des notwendigen Wissens und der notwendigen Fähigkeiten zur Implementierung der Technologie in Unternehmensstrukturen wird mit zunehmender Komplexität aufwändiger. Sie erfordert qualifiziertes Personal sowie passende Infrastruktur auf Seiten des Technologienehmers. Insbesondere ein hoher Anteil impliziten Wissens der Technologie verstärkt diesen Umstand.[579] Demnach stellt die Komplexität einen Verzögerer dar, welcher durch das technologie- und produktionsbezogene *Know-how* verstärkt wird. Zusätzlich steht das Hemmnis leicht mit bestehender Transferinfrastruktur sowie Kapitalverfügbarkeit in Zusammenhang, da diese dabei helfen, die technologische Komplexität zu beherrschen. Von dem Hemmnis sind neben Start-ups die etablierten industriellen Akteure (Maschinen- und Anlagenbauer, Rohstofflieferanten, Produzenten) betroffen.

H7: Komplexe regulatorische Hürden

Es existiert eine Vielzahl rechtlicher Rahmenbedingungen, welche Transferprozesse von *Deep-Tech* verzögern, unsicher oder unattraktiv machen[580]. Beispiele für diese regulatorischen Hürden sind komplexe Vorschriften bei der Zusammenarbeit mit Banken, ein innovations-averses Steuerrecht oder ein komplexes *IP*-Recht[581]. Insbesondere das *IP*-Recht hat signifikante Auswirkungen auf Technologietransferprozesse und wird in der Industrie und Wissenschaft umfangreich diskutiert (s. bspw. „*IP*-Transfer 3.0“[582]). Zusätzlich sind in vielen Entwicklungs- und Transferinitiativen Zertifizierungsverfahren notwendig, welche relevante Ressourcen binden (s. z.B. das Homologationsverfahren von Kraftfahrzeugen[583]). Häufig besteht zudem die Notwendigkeit, neue Standards in unterschiedlichen Gremien zu definieren (z.B. *RISC-V* in der Halbleiterindustrie). Die regulatorischen Hürden machen den Transfer aufwändig und unattraktiv. Demnach stellt dieses Hemmnis einen Verzögerer dar. Grundsätzlich sind komplexe regulatorische Hürden als strukturelles Hemmnis einzuordnen, welches alle Akteure im Laufe des Transferprozesses betrifft.

---

579 Vgl. Smilor et al. (1989), R&D consortia and technology transfer, S. 17; Corsten (1982), Nationaler Technologietransfers, S. 228; Jasinski (2009), Barriers for technology transfer, S. 132

580 Vgl. Fichtel (1997), Technologietransfer, S. 363

581 Vgl. Spann et al. (1993), Improving federal technology commercialization, S. 66; Rasmussen, Rice (2012), Government support mechanisms, S. 4; Mazurkiewicz, Poteralska (2017), Barriers and Challenges, S. 460; Quiñones et al. (2019), Open Innovation, S. 14; Schmoch (2000), Wissens- und Technologietransfer in Deutschland, S. 225; Jasinski (2009), Barriers for technology transfer, S. 122

582 Vgl. Bundesagentur für Sprunginnovation (2022), IP-Transfer 3.0

583 Vgl. Morche et al. (2013), Fahrzeugkonzeption für die Elektromobilität, S. 150

H_8: Mangel an Anreizstrukturen für die persönliche Transferbeteiligung

Für an Transferinitiativen beteiligte Mitarbeitende von Forschungseinrichtungen ist der Transfer oftmals eine Aufgabe, die sie zusätzlich zu Tätigkeiten in der (Grundlagen-)Forschung und Lehre ausführen. Dieser zusätzliche Aufwand wird jedoch nicht ausreichend honoriert[584]. Dies liegt unter anderem darin begründet, dass Forschungseinrichtungen keine ausreichende Incentivierung haben, Ausgründungen hervorzubringen und den Technologietransfer zu fokussieren. Auch die Teilnahme von Mitarbeitenden von Industrieunternehmen an Transferinitiativen wird häufig nicht ausreichend gewürdigt. Insbesondere in mittelständischen Unternehmen bestehen i.d.R. keine Mechanismen und Strukturen, Mitarbeitererfindungen oder -innovationen zeitlich oder monetär zu unterstützen. Durch einen Mangel an Anreizstrukturen und Förderung leidet die Beteiligung an der Durchführung von Transferprojekten[585]. Auch auf Makroebene ist festzustellen, dass eine Risikobereitschaft von Unternehmen, Transferprojekte einzugehen, in vielen Fällen und technologischen Bereichen nicht ausreichend vom Staat unterstützt wird. Dadurch wird die Partizipation an Transferprojekten unattraktiv und nicht mit der notwendigen Vehemenz betrieben. Demnach stellt dieses Hemmnis einen strukturellen Verzögerer dar.

H_9: Mangel an passgenauen finanziellen Unterstützungsvehikeln

Ein Mangel an zu den Gegebenheiten im Technologietransfer passenden finanziellen Unterstützungsvehikeln stellt ein zusätzliches Transferhemmnis dar[586]. Aufwände fallen im Rahmen eines Transferprojekts neben den Kosten für das isolierte Transferobjekt bspw. für die notwendige Infrastruktur, das zum Transfer eingesetzte Personal sowie für die Weiterentwicklung der Technologie bis zur Marktreife an[587]. Können diese Kosten nicht durch interne oder externe Mechanismen finanziell gedeckt werden, scheitert der Transfer. Demnach stellt der Mangel einen Blocker dar, welcher stark mit der Kapitalverfügbarkeit im Zusammenhang steht. Insbesondere Start-ups sind davon betroffen.

H_{10}: Mangel an spezialisiertem Fachpersonal

Beim Transfer von *Deep-Tech* ist es für eine erfolgreiche Implementierung auf Seiten des Technologienehmers notwendig, auf Personal mit den dafür relevanten

---

[584] Vgl. Gerding (2014), Variable Vergütung, S. 40

[585] Vgl. Baranowski (2009), Technologietransfer der Zukunft; Kesting (2013), Wissens- und Technologietransfer durch Hochschulen; Preissler (2016), Interorganisationaler Technologietransfer

[586] Vgl. Gartner, Naiman (1976), Overcoming the Barriers to Technology Transfer, S. 23; Munari et al. (2016), Determinants of the university technology transfer, S. 1378; Salmenkaita, Salo (2002), Rationales for Government Intervention, S. 187

[587] Vgl. Merklein (2019), Marktorientierter Technologietransfer, S. 22

technologischen Kompetenzen zurückgreifen zu können[588]. Ein Mangel an qualifiziertem Personal zur Übernahme der Technologie reduziert die Absorptionsfähigkeit des Technologienehmers und vergrößert die Unsicherheit, die Technologie erfolgreich weiterentwickeln und kommerzialisieren zu können[589]. Auch in Forschungseinrichtungen mangelt es häufig an ganzheitlich qualifiziertem Personal, wobei fachliche Mängel insbesondere im Bereich der Wirtschaftswissenschaften bzw. des Managements auftreten[590]. Dies führt zu einer verringerten Anzahl universitärer Ausgründungen. Ist in der Organisation des Technologienehmers kein qualifiziertes Personal zur Übernahme komplexer Technologien vorhanden bzw. ist dieses gebunden in anderen Projekten sowie im operativen Betrieb, kann der Transfer nicht stattfinden. Demnach stellt dieses Hemmnis einen Blocker dar und korreliert in hohem Maße mit der Personalverfügbarkeit. Betroffen sind die operativ am Transfer beteiligen Akteure.

H11: Mangel an betriebswirtschaftlicher Kenntnisse und Erfahrungen

Wissenschaftler an Universitäten und Forschungseinrichtungen haben häufig kein ausgeprägtes Wissen über den Kommerzialisierungsprozess von Technologien[591]. Dies kann dazu führen, dass Forschungsergebnisse nicht als kommerziell verwertbare Technologien betrachtet werden oder unrealistische Vorstellungen über den Wert der Forschungsergebnisse bestehen[592]. Insbesondere Kenntnisse über Finanzierungsoptionen sind relevant. Mit fortschreitender Maturität einer Technologie werden Kenntnisse im Vertrieb sowie im Marketing zunehmend wichtiger. In vielen Fällen kann Technologie durch diese mangelnde Kenntnis nicht transferiert werden, weshalb dieses Hemmnis einen durch notwendige Marktkenntnis verstärkten Blocker darstellt. Es besteht vor allem in der Wissenschaft sowie bei Spin-offs und Start-ups.

H12: Mangel an Transferkenntnis und -erfahrung

Historisch bedingt mangelt es im europäischen oder deutschen Innovationssystem an Transferkenntnis oder -erfahrung mit hochkomplexen Gütern (vgl. Teilkapitel 1.1). Dies geht einher mit dem Mangel an Benchmarkings von Transferprojekten, welche Aufschluss über relevante Erfolgsfaktoren im Transfer geben könnten[593]. Die fehlende Erfahrung führt bspw. dazu, dass Zuständigkeiten nicht definiert werden, die Technologie während des Transfers vernachlässigt wird oder lediglich das physische Gut ohne

---

588 Vgl. Fichtel (1997), Technologietransfer, S. 341

589 Vgl. Pechmann et al. (2010), Technologie- und Erkenntnistransfer aus der Wissenschaft, S. 39; Corsten (1982), Nationaler Technologietransfers, S. 294; Jung (1980), Barriers to technology transfer, S. 23

590 Vgl. Fichtel (1997), Technologietransfer, S. 341

591 Vgl. Rasmussen, Rice (2012), Government support mechanisms, S. 4

592 Vgl. Quiñones et al. (2019), Open Innovation, S. 13; Koschatzky (2014), Regionale Innovationssysteme, S. 531

593 Vgl. Quiñones et al. (2019), Open Innovation, S. 14

das zugehörige implizite Wissen transferiert wird[594]. Weitere mögliche Folgen sind, dass zu Beginn ein für das Transferprojekt unpassender Transfermechanismus gewählt wird, oder dass keine Verantwortlichkeit und somit kein Controlling bzgl. Kosten, Zeithorizont oder Qualität des Transfers besteht[595]. Das Hemmnis kann den Transferprozess zwar einschränken und bspw. in einem mangelhaften Transfermanagement resultieren, der Transfer kann dennoch durchgeführt werden. Es stellt somit einen strukturellen Verzögerer dar, welcher für alle Akteure des Innovationssystems Relevanz hat.

H13: Schwach oder nicht ausgeprägte Beziehungen zwischen den Transferpartnern

Forschungseinrichtungen und industrielle Akteure haben häufig Schwierigkeiten, passende Transferpartner zu identifizieren[596]. Dies ist nicht zuletzt auf mangelhaftes Technologiemarketing von Forschungseinrichtungen und schwach ausgeprägte Beziehungen zwischen Forschung und Industrie zurückzuführen. Es bestehen Unklarheiten über die Erkenntnisstände der Wissenschaft. In Summe mangelt es an einem sauber strukturierten Markt für Forschungsergebnisse[597]. Sofern kein geeigneter Transferpartner ermittelt wird, kann der Transfer nicht stattfinden. Demnach stellt dieses Hemmnis einen Blocker dar, der struktureller Natur ist. Sämtliche Akteure des Innovationssystems sind von dem Hemmnis betroffen.

H14: Unklares Anwendungspotenzial der Technologie

Das Anwendungspotenzial einer Technologie ist unklar, sofern die potenzielle Leistungsfähigkeit und Einsatzmöglichkeit nicht bekannt sind[598]. Eine Technologie mit unklarem Anwendungspotenzial ist mit dem Risiko verbunden, lediglich für ein Produkt mit geringer Anwendungsbreite nutzbar zu sein. In frühen Transferphasen besteht nur bedingt Kenntnis über *Spill-over*-Effekte, die sich im Laufe der Transferzeit entwickeln können (vgl. Teilkapitel 2.1.2). Dadurch sind die Anforderungen an die langfristig notwendige Infrastruktur und Verfahrenstechnik unklar. Dies vermindert die Bereitschaft des Technologienehmers, eine solche Technologie zu übernehmen, da der potenziell erschließbare Markt sowie aufzuwendende Investitionen nicht abzusehen sind. Das Hemmnis stellt einen Verzögerer dar, der mit fehlender Marktkenntnis und unzureichend ausgestalteter Transferinfrastruktur einhergeht. Zusätzlich wird er

---

594 Vgl. Fichtel (1997), Technologietransfer, S. 359; Jung (1980), Barriers to technology transfer, S. 23

595 Vgl. Fichtel (1997), Technologietransfer, S. 339; Mazurkiewicz, Poteralska (2017), Barriers and Challenges, S. 459

596 Vgl. Bey (2005), Bedarfe an Technologietransfer, S. 73; Fichtel (1997), Technologietransfer, S. 342

597 Vgl. Moon et al. (2005), Obstacles to Technology Transfer, S. 6; Rudawska, Kowalik (2019), Towards university-business cooperation, S. 96; Fransman (2008), University-Industry Relationship, S. 131; Merklein (2019), Marktorientierter Technologietransfer, S. 23; Swamidass, Vulasa (2008), Bottlenecks in university technology transfer, S. 360

598 Vgl. Fichtel (1997), Technologietransfer, S. 360; Walter (2003), Technologietransfer, S. 25

durch das notwendige Produktions-*Know-how* verstärkt. Das Hemmnis hat für alle Akteure Relevanz, da die jeweils zielführende Positionierung im Transferprozess nur schwer bestimmbar ist.

H15: Divergente Ziele der am Transfer beteiligten Akteure

Akteure aus Forschung und Industrie haben in vielen Bereichen grundsätzlich divergente Ziele und Interessen[599]. Wissenschaftler streben vielfach die Veröffentlichung von Forschungserkenntnissen an. Demgegenüber haben Unternehmen ein Interesse daran, Erkenntnisse während der Entwicklung geheim zu halten und unter Umständen mittels *Intellectual Property Rights (IPR)* zu schützen[600]. Des Weiteren sind Forschende an langfristig finanzierten Projekten interessiert, während Unternehmen eine kurzfristige Kommerzialisierung neuer Technologien anstreben[601]. Die favorisierten Zeithorizonte von Transferinitiativen divergieren daher stark. In Kombination mit der Vielzahl zu berücksichtigender Akteure und Interessen führt dies dazu, dass Transferpartner häufig nicht am Transfer partizipieren. Demnach stellt dieses Hemmnis einen Verzögerer dar, welcher als strukturelles Hemmnis im Innovationssystem vorherrscht.

H16: Unzureichende Infrastruktur und Ausstattung im Innovationssystem

Sowohl Forschungseinrichtungen als auch F&E-Abteilungen in der Industrie sind häufig technologisch unzureichend ausgestattet[602]. In der Forschung führt dies dazu, dass Technologien lediglich bis für industrielle Anwendungen zu geringen *TRL*-Stadien entwickelt werden können. Der Mangel hindert Unternehmen gleichzeitig daran, Technologien in adäquaten Entwicklungsstufen zu übernehmen und weiterzuentwickeln[603]. In diesem Zusammenhang fehlen Kooperationsformen wie bspw. Reallabore und Pilotfabriken mit entsprechend spezifischer Infrastruktur[604]. Neben der Infrastruktur und Produktionsumgebung stellen Rohstoffe eine kritische Komponente im Transfer dar[605]. Durch die schwache Positionierung von Europa auf dem Rohstoffmarkt (vgl. Teilkapitel 1.1), wird die Entwicklung von Technologien, welche auf kritischen Rohstoffen beruhen, risikoreicher. Diese Umstände führen im Extremfall zu einem Scheitern des Transfers und stellen somit einen Blocker dar. Stark ausgeprägt ist das

---

599 Vgl. Bagdassarov (2012), Wissens- und Technologietransfer an Universitäten, S. 59; Rothgang et al. (2022), Kooperation zwischen Wissenschaft und Wirtschaft, S. 9; Rogers (2002), The Nature of Technology Transfer, S. 325

600 Vgl. Frank et al. (2007), Kooperation, S. 101; van Dierdonck et al. (1990), University-industry relationships, S. 554

601 Vgl. Fichtel (1997), Technologietransfer, S. 342

602 Vgl. Merklein (2019), Marktorientierter Technologietransfer, S. 22; Fichtel (1997), Technologietransfer, S. 344f.; Rasmussen, Rice (2012), Government support mechanisms, S. 4; Bey (2005), Bedarfe an Technologietransfer, S. 73

603 Vgl. Fichtel (1997), Technologietransfer, S. 344

604 Vgl. Czarnitzki et al. (2000), Interaktion zwischen Wissenschaft und Wirtschaft, S. 31

605 Vgl. Merklein (2019), Marktorientierter Technologietransfer, S. 97

Hemmnis in Phasen mit hohem Bedarf an Transferinfrastruktur. Zusätzlich ist das notwendige Produktions-*Know-how* relevant. Betroffen sind die operativ am Transfer beteiligen Akteure. Die identifizierten Hemmnisse des *Deep-Tech*-Transfers sind in Abbildung 4.26 in Beziehung zu den relevanten Kompetenzkategorien (vgl. Teilkapitel 4.1.2) gesetzt.

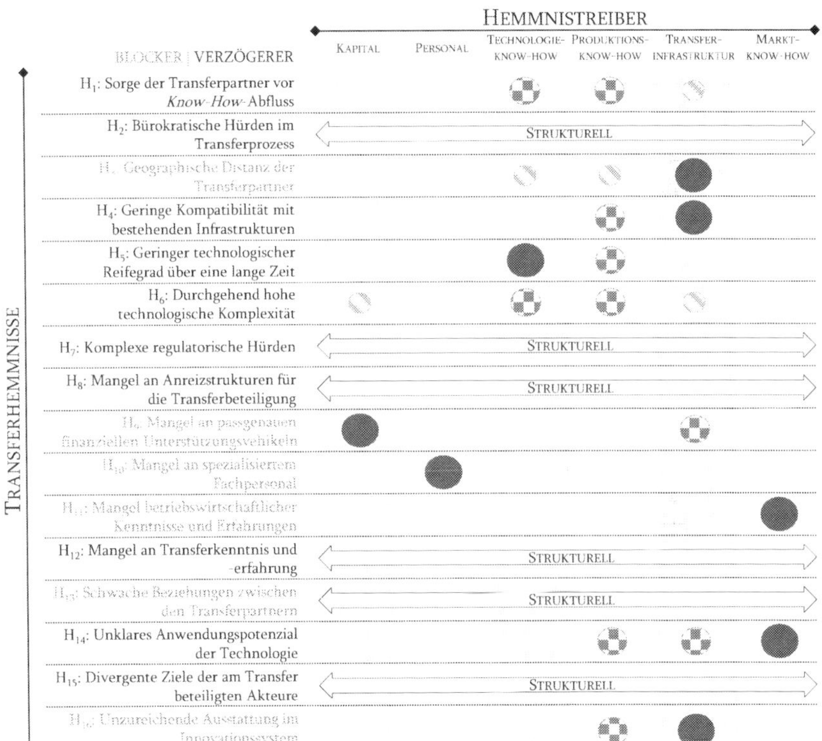

Abbildung 4.26: Hemmnisse im Technologietransfer

4.3.2 Ergänzende Transferhemmnisse auf Basis der Akteurscharakterisierungen

Neben den in der Literatur beschriebenen und mithilfe der systematischen Literaturanalyse ermittelten Transferhemmnissen ist zu überprüfen, ob weitere Hemmnisse durch einen Vergleich der aufgestellten Akteurs- und Phasenmodelle identifizierbar sind (vgl. Teilkapitel 3.4.4). Dabei werden die idealtypisch notwendigen Kompetenzen je Phase mit den in der entsprechenden Phase beteiligten Akteuren und deren Kompetenzausprägungen abgeglichen (vgl. Abbildung 4.27). Im ersten Schritt wird dabei überprüft, welche Akteure in den einzelnen Phasen charakteristisch involviert sind (linker Bereich der Abbildung, markierte Akteure je Phase entsprechen Involvierung, vgl. Teilkapitel 4.2.3.3). Auf Basis der aufgestellten Kompetenzprofile (vgl. Teilkapitel 4.1.3.4) wird ersichtlich, welche der Kompetenzen wie stark in der jeweiligen Phase durch die beteiligten Akteure eingebracht werden können (s. „Kompetenzverfügbarkeit" im rechten Bereich der Abbildung). Im zweiten Schritt wird diese Einbringung mit der idealtypisch notwendigen Kompetenzstärke in den einzelnen Phasen abgeglichen (s. „Kompetenznotwendigkeit" im rechten Bereich der Abbildung, vgl. Teilkapitel 4.2.3.3). Bei einer Übersteigung der „Kompetenznotwendigkeit" gegenüber der „Kompetenzverfügbarkeit" wird diese Diskrepanz als Hemmnis ausgeleitet (in der Abbildung mit einer schwarzen starken Umrandung markiert). Im dritten Schritt werden diese potenziellen Hemmnisse mit den in der Literatur identifizierten und beschriebenen Hemmnissen (vgl. Teilkapitel 4.3.1.3) im weiteren Verlauf des Teilkapitels abgeglichen und unter Umständen als ergänzende Hemmnisse des Technologietransfers von *Deep-Tech* aufgenommen.

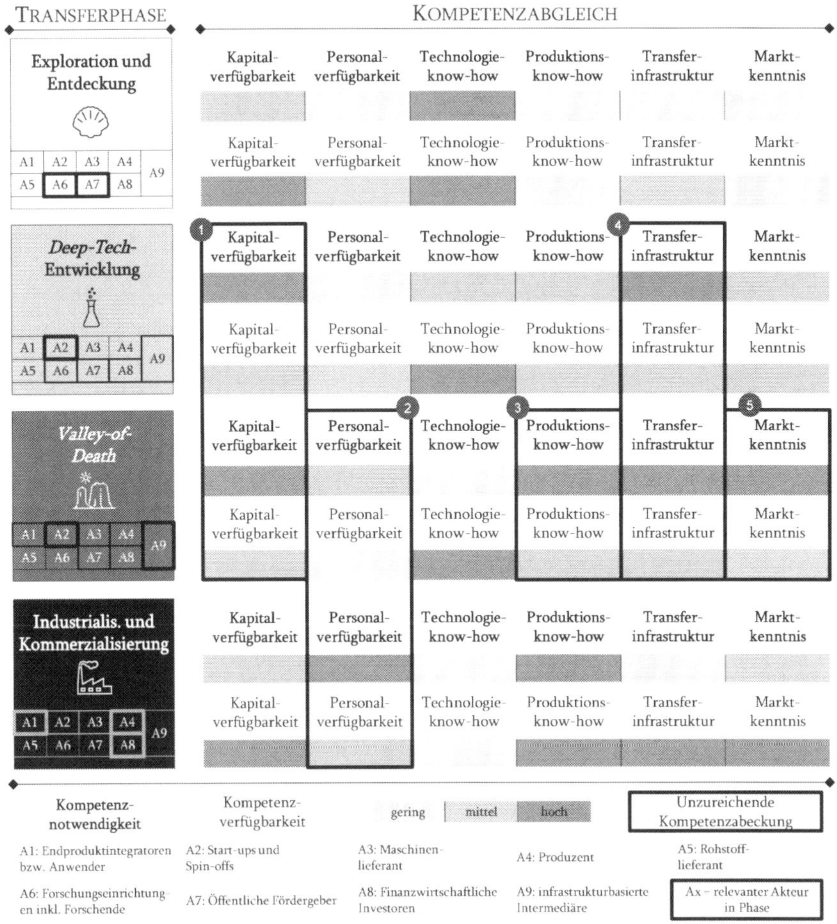

Abbildung 4.27: Kompetenzabgleich entlang der Referenzphasen

Es wird ersichtlich, dass insbesondere in den Phasen *Deep-Tech*-Entwicklung sowie *Valley-of-Death* Diskrepanz zwischen benötigten Kompetenzen zur *Gate*-Erreichung und durch Akteure einbringbare Kompetenzen besteht. In Summe werden fünf Kompetenzdiskrepanzen sichtbar, welche im Folgenden diskutiert werden.

Es besteht eine mangelnde Kapitalverfügbarkeit in den Phasen *Deep-Tech*-Entwicklung sowie *Valley-of-Death* (nummeriert mit „1“ in Abbildung 4.25). Die entsprechenden Gründe sind bereits an verschiedenen Stellen der Dissertation dargestellt (vgl. Teilkapitel 1.1 und 2.1.3.2). Der Aspekt wird in dem beschriebenen Hemmnis H_9 (Mangel an passgenauen finanziellen Unterstützungsvehikeln) aufgegriffen, sodass eine Definition eines zusätzlichen Hemmnisses nicht notwendig ist. Weiterhin besteht eine zu geringe Personalverfügbarkeit an der Schnittstelle von Forschung zur Industrialisierung (2). Die literaturbasierte Beschreibung wird damit gestützt, dass bessere Incentivierung zur Bereitstellung von Personal für risikoreiche Projekte stattfinden muss. Dieser Aspekt wird in Hemmnis H_{10} (Mangel an spezialisiertem Fachpersonal) inkludiert und kein zusätzliches Hemmnis ist notwendig. Darüber hinaus besteht im *VoD* ein Mangel an Produktionsexpertise für Skalierungsprojekte und somit für einen erfolgreichen Transferprozess (3). Im Detail sind dabei Materialbesonderheiten oder spezifische Lösungsoptionen des Maschinen- und Anlagenbaus zu berücksichtigen. Insbesondere KMUs werden nicht ausreichend bestärkt, frühzeitig in Transferprojekte einzutreten. Dieser Aspekt ist nicht ausreichend in den aus der Literatur ermittelten Hemmnissen aufgegriffen und ist entsprechend als Hemmnis, welches stark mit den Hemmnistreibern Transferinfrastruktur und Produktions-*Know-how* zusammenhängt, zu ergänzen (Mangel an Produktionsexpertise für Skalierungsprojekte – H_{17}). Zusätzlich wird ersichtlich, dass eine unzureichende Bereitstellung von Maschinen- und Anlagen sowie Materialien auf Basis der Kompetenzausprägungen der Akteure besteht (4). Zusammengefasst sind diese Aspekte unter H_{16} (Unzureichende Infrastruktur und Ausstattung im Innovationssystem) aufgegriffen und nicht separat zu ergänzen. Letztlich wird die fehlende Marktkenntnis in der Phase des *VoD* sichtbar (5). Dieser Mangel ist sowohl in H_{11} (Mangel betriebswirtschaftlicher Kenntnisse und Erfahrungen) also auch in H_{14} (Unklares Anwendungspotenzial der Technologie) inkludiert, sodass kein zusätzliches Hemmnis abgeleitet wird.

4.3.3 Zusammenfassung und Bestimmung der Phasenspezifität der Hemmnisse im Technologietransfer von *Deep-Tech*

In diesem Teilkapitel wird die Phasenspezifität der Transferhemmnisse abgeleitet. Den Darlegungen in Teilkapitel 4.3.1.3 folgend sind nicht sämtliche Hemmnisse mit Hemmnistreibern und Akteuren verknüpfbar. Stattdessen stellen diese strukturelle, über alle Prozessphasen hinweg auftretende Hemmnisse im Technologietransfer dar. Dementsprechend ist es für die Hemmnisse H_2 (Bürokratische Hürden), H_7 (regulatorische Hürden), H_8 (Mangel an Anreizstrukturen), H_{12} (Mangel an Transferkenntnis und -erfahrung), H_{13} (Schwache Beziehungen zwischen Partnern) und H_{15} (Divergente Ziele der Akteure) nicht notwendig, eine Phasenspezifität zu bestimmen.

Die elf weiteren Transferhemmnisse sind phasenabhängig unterschiedlich ausgeprägt. Sowohl die Transferhemmnisse als auch die einzelnen Referenzphasen sind mit den Aspekten Kapital, Personal, Technologie-*Know-how*, Produktions-*Know-how*, Maschinen und Anlagen sowie Markt-*Know-how* verknüpft, formuliert als ausgeprägte Kompetenzkategorien in den Phasen (vgl. Teilkapitel 4.1.2) bzw. als Treiber oder Verstärker einzelner Hemmnisse („Hemmnistreiber", vgl. Teilkapitel 4.3.1.3). Um Phasen und Hemmnisse sauber zu verknüpfen sind die in Teilkapitel 4.2.3.3 abgeleiteten Ausprägungen der relevanten Kompetenzkategorien in den einzelnen Phasen in Abbildung 4.28 aggregiert dargestellt. Dies dient lediglich als Konsolidierung der erarbeiteten Erkenntnisse.

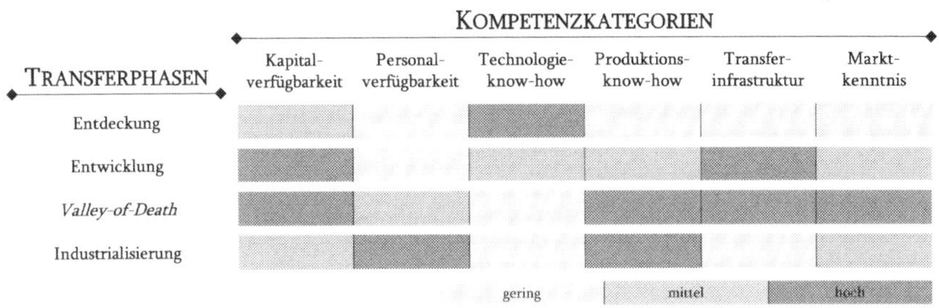

Abbildung 4.28: Ausprägung der Kompetenzkategorien in den Referenzphasen

Diese Konsolidierung ist mit den in Abbildung 4.26 dargestellten Zusammenhängen zwischen Transferhemmnissen und Hemmnistreibern verknüpfbar. Um die Relevanz der Hemmnisse in den einzelnen Phasen zu bestimmen, werden die jeweiligen Zuordnungen im Folgenden in drei Schritten bestimmt: Akteursüberprüfung, Ermittlung der Hemmnisstärke und Plausibilitätsprüfung.

Im ersten Schritt ist also zu ermitteln, ob die das Transferhemmnis betreffenden Akteure in der betrachteten Phase tatsächlich aktiv sind (Akteursüberprüfung), da dieses Hemmnis ansonsten nicht entfaltet wird. Bspw. sind in der Explorations- und Entdeckungsphase die Akteure „Öffentliche Fördergeber" sowie „Forschungseinrichtungen inkl. Forschende" aktiv (vgl. Abbildung 4.27). Dementsprechend können in dieser ersten Phase lediglich Hemmnisse auftreten, die diese beiden Akteure betreffen. Die Verknüpfung sämtlicher Hemmnisse und Akteure ist in Anhang A.4 dargestellt und basiert auf den Ausführungen aus Teilkapitel 4.3.2.

Sollte ein Hemmnis auf Basis der Akteursüberprüfung grundsätzliche Relevanz in einer Phase haben, ist im zweiten Schritt die phasenspezifische Stärke der Hemmnisse zu ermitteln (Hemmnisstärke). Den in den vorangegangenen Teilmodellen festgelegten Bewertungsskalen verschiedener Zusammenhänge werden numerische Werte zugeordnet. Für den Zusammenhang von Hemmnistreibern und Hemmnissen werden die Werte 0 (kein Zusammenhang), 1 (geringer Zusammenhang), 2 (mittlerer Zusammenhang) und 3 (hoher Zusammenhang) festgelegt. Für den Zusammenhang von Kompetenzkategorien und Phasen werden die Werte 0 (kein Zusammenhang), 1 (geringer Zusammenhang) und 2 (hoher Zusammenhang) definiert. Der Unterschied in der Granularität der Bewertung liegt darin begründet, dass zwischen Hemmnissen und den Hemmnistreibern mehr Argumente bestehen, anhand derer der Zusammenhang bewertbar ist. Mithilfe dieser auf der systematischen Literaturanalyse basierenden Vorbewertung werden die Hemmnisse und Phasen verknüpft, indem die Summenprodukte errechnet werden.

Anhand eines exemplarischen Beispiels wird das Vorgehen konkretisiert. Dazu wird das Hemmnis H4 (Geringe Kompatibilität mit bestehenden Infrastrukturen) in Zusammenhang mit der Phase 2 (*Deep-Tech*-Entwicklung) betrachtet. Das Hemmnis wird in hohem Maße von der notwenigen Transferinfrastruktur (entspricht Wert 3) und im mittleren Maße von dem benötigten Produktions-*Know-how* (entspricht Wert 2) verstärkt (vgl. Teilkapitel 4.3.1.3). Grundsätzlich sind von diesem Hemmnis alle operativ am Transfer beteiligten Akteure (Endproduktintegratoren bzw. Anwender, *Start-ups* und *Spin-offs*, Maschinenlieferanten, Maschinenlieferanten, Produzenten, Rohstofflieferanten und Forschungseinrichtungen) betroffen. Die Phase hat einen hohen Zusammenhang mit Kapitalverfügbarkeit und Transferinfrastruktur (Wert 2) sowie einen geringen Zusammenhang mit dem Technologie-*Know-how*, dem Produktions-*Know-how* und der Marktkenntnis (Wert 1) (vgl. Abbildung 4.28). Darüber hinaus sind insbesondere *Start-ups* in dieser Phase aktiv (Wert 2). Zusätzlich partizipieren Forschungseinrichtungen, öffentliche Fördergeber und privatwirtschaftliche Finanzgeber mit geringerer Intensität (Wert 1) (vgl. Teilkapitel 4.2.3.3). Mithilfe dieser Informationen wird im ersten Schritt die Akteursüberprüfung durchgeführt. Dazu wird die Relevanz der Akteure in der Phase summiert. Im Falle der Kombination aus H4 und Phase 2 resultiert ein Wert von 3 (hoher Zusammenhang mit Start-ups und geringer Zusammenhang mit Forschungseinrichtungen, welche beide in der Phase 2 relevant sind). Im zweiten Schritt wird die Hemmnisstärke ermittelt. Im vorliegenden Beispiel resultiert der Wert 8 (aus der passenden Kombination der Merkmale Produktions-*Know-how* (1x2) und Transferinfrastruktur (2x3)). Diese vorläufige Hemmnisstärke ist mit dem Wert der Akteursüberprüfung zu kombinieren, um die finale Hemmisstärke der Hemmnis-Phasen-Kombination zu identifizieren (3x8=24). In Anhang A.5 sind alle auf diese Weise ermittelten Zwischen- und Endergebnisse dargestellt.

Die resultierenden Ergebnisse liegen im Spektrum von 0 (minimaler Wert) und 98 (maximaler Wert). Zur besseren Handhabbarkeit und Simplifizierung gemäß der Modelltheorie (vgl. Teilkapitel 3.2.1) werden die Werte zurück in qualitative Abstufungen überführt. Zur späteren Differenzierung der Relevanz einzelner Unterstützungsoptionen und besseren Anwendbarkeit des Vorgehens wird eine Gleichverteilung von Hemmnissen von geringem, mittlerem und hohem Einfluss in den Phasen angestrebt. Es resultieren 37 relevante Hemmnis-Phasen-Verknüpfungen. Die qualitativen Abstufungen (geringe, mittlere und hohe Relevanz) werden dementsprechend so definiert, dass 12 bzw. 13 Kombinationen je Abstufung auftreten. Diesem Mechanismus folgend gehen die Werte 1-15 mit einem geringen Zusammenhang, 16-29 mit einem mittleren Zusammenhang und 30-98 mit einem hohen Zusammenhang zwischen den jeweiligen Hemmnissen und Phasen einher. Die qualitativen Ergebnisse der Analyse sind in Abbildung 4.29 dargestellt. Der definierten Skala angepasst ist der exemplarisch vorgestellten Kombination von Hemmnis H_4 in Zusammenhang mit der Phase 2 somit ein mittlerer Zusammenhang zuzuschreiben. Diesem Vorgehen folgend sind sämtliche Ergebnisse in Abbildung 4.29 dargestellt.

Letztlich ist für die erzielten Zusammenhänge eine Plausibilitätsprüfung anzuschließen. Dabei wird ersichtlich, dass drei Hemmnis-Phasen-Verknüpfungen zu adaptieren sind, welche alle in der Phase Industrialisierung liegen: Das Hemmnis H_5 (geringer technologischer Reifegrad über eine lange Zeit) ist zum Ende des Transfer- und Entwicklungsprozesses nicht weiter relevant, da die Technologie bereits bis zur Marktreife entwickelt ist (s. Definition der Referenzphase in Teilkapitel 4.2.3.3). Zusätzlich ist das Anwendungspotenzial der Technologie (H_{14}) zum Ende des Transferprozesses bereits bekannt. Nichtsdestotrotz können aufgrund von *Spillover*-Effekten noch weitere Potenziale entstehen. Dementsprechend ist der Zusammenhang zwischen Hemmnis und Phase an dieser Stelle zu einem geringen Zusammenhang abzuändern. Die beiden Änderungen in der Phasenzuordnung sind in Abbildung 4.29 visualisiert (schwarze Umrandungen). Das finale Ergebnis des vorliegenden Teilmodells ist darin ersichtlich.

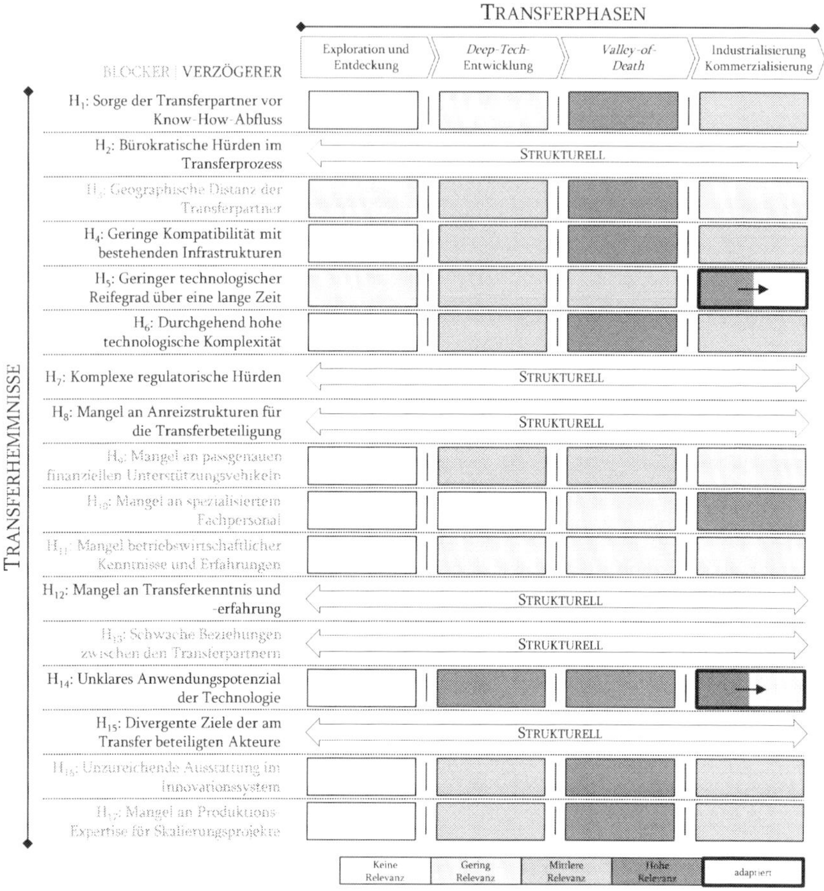

Abbildung 4.29: Adaption der Relevanz einzelner Hemmnisse entlang der Referenzphasen

4.3.4 Zwischenfazit

Auf Grundlage einer umfangreichen Literaturrecherche und verschiedener Aggregationsschritte wurden 17 Hemmnisse für den Technologietransfer von *Deep-Tech*, unter Berücksichtigung von Relevanz, Konsistenz und Anwendbarkeit auf die dargestellte Zielsetzung und den Handlungsbedarf, identifiziert. Durch die Nutzung der ersten beiden Teilmodelle (Teilkapitel 4.1 und 4.2) konnten die identifizierten Hemmnisse phasenspezifisch zugeordnet werden. Zusätzlich wurden strukturelle und somit sämtliche

Technologietransferphasen tangierende Hemmnisse identifiziert. Es wird deutlich, dass in der Phase *VoD* die meisten Hemmnisse vorherrschen. Dies deckt sich mit den Erkenntnissen in der einführenden Motivation vorliegender Dissertation.

Im Rahmen der Literaturrecherche wurden die initial identifizierten Faktoren zusammengefasst und synthetisiert. Dies schränkt zwar die Ganzheitlichkeit der Ergebnisse ein, wird aber zugunsten der Handhabbarkeit und Praktikabilität durchgeführt und entspricht gleichzeitig der allgemein üblichen Vorgehensweise bei einer Literaturrecherche. Grundsätzlich wurden in diesem Teilkapitel keine signifikanten, alleinstehend neuen Erkenntnisse methodisch oder mathematisch generiert. Die Innovationshöhe besteht darin, die Vielfalt an Herausforderungen und Hemmnissen in Innovationssystemen systematisch auf den Fokus der Arbeit, den Technologietransfer von *Deep-Tech*, herunterzubrechen. Diese konnten somit auf die Zielstellung der Arbeit zugeschnitten werden und das Teilkapitel liefert in Summe relevante Erkenntnisse zur Ableitung phasenspezifischer Handlungsbedarfe.

4.4 Phasenspezifische staatliche Unterstützungsoptionen

Basierend auf der phasenspezifischen Strukturierung der Hemmnisse des *Deep-Tech*-Transfers erfolgt die Identifikation staatlicher Unterstützungsoptionen analog des in Teilkapitel 3.4.5 beschriebenen Vorgehens. In Teilkapitel 4.4.1 werden dazu staatliche Unterstützungsoptionen literaturbasiert hergeleitet und beschrieben. Es folgt die Verknüpfung der Unterstützungsoptionen mit den Transferhemmnissen in Teilkapitel 4.4.2. Damit wird die Darlegung phasenspezifisch relevanter Unterstützungsoptionen zur Förderung des Technologietransfers von *Deep-Tech* ermöglicht, sodass Anwender phasenspezifisch relevante Maßnahmen auswählen können. Die Struktur des Kapitels ist in Abbildung 4.30 visualisiert.

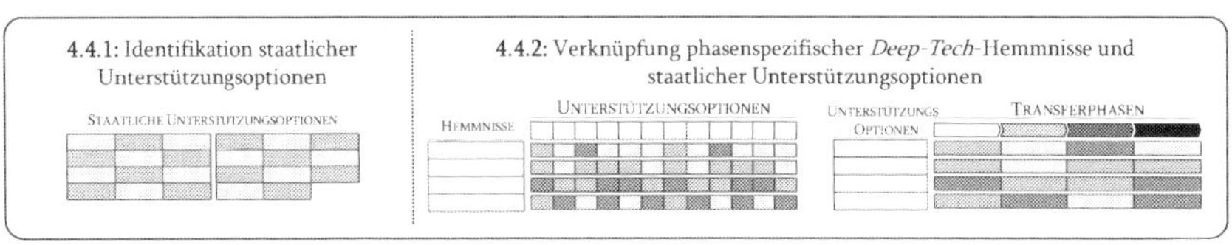

Abbildung 4.30: Struktur des Kapitels »Phasenspezifische staatliche Unterstützungsoptionen«

4.4.1 Staatliche Unterstützungsoptionen zur Förderung des Technologietransfers

Nachfolgend wird in Teilkapitel 4.4.1.1 zunächst das Vorgehen der systematischen Literaturanalyse zur Identifikation relevanter Elemente beschrieben, bevor dieses in

Teilkapitel 4.4.1.2 angewendet wird. In diesem Zusammenhang werden relevante Unterstützungsoptionen identifiziert und charakterisiert.

4.4.1.1 Vorgehen zur Identifikation staatlicher Handlungsoptionen

Aufgrund des in Teilkapitel 2.4 identifizierten Mangels der Charakterisierung relevanter Unterstützungsoptionen für den Technologietransfer in der Literatur können diese zur Zielerreichung der vorliegenden Arbeit (vgl. Teilkapitel 1.2) nicht ausschließlich durch eine direkte Recherche nach konkreten Unterstützungsoptionen von *Deep-Tech* identifiziert werden. International existiert eine Vielzahl an Literatur, in welcher umfassend grundsätzliche innovationspolitische Instrumente beschrieben werden (vgl. Teilkapitel 2.3). Diese werden in einem Innovationssystem durch den Staat als Akteur wirksam, in dessen Zentrum sich nach MEIßNER das Transfersystem befindet (vgl. Teilkapitel 2.1.3 und Teilkapitel 3.3). Daher ist vorliegend davon auszugehen, dass ein Teil dieser politischen Instrumente gleichzeitig Unterstützungsoptionen des Transfers von *Deep-Tech* darstellen. Zunächst wird daher eine systematische Literaturrecherche nach Instrumenten innerhalb der Innovationspolitik durchgeführt. Anschließend werden aus der Gesamtmenge der identifizierten politischen Instrumente diese mit möglichem Einfluss auf den Technologietransfer herausgearbeitet und konkretisiert.

Die Bestimmung relevanter Literatur zur Identifikation von innovationspolitischen Instrumenten wird erneut mit der in Teilkapitel 4.1.2.1 genutzten Kombination aus STARLITE und PRISMA durchgeführt. Dabei wird zur Komplexitätsbeherrschung und aus Gründen der Nutzbarkeit erneut in online frei zugänglichen Datenbanken recherchiert. Ebenfalls wird sowohl auf allgemeine als auch fachspezifische Datenbanken zurückgegriffen (vgl. Abbildung 4.31). Verglichen mit der Recherche in Teilkapitel 4.3.1 wird zusätzlich die Datenbank *Wiley Online Library* genutzt. Die *Wiley Online Library* ist eine internationale bibliografische Datenbank, welche keinen Fokus auf bestimmte wissenschaftliche Themenbereiche legt, jedoch eine politikwissenschaftliche Rubrik besitzt. Da die nachfolgende Recherche die Identifikation politischer Instrumente fokussiert, wird der Suchrahmen somit gezielt erweitert. Dies dient der Ausweitung des Suchfeldes, sodass zielgerichteter auf die Identifikation von Unterstützungsoptionen hin recherchiert werden kann.

Datenbank	Fokus
Deutsche Nationalbibliographie	Verzeichnis aller in Deutschland erscheinenden Veröffentlichungen
WorldCat	Internationale bibliografische Datenbank mit Fokus auf wissenschaftlichen Veröffentlichungen
Wiley Online Library	Internationale bibliografische Datenbank mit Fokus auf wissenschaftliche Veröffentlichungen
SpringerLink	Internationale Datenbank mit Fokus auf naturwissenschaftliche, technische und medizinische Bücher und Zeitschriften
Scopus	Internationale Datenbank mit Fokus auf Naturwissenschaften, Technologie, Medizin, Sozialwissenschaften und Kunst

Abbildung 4.31: Verwendete Datenbanken bei der Recherche nach innovationspol. Instrumenten

Zusätzlich werden in deutscher und englischer Sprache unterschiedliche Kombinationen der Begriffe Innovationspolitik und politisches Instrument verwendet. Aufgrund der uneinheitlichen Nutzung des Begriffs Innovationspolitik im Deutschen wird die deutschsprachige Suche um die Bereiche der Technologie- und Forschungspolitik ergänzt (vgl. Teilkapitel 2.2.2). Die verwendeten Suchbegriffe sind in Abbildung 4.32 dargestellt. Zur Maximierung des Untersuchungsrahmens werden keine Einschränkungen hinsichtlich der Suchparameter Erscheinungsjahr und Dokumententyp vorgenommen.

Verwendete deutsche Suchbegriffe	Verwendete englische Suchbegriffe
Politische Instrumente Technologietransfer	Technology transfer policy
Innovationspolitik	Innovation policy
	Innovation politics
-	Innovation governance
Innovationspoliti* Instrumente	Innovation policy instrument*
Instrumente Innovationspolitik	Innovation policy tools
Instrumente Technologiepolitik	-
Instrumente Forschungspolitik	-

Abbildung 4.32: Suchbegriffe bei der Recherche nach innovationspolitischen Instrumenten[606]

4.4.1.2 Durchführung der Literaturanalyse sowie Synthese und Selektion der Rechercheergebnisse

Die Literaturrecherche wird am 12. August 2022 durchgeführt und liefert zunächst 7.507 Resultate. Anschließend werden Dubletten entfernt und die Sucheinträge zusammengeführt. Eine Gesamtzahl von 6.335 unterschiedlichen Veröffentlichungen resultiert. Aufgrund der Vielzahl an Ergebnissen ist zunächst eine Vorselektion der Titel hinsichtlich ihres thematischen Bezugs zur vorliegenden Problemstellung notwendig.

606 I.A.a. Schuh et al. (2022), Governmental Support Options, S. 31

Anschließend folgt eine Auswahl auf Basis der Kurzzusammenfassungen. Durch die Titelfilterung werden 5.624 Titel ausgeschlossen, es verbleiben 711 relevante Publikationen. Diese werden abschließend hinsichtlich ihrer Übereinstimmung mit dem Recherchezie geprüft. Als Ergebnis der Literaturrecherche werden 167 relevante Veröffentlichungen identifiziert, welche nachfolgend zur Identifikation der innovationspolitischen Instrumente analysiert werden.[607]

Die Analyse dieser Literatur erfolgt analog des in Teilkapitel 4.3.1.3 vorgestellten Vorgehens nach LEEDY ET AL.[608]. In den 167 relevanten Veröffentlichungen werden 479 innovationspolitische Instrumente identifiziert. Diese werden anschließend konsolidiert, wodurch 23 inhaltlich abgrenzbare Ergebnisse resultieren, welche als Unterstützungsoptionen beschrieben werden können und im Folgenden unter anderem anhand der intendierten Wirkung sowie des Zeitpunktes des Wirksamwerdens (kurz- bzw. mittel- bis langfristig) vorgestellt werden. Zwecks Nachvollziehbarkeit findet sich im Anhang A.6 die detaillierte Aufschlüsselung der Analyseergebnisse inklusive der entsprechenden Belege.

U1: Öffentliche Abnahmesicherung

Die öffentliche Abnahmesicherung beschreibt das Erteilen staatlicher Großaufträge für innovative Technologien oder Produkte, an deren Entwicklung der Staat ein strategisches Interesse hat[609]. Auf diese Weise wird eine frühzeitige Produktnachfrage generiert, wodurch das Marktrisiko gesenkt und Kapital zur Verfügung gestellt wird.[610] Das zur Verfügung gestellte Kapital kann zur Technologie- und Produktentwicklung genutzt werden, wodurch diese Prozesse schneller vollzogen werden können. Diese Unterstützungsoption wird kurzfristig wirksam, da das Entwicklungsrisiko mit dem Erteilen von Aufträgen im Rahmen der öffentlichen Beschaffung für eine konkrete Technologie direkt reduziert wird.

U2: Öffentliche Rohstoffversorgung

Aufgrund der expliziten Relevanz von Rohstoffen für *Deep-Tech* (vgl. Teilkapitel 2.1.2) ist die öffentliche Rohstoffversorgung als Option aufzunehmen. Insbesondere KMU haben aufgrund ihrer eingeschränkten Marktmacht und geringen Abnahmemengen Schwierigkeiten, kritische Rohstoffe zu beschaffen[611]. In diesem Fall kann der

[607] Vgl. Schuh et al. (2022), Governmental Support Options, S. 30ff.

[608] Vgl. Leedy et al. (2019), Practical research, S. 98

[609] Vgl. Staudt (1980), Innovationsförderung und Technologietransfer, S. 40; Takalo (2009), Rationales and instruments for public innovation policies, S. 163; Tiwari (2017), Public Procurement, S. 155f.

[610] Vgl. Andersen et al. (2014), Boosting open innovation and knowledge transfer, S. 34

[611] Vgl. Steiger et al. (2021), Herausforderungen bei der Rohstoffversorgung, S. 41

Staat als Einkäufer oder Teilhaber auf dem Rohstoffmarkt auftreten, um direkten Zugriff auf z.B. seltene Erden zu gewährleisten. Die Unterstützungsoption wird mittel- bis langfristig wirksam, da Kooperationsverträge mit Rohstofflieferanten getroffen oder optional eigene staatliche Unternehmen etabliert werden müssen.

U3: Gezielte Steuerung der privaten Nachfrage

Der Staat kann die private Nachfrage durch verschiedene nachfrageorientierte Maßnahmen steuern[612]. Hierzu zählen bspw. Steuersenkungen oder die Investitionsförderung[613]. Auf diese Weise können spezifische Technologien oder Produkte für Konsumenten attraktiver gestaltet werden. Gleichzeitig kann die private Nachfrage durch Regulatorik und Verbote gesteuert werden[614]. Dabei ist die Durchsetzung und Verfolgung dieser Regulatorik erfolgsentscheidend. Die Unterstützungsoption wird kurzfristig zum Zeitpunkt der Implementierung wirksam, da die nachfrageorientierten Maßnahmen, wie bspw. Steuersenkungen, ab diesem Wirksamwerden von den Konsumenten genutzt werden können und die Nachfrage direkt steigt bzw. sinkt.

U4: Exportlizenzen für technologische Entwicklungen

Als Exportlizenzen werden Ausfuhrgenehmigungen im Außenhandel, d.h. behördliche Genehmigungen zum Export von Gütern, bezeichnet. Diese erlauben den Export spezifischer Technologien und Produkte ins Ausland, wodurch eine Steigerung der Nachfrage generiert wird[615]. Die Option hat starke Auswirkungen auf die Handelsbilanz einer Nation. Für nationale Technologietransferinitiativen ist es von geringerer Bedeutung. Es wird kurz nach der Implementierung wirksam.

U5: Importgenehmigungen für technologische Entwicklungen

Importgenehmigungen bzw. Einfuhrgenehmigungen im Außenhandel sind behördliche Genehmigungen zum Import genehmigungspflichtiger Güter[616]. Diese erlauben im innovationspolitischen Kontext die Einfuhr spezifischer Technologien und Produkte, welche adaptiert und weiterentwickelt werden. Die staatliche Unterstützungsoption wird kurzfristig wirksam, da ab dem Zeitpunkt des Inkrafttretens der Importgenehmigungen Technologien für Transfer- und Entwicklungszwecke erworben und genutzt

612 Vgl. Edler (2007), Bedürfnisse als Innovationsmotor, S. 54; Borrás, Edquist (2019), Holistic innovation policy, S. 4; Welsch (2005), Innovationspolitik, S. 230

613 Vgl. Borrás, Edquist (2019), Holistic innovation policy, S. 4

614 S. die kontroverse Diskussion des Gebäudeenergiegesetz (GEG) vom 3. April 2023

615 Vgl. Lundvall, Borrás (2004), Science, Technology and Innovation Policy, S. 2

616 Vgl. United Nations (2009), Practical guide to early-stage financing, S. 15; Welsch (2005), Innovationspolitik, S. 229

werden können. Durch die Unterstützungsoption können deutsche und europäische Akteure von globalen Durchbrüchen bei technologischen Entwicklungen profitieren.

U6: Anpassung und Förderung technologie- und gründungsorientierter Studiengänge und Ausbildungsberufe

Durch die gezielte Anpassung und Förderung einzelner Studiengänge werden die Kompetenzen von Hochschulabsolventen gesteuert (bspw. in MINT- oder Managementstudiengängen). Weiterhin wird die Anzahl an Absolventen in diesen Bereichen gesteigert.[617] Zukünftige Entscheider sind auf die Herausforderungen des nationalen Technologietransfers von *Deep-Tech* vorzubereiten. Gleichzeitig ist es für produzierende Unternehmen zunehmend herausfordernd, qualifiziertes Fachpersonal zu rekrutieren. Der gezielte Auf- und Ausbau von Ausbildungszweigen ist daher relevant für den langfristigen volkswirtschaftlichen Erfolg. Die Unterstützungsoption wird mittel- bis langfristig wirksam, da im Anschluss an die Implementierung eines Studiengangs oder Ausbildungsberufs Studierende und Auszubildende erst nach einigen Jahren auf den Arbeitsmarkt gelangen und mit der entsprechenden Expertise verfügbar sind.

U7: Finanzielle Investorenanreize für risikoreiche Technologieprojekte

Der Staat kann die Attraktivität bestimmter Technologiebereiche für Finanzmarktakteure durch z.B. Steuererleichterungen für Investoren erhöhen[618]. Insbesondere in Bereichen, in denen klassische Bewertungen auf dem Finanzmarkt Investitionen verhindern, können Anreize für risikoreiche Investitionen geschaffen werden. Damit ist mehr Risikokapital für Entwicklungs- und Transferprojekte vorhanden. Die Option wird kurzfristig wirksam, da die Steuererleichterungen ab dem Zeitpunkt ihrer Implementierung als Anreiz zur Investition wirken und demnach mit Inkrafttreten mehr finanzielle Mittel für die Finanzierungsrunden dieser Technologien und Projekte zur Verfügung stehen.

U8: Direkte Finanzierungsmechanismen

Transferinitiativen und -projekte können mit unterschiedlichen Mechanismen direkt finanziell unterstützt werden. Unter anderem sind dabei staatliche Kreditbürgschaften, zinsfreie und -verbilligte Kredite und die direkte Finanzierung möglich. Bei Kreditbürgschaften handelt es sich um Vereinbarungen zwischen einem Kreditgeber und einer dritten Person, durch deren Bürgschaft die Vergabe eines Kredits an den

---

617 Vgl. Gerstel, Goodman (2020), From industrial policy to innovation strategy, S. V; Wieczorek, Hekkert (2012), Systemic innovation problems, S. 85; Afzal et al. (2012), Toward an Innovation Policy, S. 13

618 Vgl. Pihlajamaa (2013), Requirements for innovation policy, S. 6; Roper (2000), Innovation policy, S. 12; Vgl. Bundesministerium für Handel, Gewerbe und Industrie (1985), Investorenwerbung, S. 163f.

Kreditnehmer ermöglicht wird[619]. Der Staat kann Kreditbürgschaften an Unternehmen, welche in ausgewählten Technologiebereichen aktiv sind, vergeben[620]. Zusätzlich können gezielt zinsfreie und -verbilligte Kredite an technologieorientierte, innovative Unternehmen vergeben werden, wodurch die Kreditbelastung reduziert wird.[621] Die direkte Finanzierung von F&E-Projekten beschreibt die finanzielle Unterstützung ausgewählter Forschungsprojekte[622]. Damit kann der Staat Forschung in spezifischen Bereichen vorantreiben. Zusätzlich können Forschung und Entwicklung auch indirekt, z.B. über steuerliche Vergünstigungen, gefördert werden[623]. Beispiele hierfür sind Steuersenkungen für Unternehmen auf Anschaffungen der Forschungsinfrastruktur oder reduzierte Lohnsteuern für Forschungsmitarbeitende. Die finanzbezogenen Unterstützungsoptionen werden kurzfristig wirksam, da Initiativen unmittelbar nach der Umsetzung finanziert werden und somit entsprechende Liquidität ermöglicht wird.

U9: (Semi-)Staatliches Risikokapital für hochtechnologische Initiativen

Risikokapital wird gewöhnlich von Beteiligungsgesellschaften zur Investition in Startups genutzt[624]. Investoren realisieren Gewinne, wenn Startups positive Entwicklungen vollziehen und die Investorenanteile mit einer höheren Bewertung, bspw. im Zuge eines Börsengang, veräußert werden. Der Staat kann ebenfalls als Risikokapitalgeber auftreten und dabei riskante (technologische) Entwicklungen fördern[625]. Aktuelle Beispiele dafür sind die *SPRIN-D*[626] oder der *Deep Tech & Climate Fonds*[627]. Diese staatliche Unterstützungsoption wird kurzfristig wirksam, da die bereitgestellten finanziellen Mittel einem Startup oder einer Initiative ad hoc zum Zeitpunkt der Finanzierung zur Verfügung stehen.

---

619 Vgl. Voigt (2018), Handbuch Staat, S. 1261

620 Vgl. Czarnitzki (2004), Ein Vergleich zwischen Ost- und Westdeutschland, S. 8; Staudt (1980), Innovationsförderung und Technologietransfer, S. 19; Vgl. Guerrero, Urbano (2021), Technology Transfer and Entrepreneurial Innovations, S. 9

621 Vgl. Staudt (1980), Innovationsförderung und Technologietransfer, S. 19; Takalo (2009), Rationales and instruments for public innovation policies, S. 161; Wieczorek, Hekkert (2012), Systemic innovation problems, S. 85

622 Vgl. Wieczorek, Hekkert (2012), Systemic innovation problems, S. 85; Ambroziak (2017), The new industrial policy of the European Union, S. 189

623 Vgl. Ambroziak (2017), The new industrial policy of the European Union, S. 189; Appelt et al. (2020), The effects of R&D tax incentives, S. 30ff.; Hall (2019), Tax policy for innovation, S. 2

624 Vgl. Kriele, Wolf (2016), Risikokapital, S. 115

625 Vgl. Staudt (1980), Innovationsförderung und Technologietransfer, S. 40; Wieczorek, Hekkert (2012), Systemic innovation problems, S. 85; Borrás, Edquist (2019), Holistic innovation policy, S. 21

626 Vgl. Bundesagentur für Sprunginnovation (o.J), Website

627 Vgl. Deep Tech & Climate Fonds (o.J.), Website

U10: Anpassung der Metriken zur Messung von Forschungsqualität

Der Staat bewertet die Qualität und Quantität öffentlicher Forschung, um aus den Erkenntnissen Maßnahmen zur Förderung spezifischer Forschungsfelder oder Hochschulen abzuleiten[628]. Es gibt verschiedene Möglichkeiten, die Qualität von Forschungseinrichtungen zu messen: Eine häufig verwendete Metrik ist die Auswertung wissenschaftlicher Publikationen. Zusätzlich existieren Rankings von Forschungseinrichtungen, die eine Kombination aus verschiedenen Kriterien verwenden, wie z.B. die Anzahl und Qualität der veröffentlichten Artikel, die Zitationen, die Finanzierungen oder die Ausstattungen. Aktuellen Metriken fehlt ein Fokus auf Technologietransfer. Ausgründungen aus Universitäten und Instituten haben bspw. selten Einfluss auf die Finanzierung und Ausstattung ebendieser Einrichtungen. Durch die Unterstützungsoption ist dieses Ungleichgewicht aufzulösen. Es wird mittel- bis langfristig wirksam, da angenommen wird, dass die Durchführung und Auswertung einer solchen Untersuchung zeitaufwändig sind. Die mit der Option angestrebten Adaptionen in der Forschungslandschaft können zudem erst nach der Auswertung umgesetzt werden. Eine Implikation auf den Output ist somit entsprechend noch später zu erwarten.

U11: Mobilitätsprogramme

Mobilitätsprogramme dienen der Kooperation zwischen Forschung und Industrie, indem sie den temporären Austausch von Mitarbeitenden zwischen Institutionen befähigen[629]. Dabei werden Fördermittel, bspw. für die Finanzierung der Gehälter oder der Mobilitätskosten, vergeben[630]. Mobilitätsprogramme dienen der Übertragung von Kenntnissen und Fähigkeiten zwischen Organisationen. Diese werden mittel- bis langfristig wirksam, da der Austausch von technologischem Wissen sowie der Abbau von Vorbehalten und kulturellen Barrieren zwischen Forschung und Wissenschaft eine gewisse Zeit in Anspruch nimmt.

U12: Anpassung der Arbeitsbedingungen in Forschungsumgebungen

Die Arbeitsbedingungen an Hochschulen und öffentlichen Forschungseinrichtungen sind aufgrund befristeter Verträge, einer hohen Arbeitsbelastung und einer im Vergleich zur Industrie schlechteren Bezahlung vielfach unattraktiv[631]. Zudem haben Forschende an Universitäten neben der eigentlichen Forschung verschiedene Pflichten (bspw. einen Lehrauftrag). Die Rahmenbedingungen der Arbeit in diesen

---

628 Vgl. Borrás, Edquist (2019), Holistic innovation policy, S. 19

629 Vgl. Bahrke, Grammenou (2020), Europäischer Forschungsraum

630 Vgl. Granieri, Renda (2011), Law and policy of innovation in Europe, S. 37; OECD (2019), University-Industry Collaboration, S. 79; Wieczorek, Hekkert (2012), Systemic innovation problems, S. 85

631 Vgl. Absenger et al. (2015), Arbeitsbedingungen Wissenschaft

Einrichtungen kann Technologietransfer-fokussierter gestaltet werden[632]. Mit dieser Unterstützungsoption wird langfristig darauf abgezielt, mehr qualifiziertes Personal für die Arbeit in Forschungseinrichtungen zu gewinnen. Die Anpassung der Forschungsbedingungen wird mittel- bis langfristig wirksam: Zwar ist lediglich eine Anpassung der Regulatorik notwendig, um die Arbeitsbedingungen zu verbessern. Der damit intendierte Effekt, dass Hochschulabsolventen Forschungseinrichtungen als zunehmend attraktiven Arbeitgeber ansehen, tritt jedoch erst mittel- bis langfristig ein.

U13: Verbesserung des Rechts der Arbeitnehmererfindung

Das Recht der Arbeitnehmererfindung bezieht sich vorliegend auf die Rechte an geistigem Eigentum, welches in öffentlichen Forschungseinrichtungen generiert wird. In Deutschland ist das Recht zur Arbeitnehmererfindung in § 42 des Gesetzes über Arbeitnehmererfindungen (ArbnErfG) geregelt. Danach sind Arbeitnehmererfindungen grundsätzlich dem Arbeitgeber zuzurechnen, es sei denn, es liegen besondere Umstände vor, die eine Abweichung von dieser Regel rechtfertigen. Hochschulen und öffentliche Forschungseinrichtungen gelten als Arbeitgeber im Sinne des ArbnErfG[633]. Dieses Recht ist auf diese Weise anzupassen, dass einerseits die Motivation zur kommerziellen Verwertung von Forschungsergebnissen erhöht wird. Andererseits ist die Inanspruchnahme und Beantragung damit einhergehender Patente möglichst einfach zu gestalten[634]. Die Verbesserung des Rechts der Arbeitnehmererfindung wird kurzfristig wirksam, da der intendierte Anreiz zur kommerziellen Verwertung mit der Änderung der Regulatorik einhergeht. Relevante Transfererfolge sind jedoch erst mittel- bis langfristig erwartbar, nachdem sich die aktualisierten Rahmenbedingungen etabliert haben.

U14: Öffentliche Beratung zu Aspekten der Betriebswirtschaft und Gründung

Öffentliche Businessberatung beschreibt die kostenlose oder stark vergünstigte staatlich unterstützte Beratung von *Startups* und *Spin-offs* in Bezug auf ihr Geschäftsmodell oder andere wirtschaftsbezogene Fragestellungen[635]. Diese Beratung ist insbesondere für Gründende technologischer *Spin-offs* wertvoll, da eine Managementausbildung vielfach nicht im Fokus entsprechender Hochschulen und Forschungseinrichtungen steht. Häufig wird diese Beratung von Personal in Transferstellen durchgeführt[636]. Die

---

632 Vgl. Cunningham et al. (2020), Industrial, Science and Technology Policy, S. 133; Pihlajamaa (2013), Requirements for innovation policy, S. 6

633 Vgl. Bundesministerium der Justiz (o.J.), Gesetz über Arbeitnehmererfindungen

634 Vgl. Heisey (2006), Government patenting and technology transfer, S. 14

635 Vgl. Wieczorek, Hekkert (2012), Systemic innovation problems, S. 85; Staudt (1980), Innovationsförderung und Technologietransfer, S. 40; Welsch (2005), Innovationspolitik, S. 229

636 Vgl. Technologiekontaktstelle der Universität Osnabrück (2005), Wissenstransfer, S. 9

öffentliche Businessberatung wird mittel- bis langfristig wirksam, da die Organisation bzw. die Qualifikation von Personal sowie der Aufbau einer entsprechenden Beratungsinfrastruktur notwendig ist und sich auch die Beratungseffekte somit erst langfristig zeigen.

U_{15}: Gründungsförderung und -anreize

Die Gründung von Unternehmen stellt insbesondere im Kontext risikoreicher, technologieintensiver Entwicklungen eine finanzielle Herausforderung dar. Diese Herausforderung wollen bzw. können potenzielle Gründende vielfach nicht eingehen. Zur Risikoreduktion kann der Staat finanzielle Mittel bereitstellen, mit Hilfe derer Gründungen unterstützt werden[637]. Ein Beispiel dafür ist das EXIST-Gründungsstipendium[638]. Gründungsförderung und -anreize werden kurzfristig wirksam, da Fördermittel nach der Umsetzung der Unterstützungsoption gewährt werden können und somit direkt einen Anreiz zur Gründung darstellen. Dabei sind Genehmigungs- und Auszahlungsverfahren simpel und unbürokratisch umzusetzen.

U_{16}: Open Source von Forschungserkenntnissen und Produktionsdaten

Forschungs- und Entwicklungsergebnisse werden häufig aufgrund von Geheimhaltungsklauseln und Patentverfahren nicht öffentlich zur Verfügung gestellt[639]. Dadurch sind andere Akteure des Innovationssystems nicht ohne Weiteres im Stande, auf dieses Wissen zuzugreifen. Diese Situation kann der Staat ändern, indem die Barrieren zur Sperrung von Erkenntnissen aus Forschungsprojekten erhöht werden[640]. Darüber hinaus besteht das Potenzial, Daten, welche in verschiedenen Produktionsverbünden und Forschungsprojekten generiert werden, zentral zu sammeln, auszuwerten und verfügbar zu machen. Somit können Akteure von Innovationssystemen datenbasiert voneinander lernen und Verbesserungsprozesse anstoßen[641]. Die Option wird mittel- bis langfristig wirksam, da das Wissen zwar ungefähr zum Zeitpunkt der Verpflichtung zur Veröffentlichung bereitgestellt wird, die dadurch ausgelösten Innovationsimpulse jedoch verzögert eintreten.

U_{17}: Förderung von technologischer Infrastruktur und Reallaboren

Die Förderung von technologischer Infrastruktur und von Reallaboren beschreibt einerseits die finanzielle Unterstützung bei der Beschaffung oder die direkte

---

637 Vgl. OECD (2019), University-Industry Collaboration, S. 79; Benzler, Wink (2002), Balanced Scorecards, S. 54; Berger (2002), Technology and innovation policy in Bavaria, S. 17

638 Vgl. Bundesministerium für Wirtschaft und Klimaschutz (o.J.), EXIST-Gründungsstipendium

639 Vgl. Meusel (1990), Veröffentlichungspflicht und Geheimhaltung, S. 92

640 Vgl. OECD (2019), University-Industry Collaboration, S. 79

641 S. exemplarisch *Cantena-X* als Beispiel aus der Automobilindustrie.

Bereitstellung technologischer Infrastruktur in Forschungseinrichtungen und Unternehmen. Zusätzlich ist die Förderung externer Infrastruktur (bspw. *Science Parks*, Akzeleratoren, Inkubatoren), innerhalb derer Kollaborationen durchgeführt werden können, impliziert.[642] Ein Leuchtturm-Projekt der vergangenen Jahre stellt dabei die Fraunhofer-Forschungsfertigung Batteriezelle FFB dar, ein durch das BMBF gefördertes Reallabor für die Forschung innerhalb der Batteriezellproduktion[643]. Neben der den Technologietransfer direkt tangierenden Infrastruktur ist die Sicherstellung der grundsätzlich für Industrienationen relevanten Infrastrukturbereiche (z.B. Energie und Verkehr) notwendig. Die Förderung von technologischer Infrastruktur und Reallaboren wird mittel- bis langfristig wirksam, da für den Ausbau und die finale Bereitstellung der Infrastruktur einige Zeit zu berücksichtigen ist.

U18: Förderung von Intermediären und Kooperationsstrukturen

Die Option beschreibt den Aufbau und die finanzielle Unterstützung von Transfermittlern zwischen Forschung und Wissenschaft sowie die Schaffung von Kooperationsstrukturen, bspw. in Form von *Technology-Transfer-Offices* (TTOs)[644]. Darüber hinaus erscheint ein zentraler Zusammenschluss der Transferobjekte, welche in verschiedenen Hochschulen und Forschungseinrichtungen bestehen, auf einer strukturierten Plattform sinnvoll. Dieser kann staatlich aufgesetzt und gesteuert werden[645]. Zudem kann der Staat als Akteur bei der Vernetzung zwischen Forschung und Industrie unterstützen, bspw. durch die Veranstaltung von Kongressen, an denen Vertreter aus Forschung und Industrie partizipieren. Die Förderung von Intermediären und Kooperationsstrukturen wird mittel- bis langfristig wirksam, da insbesondere die Schaffung neuer Strukturen sowie die Identifikation und Einstellung qualifizierten Personals zeitintensive Prozesse darstellen.

U19: Adaption der Anpassungszyklen von Regulatorik

Aufgrund zunehmend beschleunigter technologischer Erkenntnisse und Initiativen ist die für diese Bereiche entsprechend relevante Regulatorik in kürzeren Zyklen zu aktualisieren[646]. Dadurch kann vermieden werden, dass in verschiedenen Bereichen rechtsfreie Räume entstehen bzw. dass eine unpassende, veraltete Regulatorik Innovationen zugrunde liegt. Gleichzeitig ist sicherzustellen, dass technologische Initiativen nicht aufgrund unflexibler und innovationsbehindernder Regulatorik in andere

642 Vgl. Aschhoff, Sofka (2008), Innovation on Demand, S. 1235; Afzal et al. (2012), Toward an Innovation Policy, S. 12; Berger (2002), Technology and innovation policy in Bavaria, S. 17

643 https://www.ffb.fraunhofer.de/

644 Vgl. OECD (2019), University-Industry Collaboration, S. 79

645 Die *Match* Plattform der Fraunhofer-Gesellschaft könnte dabei als Vorbild dienen (https://www.match.fraunhofer.de/).

646 Vgl. Gerstel, Goodman (2020), From industrial policy to innovation strategy, S. VI

nationale Innovationssysteme wechseln[647]. Darüber sollte Regulatorik nicht mit aufwändigen *Reportings* und *KPI*-Bereitstellungen einher gehen, welche relevante Ressourcen für Innovations- und Transferprojekte binden. Die Adaption der Anpassungszyklen von Regulatorik wird kurzfristig, mit in Kraft treten wirksam und hat somit direkten Einfluss auf Entwicklungsprojekte.

U20: Innovationsfreundliche Wettbewerbspolitik

Eine innovationsfreundliche Wettbewerbspolitik ist darauf ausgerichtet, den Wettbewerb zwischen Unternehmen zu fördern und somit einen Innovationswettbewerb hervorzurufen[648]. Dies wird unter anderem durch ein strenges Kartellrecht sowie eine *Mergers and Acquisitions (M&A)*-Regulatorik erreicht[649]. Dabei ist eine ausgewogene Balance zwischen Verboten und Geboten notwendig. Einerseits sind Übernahmen europäischer Unternehmen durch ausländische Investoren und Konzerne zu regulieren[650]. Andererseits ist die Wettbewerbsfähigkeit nationaler Unternehmen im internationalen Vergleich sicherzustellen. Die innovationsfreundliche Wettbewerbspolitik wird mittel- bis langfristig wirksam, da eine angepasste Regulatorik zwar sofort besteht, der daraus resultierende Innovationswettbewerb jedoch erst nach einiger Zeit entsteht.

U21: Innovationsrelevante Normung und Standardisierung

Normen und Standards bezeichnen durch Organisationen anerkannte Leitlinien, welche auf gesicherten wissenschaftlichen Ergebnissen basieren[651]. Sie sind auf die Förderung von Vorteilen für die Gesellschaft ausgerichtet. Der Staat kann hierbei vorgeben, in welchen Bereichen eine Normung bzw. Standardisierung erforderlich ist[652]. Im innovationspolitischen Kontext werden Standards und Normen vor allem dazu genutzt, die Systemfähigkeit von Technologien zu fördern[653]. Darüber hinaus werden Synergien in Entwicklungs- und Produktionsprozessen erzeugt. Innovationsrelevante Normung und Standardisierung wird mittel- bis langfristig wirksam. Zwar werden Normen und Standards kurzfristig angepasst, die damit angestrebte verbesserte Systemfähigkeit von Technologien stellt sich aufgrund der notwendigen Etablierung und Umsetzung jedoch erst mittel- bis langfristig ein.

647 S. exemplarisch OpenAI.

648 Vgl. Welsch (2005), Innovationspolitik, S. 230; Ambroziak (2017), The new industrial policy of the European Union, S. 189

649 Vgl. Rittner (2014), Wettbewerbs- und Kartellrecht

650 S. die kontrovers diskutierte Übernahme von Viessmann durch Carrier.

651 Vgl. Görgen et al. (1985), Normen und Standards, S. 267

652 Vgl. OECD (2011), Demand-side innovation policies, S. 16; Welsch (2005), Innovationspolitik, S. 229; Wieczorek, Hekkert (2012), Systemic innovation problems, S. 85; Edler (2007), Bedürfnisse als Innovationsmotor, S. 55

653 Vgl. Bundesministerium für Wirtschaft und Klimaschutz (2022), Normen und Standards

U22: Steigerung der Attraktivität von Patenten und Lizenzen

Die Beantragung von Patenten verursacht Kosten, insbesondere durch Amts- und Anwaltsgebühren. Zudem entstehen wiederkehrende, regelmäßige Verwaltungsgebühren über den Zeitraum, in dem ein Patent eingetragen und wirksam ist. Dabei ist die Höhe der Kosten unter anderem von der Komplexität der Erfindung, der Reichweite des Patents sowie dem Verlauf der Patentanmeldung abhängig.[654] Die Beantragung und das Halten von Patenten kann vergünstigt werden, mit dem Ziel, den Schutz des geistigen Eigentums zu stärken. Für die durch die Lizenzierung von Patenten entstehenden Gewinne sind zudem Steuern zu zahlen[655]. Diese können durch den Staat gesenkt werden, sodass die Lizensierung von Patenten attraktiver wird und die geschützte Erfindung von Lizenznehmern verstärkt genutzt und weiterentwickelt wird[656]. Die Steigerung der Attraktivität von Patenten und Lizenzen wird also kurzfristig wirksam, da die Attraktivität der Patentnahme sofort mit der Anpassung der Regulatorik gesteigert wird und demnach mehr Technologieprojekte in diese Phase gebracht werden.

U23: Anpassung des *ESOP* im Hinblick auf *Dry Income*

Ein *Employee Stock Option Plan (ESOP)* ermöglicht Mitarbeitenden den Erwerb von Unternehmensanteilen, entweder als Aktien oder als GmbH-Anteile. Die Berechtigung zum Anteilserwerb hängt üblicherweise von der Betriebszugehörigkeit oder dem Erreichen bestimmter Meilensteine ab. Beim *ESOP* erwerben die Mitarbeitenden Anteile zu einem Preis unter dem Marktwert, was als Vergütung durch den Arbeitgeber angesehen werden kann. Daher unterliegt dieser geldwerte Vorteil der Einkommenssteuer. Zu diesem Zeitpunkt erhalten die Mitarbeitenden effektiv kein Geld, sondern müssen für die Anteile bezahlen. Diese Steuerzahlung wird aus diesem Grund als *Dry Income* bezeichnet. Unternehmen können ihre Mitarbeitenden unterstützen, indem sie zinsfreie Darlehen für den Anteilserwerb und die Steuerzahlung gewähren. Dies widerspricht jedoch dem Ziel der Liquiditätserhaltung des Unternehmens, da vorerst Geld aus dem Unternehmen abfließt, anstatt zusätzliche Liquidität durch den Verkauf der Anteile aufzubauen.[657] Durch eine Adaption dieser Versteuerung kann die Attraktivität von *ESOP* deutlich gesteigert werden. *Start-ups* und *Spin-offs* können dadurch signifikant auf dem Weg zu einem attraktiven Arbeitgeber – insbesondere in

---

654 Vgl. Meitinger (2021), Deutsches Patent, S. 231ff.

655 Vgl. Schanz et al. (2017), Peitsche statt Zuckerbrot, S. 80

656 Vgl. OECD (2004), Patents and innovation, S. 15; Budzinski, Monostori (2012), IPR and the WTO, S. 14; Evans (2011), Intellectual property commercialization, S. 77

657 Vgl. Frech (2021), ESOP

Konkurrenz zu global agierenden Unternehmen – unterstützt werden. Die Unterstützungsoption wird kurzfristig, mit Inkrafttreten der Änderung, wirksam.

Zusammenfassend ergeben sich folglich zwölf kurz- und elf mittel- bis langfristig wirksam werdende staatliche Unterstützungsoptionen. In Abbildung 4.33 sind diese nach ihrem entsprechenden Wirksamwerden gegliederten Optionen dargestellt.

Abbildung 4.33: Staatliche Unterstützungsoptionen für den Technologietransfer

4.4.2 Verknüpfung der Hemmnisse und Unterstützungsoptionen

Damit die phasenspezifische Relevanz der staatlichen Unterstützungsoptionen bestimmt werden kann, werden die in Teilkapitel 4.3.2 dargestellten Hemmnisse mit den Unterstützungsoptionen im Folgenden sachlogisch verknüpft (Teilkapitel 4.4.2.1). Darauf aufbauend wird die Phasenspezifität der Optionen unter Rückgriff auf die Ergebnisse aus Teilkapitel 4.3.3 hergeleitet (Teilkapitel 4.4.2.2).

4.4.2.1 Verknüpfung von Transferhemmnissen und Unterstützungsoptionen

Bei der Erarbeitung der Hemmnis-Options-Verknüpfung werden die mit den Unterstützungsoptionen direkt und eindeutig zu beeinflussenden Hemmnisse fokussiert. Damit wird verhindert, dass in sämtliche Hemmnis-Options-Kombinationen Verknüpfungen „konstruiert" werden und der Fokus der Erarbeitung sowie die Handhabbarkeit verloren gehen. Die Transferhemmnisse werden im Folgenden sukzessive hinsichtlich der im Fokus stehenden Unterstützungsoptionen analysiert.

Die **Sorge vor *Know-how*-Abfluss** (H1) ist kulturell begründet und hat sich in den vergangenen Jahrzehnten durch die vorhandenen Entwicklungs- und Transferstrukturen im Innovationssystem etabliert. *Know-how* wird einerseits durch Kollaboration und andererseits durch die gezielte Weitergabe von *IP* vermittelt.[658] Die zweitgenannte Weitergabe kann dabei sowohl freiwillig als auch aufgrund von Regulatorik

[658] Vgl. Jung (1980), Barriers to technology transfer, S. 20

stattfinden. Daher ist das Hemmnis durch die Erhöhung der Attraktivität von Patenten und Lizenzen (U22), die Verpflichtung zur Verfügbarmachung von Forschungsergebnissen sowie *Shop-Floor*-Daten (U16) und durch die Schaffung von Kollaborationsräumen in Form von Intermediären oder Reallaboren (U17, U18) direkt zu beeinflussen.

Bürokratische Hürden (H2) werden durch Unterstützungsoptionen auf verschiedenen Ebenen reduziert. In der Forschung führt eine Anpassung der Forschungsbedingungen (U12) und damit eine Reduktion forschungshemmender Tätigkeiten und *Reportings* zu einer Erhöhung des Outputs. Darüber hinaus werden durch *Open-Source* Forschungsergebnisse (U16) Hürden bei der Kollaboration (z.B. Abstimmung von *Non-Disclosure Agreements* (*NDAs*), Diskussion über *IP*-Zugehörigkeiten) reduziert[659]. In der Industrie führt die Anpassung von Normung und Standardisierung (U21) zu einer stringenteren Entwicklungs- und Transferleistung[660]. Multi-unternehmerische Abstimmungen in Gremien und Industriekreisen können reduziert werden. Darüber hinaus profitieren sowohl Arbeitnehmende als auch Unternehmen von einer Simplifizierung der Regelung zur Arbeitnehmererfindung (U13). Durch eine Reduktion der dadurch indirekt entstehenden Aufwände sinkt die Barriere, signifikante Erfindungen anzugehen. Letztlich sorgt eine innovationsfreundliche Wettbewerbspolitik (U20) dafür, bürokratische Aspekte bei z.B. *M&A* zu reduzieren. Weiterhin besteht durch Transparenz in der Wettbewerbspolitik Planungssicherheit bei potenziell betroffenen Unternehmen.

Geografische Distanz (H3) wird durch eine frühzeitige Verknüpfung relevanter Akteure im Transferprozess überbrückt. Digitale Kollaborationsräume unterstützen dabei, langfristig ist in komplexen Entwicklungsvorhaben jedoch physische Interaktion notwendig[661]. Sowohl Intermediäre und Kooperationsinfrastrukturen (U18) als auch Reallabore in Form technologischer Infrastruktur (U17) helfen dabei, Distanz der Transferpartner zu überwinden. Intermediäre schaffen dabei Kollaborationsräume, um Technologiegeber und -nehmer zu verknüpfen. Reallabore verringern die Komplexität bei der Suche und Abstimmung der Kollaborationstreffen samt notwendiger Infrastruktur. Bestenfalls sind Reallabore so konzipiert, dass industrielle Akteure Mitarbeitende dort Vollzeit an den entsprechenden Entwicklungs- und Transferprojekten arbeiten lassen können. Dieser Aspekt geht einher mit staatlich geförderten Mobilitätsprogrammen (U11), um Unternehmen zusätzliche Anreize der Arbeitnehmerabstellung zu geben.

---

659 Vgl. Heise (2018), Open Access

660 Vgl. Jakobs (2003), Standardisierung in der Informationstechnik

661 Vgl. Drewinski et al. (2016), Unternehmensübergreifende Kollaboration, S. 60

Die **geringe Kompatibilität von für den Transfer benötigter sowie bestehender Infrastruktur (H4)** wird durch unterschiedliche Unterstützungsoptionen sowohl direkt als auch indirekt reduziert. Insbesondere für Maschinen- und Anlagenbauer sind innovative technische Systeme, einhergehend mit neuartigen Produktionsprozessen, herausfordernd. Technologische Anforderungen an Fertigungs- und Fügeverfahren zur Produktrealisierung werden in frühen Entwicklungsphasen nicht fokussiert betrachtet[662]. Durch Normung und Standardisierung (U21) kann langfristiger Variantenreichtum reduziert werden. Exemplarisch sind unterschiedliche geometrische Arten einer Batteriezelle zu nennen. Diese gehen mit divergierenden fertigungstechnologischen Herausforderungen einher, erfüllen jedoch alle einen ähnlichen Zweck. Gleichzeitig wird es für Maschinen- und Rohstofflieferanten mit einer öffentlichen Verfügbarmachung von Forschungsdaten (*Open Source*, U16) ermöglicht, relevante Entwicklungen zu antizipieren. Um Akteure aus der Forschung frühzeitig zu einer fertigungsgerechten Denkweise zu motivieren, ist eine Adaption der Messung von Forschungsqualität (U10) möglich. In dieser sind Validierungs- und Umsetzungsaktivitäten in enger Zusammenarbeit mit der Industrie zu honorieren. Diese Aktivitäten sind unter anderem in öffentlichen Produktionsumgebungen, z.B. Reallaboren (U17), durchführbar. Somit müssen Akteure aus Forschung und Industrie keine Investitionen in generische Produktionsumgebung tätigen, sondern bekommen diese für Transferprojekte zur Verfügung gestellt. Letztlich wird die geringe Kompatibilität bestehender Infrastruktur durch direkte Investitionen des Staates in einzelne Produktionsprojekte (U8) verringert.

Der zu Beginn **geringe technologische Reifegrad (H5)** der *Deep-Tech* im Vergleich zu bestehenden Technologien resultiert in langen Transferzeiten. Investitionsbudgets sind in frühen Phasen gering und das Risiko der Projekte hoch. Unterschiedliche Unterstützungsoptionen sind dabei passend. Das Investitionsrisiko finanzwirtschaftlicher, privater Investoren ist durch eine Adaption der klassischen Mechanismen der Branche[663] zu minimieren. Bspw. können Investoren durch den Staat mit einem Risiko-Premium oder der Exklusivität von Vermarktungsrechten (U7) unterstützt werden. Zusätzlich besteht die Möglichkeit, die Attraktivität für Investoren mit direkter, ungebundener Finanzierung zu erhöhen (U8). Weiterhin kann der Staat direkt als Investor im Innovationssystem auftreten und Kapital bereits in frühen Phasen, ohne die Bindung an Förderinitiativen mit entsprechender Restriktion, Transferprojekten oder *Start-ups* zur Verfügung stellen (U9). Darüber hinaus schafft die frühzeitige Ankündigung einer öffentlichen Abnahme von Produkten und Halbzeugen (U1)

662 Vgl. Dumitrescu, Kühn (2014), Model-Based Systems Engineering, S. 21

663 Vgl. Ruping, Zedtwitz (2006), Risikomanagement, S. 440

Planungssicherheit für die Transferpartner und erhöht die Attraktivität, Transferinitiativen durchzuführen.

Die **hohe technologische Komplexität von *Deep-Tech*** **(H6)** erschwert Entwicklungsprozesse und Transfervorhaben. Neben der Herausforderung, oftmals mit neuen Materialien umgehen zu müssen, ist die Entwicklung einzelner Teilsysteme oder Komponenten, welche letztlich in der *Deep-Tech* resultieren, anspruchsvoll (vgl. Kapitel 2.1.2). Eine öffentliche Beschaffung und Bereitstellung von Rohstoffen (U2) ist in rohstoffarmen Innovationssystemen zielführend, um Test- und Validierungsverfahren hinreichend durchführen zu können. Zu fokussieren sind dabei seltene Erden, welche z.B. für die Batterie- und Halbleiterindustrie von besonderer Bedeutung sind[664]. Zusätzlich dienen Importgenehmigungen technologischer Systeme (U5) dazu, nicht alle relevanten Teilentwicklungen im nationalen Innovationssystem durchführen zu müssen. Damit kann die ganzheitliche Umsetzbarkeit und Implementierung von Produktionsprozessen fokussiert werden. Diese Umsetzung kann in Reallaboren befähigt und beschleunigt werden, indem dort interdisziplinäre Experten in Interaktion treten. Die Komplexität der *Deep-Tech* geht einher mit der Notwendigkeit nach dezidiertem Wissen in innovativen Disziplinen. Diese Disziplinen sind zu antizipieren und neue Studiengänge sowie Ausbildungsberufe (U6) frühzeitig anzustoßen.

Regulatorische Hürden (H7) sind zweiseitig zu betrachten. Einerseits ist Regulatorik notwendig, um technologische Entwicklungen im nationalen Innovationssystem zu halten und Übernahmen aus anderen Innovationssystemen zu verhindern[665]. Andererseits ist die Skalierung von Unternehmen und Projekten zur Sicherstellung einer wirtschaftlichen Entwicklung von *Deep-Tech* nicht zu behindern. Dabei spielt die Wettbewerbspolitik (U20) eine wichtige Rolle. Es ist eine Balance zwischen der Beibehaltung marktwirtschaftlicher Mechanismen und Protektionismus sicherzustellen. Diese Balance ist *Deep-Tech*-abhängig auszugestalten, also auf die Rahmenbedingungen der jeweiligen Branche zu achten. Gleiches gilt für Importgenehmigungen (U5) zur Vereinfachung der Integration ausländischer Entwicklungen und Komponenten in *Deep-Tech*-Vorhaben (s. Hemmnis H6) sowie Exportlizenzen für die Ausfuhr europäischer Waren (U4). Weiter wird durch die Vereinfachung der Regelung zur Arbeitnehmererfindung (U13) die Attraktivität erhöht, aus sicheren Beschäftigungsverhältnissen in der Industrie oder Forschung heraus risikoreiche Transferprojekte zu begleiten. Die Prozesse sind arbeitnehmer-freundlich auszugestalten. Letztlich sind regulatorische Vorgaben innerhalb von Branchen und technologischen Bereichen flexibel anzupassen

[664] Vgl. Mez, Abdolvand (2016), Seltene Erden

[665] Vgl. Matthes (2020), Unternehmensübernahmen, S. 30

und zu antizipieren (U19). Beispiele sind der Umgang mit der Verwendung kritischer Rohstoffe oder die Regelungen beim Einsatz von Datentechnologien.

Aufgrund langer und risikoreicher Prozesse ohne kurzfristig realisierbare Vorteile bestehen in Forschung und Industrie **mangelnde Anreize für die persönliche Transferbeteiligung (H8)**. Die öffentliche Verfügbarmachung von Forschungsergebnissen (U16) führt dazu, die Barrieren bei der Kollaboration zwischen unterschiedlichen Akteuren zu reduzieren und Transfer zu beschleunigen[666]. Weiterhin kann die Anpassung der Regelungen zu Patenten und Lizenzen (U22) einen besseren Einblick in andere Entwicklungsvorhaben ermöglichen und Anknüpfungspunkte aufzeigen. Gleichzeitig besteht im Falle der Lizensierung eine monetäre Würdigung von Forschungs- und Entwicklungsvorhaben. Dies geht einher mit der Adaption der Regelung zur Arbeitnehmererfindung (U13). Bei Erhöhung der Attraktivität für Mitarbeitende ist die logische Konsequenz, dass innovative Ideen von Mitarbeitenden auch intrinsisch motiviert weiterentwickelt werden. Weiter sind Forschungseinrichtungen dazu zu befähigen, stärker unternehmerisch zu denken und entsprechende Initiativen ausreichend zu honorieren. Dabei sind die Metriken zur Messung von Forschungsqualität (U10) sowie die grundsätzlichen Forschungsbedingungen (U12) anzupassen. Letztlich ist das persönliche Risiko zu scheitern, welches bei Ausgründungen besteht, zu minimieren. Gezielte Gründungsförderung und -anreize (U15) in *Deep-Tech*-Bereichen haben den Effekt, die Transferbeteiligung trotz des Risikos zu erhöhen.

Mit Bezug auf die Ausführungen zum *VoD* in vorliegender Arbeit (vgl. Kapitel 1 sowie Teilkapitel 2.1.3.2) ist ersichtlich, dass der **Mangel passender finanzieller Unterstützungsvehikel (H9)** ein großes Hemmnis im Technologietransfer darstellt. Finanzielle Unterstützungsvehikel treten in unterschiedlichen Facetten auf (vgl. Kapitel 4.4.1.2). Grundsätzlich sind identifizierte Unterstützungsmaßnahmen mit direkter oder indirekter staatlicher Förderung bzw. staatlichen Ausgaben verbunden. Für das vorliegende Hemmnis werden die direkten finanziellen Unterstützungsmaßnahmen fokussiert. Zu diesen sind die Investorenanreize (U7), die direkte Finanzierung (U8) sowie die Implementierung öffentlicher Risikokapitalmechanismen (U9) zu zählen. Darüber hinaus haben die Steuerung der privaten Nachfrage (U3, z.B. durch das Verbot von Gasheizungen) sowie die öffentliche Beschaffung (U1, z.B. durch die Bestellung von Elektrofahrzeugen für Fuhrparks aus dem öffentlichen Bereich) Einfluss.

Mangelndes Fachpersonal (H10) ist ein zunehmend kritischer Faktor im Kontext technologischer Weiterentwicklung[667]. Kurzfristige Abhilfe leisten dabei Mobilitäts-

666 Vgl. Heise (2018), Open Access

667 Vgl. Ahlers, Quispe Villalobos (2022), Fachkraftemangel, S. 10

programme (U11). Mit diesen wird gesteuert, dass potenzielle Talente räumlich näher an Industrieunternehmen (vielfach KMUs mit unattraktiven Standorten) heranrücken. Darüber hinaus spricht sich die *Start-up*-Branche seit langer Zeit für eine Anpassung der *ESOP* (U23) aus. In frühen Phasen ist es *Start-ups* und *Spin-offs* nicht möglich, kompetitive Gehälter zu zahlen. Um potenziellen Mitarbeitenden Anreize zu schaffen, können durch diesen Mechanismus mehr Unternehmensanteile ausgezahlt werden als bislang möglich. Langfristig hilft die Implementierung adäquater und zukunftsgerichteter Studiengänge und Ausbildungsberufe (U6) dabei, frühzeitig die Verfügbarkeit der richtigen technologischen Kompetenzen zu fördern.

Auch die teilweise **fehlenden betriebswirtschaftlichen Kenntnisse (H11)** werden durch *ESOP* (U23) verbessert. Viele Talente im betriebswirtschaftlichen Bereich werden an privaten Universitäten ausgebildet[668]. Technologieunternehmen konkurrieren mit Unternehmensberatungen oder Großkonzernen auf dem Arbeitsmarkt. Ein angepasstes *ESOP* hilft dabei, technologieorientierten *Start-ups* den Zugang zu solchen Talenten und somit betriebswirtschaftlicher Kompetenz zu erleichtern. Auch für die initiale Gründung von *Start-ups* sind diese Absolventen im Gründerteam geeignet. Für eine Unternehmensgründung müssen zusätzliche Anreize geschaffen werden (U15), um diese für Talente im Vergleich zu einem Direkteinstieg in die etablierte Industrie attraktiv zu machen. Darüber hinaus bieten Intermediäre und Kooperationsformen (U18) die Möglichkeit, Forschende und Gründende mit erfahrenen Unternehmen zu verknüpfen. In Kombination mit öffentlicher, bürokratiefreier Business-Beratung (U14) wird dadurch die betriebswirtschaftliche Kenntnis in Transfervorhaben erhöht.

Eine wichtige Rolle bei der Reduzierung **mangender Transferkenntnis und -erfahrung (H12)** kommt Intermediären und Kooperationsstrukturen (U18) zu. Diese müssen neben technologischen Transferleistungen auch betriebswirtschaftliche oder regulatorische Erfolgsfaktoren kennen und diese an die Transferpartner weitergeben. Zusätzlich sammeln Gründer positive und negative Erfahrungen in einem durchlaufenen Gründungs- und Skalierungsprozess. Sie suchen im Nachgang an bspw. Exits oftmals neue Herausforderungen in der *Start-up*-Welt[669]. ESOPs (U23) können dabei unterstützen, solche Talente und Erfahrungen zu gewinnen. Letztlich sind neue Studiengänge zu implementieren (U6), welche technologische und ingenieurs-wissenschaftliche Lehre mit Mechanismen des Technologietransfers verknüpfen und die Attraktivität von Ausgründungen bereits während des Studiums aufzeigen.

[668] Vgl. Doll, Hansen (2019), Die Managerschmieden

[669] Vgl. Wester (2021), Seriengründer, S. 67

Schwache Beziehungen zwischen Transferpartnern (H13) sind sowohl über physische als auch über indirekte, softe Mechanismen zu verbessern. Mobilitätsprogramme (U11) sorgen für eine enge Interaktion zwischen Akteuren und stellen den Aufbau persönlicher Beziehungen sicher[670]. Dabei entstehen diese insbesondere auf Mitarbeiter-spezifischer Ebene. Infrastruktur und Reallabore (U17) sowie Intermediäre (U18) schaffen neutrale Bereiche, in denen konstruktive Beziehungen der Transferpartner auf- und ausgebaut werden. Der Effekt für die Verbesserung hängt von der Art und Intensität ab, wie das jeweilige Angebot wahrgenommen wird. Eine innovationsfreundliche Wettbewerbspolitik (U20) sorgt zusätzlich für einen frühzeitigen Austausch von Industrie und Forschung: Die perspektivische Attraktivität von anfänglich unkonkreten Gesprächen ist insbesondere für industrielle Akteure höher mit dem Wissen, Technologiegeber potenziell durch *M&A*-Aktivitäten integrieren zu können. Letztlich werden junge Unternehmen und etablierte Akteure durch eine staatliche Gründungsförderung (U15) verknüpft und es wird Hilfe für den Gründungserfolg gegeben.

Ein **unklares Anwendungspotenzial der Technologie (H14)** sorgt für zögerliche Investitionen in damit in Zusammenhang stehende Projekte. Durch die gezielte Steuerung der privaten Nachfrage (U3) kann Planungssicherheit für spezielle technologische Entwicklungen und transformative Produkte gegeben werden[671]. Einen vergleichbaren Effekt hat die öffentliche Beschaffung (U1) innovativer Produkte[672]. Weiterhin hat eine öffentlich gesteuerte Normung und Standardisierung (U21) den Effekt, dass sich Technologieentwickler stringent fokussieren, da komplexe und lange Abstimmungen mit Marktbegleitern zur Festlegung von Standards obsolet werden. Reallabore (U17) helfen dabei, Möglichkeiten technologischer Entwicklungen frühzeitig zu explorieren und Rückmeldung von Marktteilnehmern zu erfahren. Zusätzlich werden Synergieeffekte über einzelne Branchengrenzen hinaus beschleunigt identifiziert[673]. Dieser Effekt wird durch *Open Source* Forschungsergebnisse (U16) verstärkt, da potenzielle Anschlussinitiativen oder *Spill-over*-Effekte frühzeitig sichtbar werden. Das globale Anwendungspotenzial einer Technologie wird mit der Vergabe von Exportlizenzen (U4) erhöht, da sich der potenzielle Absatzmarkt dadurch schlagartig vergrößert. Die rechtzeitige und zielführende Anpassung von Regulatorik (U19) trägt letztlich dazu bei, Planungssicherheit bzgl. der Anwendungsmöglichkeiten von Technologien zu erlangen und die Vorschriften und Anforderungen frühzeitig zu berücksichtigen.

---

670 Vgl. Bahrke, Grammenou (2020), Europäischer Forschungsraum

671 S. exemplarisch das Verbot von Verbrennungsmotoren bis zum Jahr 2030.

672 Vgl. Crasemann (2013), Öffentliche Beschaffung, S. 90

673 Vgl. Bundesministerium für Wirtschaft und Klimaschutz (2023), Reallabore

Divergente Ziele der Transferpartner (H_{15}) werden durch die Änderung der Messung von Forschungsqualität (U_{10}) aufgebrochen: Indem auch in der Forschung stärker nach industriellen *KPIs* gehandelt wird, rücken die jeweiligen Ziele stärker zueinander. In diesem Zusammenhang sorgt eine Änderung der Forschungsbedingungen (U_{12}) für die Implementierung verstärkter industrieller Denkweisen in die Forschungsprozesse. Eine Adaption der Regelung für Lizenzen (U_{22}) kann den Effekt haben, dass Lizenzgeber und -nehmer jeweils großes Interesse an einer Lizensierung haben und stark davon profitieren. Sowohl öffentliche Beschaffung (U_{1}) als auch öffentliches Risikokapital (U_{9}) können Technologiegeber und -nehmer veranlassen, gemeinsam fokussiert auf die Erfüllung der Voraussetzungen für eine Förderung bzw. zur Einhaltung von Abnahmeverträgen hinzuarbeiten. Dieser Effekt ist bereits aus der Forschungsförderung bekannt, in welcher vielfach die Bildung von Konsortien aus Forschung und Industrie zur Gewinnung von Forschungsgeldern notwendig ist[674].

Unzureichende Ausstattung im Innovationssystem (H_{16}) herrscht auf unterschiedlichen Ebenen vor. Bei der Rohstoffversorgung ist Europa aufgrund der Rohstoffvorkommen sowie dem Fokus auf klimafreundliches Handeln in einer unvorteilhaften Situation[675]. Dies macht die öffentliche Rohstoffbeschaffung (U_{2}), zum Beispiel zur Ermöglichung des Zugriffs auf seltene Erden für Explorations- und Validierungsprozesse, notwendig. Weiter bestehen in anderen nationalen Innovationssystemen signifikante Vorteile und Vorsprünge in bestimmten technologischen Bereichen (vgl. Kapitel 1.1). Daher sind Importgenehmigungen (U_{5}) zur Ergänzung bestehender technologischer Systeme mit Teilelementen zielführend. Ein weiterer Mangel besteht bei den Personalressourcen, nicht zuletzt durch die demografische Situation[676]. Durch die frühzeitige Förderung von Studiengängen und Ausbildungsberufen (U_{6}) in zukunftsrelevanten Bereichen wird diesem Mangel entgegengewirkt. Letztlich können die unterschiedlichen Unterstützungsoptionen in öffentlich bereitgestellter technologischer Infrastruktur zusammenfließen und kombiniert werden. Diese Reallabore (U_{17}) leisten einen wichtigen Beitrag zur Ausstattung nationaler Innovationssysteme.

Damit einhergehend ist der **Mangel an Produktionsexpertise (H_{17})** im Innovationssystem. Analog zu H_{16} können Intermediäre (U_{18}), Ausbildungsberufe (U_{6}) und Reallabore (U_{17}) notwendige Unterstützungsarbeit leisten. Darüber hinaus führt die Bereitstellung von Open-Source Produktionsdaten (U_{16}) zur Schaffung von Synergien beim Aufbau von Produktionsexpertise.

---

674 Vgl. Korte (2023), Koorperative Forschungsprojekte

675 Vgl. Erdmann, Behrendt (2011), Kritische Rohstoffe für Deutschland

676 Vgl. Ahlers, Quispe Villalobos (2022), Fachkräftemangel, S. 10

Abbildung 4.34 visualisiert die relevanten Unterstützungsoptionen je Hemmnis. Durch Berücksichtigung der Ergebnisse aus Teilkapitel 4.3.3 werden die Unterstützungsoptionen im nächsten Teilkapitel den *Deep-Tech*-Referenzphasen zugeordnet.

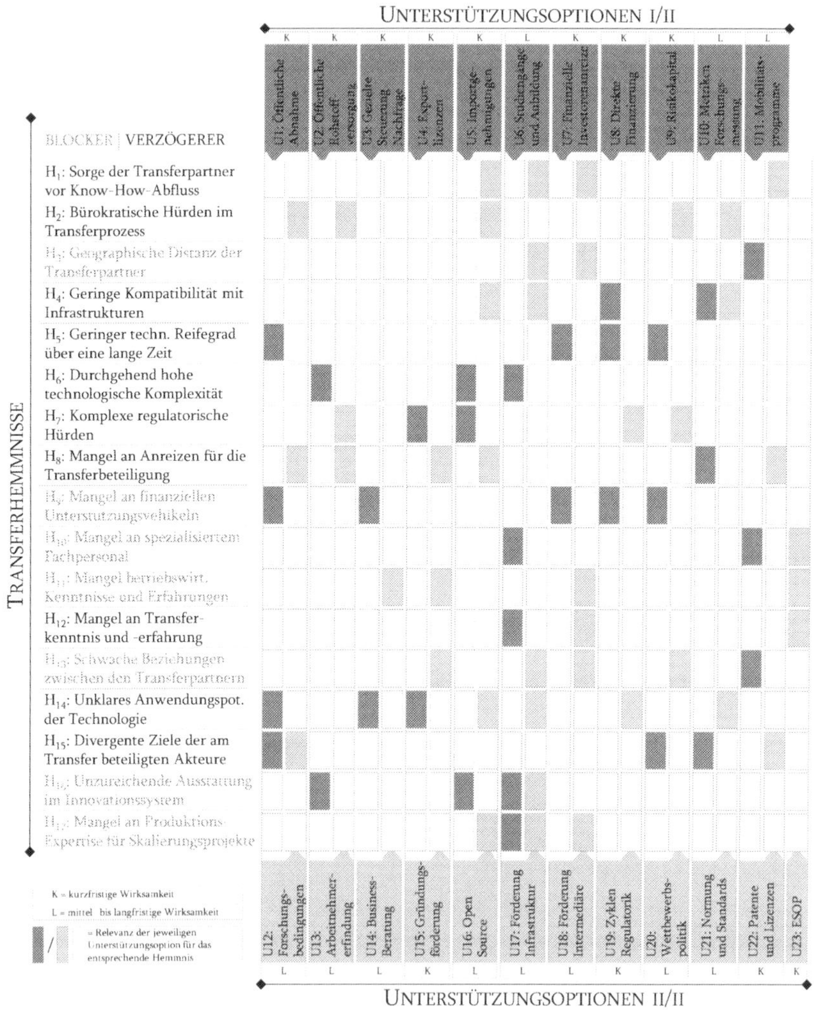

Abbildung 4.34: Verknüpfung von Hemmnissen und Unterstützungsoptionen

4.4.2.2 Phasenabhängige Strukturierung der Unterstützungsoptionen

Mithilfe eines zwei-schrittigen Vorgehens wird die Relevanz einzelner Unterstützungsoptionen entlang der Referenzphasen ermittelt (vgl. Teilkapitel 3.4.5). In Teilkapitel 4.3.3 wurden die Transferhemmnisse entlang der Phasen und entsprechend ihrer Relevanz (mithilfe der Werte 0,1,2 und 3) verortet. Je Hemmnis-Phasen-Kombination kann mit dieser Angabe sowie den in Teilkapitel 4.4.2.1 ermittelten Hemmnis-Unterstützungsoption-Beziehungen (Differenzierung zwischen bestehender Beziehung (1) bzw. keiner Beziehung (0)) die potenzielle Relevanz der jeweiligen Unterstützungsoptionen in den einzelnen Phasen bestimmt werden. Die ermittelten Summenprodukte liegen dabei zwischen 0 und 19 (vgl. Anhang A.7 für Teilschritte und Ergebnisse). Exemplarisch wird dieses Vorgehen entlang der Unterstützungsoption U_6 (Studiengänge und Ausbildung) veranschaulicht: Die Option hängt mit den Hemmnissen H_6 (durchgehend hohe technologische Komplexität), H_{10} (Mangel an spezialisiertem Fachpersonal), H_{12} (Mangel an Transferkenntnis und -erfahrung), H_{16} (Unzureichende Ausstattung im Innovationssystem) und H_{17} (Mangel an Produktions-Expertise für Skalierungsprojekte) zusammen (vgl. Abbildung 4.34). Unter Berücksichtigung der ermittelten Stärke der Hemmnisse entlang der einzelnen Phasen (z.B. hohe Relevanz der technologischen Komplexität in der Phase *Valley of Death* (Wert 3), vgl. Abbildung 4.29) resultieren die Werte 1 (in der Phase Exploration und Entdeckung), 7 (Phase *Deep-Tech*-Entwicklung), 11 (Phase *VoD*) und 10 (Phase Industrialisierung bzw. Kommerzialisierung) für die phasenspezifische Relevanz der Unterstützungsoptionen. Aus Gründen der Handhabbarkeit wird auf Basis der gewonnenen Erfahrungen im Zuge der Fallstudien und Analysen definiert, dass die Resultate 0-2 einen geringen Zusammenhang und die Resultate 3-5 einen grundsätzlich bestehenden Zusammenhang der jeweiligen Unterstützungsoption und Phase widerspiegeln. Alle weiteren Resultate liefern einen starken Zusammenhang.

Zur inhaltlich korrekten Phasenzuordnung wird im zweiten Schritt die erarbeitete Kurz- bzw. Mittel- bis Langfristigkeit der Unterstützungsoptionen berücksichtigt. Kurzfristig wirksame Optionen sind erst in der Phase einzusetzen, in welcher diese ihre tatsächliche Wirkung entfalten. Mittel- bis langfristig wirksame Optionen sind hingegen in der vorangegangenen Phase anzustoßen, um rechtzeitig die entsprechende Wirkung in darauffolgenden Phasen zu generieren. Aufgrund des langfristigen Wirksamwerdens der exemplarisch betrachteten Option U_6 ist diese bereits in der Explorationsphase vorzubereiten und hat in den folgenden Phasen jeweils hohe Relevanz. Dieser zwei-schrittigen Struktur folgend werden die Options-Phasen-Kombinationen ermittelt und die Ergebnisse sind in Abbildung 4.35 dargestellt.

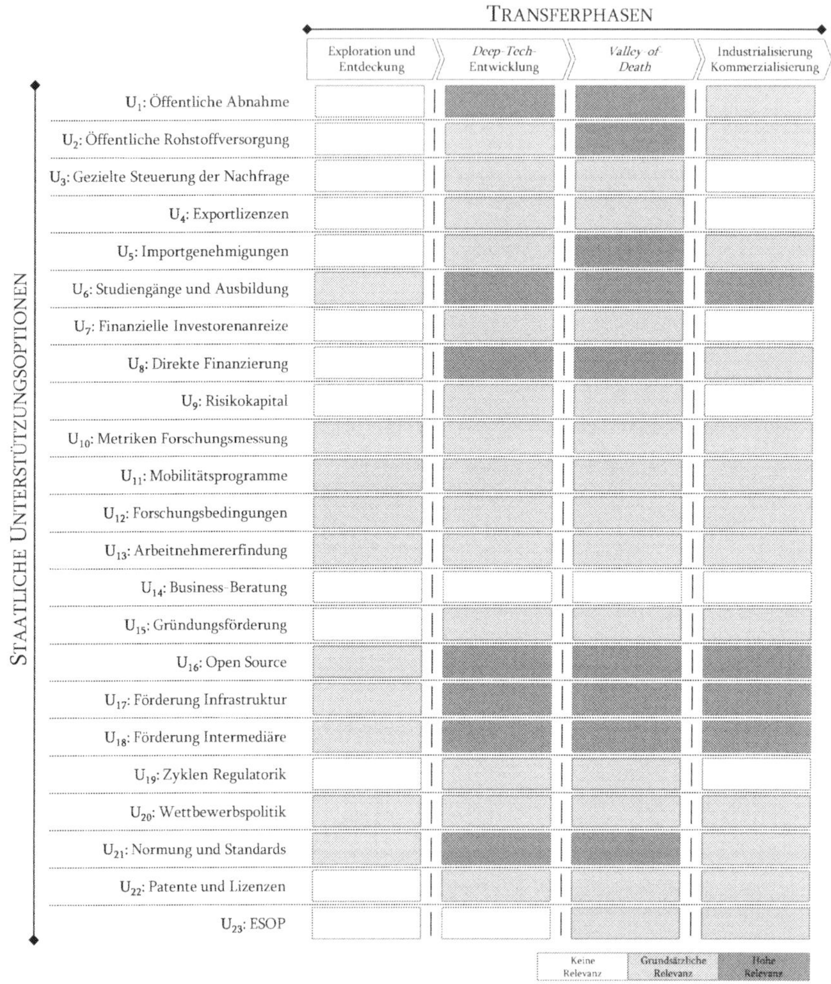

Abbildung 4.35: Phasenspezifische Relevanz einzelner Unterstützungsoptionen

4.4.3 Zwischenfazit

Auf der Grundlage einer umfangreichen Literaturrecherche zu innovationspolitischen Instrumenten wurden 23 staatliche Unterstützungsoptionen zur Förderung des Technologietransfers von *Deep-Tech* identifiziert. Diese wurden unter Berücksichtigung des kurz- bzw. langfristigen Wirksamwerdens beschrieben. Darauf aufbauend wurden diese als Vorbereitung für das konsekutive Vorgehen kausal-logisch mit den in Teilkapitel 4.3 ermittelten und beschriebenen Hemmnissen im Technologietransfer verknüpft.

Das Ergebnis vermittelt somit einen umfangreichen Einblick in den Handlungsraum staatlicher Entscheidungsträger bei der Förderung von *Deep-Tech*-Entwicklungs- und Transfervorhaben, unter anderem im Maschinenbau. Politische Entscheidungsträger werden befähigt, *Deep-Tech*-spezifisch passende Unterstützungsoptionen auszuwählen. Das Wirksamwerden und die tatsächliche Relevanz sind im konkreten Einsatz jedoch kritisch zu überprüfen. Durch die Aggregationsschritte im Zuge der Literaturanalyse ist eine Unschärfe der Erkenntnisse nicht auszuschließen. Mithilfe der sorgfältigen Überprüfung bei der Konsolidierung einzelner Elemente wurde diese Unschärfe minimiert. Es ist anzumerken, dass die staatlichen Unterstützungsoptionen aus einer ingenieurwissenschaftlich-betriebswirtschaftlichen Perspektive ausgewählt und beschrieben wurden. Eine Überprüfung der Umsetzbarkeit aus politischer bzw. volkswirtschaftlicher sowie juristischer Sicht ist zwangsläufig anzuschließen, jedoch nicht Teil des vorliegenden Betrachtungsbereichs. Das generische Gesamtergebnis der Arbeit ist bei der Anwendung für spezifische *Deep-Tech* individuell zu nutzen. Dazu wird im Folgenden ein Vorgehen hergeleitet.

4.5 Vorgehen zur Identifikation *Deep-Tech*-spezifischer Unterstützungsoptionen

In diesem Teilkapitel wird eine Vorgehensweise entwickelt, durch die, unter Rückgriff auf die vorangegangenen Teilmodelle, eine *Deep-Tech*-spezifische Ableitung staatlicher Unterstützungsoptionen ermöglicht wird. Dazu werden neben den auszuführenden Schritten exemplarische Hilfsmittel und Methoden aufgezeigt. Die Vorgehensweise zur Modellanwendung umfasst fünft Hauptschritte (vgl. Abbildung 4.36). Diese Schritte sind im Laufe des Technologietransfers einer *Deep-Tech* in zeitlichen Abständen wiederkehrend durchzuführen bzw. zu überprüfen.

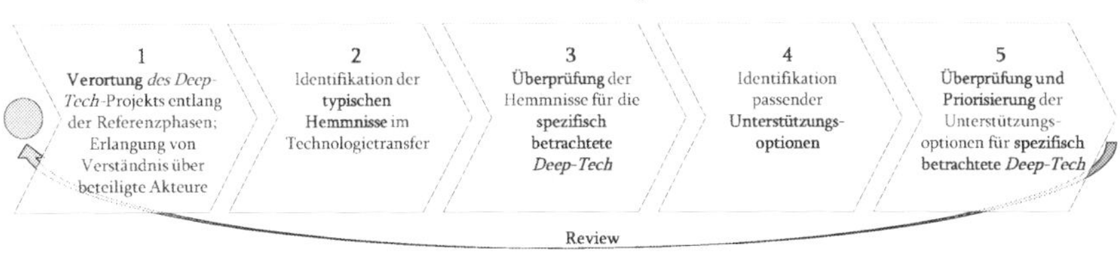

Abbildung 4.36: Vorgehen zur Identifikation *Deep-Tech*-spezifischer Unterstützungsoptionen

Im ersten Schritt ist die durch den Anwender betrachtete *Deep-Tech* entlang der definierten Referenzphasen einzuordnen (vgl. Abbildung 4.20). Durch Gespräche mit Experten aus der Forschung und Industrie ist dabei der *TRL* als Hilfsmittel zur Einordnung einzusetzen (vgl. Abbildung 2.2). Aufbauend auf dem TRL sind die idealtypischen Beschreibungsmerkmale und Charakteristika der *Deep-Tech* abzuleiten. Mit der Identifikation der aktuellen Phase der *Deep-Tech* ist Verständnis über die Kompetenzen der beteiligten Akteure im Innovationssystem zu erzeugen (vgl. Abbildung 4.10). Damit kann der Anwender erstmals Verständnis darüber erlangen, welche akuten Probleme und Herausforderungen in der *Deep-Tech* vermutlich vorherrschen und wie das bestehende Innovationssystem charakterisiert ist. Im zweiten Schritt sind die typischen Hemmnisse im Technologietransfer in der aktuellen Phase abzuleiten (vgl. Abbildung 4.29). Diese sind im dritten Schritt auf tatsächliche Relevanz für die betrachtete *Deep-Tech* zu überprüfen und zu priorisieren. Dabei können unterschiedliche Werkzeuge eingesetzt werden, bspw. Patentanalysen zur Bestimmung der *IP*-Situation oder *Deal-Flow*-Analysen zur Bewertung der Finanzierungssituation. Zur Priorisierung der Hemmnisse kann bspw. die Portfoliotechnik angewendet werden. Auf Basis der gewichteten bzw. priorisierten Hemmnisse sind im vierten Schritt die passenden Unterstützungsoptionen abzuleiten. Mithilfe der Zusammenhangsmatrix (vgl. Abbildung 4.34) oder der direkten Darstellung der phasenspezifischen Unterstützungsoptionen (vgl. Abbildung 4.35) sind diese auszuwählen. Die Gesamtmenge der potenziellen Optionen ist mit dem bestehenden Innovationssystem abzugleichen (Schritt fünf). Dabei ist zu analysieren, welche Maßnahmen schon bestehen bzw. sich aktuell im Aufbau befinden. Es kann bspw. eine Analyse bestehender Transfereinrichtungen und Reallabore oder eine Analyse der Finanzflüsse in den technologischen Bereich durchgeführt werden. Die Unterstützungsoptionen sind erneut zu priorisieren und mithilfe von *Roadmapping*-Techniken in die politischen Entscheidungsprozesse zur Förderung einzuplanen. Letztlich sind die gewonnenen Erkenntnisse regelmäßig zu überprüfen. Je nach *Deep-Tech* und abhängig von der damit einhergehenden Schnelllebigkeit der Innovationssysteme sind diese Reviews durchzuführen.

5 Validierung und kritische Reflexion

Der Forschungsprozess der angewandten Wissenschaften erfordert die Überprüfung der gewonnenen Erkenntnisse im Anwendungszusammenhang (vgl. Teilkapitel 1.3). Dies wird im vorliegenden Kapitel mithilfe einer Interviewstudie erreicht. Eine solche eignet sich insbesondere dann, wenn tiefere Einblicke in ein Forschungsgebiet erlangt werden sollen oder um ein grundlegendes Verständnis verschiedener Sichtweisen auf ein Thema zu bekommen[677]. Semi-strukturierte Interviews entfalten sich darüber hinaus insbesondere dann gut, wenn bisher unbekannte Aspekte in einem Bereich von hoher Relevanz spontan erzielt werden sollen[678]. Die durch die bilateralen Interviews erzielte private Atmosphäre hat zum Effekt, dass Informationen und Eindrücke geteilt werden, die in größeren Runden (z.B. Gruppendiskussionen) nicht zwangsläufig angesprochen werden. Somit ist die Interviewmethode passend, um kritisch über politische und volkswirtschaftliche Themen zu diskutieren und die im Zuge der Dissertation gewonnen Erkenntnisse zu überprüfen. Es werden die einzelnen Teilerkenntnisse der Arbeit, welche aus der Literatur und aus Fallstudien abgeleitet wurden, diskutiert und deren praktische Relevanz bestätigt oder verworfen. Die Interviewstudie wird mit Akteuren und Entscheidern aus dem deutschen Innovationssystem durchgeführt. In einem Forschungsprozess kann zwar keine vollständige Verifizierung der gewonnenen Erkenntnisse erreicht werden, jedoch können die Ergebnisse durch eine Nicht-Falsifizierung validiert werden. Der Aufbau der Interviewstudie wird in Teilkapitel 5.1 erläutert und die Erkenntnisse in Teilkapitel 5.2 vorgestellt. Die Validierung schließt mit einer kritischen Reflexion der Erkenntnisse in Teilkapitel 5.3.

5.1 Aufbau der Interviewstudie

Initial müssen die für die Interviewstudie benötigten Experten festgelegt werden. Diese Zielgruppe hängt stark von dem Umfeld ab, welches relevante Informationen über das Thema bietet[679]. In der vorliegenden Validierung werden die Interviewpartner in der Form gewählt, dass eine möglichst große Bandbreite von unterschiedlichen Perspektiven auf den Transfer von *Deep-Tech* berücksichtigt wird.

[677] Vgl. Bryman (2004), Social research methods, S. 542; Vgl. Harvey-Jordan, Long (2001), Semi-structured interviews, S. 219

[678] Vgl. Adams (2015), Conducting Semi-Structured Interviews, S. 494

[679] Vgl. Nightingale, Rossman (2015), Collecting Data in the Field

Insgesamt nehmen 15 Experten verschiedener Akteursgruppen des deutschen Innovationssystems an der Studie teil. Durch die heterogene Zusammensetzung der Teilnehmer (vgl. Abbildung 5.1) wird sichergestellt, dass verschiedene Meinungen und Erfahrungen in den Untersuchungsprozess einfließen.

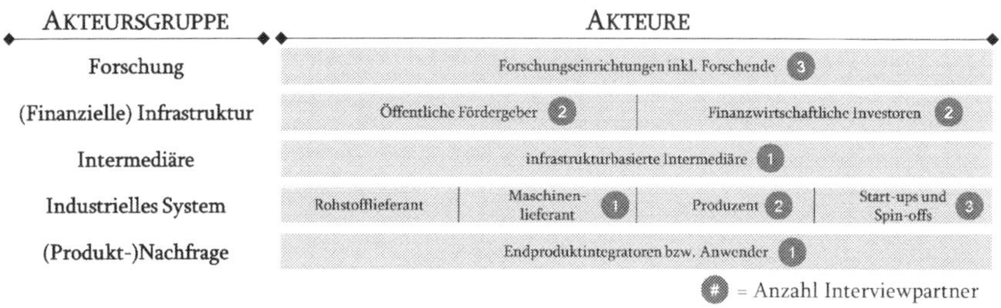

Abbildung 5.1: Zusammensetzung der Interviewstudie

Die Interviewstudie wird entlang eines semi-strukturierten Fragebogens geleitet. Dieser wird zweigeteilt. Zur Validierung der Hemmnisse im Technologietransfer werden die Interviewpartner gebeten, die für ihre Akteursgruppe jeweils wichtigsten Hemmnisse zu identifizieren und diesen Punkte für deren Relevanz zuzuweisen. Jeder Experte kann maximal 10 Punkte verteilen. Die so ermittelten Ergebnisse ermöglichen eine Rangfolge der als besonders relevant erachteten Hemmnisse. Der zweite Teil fokussiert auf die qualitativen Einschätzungen der Experten zu möglichen Unterstützungsoptionen im Technologietransfer. Es wird eine offene Diskussion geführt, um vielschichtige und detaillierte Einblicke in die Meinungen und Erfahrungen der Experten zu erhalten. Durch diese Vorgehensweise werden die ersten beiden Teilmodelle (Akteursmodell und Phasenmodell) implizit validiert. Die Interviews werden persönlich oder virtuell durchgeführt und sind von einer offenen und dialogorientierten Atmosphäre geprägt. Die Experten erhalten die Möglichkeit, ihre Antworten ausführlich zu erläutern, was zu einer tiefgehenden Analyse der identifizierten Hemmnisse und Unterstützungsoptionen führt.

5.2 Ergebnisse der Interviewstudie

Teil 1: Validierung der Transferhemmnisse sowie der Phasenzuordnung

Im Rahmen der Validierung werden die identifizierten Hemmnisse (vgl. Teilkapitel 4.3.2) durch die Experten anhand des vorgestellten Bewertungssystems evaluiert. Alle ermittelten Hemmnisse werden von mindestens einem Interviewpartner als relevant erachtet. Die Resultate der Evaluierung sind in Abbildung 5.2 dargestellt, wobei die

Relevanz der Hemmnisse (gering, mittel, hoch) aufgrund der Gesamtbewertung durch die Experten dargestellt wird.

TRANSFERHEMMNISSE	ERHALTENE PUNKTZAHL	RELEVANZ
H_1: Sorge der Transferpartner vor Know-How-Abfluss	3	○
H_2: Bürokratische Hürden im Transferprozess	8	◑
H_3: Geographische Distanz der Transferpartner	6	◑
H_4: Geringe Kompatibilität mit bestehenden Infrastrukturen	8	◑
H_5: Geringer technologischer Reifegrad über eine lange Zeit	15	●
H_6: Durchgehend hohe technologische Komplexität	9	◑
H_7: Komplexe regulatorische Hürden	14	●
H_8: Mangel an Anreizstrukturen für die Transferbeteiligung	12	●
H_9: Mangel an passgenauen finanziellen Unterstützungsvehikeln	16	●
H_{10}: Mangel an spezialisiertem Fachpersonal	15	●
H_{11}: Mangel betriebswirtschaftlicher Kenntnisse und Erfahrungen	1	○
H_{12}: Mangel an Transferkenntnis und -erfahrung	4	○
H_{13}: Schwache Beziehungen zwischen den Transferpartnern	7	◑
H_{14}: Unklares Anwendungspotenzial der Technologie	8	◑
H_{15}: Divergente Ziele der am Transfer beteiligten Akteure	15	●
H_{16}: Unzureichende Ausstattung im Innovationssystem	9	◑
Summe	**150**	○ gering (1-5) ◑ mittel (6-10) ● hoch (>10)

Abbildung 5.2: Bewertung der Hemmnisse im Technologietransfer

Die als besonders relevant eingestuften Hemmnisse werden im Folgenden expliziert bzw. begründet. Sie werden zur besseren Anschaulichkeit mit Beispielen illustriert, welche die Interviewpartner aus der Praxis genannt haben.

Komplexe regulatorische Hürden: Die Vielschichtigkeit und Dynamik der bestehenden Vorschriften erschweren einen reibungslosen Transfer von *Deep-Tech-*

Innovationen, da sie oft nicht adäquat auf die Besonderheiten solcher Technologien zugeschnitten sind. Insbesondere in Kombination mit Digitaltechnologien droht eine Überregulierung und starke Hemmung von Innovationsaktivitäten. *Praxisbeispiel:* Eine Biotechnologiefirma, die eine innovative Therapie entwickelt hat, sieht sich mit komplexen und uneinheitlichen Zulassungsvorschriften in verschiedenen Ländern der EU konfrontiert. Die Divergenz der Regelungen erschwert den effizienten Transfer der Technologie in internationale Märkte erheblich und führt zu Verzögerungen und zusätzlichen Kosten für die Anpassung an die unterschiedlichen regulatorischen Anforderungen. Dies ist ein extremer Standortnachteil auf dem europäischen Markt.

Mangel an Anreizstrukturen für die Transferbeteiligung: Fehlende Anreize können dazu führen, dass potenzielle Beteiligte zögern oder sich desinteressiert an einer Transferbeteiligung zeigen, was den gesamten Transferprozess behindert. Dies wird insbesondere von den Forschungsakteuren bestärkt. In einem universitären Forschungskontext fehlt es an klaren Anreizstrukturen für Wissenschaftler, ihre Forschungsergebnisse aktiv in den Technologietransfer einzubringen. Das Fehlen finanzieller Anreize und Anerkennung führt dazu, dass viele Forscher ihre Entdeckungen nicht in kommerzielle Projekte überführen. *Praxisbeispiel:* Ein vielversprechendes Verfahren zur Entwicklung nachhaltiger Energiespeichertechnologien wurde nicht weiterverfolgt, da die Wissenschaftler keine klaren Vorteile oder Anerkennung für die Überführung in die Praxis sahen. Eine direkte Kooperation mit der Industrie ist nicht zustande gekommen, welches jedoch auf andere Transferhemmnisse zurückzuführen ist. Dieser Mangel an Anreizen behindert nicht nur den individuellen Beitrag der Forscher zum Technologietransfer, sondern wirkt sich auch auf die Innovationspotenziale der Institution aus.

Mangel an passgenauen finanziellen Unterstützungsvehikeln: Insbesondere die speziellen Anforderungen von *Deep-Tech*-Innovationen erfordern oft individuell zugeschnittene Finanzierungsinstrumente, die gegenwärtig nicht in ausreichendem Maße vorhanden sind. Die Interviewpartner aus dem *Start-up*-Bereich konnten dies in besonderem Maße bestätigen. *Praxisbeispiel:* Ein *Start-up*, das sich auf die Entwicklung von *Quantencomputing*-Technologien spezialisiert hat, kämpft mit der Herausforderung, geeignete Finanzierungsoptionen für Skalierungsprozesse zu finden. Die traditionellen Finanzierungsinstrumente sind nicht flexibel genug, um die spezifischen Anforderungen dieser hochinnovativen Technologie zu erfüllen, was die Skalierung und Weiterentwicklung des Unternehmens beeinträchtigt. Diese Beobachtung wird damit bekräftigt, dass die signifikanten Finanzierungen von *Quantencomputing* aktuell nicht in Europa stattfinden.

Mangel an spezialisiertem Fachpersonal: Die Komplexität der *Deep-Tech* erfordert Experten mit spezifischem Fachwissen, dessen Fehlen den erfolgreichen Transfer erheblich erschwert. Dieser Mangel ist über alle Akteursgruppen hinweg sichtbar, besonders aber für Industrieakteure relevant. *Praxisbeispiel:* Ein Start-up aus dem KI-Bereich möchte eine KI-Anwendung in der Medizin einführen. Der Mangel an qualifizierten KI-Experten mit spezialisiertem medizinischem Wissen stellt eine Barriere dar, da die reibungslose Integration der Technologie in den medizinischen Bereich fundiertes Fachwissen erfordert. Insbesondere der demografische Wandel und damit einhergehende Wissensverluste in den Kernsystemen der Medizintechnik stellt die Branche vor signifikante Herausforderungen. Das Projekt droht daher zu scheitern.

Divergente Ziele der am Transfer beteiligten Akteure: Die Divergenz kann zu Missverständnissen und Konflikten führen, die den reibungslosen Ablauf des Technologietransfers beeinträchtigen. Die Experten merkten neben den reinen Zielen auch die Arbeitsweisen und Zeithorizonte an, welche zwischen Transferpartnern stark divergieren können. *Praxisbeispiel:* In einer Kooperation zwischen einem führenden KI-Forschungsinstitut und einem *Hightech*-Unternehmen aus dem Bereich der autonomen Mobilität werden deutliche Zieldivergenzen sichtbar. Das Forschungsinstitut strebt nach akademischer Anerkennung und der Entwicklung neuer KI-Algorithmen für autonomes Fahren. Hingegen hat das *Hightech*-Unternehmen das Ziel, Algorithmen in kommerziell erfolgreichen selbstfahrenden Fahrzeugen zu implementieren und auf den Markt zu bringen. Das Forschungsinstitut legt Wert auf die Erforschung komplexer KI-Modelle für das Verständnis menschlichen Verhaltens im Straßenverkehr. Auf der anderen Seite drängt das Unternehmen darauf, schnellere und effizientere Algorithmen zu entwickeln. Diese unterschiedlichen Ziele führen zu Unstimmigkeiten bei der Schwerpunktsetzung, dem Forschungsumfang und dem Zeitrahmen für die Umsetzung.

Insgesamt verdeutlichen die Ergebnisse die drängendsten Hemmnisse im Technologietransfer von *Deep-Tech*-Innovationen aus der Perspektive von Praktikern und Experten. Die Erkenntnisse bieten nicht nur eine Grundlage für die wissenschaftliche Diskussion, sondern auch praktische Ansätze zur Bewältigung dieser Herausforderungen in der realen Umsetzung. Die von den jeweiligen Experten als relevant erachteten Hemmnisse wurden im Anschluss hinsichtlich ihrer Phasenzuordnung bewertet. Dazu wurde den Experten das Referenzphasenmodell durch den Autor präsentiert und die Experten wurden gebeten, die Hemmnisse entlang der vier Phasen einzuordnen. Zwar war diese Einordnung für die Experten herausfordernd, da diese nicht zwangsläufig konkretisieren konnten, an welchen Stellen die Hemmnisse sich initial auswirken und die größte Implikation haben. Teilweise sind sie erst in späteren Transferphasen mit der *Deep-Tech* in Kontakt. Eine durch den Autor geführte Durchsprache der jeweiligen Phasenabhängigkeit einzelner Hemmnisse wurde von den Experten als zielführend und inhaltlich korrekt bewertet und die phasenspezifische Hemmnisbewertung somit bestätigt.

Teil 2: Validierung und Diskussion der Unterstützungsoptionen

Im zweiten Teil der Interviews wurden die in der Arbeit identifizierten Unterstützungsoptionen für die Förderung des Technologietransfers von *Deep-Tech* mit den Experten diskutiert. Im Anschluss und unter Berücksichtigung aller Eindrücke der Experten wurden die Unterstützungsoptionen bewertet. Dabei wird zwischen kritischen, sinnvollen und notwendigen Unterstützungsoptionen unterschieden. Damit wird sichergestellt, dass die für ein *Deep-Tech*-Innovationssystem zwangsläufig umzusetzenden Unterstützungsoptionen herausgestellt werden. Gleichzeitig wird gewährleistet, dass komplexe, in der Umsetzung exakt abzuwägende Unterstützungsoptionen dem späteren Anwender der Arbeit präsentiert werden. Die einzelnen Bewertungen der Optionen sowie deren Einordnungen sind in Abbildung 5.3 dargestellt.

STAATLICHE UNTERSTÜTZUNGSOPTION	BEWERTUNG	ANMERKUNG
U_1: Öffentliche Abnahme	Kritisch	Aufgrund der Abhängigkeit von der politischen Sitiation
U_2: Öffentliche Rohstoffversorgung	Kritisch	Aus volkswirtschaftlicher Perspektive erscheint die verstärkte Subvention privater Rohstoffunternehmen sinnvoller
U_3: Gezielte Steuerung der Nachfrage	Kritisch	Ein direkter Eingriff in den Markt ist mit immensen Risiken verbunden und kann geopolitische Spannungen hervorrufen
U_4: Exportlizenzen	Kritisch	Es sind keine signifikanten Auswirkungen zu erwarten
U_5: Importgenehmigungen	Kritisch	Aufgrund der Gefährdung nationaler Produktion wenn ausländische Güter unterstützt werden
U_6: Studiengänge und Ausbildung	Sinnvoll	Mit langwieriger Implementierung und unklarem Outcome einhergehend
U_7: Finanzielle Investorenanreize	Notwendig	-
U_8: Direkte Finanzierung	Kritisch	Ein direkter Eingriff in den Markt ist mit immensen Risiken verbunden und kann geopolitische Spannungen hervorrufen
U_9: Risikokapital	Notwendig	-
U_{10}: Metriken Forschungsmessung	Sinnvoll	Sinnvoll um ein Umdenken in öffentlichen Forschungseinrichtungen zu erreichen
U_{11}: Mobilitätsprogramme	Kritisch	Sehr aufwändig in der Umsetzung mit unklarem Effekt und unklarer Nutzung
U_{12}: Forschungsbedingungen	Sinnvoll	Sinnvoll um ein Umdenken in öffentlichen Forschungseinrichtungen zu erreichen
U_{13}: Arbeitnehmererfindung	Notwendig	-
U_{14}: Business-Beratung	Sinnvoll	Ein gewisses Angebot besteht bereits, sollte gebündelt und professionalisiert werden
U_{15}: Gründungsförderung	Sinnvoll	Initiativen bestehen bereits, jedoch ist deren Optimierung erforderlich
U_{16}: Open Source	Sinnvoll	Erfordert Überwachung und ggf. Adaption (um den Schutz sensibler Daten zu garantieren)
U_{17}: Förderung Infrastruktur	Sinnvoll	Erste Positivbeispiele existieren bereits und sollten in Form von Reallaboren weiter fokussiert werden
U_{18}: Förderung Intermediäre	Sinnvoll	Erfordert eine Konsolidierung von Intermediären
U_{19}: Zyklen Regulatorik	Sinnvoll	Insbesondere in neuen technologischen Bereichen notwendig
U_{20}: Wettbewerbspolitik	Notwendig	-
U_{21}: Normung und Standards	Sinnvoll	Insbesondere in aufstrebenden Technologiefeldern notwendig
U_{22}: Patente und Lizenzen	Sinnvoll	-
U_{23}: ESOP	Sinnvoll	Ein Durchbruch könnte dabei kurz bevor stehen, das Thema ist auf der politischen Agenda

Abbildung 5.3: Bewertung der staatlichen Unterstützungsoptionen

Zusammenfassend ist festzustellen, dass finanzielle Investorenanreize, Risikokapital, die Anpassung der Arbeitnehmererfindung und eine Anpassung der Wettbewerbspolitik von den Experten als notwendig erachtet werden. Dabei wurde auf verschiedene bereits bestehende oder anlaufende Initiativen hingewiesen: Das Beispiel des "*Small Business Investment Company (SBIC)*"-Programms in den USA zeigt, wie staatliche finanzielle Anreize für private Investoren zu einer erhöhten Finanzierung von Technologietransferprojekten führen können. Der „*High-Tech* Gründerfonds“[680] (HTGF) in Deutschland ist eine staatliche Initiative, die technologieorientierte *Start-ups* finanziell unterstützt. Der „*European Investment Fund*“[681] (EIF) ist eine EU-Initiative, die Risikokapital für innovative Unternehmen bereitstellt. Diese Mittel stärken europäische *Start-ups* und fördern den Technologietransfer. Die EU-Wettbewerbspolitik fördert den fairen Wettbewerb und verhindert Monopole, was den Technologietransfer positiv beeinflussen kann. Eine verstärkte internationale Zusammenarbeit in diesem Bereich könnte die Wirksamkeit weiter steigern. Diese Beispiele zeigen, dass die Unterstützungsoptionen in Teilen bereits eingesetzt werden und weiter ausgebaut werden können.

Demgegenüber kritisch werden von den Experten die Unterstützungsoptionen öffentliche Abnahme, öffentliche Rohstoffversorgung, gezielte Steuerung der Nachfrage, Exportlizenzen, Importgenehmigungen, direkte Finanzierung und Mobilitätsprogramme gesehen (vgl. Abbildung 5.3). Gut ausgestaltet können diese Optionen zwar einige der Hemmnisse verbessern, es besteht jedoch gleichzeitig die Gefahr, eine transferhemmende Innovationslandschaft zu verstärken. Die entsprechenden Anmerkungen der Experten zu den einzelnen Unterstützungsoptionen werden in der Abbildung ausgewiesen. Die Erkenntnisse sowohl der Hemmnis- als auch der Unterstützungsoptionsbewertung werden im Folgenden kritisch reflektiert.

5.3 Kritische Reflexion

Durch die Interviewstudie wurde gezeigt, dass alle identifizierten Hemmnisse grundsätzliche Relevanz im Technologietransfer von *Deep-Tech* haben. Einige der Hemmnisse betreffen dabei sämtliche Akteure, zum Beispiel „komplexe regulatorische Hürden“ oder „Mangel an spezialisiertem Fachpersonal“. Weiterhin haben andere Hemmnisse lediglich selektive Relevanz im Innovationssystem (z.B. „Mangel an betriebswirtschaftlicher Kenntnis“). Die Ergebnisse der Validierung ermöglichen es in der Umsetzung, solche Unterstützungsoptionen zu fokussieren, welche die relevantesten Hemmnisse bedienen. Im Bereich der Unterstützungsoptionen sind die Ergebnisse differenzierter zu betrachten. Der Großteil der Erkenntnisse wurde von den Experten bestätigt, wobei zwischen notwendigen und sinnvollen Optionen unterschieden wird (vgl. Kapitel 5.2). Gleichzeitig bestehen Unterstützungsoptionen, die von den Experten als grundsätzlich kritisch erachtet werden. Im Zuge einer potenziellen Ausgestaltung und

680 https://www.htgf.de/de/

681 https://www.eif.org/index

Umsetzung sind die aufgeführten Bedenken der Experten (vgl. Abbildung 5.3) zu berücksichtigen und es ist sicherzustellen, dass die Optionen keinen widersprüchlichen, transferhemmenden Effekt entwickeln. Diese Reflexion der Anwendungserfahrung und der Experteninterviews soll im Folgenden genutzt werden, um die entwickelten Modelle zu validieren. Hierfür werden die in Kapitel 3.1 abgeleiteten inhaltlichen sowie formalen Anforderungen zugrunde gelegt.

Im Hinblick auf die inhaltlichen Anforderungen (vgl. Teilkapitel 3.1.1) ist festzustellen, dass die generische Anwendbarkeit des entwickelten Modells von Experten aus verschiedenen Branchen bestätigt wurde. Die Validierung zeigt, dass die identifizierten Hemmnisse und Unterstützungsoptionen nicht nur in spezifischen Kontexten, sondern branchenübergreifend relevant sind. Die phasenspezifische Ableitung von Handlungsbedarfen wird durch das Vorgehensmodell unterstützt. Die Validierung durch die Interviews zeigt, dass die Relevanz der Hemmnisse in den unterschiedlichen Phasen des Technologietransfers von den Experten als zutreffend anerkannt wurde. Die Berücksichtigung der verschiedenen Akteure und deren Charakteristika wurde durch die Wahl der Hemmnisse und Zuordnungen zu den einzelnen Unterstützungsoptionen, unter anderem basierend auf dem Kompetenzabgleich der Akteure, gewährleistet. Die Gesamtmenge der identifizierten Unterstützungsoptionen deckt relevante Aspekte für alle Akteure ab. Die praxisnahe Erarbeitung der Erkenntnisse, unter anderem im Zuge einer Fallstudie, bekräftigt diese Berücksichtigung und stellt sicher, dass die Vielfalt der Akteure adäquat repräsentiert ist. Die Gewährleistung der phasenspezifischen Ausleitung staatlicher Handlungsoptionen durch einen Anwender der Arbeit ist ebenfalls, durch die Explikation des Autors in Form des Vorgehensmodells, sichergestellt.

Auch die formalen Anforderungen (vgl. Teilkapitel 3.1.2) sind in Summe als erfüllt zu beschreiben: Die Übereinstimmung der Teilergebnisse der Methodik mit den Expertenmeinungen spricht für ihre grundsätzliche empirische Richtigkeit. Darüber hinaus sind die Modelle auch formal korrekt, indem sie wiederholbare und somit nachprüfbare Aussagen über verschiedene Experten hinweg liefern. Als produktiv ist die Ausarbeitung einzustufen, da sie dem Anwender insbesondere aufgrund des Phasenmodells eine Vielzahl von situations- und zweckbezogenen Handlungsmöglichkeiten ermöglicht. Dies umfasst bspw. die Entscheidung für oder gegen eine Aufnahme bestimmter Unterstützungsoptionen in der Optimierung des Technologietransfers. Der Ansicht der interviewten Experten nach ist das entwickelte Vorgehen darüber hinaus zweckbezogen und die Anwendung intuitiv. Auch die Erfüllung der formalen Anforderungen nach produktiver und handhabbarer Gestaltung ist somit sichergestellt. Zuletzt steht der aus der Anwendung resultierende Nutzen der Meinung der Experten nach in einem ausgewogenen Verhältnis zum Aufwand, da durch den Autor umfangreiche Vorarbeiten vorgenommen wurden, um in der praktischen Anwendung konkrete *Deep-Tech* zu bewerten. Die Anwender dieser Methodik sind letztlich erfahrene Entscheider aus der Politik, sodass aufgrund ihrer langjährigen Expertise ein Mindestmaß an notwendigem Vorwissen zur *Deep-Tech*-Unterstützung vorausgesetzt wird.

Nachdem die Ergebnisse der Dissertation im Anwendungszusammenhang kritisch reflektiert und die Ergebnisse hinsichtlich der inhaltlichen und formalen Anforderungen überprüft wurden, werden im anschließenden Kapitel bestehende Limitationen der Forschungsarbeit diskutiert. Da Forschung als ein fortlaufender Prozess betrachtet wird, werden darüber hinaus, basierend auf den identifizierten Limitierungen, Anknüpfungspunkte für zukünftige Forschungsarbeiten aufgezeigt.

6 Zusammenfassung und Ausblick

Die Sicherstellung technologischer Souveränität und Unabhängigkeit hat für nationale Innovationssysteme und Volkswirtschaften und deren Wettbewerbsfähigkeit zunehmende Relevanz. Allerdings hat Deutschland Schwierigkeiten damit, am Innovationserfolg wissenschaftlicher Erkenntnisse zu partizipieren und somit langfristig erfolgreiche *Deep-Tech*-Innovationssysteme aufzubauen. Ein dafür erfolgskritisches Element ist der Technologietransfer und dessen auf komplexe Technologien angepasste Ausgestaltung. Die Zielsetzung der vorliegenden Arbeit bestand vor diesem Hintergrund in der Bestimmung von Handlungsbedarfen und Optionen staatlicher Unterstützung für die Förderung des Technologietransfers von *Deep-Tech*.

Zur Erreichung dieser Zielsetzung wurden angeschlossen an die einleitende Motivation grundlegende Begrifflichkeiten und relevante Theorien in den Themenfeldern „Technologietransfer von *Deep-Tech*" sowie „Innovationssysteme und der Staat" beschrieben. Weiter wurde der konkrete Betrachtungsbereich der Arbeit eingegrenzt und es wurden für die Ausarbeitung der Arbeit relevante wissenschaftliche Beiträge dargelegt sowie kritisch gewürdigt. Aus den identifizierten Defiziten der wissenschaftlichen Literatur, der Analyse der aus der Praxis abgeleiteten Herausforderungen und der eingangs formulierten Zielstellung wurden dann die inhaltlichen Anforderungen an die vorliegende Arbeit bestimmt. Diese inhaltlichen Anforderungen bildeten, zusammen mit grundsätzlichen formalen Anforderungen an wissenschaftliche Modelle, die Grundlage für die Herleitung des Grobkonzepts. Im vierten Kapitel folgte die Detaillierung dieses Konzepts. Im ersten Modell (Akteure im Innovationssystem) wurden für die Fragestellung relevante Akteure aus der Innovationsystem-Theorie bestimmt und deren idealtypische Kompetenzausprägungen ermittelt. Diese wurden fallstudienbasiert, durch die Untersuchung der Innovationsysteme Elektrolyseurproduktion und Batterieproduktion, abgeleitet und es wurde eine Berücksichtigung des Maschinenbaus sichergestellt. Es folgte die Erstellung von Referenzphasen im *Deep-Tech*-Transfer unter Anwendung des Vorgehens der Referenzmodellierung. Die vier Phasen „Entdeckung", „Entwicklung", „*Valley of Death*" und „Industrialisierung" wurden entlang unterschiedlicher charakteristischer Merkmale beschrieben und dienen als Grundlage zur (zeitlichen) Einordnung einer *Deep-Tech* in den Transferprozess. Im angeschlossenen Teilkapitel wurden relevante Hemmnisse des *Deep-Tech*-Transfers mithilfe einer systematischen Literaturanalyse abgeleitet. Durch einen Abgleich der Hemmnisse und der im Teilkapitel zuvor entwickelten Referenzphasen erfolgte eine Phasenzuordnung. Im vierten Teilmodell wurden staatliche Unterstützungsoptionen für den Technologietransfer, erneut mithilfe einer systematischen Literaturanalyse, ermittelt. Letztlich wurden diese kausal-logisch mit den Transferhemmnissen verknüpft. Dadurch wurde eine phasenspezifische Ermittlung staatlicher Unterstützungsoptionen zur Förderung des *Deep-Tech*-Transfers ermöglicht. Zur Anwendung der Ergebnisse wurde ein fünf-schrittiges Vorgehen erarbeitet. Die Erkenntnisse und das entwickelte Vorgehen wurden im fünften Kapitel schließlich durch Experteninterviews validiert. Dabei wurden die phasenspezifischen Hemmnisse und Unterstützungsoptionen strukturiert diskutiert und das Vorgehen vor dem Hintergrund der zu Beginn der Arbeit formulierten Ziele und Anforderungen kritisch reflektiert.

In Summe liefert die Dissertation relevante Erkenntnisse und Weiterentwicklungen für die Technologietransfer- sowie Innovationssystemtheorie. Darüber hinaus wurde ein methodisch sowie inhaltlich handlungsweisendes und praktikables Vorgehen zur Identifikation von *Deep-Tech*-spezifischen Handlungsoptionen des Staates im Technologietransfer entwickelt. Die Vorgehensweise unterstützt politische Entscheidungsträger dabei, spezifische *Deep-Tech*-Innovationssysteme idealtypisch durch entsprechende Unterstützungsoptionen zu verbessern. Mithilfe der erarbeiteten Inhalte wird die Komplexität solcher Innovationssysteme strukturiert und simplifiziert. Damit wird die Zielsetzung vorliegender Dissertation erreicht und es wird die eingangs aufgestellte Forschungsfrage » Welche phasenspezifischen Hemmnisse bestehen beim Transfer von *Deep-Tech* aus der Forschung in den industriellen Einsatz und was sind passende staatliche Unterstützungsoptionen für deren Abbau?« beantwortet. Insbesondere bei der isolierten Betrachtung der einzelnen Teilelemente der Lösung werden Limitationen der vorliegenden Dissertation sichtbar, welche im Folgenden diskutiert und auf deren Basis potenzielle Anschlussaktivitäten der Forschung abgeleitet werden:

Im Zuge der Fallstudie zur Ableitung von Kompetenzprofilen ist nicht ausgeschlossen, dass in den betrachteten Branchen (Batteriezellproduktion und Elektrolyseurproduktion) spezielle, atypische Akteure aktiv sind und die Kompetenzausprägungen bei einer anderen Fallauswahl unterschiedlich bewertet würden. Darüber hinaus hat das Fallstudiendesign zum Effekt, dass in der Synthese Unschärfe hinsichtlich der tatsächlichen Ausprägungen der Akteure in einzelnen Innovationssystemen entsteht. Ein erster Anknüpfungspunkt besteht also darin, den methodischen Rahmen zu nutzen und zur

Reduktion der Unschärfe um weitere Fälle aus dem Maschinenbau in der Analyse zu erweitern (Fallzahlerhöhung). Darüber hinaus können die Kompetenzprofile der Akteure zur Erlangung genaueren Verständnisses in einzelnen *Deep-Tech*-Bereichen isoliert für dezidierte Branchen und Industrien erstellt werden (Fallschärfung).

Die zur Bestimmung der Transferphasen eingesetzte Methode der Referenzmodellierung hat zum Effekt, dass nicht sämtliche in der Theorie beschriebenen oder in der Praxis auftretenden Faktoren berücksichtigt werden können. Es ist zwangsläufig eine Eingrenzung der Referenzwerke vorzunehmen, was zu einer Abstraktion der Realität im Gesamtergebnis führt. Obwohl das entwickelte Modell auf bestehenden Technologieentwicklungskonzepten und -definitionen basiert, erfordert es eine praktische Anwendungsvalidierung. Diese hat im Zuge der Validierung vorliegender Arbeit nicht fokussiert für das Transferphasenmodell stattgefunden. Diese könnte bspw. durch die Durchführung einer retrospektiven Fallstudie erfolgen, in der erfolgreich entwickelte *Deep-Tech* analysiert werden. Darüber hinaus kann eine Interviewstudie mit mehreren Forschern und Gründern durchgeführt werden, die die ermittelten charakteristischen Merkmale über die einzelnen Phasen bestätigen oder falsifizieren. Darauf aufbauend kann ein angepasstes bzw. fokussiertes Referenzmodell für den *Deep-Tech*-Transfer erstellt werden.

Mit der Ableitung der *Deep-Tech*-Transferhemmnisse wurden keine alleinstehend neuen methodischen oder mathematischen Erkenntnisse gewonnen. Die Innovationshöhe besteht darin, dass die Vielfalt an Herausforderungen und Hemmnissen in Innovationssystemen systematisch auf den Fokus der Arbeit, den Technologietransfer von *Deep-Tech*, operationalisiert und anwendbar gemacht wurde. Basierend auf den in der Validierung gewonnenen Erkenntnissen können die Hemmnisse in angeschlossenen Forschungsinitiativen zusätzlich strukturiert und hinsichtlich der Relevanz für unterschiedliche *Deep-Tech*-Bereiche bewertet bzw. selektiert werden.

Letztlich werden politische Entscheidungsträger mit dem definierten Vorgehen befähigt, *Deep-Tech*-spezifisch passende Unterstützungsoptionen auszuwählen. Die erarbeitete Auswahl dieser Optionen wurde aus einer technologischen und betriebswirtschaftlichen Sicht heraus vom Autor begründet. Das Wirksamwerden und die tatsächliche Relevanz für einzelne technologische Bereiche sind im konkreten Einsatz kritisch zu überprüfen. In Anschlussaktivitäten können die inhaltlichen Ergebnisse der Arbeit auf Basis von Anwendungserfahrungen aktualisiert werden. Zusätzlich ist eine Überprüfung der Umsetzbarkeit von Fördermaßnahmen aus politischer bzw. volkswirtschaftlicher sowie juristischer Sicht zwangsläufig anzuschließen.

7 Literaturverzeichnis

Abramson, H. N., Technologietransfer-Systeme in den USA und Deutschland - Überblick und Vergleich, Stuttgart, 1997.

Absenger, N.; Rossmann, E. D.; Quennet-Thielen, C., Zeitverträge in der Wissenschaft: Reformbedarf für bessere Qualifizierungs- und Arbeitsbedingungen?, München, 2015.

Adams, W., Conducting Semi-Structured Interviews, In: Newcomer, K. E.; Wholey, J. S.; Hatry, H. P. (Hrsg.): Handbook of practical program evaluation, Fourth edition; Jossey-Bass, San Francisco, 2015, S. 492-505.

Afzal, K.; Hanna, J.; Speakman, J.; Yuge, Y., Toward an Innovation Policy for Pakistan, World Bank, Washington, DC, 2012.

Ahlers, E.; Quispe Villalobos, V., Fachkräftemangel in Deutschland: Befunde der WSI-Betriebs- und Personalrätebefragung, Hans-Böckler-Stiftung, Wirtschafts- und Sozialwissenschaftliches Institut (WSI), Düsseldorf, 2022.

Alecke, B.; Mitze; Niebuhr, A., Building a bridge over the valley of death? New pathways for innovation policy in structurally weak regions, In: Review of regional research, Nr. 2, 41. Jg., 2021, S. 185-210.

Álvarez, S., Deutschland fehlen Schlüsseltechnologien für die Zukunft, 2022. URL: https://www.wiwo.de/politik/deutschland/industriepolitik-deutschland-fehlen-schluesseltechnologien-fuer-die-zukunft-/28145726.html [Stand: 26.02.2024].

Ambroziak, A. A., The new industrial policy of the European Union, Springer, Cham, 2017.

Andersen, B.; Debackere, K.; Dvorak, I.; Enkel, E.; Krüger, P.; Malmqvist, H.; Plečkaitis, A.; Rehn, A.; Secall, S.; Stevens, W.; Vermeulen, E.; Wellen, D., Boosting open innovation and knowledge transfer in the European Union - Independent expert group report on open innovation and knowledge transfer, Publications Office of the European Union, Luxembourg, 2014.

Appelt, S.; Bajgar, M.; Criscuolo, C.; Galindo-Rueda, F., The effects of R&D tax incentives and their role in the innovation policy mix findings from the OECD microBeRD project, 2016-19, OECD Publishing, Paris, 2020.

Arrow, K., Economic welfare and the allocation of resources for invention, In: The rate and direction of inventive activity, 1962, S. 609-626.

Aschhoff, B.; Sofka, W., Innovation on Demand: Can Public Procurement Drive Market Success of Innovations, Mannheim: Zentrum für Europäische Wirtschaftsforschung (ZEW), 2008.

Ash, M., Taxation, innovation and the environment, OECD, Paris, 2010.

Asheim, B. T.; Isaksen, A., Regional innovation systems - The integration of local sticky and global ubiquitous knowledge, Kluwer Academic, Dordrecht, 2002.

Aubert, J.-E., Promoting Innovation in Developing Countries - A Conceptual Framework, World Bank, Washington, DC, 2012.

Audretsch, D.; Bönte, W.; Mahagaonkar, P., Financial signaling by innovative nascent ventures: The relevance of patents and prototypes, In: Research Policy, Nr. 8, 41. Jg., 2012, S. 1407-1421.

Auer, M., Transferunternehmertum - Erfolgreiche Organisation des Technologietransfers, Deutscher Universitätsverlag, Wiesbaden, 2000.

Auerswald, P.; Branscomb, L., Valleys of Death and Darwinian Seas: Financing the Invention to Innovation Transition in the United States, In: The Journal of Technology Transfer, Nr. 3/4, 28. Jg., 2003, S. 227-239.

Autio, E.; Laamanen, T., Measurement and evaluation of technology transfer - review of technology transfer mechanisms and indicators, In: International Journal of Technology Management, Nr. 7/8, 10. Jg., 1995.

Baark, E., Innovation policy in China, Oxford University Press, New York, 2019.

Bagdassarov, A., Wissens- und Technologietransfer an Universitäten, Springer Fachmedien Wiesbaden, Wiesbaden, 2012.

Bahrke, J.; Grammenou, M., Ein neuer Europäischer Forschungsraum: Neuer Plan der EU-Kommission zur Unterstützung des grünen und des digitalen Wandels und des EU-Aufbaus, 2020. URL: https://ec.europa.eu/commission/presscorner/detail/de/ip_20_1749 [Stand: 12.02.2024].

Bailey, K., Typologies and Taxonomies - An Introduction to Classification Techniques, SAGE Publications, Inc, California, 1994.

Baranowski, G., Technologietransfer der Zukunft: Herausforderungen für die Innovationszentren, In: Schmid, J.; Heinze, R. G.; Beck, R. C. (Hrsg.): Strategische

Wirtschaftsförderung und die Gestaltung von High-Tech Clustern, Nomos, 2009, S. 147-160.

BASF SE, Website - Batteriematerialien, o.J. URL: https://catalysts.basf.com/de/industries/automotive-transportation/batteriematerialien [Stand: 22.01.2024].

BASF SE, BASF und Porsche entwickeln gemeinsam leistungsstarke Lithium-Ionen-Batterie für Elektrofahrzeuge, 2021. URL: https://www.basf.com/global/de/media/news-releases/2021/07/p-21-262.html [Stand: 22.01.2024].

BASF SE, Geschäftsbericht 2022, 2023. URL: https://bericht.basf.com/2022/de/_assets/downloads/entire-basf-gb22.pdf [Stand: 22.01.2024].

Bauer, M.; Erixon, F., Europas Streben nach Technologiesouveränität: Chancen und Risiken für Deutschland und die Europäische Union, European Centre for International Political Economy (ECIPE), Brussels, 2020.

Becker, J.; Rosemann, M.; Schütte, R., Referenzmodellierung - State-of-the-Art und Entwicklungsperspektiven, Physica-Verlag HD, Heidelberg, 1999.

Beckmann, J., Anleitung zur Technologie oder zur Kenntniß der Handwerke, Fabriken und Manufakturen, 6., verb. u. verm. Ausg; Vandenhoeck und Ruprecht, Göttingen, 1809.

Beise, M.; Spielkamp, A., Technologietransfer von Hochschulen: Ein Insider-Outsider-Effekt, Zentrum für Europäische Wirtschaftsforschung (ZEW); ZBW Leibniz Information Centre for Economics, Mannheim, Kiel, Hamburg, 1996.

Belitz, H.; Gornig, M., Batteriezellen aus Europa?, Leibniz-Informationszentrum Wirtschaft, Berlin, 2020.

Benner, M.; Sandström, U., Institutionalizing the triple helix: research funding and norms in the academic system, In: Research Policy, Nr. 2, 29. Jg., 2000, S. 291-301.

Benz, A., Der moderne Staat - Grundlagen der politologischen Analyse, 2., überarb. und erw. Aufl.; Oldenbourg, München, 2008.

Benzler, G.; Wink, R., Balanced Scorecards - Strategisches Instrument der Innovationspolitik, Springer, Heidelberg, 2002.

Bergek, A.; Hekkert, M.; Jacobsson, S.; Markard, J.; Sandén, B.; Truffer, B., Technological innovation systems in contexts: Conceptualizing contextual structures and interaction dynamics, In: Environmental Innovation and Societal Transitions, 16. Jg., 2015, S. 51-64.

Bergek, A.; Jacobsson, S.; Carlsson, B.; Lindmark, S.; Rickne, A., Analyzing the functional dynamics of technological innovation systems: A scheme of analysis, In: Research Policy, Nr. 3, 37. Jg., 2008, S. 407-429.

Berger, C., Technologie- und Innovationspolitik in Bayern, Düsseldorf, 2002.

Bernhart, W.; Kirschstein, T., Paradigmenwechsel in der E/E-Architektur führt zu hochriskanten Abhängigkeiten, In: ATZelektronik, Nr. 1-2, 16. Jg., 2021, S. 50-53.

Bertram, B., Innovationsprozesse wissensbasierter Technologien - Beispiel der PEM-Brennstoffzelle, Print on demand; KIT Scientific Publishing, Karlsruhe, 2011.

Bessant, J.; Rush, H., Building bridges for innovation: the role of consultants in technology transfer, In: Research Policy, Nr. 1, 24. Jg., 1995, S. 97-114.

Betz, A., Interorganisationaler Technologietransfer in Baden-Württemberg - Systemanalyse und Systemkapazitäten unter besonderer Berücksichtigung der Finanzierung, Francke, Tübingen, 1997.

Betz, J.; Hein, W., Globalisierung und technologische Entwicklung: Produktion, Transport und Kommunikation, In: Betz, J.; Hein, W. (Hrsg.): Globalisierung - Voraussetzungen, Auswirkungen, Widerstände, 1st ed. 2022; Springer Fachmedien Wiesbaden; Imprint Springer VS, Wiesbaden, 2022, S. 23-46.

Bey, E., Bedarfe kleiner und mittlerer Unternehmen an Wissens- und Technologietransfer, In: Technologiekontaktstelle der Universität Osnabrück (Hrsg.): Wissens- und Technologietransfer - Analysen, Konzepte, Instrumente, Bibliotheks- und Informationssystem der Univ, Oldenburg, 2005, S. 51-80.

Bickenbach, F.; Dohse, D.; Gold, R.; Liu, W., Wirtschaftliche Bedeutung universitärer Spitzenforschung, Konrad-Adenauer-Stiftung e.V, Sankt Augustin, Berlin, 2016.

Biegelbauer, P., Innovation Policy Learning, Springer, New York, 2013.

Binder, V. A.; Kantowsky, J., Technologiepotentiale, Deutscher Universitätsverlag, Wiesbaden, 1996.

Bleda, M.; Del Río, P., The market failure and the systemic failure rationales in technological innovation systems, In: Research Policy, Nr. 5, 42. Jg., 2013, S. 1039-1052.

Bloomberg, Firmenprofil der Planet First Partners, o.J. URL: https://www.bloomberg.com/profile/company/1895582D:LN#xj4y7vzkg [Stand: 18.01.2024].

BMWi; BMBF, Eckpunktepapier der Agentur zur Förderung von Sprunginnovationen, Berlin, 2018.

Bochert, A., Erfolgsfaktoren für die Lizenzierung von Technologien der Großforschungseinrichtungen an Unternehmen, Kovač, Hamburg, 1997.

Böhle, F.; Bürgermeister, M.; Porschen, S., Innovation durch Management des Informellen, Springer Berlin Heidelberg, Berlin, Heidelberg, 2012.

Bönisch, G., Die 50er Jahre - Vom Trümmerland zum Wirtschaftswunder, 1. Aufl.; Dt. Verl.-anst; Spiegel-Buchverl., München, Hamburg, 2006.

Booth, A., Brimful of STARLITE": Toward standards for reporting literature searches, In: Journal of the Medical Library Association: JMLA, 94. Jg., 2006, 421-429.

Borchardt, A.; Göthlich, S., Erkenntnisgewinnung durch Fallstudien, In: Albers, S. (Hrsg.): Methodik der Empirischen Forschung, 2nd ed.; Springer Gabler. in Springer Fachmedien Wiesbaden GmbH, Wiesbaden, 2007, S. 33-48.

Born, H.-J., Geschäftsmodell-Innovation im Zeitalter der vierten industriellen Revolution - Strategisches Management im Maschinenbau, Springer Vieweg, Wiesbaden, Heidelberg, 2018.

Borrás, S.; Edquist, C., Holistic innovation policy - Theoretical foundations, policy problems, and instrument choices, First edition; Oxford University Press, Oxford, 2019.

Böttcher, M., Der regionale Wissens- und Technologietransfer einer neuen Fachhochschule - Das Beispiel des RheinAhrCampus Remagen, Dissertation, Rheinische Friedrich-Wilhelms-Universität Bonn, 2004.

Botthof, A., Transformation des Innovationssystems: neue Anforderungen an die Innovationspolitik, Fraunhofer ISI, Karlsruhe, November 2020.

Bozeman, B., Technology transfer and public policy: a review of research and theory, In: Research Policy, Nr. 4-5, 29. Jg., 2000, S. 627-655.

Braczyk, H.-J., Regional Innovation Systems - The Role of Governances in a Globalized World, 2nd ed.; Taylor and Francis, Hoboken, 1998.

Bradley, S., Models and Methods of University Technology Transfer, In: Foundations and Trends® in Entrepreneurship, Nr. 6, 9. Jg., 2013, S. 571-650.

Bräunling, G.; Harmsen, D.-M., Die Förderungsprinzipien und Instrumente der Forschungs- und Technologiepolitik, Schwartz, Göttingen, 1975.

Bräutigam, K.-R.; Gerybadze, A., Wissens- und Technologietransfer als Innovationstreiber, Springer Berlin Heidelberg, Berlin, Heidelberg, 2011.

Breloh, P., Staatliche Förderung industrieller Innovation in den USA, Zugl.: Darmstadt, Techn. Univ., Diss., 2000, Dt. Univ.-Verl; Gabler, 2000.

Breschi, S.; Malerba, F., Sectoral systems of innovation: technological regimes, Schumpeterian dynamics and spatial boundaries, In: Edquist, C. (Hrsg.): Systems of Innovation - Technologies, Institutions and Organizations, Taylor and Francis, Hoboken, 1997, S. 130-155.

Brooks, H., National science policy and technology transfer, In: Proceedings of a Conference on Technology Transfer and Innovation, 1966.

Brüggemann, J., The effects of regulatory and financial policy instruments on innovative behavior, Dissertation, Georg-August-Universität Göttingen, 2016.

Bruns, M., Systemtechnik - Ingenieurwissenschaftliche Methodik zur interdisziplinären Systementwicklung, Springer Berlin Heidelberg, Berlin, Heidelberg, 1991.

Bryman, A., Social research methods, 2. ed.; Oxford Univ. Press, Oxford, 2004.

Budzinski, O.; Monostori, K., Intellectual property rights and the WTO - [innovation dynamics, commercial copyrights and international governance], Inst. of Economics, Illmenau, 2012.

Bullinger, A.; Malanowski, N., Neue innovationspolitische Instrumente - Reallabore und Experimentierräume, Hans-Böckler-Stiftung, Düsseldorf, 2021.

Bullinger, H.-J., Einführung in das Technologiemanagement - Modelle, Methoden, Praxisbeispiele, Vieweg+Teubner Verlag, Wiesbaden, 1994.

Bundesagentur für Sprunginnovation, Website, o.J. URL: https://www.sprind.org/de/ [Stand: 17.02.2024].

Bundesagentur für Sprunginnovation, Gesucht: Koalition der Willigen in Politik, Forschungseinrichtungen und Hochschulen für einen IP-Transfer 3.0, 2022, S. 1-9.

Bundesministerium der Justiz, Gesetz über Arbeitnehmererfindungen, o.J. URL: https://www.gesetze-im-internet.de/arbnerfg/BJNR007560957.html [Stand: 17.02.2024].

Bundesministerium für Bildung und Forschung, Website - Aufgaben und Aufbau, o.J. URL: https://www.bmbf.de/bmbf/de/ueber-uns/aufgaben-und-aufbau/aufgaben-und-aufbau_node.html [Stand: 22.01.2024].

Bundesministerium für Bildung und Forschung (BMBF), Bekanntmachung - Richtlinie zur Förderung von strategischen Investitionen zur Stärkung und Weiterentwicklung der Mikroelektronik-Forschungsstruktur „Mikroelektronik-Forschungsfabrik neuartige Rechentechnologien, 2021. URL: https://www.bmbf.de/bmbf/shareddocs/bekanntmachungen/de/2021/11/2021-11-10-Bekanntmachung-Mikroelektronik.html?pdf=button [Stand: 13.07.2022].

Bundesministerium für Bildung und Forschung (BMBF), Stark-Watzinger: Wir wollen die SPRIND auf die nächste Stufe heben, 2022. URL: https://www.bmbf.de/bmbf/shareddocs/pressemitteilungen/de/2022/03/140322-SPRIND.html [Stand: 21.02.2024].

Bundesministerium für Bildung und Forschung (BMBF), Der Haushalt des Bundesministeriums für Bildung und Forschung, 2024. URL: https://www.bmbf.de/bmbf/de/ueber-uns/haushalt/haushalt_node.html [Stand: 25.02.2024].

Bundesministerium für Handel, Gewerbe und Industrie, Investorenwerbung als Instrument der Innovationspolitik - Dokumentation über das Seminar vom 11. und 12.4.1985 in Schlamding,, 1985.

Bundesministerium für Wirtschaft und Klimaschutz, EXIST-Gründungsstipendium, o.J. URL: https://www.exist.de/EXIST/Navigation/DE/Gruendungsfoerderung/EXIST-Gruendungsstipendium/exist-gruendungsstipendium.html [Stand: 17.02.2024].

Bundesministerium für Wirtschaft und Klimaschutz, Normen und Standards, 2022. URL: https://www.bmwk.de/Redaktion/DE/Artikel/Technologie/normen-und-standards.html [Stand: 03.10.2022].

Bundesministerium für Wirtschaft und Klimaschutz, Start-up-Strategie der Bundesregierung, 2022. URL: https://www.bmwk.de/Redaktion/DE/Downloads/E/entwurf-des-bmwk-fur-eine-start-up-strategie-der-bundesregierung.pdf?__blob=publicationFile&v=6 [Stand: 21.02.2024].

Bundesministerium für Wirtschaft und Klimaschutz, Reallabore – Testräume für Innovation und Regulierung, 2023. URL: https://www.bmwk.de/Redaktion/DE/Dossier/reallabore-testraeume-fuer-innovation-und-regulierung.html [Stand: 25.02.2024].

Bundesverband der Deutschen Industrie e. V. (BDI), Globale Wertschöpfungsketten unter Druck, 2020. URL: https://bdi.eu/artikel/news/globale-wertschoepfungsketten-unter-druck/ [Stand: 21.02.2024].

Butler, D., Crossing the valley of death: a chasm has opened up between biomedical researchers and the patients who need their discoveries. Declan Butler asks how the ground shifted and whether the US National Institutes of Health can bridge the gap, In: Nature, 453. Jg., 2008, 840+.

Carlsson, B.; Stankiewicz, R., On the nature, function and composition of technological systems, In: Journal of Evolutionary Economics, Nr. 2, 1. Jg., 1991, S. 93-118.

Chicot, J., Strategic use of public procurement for innovation - Rationales, instruments and practices, Grenoble, 2017.

Chu, A.; Furukawa, Y.; Mallick, S.; Peretto, P.; Wang, X., Dynamic effects of patent policy on innovation and inequality in a Schumpeterian economy, In: Economic theory, 2021, S. 1-37.

Coatema Coating Machinery GmbH, Website - Ausstattung, o.J. URL: https://www.coatema.de/de/technikum/ausstattung [Stand: 18.01.2024].

Coatema Coating Machinery GmbH, Website - Erneuerbare Energien, o.J. URL: https://www.coatema.de/de/maerkte/erneuerbare-energien [Stand: 18.01.2024].

Coatema Coating Machinery GmbH, Website - Forschung und Entwicklung, o.J. URL: https://www.coatema.de/de/forschung [Stand: 18.01.2024].

Coatema Coating Machinery GmbH, Website - Laufende Projekte, o.J. URL: https://www.coatema.de/de/forschung/laufende-projekte [Stand: 18.01.2024].

Coatema Coating Machinery GmbH, Website - Märkte, o.J. URL: https://www.coatema.de/de/maerkte [Stand: 18.01.2024].

Colyvas, J.; Crow, M.; Gelijns, A.; Mazzoleni, R.; Nelson, R.; Rosenberg, N.; Sampat, B., How Do University Inventions Get Into Practice?, In: Management Science, Nr. 1, 48. Jg., 2002, S. 61-72.

Contemporary Amperex Technology Co. Limited (CATL), Career at CATL, o.J. URL: https://www.catl-career.com/?locale=en_US [Stand: 22.01.2024].

Contemporary Amperex Technology Co. Limited (CATL), Website - Company profile, o.J. URL: https://www.catl.com/en/about/profile/ [Stand: 23.01.2024].

Contemporary Amperex Technology Co. Limited (CATL), Website - Innovative Technology, o.J. URL: https://www.catl.com/en/research/technology/ [Stand: 23.01.2024].

Contemporary Amperex Technology Co. Limited (CATL), Website - Investor Relations, o.J. URL: https://www.catl.com/invest/ [Stand: 22.01.2024].

Contemporary Amperex Technology Co. Limited (CATL), CATL's German plant kicks off cell production, 2022. URL: https://www.catl.com/en/news/1046.html [Stand: 22.01.2024].

Contemporary Amperex Technology Co. Limited (CATL), CATL and NIO Enter Into Comprehensive Strategic Partnership, 2023. URL: https://www.catl.com/en/news/5992.html [Stand: 22.01.2024].

Cooke, P., Regional innovation systems: Competitive regulation in the new Europe, In: Geoforum, Nr. 3, 23. Jg., 1992, S. 365-382.

Cooper, R., Stage-gate systems: A new tool for managing new products, In: Business Horizons, Nr. 3, 33. Jg., 1990, S. 44-54.

Correa, P. G.; Guceri, I., Tax Incentives for Research and Development, World Bank, Washington, DC, 2013.

Corsten, H., Zum Problem des nationalen Technologietransfers, Berlin, 1982.

Cowling, M.; Liu, W.; Zhang, N., In the post-crisis world, did debt and equity markets respond differently to high-tech industries and innovative firms?, In: International Small Business Journal: Researching Entrepreneurship, Nr. 3, 39. Jg., 2021, S. 247-288.

Crasemann, W., Innovationsorientierte öffentliche Beschaffung, In: Eßig, M. (Hrsg.): Exzellente öffentliche Beschaffung, Springer Fachmedien Wiesbaden, Wiesbaden, 2013, S. 89-117.

Cunningham, J. A.; Collins, P.; Giblin, M., Evolution of Ireland's Industrial, Science and Technology Policy, Now Publishers, Norwell, MA, 2020.

Cyert, R.; Goodman, P., Creating effective University-industry alliances: An organizational learning perspective, In: Organizational Dynamics, Nr. 4, 25. Jg., 1997, S. 45-57.

Czarnitzki, D., Das Innovationsverhalten von Unternehmen und die Rolle der Forschungs- und Technologiepolitik - Ein Vergleich zwischen Ost- und Westdeutschland, Essen, 2004.

Czarnitzki, D.; Hünermund, P.; Moshgbar, N., Public procurement as policy instrument for innovation, Universitätsbibliothek Mannheim, Mannheim, 2018.

Czarnitzki, D.; Licht, G.; Rammer, C.; Spielkamp, A., Rolle und Bedeutung von Intermediären in Wissens- und Technologietransfer, In: ifo Schnelldienst, 2001, S. 40-49.

Czarnitzki, D.; Rammer, C.; Spielkamp, A., Interaktion zwischen Wissenschaft und Wirtschaft in Deutschland: Ergebnisse einer Umfrage bei Hochschulen und öffentlichen Forschungseinrichtungen, In: ZEW-Dokumentation No. 00-14, 2000.

Dankbaar, B.; Kuhlmann, S.; Tsipoure, L.; Tsipouri, L., Conceptual Framework and Technical Guidelines, Directorate-General for Science, Research and Development, Commission of the European Communities, 1994.

Deep Tech & Climate Fonds, Website, o.J. URL: https://dtcf.de/en/ [Stand: 17.02.2024].

Deutsch, J.; Wu, D.; Leonard, J., The Global Fight Over Chips Is About to Get Even Worse, 2022. URL: https://www.bloomberg.com/news/features/2022-03-16/when-will-the-chip-shortage-end-u-s-eu-spend-billions-in-race-to-beat-china [Stand: 21.02.2024].

Digitales Wörterbuch der deutschen Sprache, Stichwort Charakteristikum, 2023. URL: https://www.dwds.de/wb/Charakteristikum [Stand: 21.02.2024].

Dispan, J.; Schwarz-Kocher, M., Maschinen- und Anlagenbau in Deutschland - Entwicklungstrends und Herausforderungen; eine Literaturstudie, IMU-Inst, Stuttgart, 2014.

Doll, A.; Hansen, A. P., Die Managerschmieden - Studieren an privaten Hochschulen macht sich bezahlt, Springer, Wiesbaden, 2019.

Doloreux, D.; Parto, S., Regional innovation systems: Current discourse and unresolved issues, In: Technology in Society, Nr. 2, 27. Jg., 2005, S. 133-153.

Doltsinis, S.; Ratchev, S.; Lohse, N., A framework for performance measurement during production ramp-up of assembly stations, In: European Journal of Operational Research, Nr. 1, 229. Jg., 2013, S. 85-94.

Dosi, G.; Freeman, C.; Nelson, R.; Silverberg, G.; Soete, L., Technical change and economic theory, Pinter, London, 1988.

Drewinski, R.; Hayka, H.; Müller, P.; Stark, R., Zukunft der unternehmensübergreifenden Kollaboration - Expertenmeinungen zu aktuellen Herausforderungen und zukunftsweisenden Trends in der kollaborativen Produktentwicklung, Fraunhofer Institut Produktionsanlagen und Konstruktionstechnik - IPK, Berlin, 2016.

Duden, Stichwort: Staat, o. J. URL: https://www.duden.de/rechtschreibung/Staat [Stand: 11.09.2022].

Dumitrescu, C.; Kühn, A., Systematische Berücksichtigung von Fertgungsanforderungen im Model-Based Systems Engineering, In: Maurer, M.; Schulze, S.-O. (Hrsg.): Tag des Systems Engineering - Bremen 12. - 14. November 2014, Hanser, München, 2014, S. 21-30.

Dunkel, T., Der Einfluss institutioneller Rahmenbedingungen auf die nationalen Innovationssysteme in Frankreich und Deutschland, Dissertation, Universität Kassel, 2005.

Duthoit, A.; Lemerle, M., European auto sector: the EUR100bn cost of missing chips, 2022. URL: https://www.allianz.com/content/dam/onemarketing/azcom/Allianz_com/economic-research/publications/specials/en/2022/september/2022_09_13_European_AutoSector.pdf [Stand: 21.02.2024].

Edler, J., Bedürfnisse als Innovationsmotor - Konzepte und Instrumente nachfrageorientierter Innovationspolitik, Ed. Sigma, Berlin, 2007.

Edler, J.; Blind, K.; Frietsch, R.; Kimpeler, S.; Kroll, H.; Lerch, C.; Reiss, T.; Roth, F.; Schubert, T.; Schuler, J.; Walz, R., Technologiesouveränität - Von der Forderung zum Konzept, Karlsruhe, 2020.

Edquist, C., Systems of Innovation - Technologies, Institutions and Organizations, Taylor and Francis, Hoboken, 1997.

Edquist, C., Systems of Innovation Approaches - Their Emergence and Characteristics, In: Edquist, C. (Hrsg.): Systems of Innovation - Technologies, Institutions and Organizations, Taylor and Francis, Hoboken, 1997, S. 1-29.

Edquist, C., Systems of Innovation - Perspectives and Challenges, In: Nelson; Fagerberg, J. (Hrsg.): The Oxford handbook of innovation, 1. publ. in paperback; Oxford Univ. Press, Oxford, 2004, S. 181-208.

Edquist, C.; Vonortas, N.; Zabala-Iturriagagoitia, J.; Edler, J., Public procurement for innovation, Paperback edition; Edward Elgar Publishing, Cheltenham, UK, 2016.

Ehrlenspiel, K.; Meerkamm, H., Integrierte Produktentwicklung - Denkabläufe, Methodeneinsatz, Zusammenarbeit, 6., überarbeitete und erweiterte Auflage; Carl Hanser Verlag, München, 2017.

Eickelpasch, A.; Fritsch, M., Contests for Cooperation: A New Approach in German Innovation Policy, Berlin: Deutsches Institut für Wirtschaftsforschung (DIW), 2005.

Eisenhardt, K., Building Theories from Case Study Research, In: Academy of Management Review, Nr. 4, 14. Jg., 1989, S. 532.

Eisenhardt, K.; Graebner, M., Theory Building From Cases: Opportunities And Challenges, In: Academy of Management Journal, Nr. 1, 50. Jg., 2007, S. 25-32.

Eliasson, G., Visible Costs and Invisible Benefits - Military procurement as innovation policy, Springer International Publishing, 2018.

Eliasson, G. K., Advanced Public Procurement as Industrial Policy - The Aircraft Industry as a Technical University, 1. Aufl.; Springer, New York, 2010.

Ellwood, P.; Williams, C.; Egan, J., Crossing the valley of death: Five underlying innovation processes, In: Technovation, Nr. Suppl. 1, 28. Jg., 2020, S. 1-10.

Engeleiter, H.-J., Innovation und Technologietransfer - Gesamtwirtschaftliche und einzelwirtschaftliche Probleme ; Festschrift zum 60. Geburtstag von Herbert Wilhelm, Duncker und Humblot, Berlin, 1982.

Erdmann, L.; Behrendt, S., Kritische Rohstoffe für Deutschland - Abschlussbericht, Berlin, 2011.

Europäische Kommission, Innovation clusters in Europe - A statistical analysis and overview of current policy support, Publications Office, Luxembourg, 2007.

Evans, G. E., Intellectual property commercialization - Policy options and practical instruments, United Nations, New York, 2011.

Expertenkommission Forschung und Innovation (EFI), Gutachten zu Forschung, Innovation und technologischer Leistungsfähigkeit Deutschlands, Berlin, 2022.

Falck, O.; Wiederhold, S., Nachfrageorientierte Innovationspolitik, Berlin: Expertenkommission Forschung und Innovation (EFI), 2013.

Festel, G.; Oberender, P., Der Einfluß des Staates auf innovative Zukunftstechnologien, In: Wissenschaft für die Praxis, Nr. 1, 79. Jg., 1999, S. 57-64.

Fichtel, R., Technologietransfer für Klein- und Mittelbetriebe, Dt. Univ.-Verl., Wiesbaden, 1997.

Fier, A.; Harhoff, D., Die Evolution der bundesdeutschen Forschungs- und Technologiepolitik: Rückblick und Bestandsaufnahme, Mannheim: Zentrum für Europäische Wirtschaftsforschung (ZEW), 2001.

Flach, L.; Gröschl, J. K.; Steininger, M. G.; Teti, F.; Baur, A., Internationale Wertschöpfungsketten - Reformbedarf und Möglichkeiten - Studie im Auftrag der Konrad-Adenauer-Stiftung e.V, Ifo-Inst. f. Wirtschaftsforsch, München, 2022.

Fleischmann, A.; Oppl, S.; Schmidt, W.; Stary, C., Ganzheitliche Digitalisierung von Prozessen - Perspektivenwechsel - Design Thinking - Wertegeleitete Interaktion, Springer Vieweg, Wiesbaden, 2018.

Ford, G.; Koutsky, T.; Spiwak, L., A Valley of Death in the Innovation Sequence: An Economic Investigation, In: SSRN Electronic Journal, 2007.

Frank, A.; Meyer-Guckel, V.; Schneider, C., Innovationsfaktor Kooperation, Essen, 2007.

Fransman, M., Disaggregating Firms in Analysing the Costs and Benefits of the University-Industry Relationship: Based on an Analytical and Empirical Study from Scotland, In: Economics of Innovation and New Technology, Nr. 1-2, 17. Jg., 2008, S. 123-136.

Frauenfelder, P., Strategisches Management von Technologie und Innovation - Tools und Principles, Verl. Industrielle Organisation, Zürich, 2000.

Fraunhofer IPA, Jahresbericht 2021, 2021. URL: https://www.ipa.fraunhofer.de/content/dam/ipa/de/documents/Publikationen/Jahresbericht/Jahresbericht_2021.pdf [Stand: 16.01.2024].

Fraunhofer-Einrichtung Forschungsfertigung Batteriezelle FFB, Projekt "FoFeBat" - Förderung von bis zu 680 Millionen Euro, o.J. URL: https://www.ffb.fraunhofer.de/de/ueber-uns/projekt/projektfoerderung.html [Stand: 23.01.2024].

Fraunhofer-Einrichtung Forschungsfertigung Batteriezelle FFB, Website - Profil, o.J. URL: https://www.ffb.fraunhofer.de/de/ueber-uns/Profil.html [Stand: 22.01.2024].

Fraunhofer-Institut für Produktionstechnik und Automatisierung IPA, Website - H2Giga – Serienfertigung von Elektrolyseuren zur Wasserstoff-Herstellung (Referenzprojekt), o.J. URL: https://www.ipa.fraunhofer.de/de/referenzprojekte/H2Giga.html [Stand: 18.01.2024].

Fraunhofer-Institut für Produktionstechnik und Automatisierung IPA, Website - Institutsprofil, o.J. URL: https://www.ipa.fraunhofer.de/de/ueber_uns/institutsprofil.html [Stand: 18.01.2024].

Fraunhofer-Institut für Produktionstechnik und Automatisierung IPA, Website - Leitthema Batterieproduktion, o.J. URL: https://www.ipa.fraunhofer.de/de/ueber_uns/Leitthemen/batterieproduktion.html [Stand: 19.01.2024].

Fraunhofer-Institut für Produktionstechnik und Automatisierung IPA, Website - Mission & Leitbild, o.J. URL: https://www.ipa.fraunhofer.de/de/ueber_uns/Mission_Leitbild.html [Stand: 18.01.2024].

Fraunhofer-Institut für Produktionstechnik und Automatisierung IPA, Website - Referenzprojekte, o.J. URL: https://www.ipa.fraunhofer.de/de/referenzprojekte.html [Stand: 16.01.2024].

Fraunhofer-Institut für Produktionstechnik und Automatisierung IPA, Website - Suchergebnis zum Begriff "Elektrolyseure", o.J. URL: https://www.ipa.fraunhofer.de/de/suche.html?_charset_=UTF-8&numberResults=10&page=1&scope=IPA&lang=de&queryString=Elektrolyseure [Stand: 18.01.2024].

Fraunhofer-Institut für Produktionstechnik und Automatisierung IPA, Website - Unterstützer und Projektpartner, o.J. URL: https://www.ipa.fraunhofer.de/de/ueber_uns/kuratoren-unterstuetzer-projektpartner.html [Stand: 16.01.2024].

Fraunhofer-Institut für Produktionstechnik und Automatisierung IPA, Website - Wasserstofftechnologien, o.J. URL: https://www.ipa.fraunhofer.de/de/Branchenloesungen/energie/wasserstofftechnologien.html [Stand: 18.01.2024].

Frech, S., ESOP, VSOP und andere Möglichkeiten der Mitarbeiterbeteiligung - „Best Practice“ Lösungsmöglichkeiten (vor und nach Inkrafttreten des Fondsstandortgesetzes), 2021. URL: https://www.nortonrosefulbright.com/de-de/wissen/publications/b1ee4e9c/esop-vsop-und-andere-moglichkeiten-der-mitarbeiterbeteiligung [Stand: 18.02.2024].

Frederickson, R., Escaping the valley of death, In: Molecular therapy : the journal of the American Society of Gene Therapy, Nr. 3, 20. Jg., 2012, S. 476-478.

Freeman, C., Technology policy and economic performance - Lessons from Japan, Pinter, London, 1987.

Freeman, C., The 'National System of Innovation' in historical perspective, In: Cambridge Journal of Economics, Nr. 1, 19. Jg., 1995, S. 5-24.

Friedrich, C., Konfiguration des hochschulseitigen Wissens- und Technologietransfers in Deutschland - Eine situative Analyse, Dissertation, Technische Universität Ilmenau, 2014.

Fritsch, M., Technologietransfer durch Unternehmensgründungen: Was man tun und realistischerweise erwarten kann, 2004.

Fritsch, M.; Stephan, A., Regionalisierte Innovationspolitik sinnvoll, DIW Berlin, Germany, 2004.

Fuchs, H., Systemtheorie und Organisation - Die Theorie offener Systeme als Grundlage zur Erforschung und Gestaltung betrieblicher Systeme, Gabler Verlag, Wiesbaden, 1973.

Gartner, J.; Naiman, C., Overcoming the Barriers to Technology Transfer, In: Research Management, Nr. 2, 19. Jg., 1976, S. 22-28.

Gassmann, O., Praxisnähe mit Fallstudienforschung, In: Wissenschaftsmanagement, Nr. 3, 5. Jg., 1999, S. 11-16.

Geels, F., Understanding the dynamics of technological transitions : a co-evolutionary and socio-technical analysis, Twente University Press, Enschede, 2002.

Geels, F., From sectoral systems of innovation to socio-technical systems, In: Research Policy, Nr. 6-7, 33. Jg., 2004, S. 897-920.

Gemünden, H.; Walter, A., Förderung des Technologietransfers durch Beziehungspromotoren, In: Zeitschrift Führung + Organisation, Nr. 4, 65. Jg., 1996, S. 237-245.

Generaldirektion Unternehmen und Industrie, The concept of clusters and cluster policies and their role for competitiveness and innovation - Main statistical results and lessons learned, Publications Office, Luxembourg, 2008.

Gerding, S., Variable Vergütung - Ein Mittel zur Motivations- und Leistungssteigerung von Mitarbeitern?, Igel Verl. RWS, Hamburg, 2014.

Gerpott, T. J., Strategisches Technologie- und Innovationsmanagement, 2., überarbeitete und erweiterte Auflage; Schäffer-Poeschel Verlag, Stuttgart, 2005.

Gerstel, D.; Goodman, M. P., From industrial policy to innovation strategy - Lessons from Japan, Europe, and the United States, Center for Strategic and International Studies, Washington, DC, 2020.

Gerybadze, A., Instrumente der Innovationspolitik. Auf dem Weg zu einer neuen Industriepolitik?, In: WSI Mitteilungen, Nr. 7, 2015, S. 516-525.

Geschka, H., Technologietransfer, In: Kern, W. (Hrsg.): Handwörterbuch der Produktionswirtschaft, 2. Aufl.; Schäffer-Poeschel, Stuttgart, 1996.

Gomeringer, A., Eine integrative, prognosebasierte Vorgehensweise zur strategischen Technologieplanung für Produkte, Dissertation, Universität Stuttgart, 2007.

Gong, H., Effects of patent policy on innovation outputs and commercialization: evidence from universities in China, In: Scientometrics, 2018, S. 1-17.

GoodIP, Global Patent Filings by Sunfire GmbH, 2019. URL: https://goodip.io/iq/assignee/sunfire-gmbh [Stand: 18.01.2024].

Görgen, K.; Koch, H.; Schulze, G.; Struif, B.; Truöl, K., Normen und Standards, In: Görgen, K.; Koch, H.; Schulze, G.; Struif, B.; Truöl, K. (Hrsg.): Grundlagen der Kommunikationstechnologie - ISO-Architektur offener Kommunikationssysteme, Springer Berlin Heidelberg, Berlin, Heidelberg, 1985, S. 267-280.

GoSaveTime, List of CATL's numerous battery joint ventures, 2021. URL: https://gosavetime.com/catls-battery-joint-ventures/ [Stand: 22.01.2024].

Gotkin, J., The United States Bayh-Dole Act and its effect on university technology transfer, 1. Auflage; Nomos, Baden-Baden, 2012.

Granieri, M.; Renda, A., Law and policy of innovation in Europe - Towards Europe 2020, 1., st Edition; Springer Italia, Milano, 2011.

Grimm, D., Wissenschaftsfreiheit vor neuen Grenzen? - Göttinger Universitätsrede am 7. Dezember 2006, Wallstein-Verl., Göttingen, 2007.

Grin, J.; Rotmans, J.; Schot, J., Transitions to Sustainable Development, Routledge, 2010.

Grupp, H., Messung und Erklärung des Technischen Wandels - Grundzüge einer empirischen Innovationsökonomik, Springer Berlin Heidelberg, Berlin, Heidelberg, 1997.

Guerrero, M.; Urbano, D., Technology Transfer and Entrepreneurial Innovations - Policies Across Continents, 1st ed. 2021; Springer International Publishing; Imprint: Springer, Cham, 2021.

Gündogdu, D.; Metzner, N.; Nucaro, G.; Seitz, J., Innovation Policies and Government Instruments - An illustration of Israel's innovation system, Offenburg, 2021.

Günther, U.; Kichhof, R., Warum uns die Start-ups für Science DeepTech nochmal wichtiger sein sollten, 2023. URL: https://fosteringinnovation.de/warum-uns-diestart-ups-fuer-science-deeptech-nochmal-wichtiger-sein-sollten/ [Stand: 17.02.2024].

H2Global Stiftung, Website, o.J. URL: https://www.h2-global.de/ [Stand: 18.01.2024].

Haberfellner, R., Systems Engineering - Grundlagen und Anwendung, 12., völlig neu bearb. und erw. Aufl.; Orell Füssli, Zürich, 2012.

Haberfellner, R.; Weck, O. de; *Fricke, E.; Vössner, S.*, Systems Engineering, Springer International Publishing, Cham, 2019.

Hall, B. H., Tax policy for innovation, National Bureau of Economic Research, Cambridge, Mass., 2019.

Hall, B. H.; Helmers, C., The role of patent protection in (clean/green) technology transfer, National Bureau of Economic Research, Cambridge, MA, 2010.

Hamilton, D.; Quinlan, J., Deutschland und die Globalisierung, Washington, 2009.

Harlé, N.; Soussan, P.; La Tour, A. de, A Framework For Deep-Tech Collaboration, Berlin, 2017.

Harvey-Jordan, S.; Long, S., The process and the pitfalls of semi-structured interviews, In: Community Practitioner, 74. Jg., 2001, S. 219.

Hauschildt, J., Innovationsmanagement, 2., völlig überarb. und erw. Aufl.; Vahlen, München, 1997.

Hauser, E., Clustermanagement - Wie Cluster die Innovation und die Wettbewerbsfähigkeit unterstützen, 1. Aufl. 2017; Springer Fachmedien, Wiesbaden, 2017.

Heise, C., Von Open Access zu Open Science - Zum Wandel digitaler Kulturen der wissenschaftlichen Kommunikation, Meson, 2018.

Heisey, P. W., Government patenting and technology transfer, U.S. Dept. of Agriculture, Washington, DC, 2006.

Hekkert, M.; Suurs, R.; Negro, S.; Kuhlmann, S.; Smits, R., Functions of innovation systems: A new approach for analysing technological change, In: Technological Forecasting and Social Change, Nr. 4, 74. Jg., 2007, S. 413-432.

Henderson, R.; Clark, K., Architectural Innovation: The Reconfiguration of Existing Product Technologies and the Failure of Established Firms, In: Administrative Science Quarterly, Nr. 1, 35. Jg., 1990, S. 9-30.

Henßler, S., VW möchte mit QuantumScape die Feststoffbatterie-Technologie vorantreiben, 22.06.2018. URL: https://www.elektroauto-news.net/news/vw-quantumscape-feststoffbatterie-technologie [Stand: 22.01.2024].

Hettich, C.; Eschenfelder, C.; Weber, M., Auslandslistings von BioNTech, CureVac & Co. - Handlungsempfehlungen an die Politik für mehr Börsengänge in Deutschland, Frankfurt am Main, 2021.

Hirzel, S.; Hettesheimer, T.; Viebahn, P.; Fischedick, M., Bridging the valley of death: a multi-staged multi-criteria decision support system for evaluating proposals for large-scale energy demonstration projects as public funding opportunities, In: ECEEE Industrial Summer Study (Hrsg.): Leading the low-carbon transition, Europ. Council for an Energy Efficient Economy, Stockholm, 2018, S. 105-116.

Howells, J., Regional systems of innovation?, In: Archibugi, D. (Hrsg.): Innovation policy in a global economy, Cambridge Univ. Press, 1999, Cambridge, 1999.

Howoldt, D., Policy Instruments and Policy Mixes for Innovation, PhD thesis, CBS PhD School, 2021.

Implisense GmbH, Firmenprofil der Coatema Coating Machinery GmbH, o.J. URL: https://implisense.com/de/companies/coatema-coating-machinery-gmbh-dormagen-DELNOVPTQ676 [Stand: 16.01.2024].

Ingerfeld, M., Technologieerwerb - Alternativen - Ziele - Entscheidungsverfahren, Dissertation, Friedrich-Alexander-Universität Erlangen-Nürnberg, 2006.

Isaksen, A., Do general innovation policy tools fit all? Analysis of the regional impact of the Norwegian Skattefunn scheme, In: Journal of innovation and entrepreneurship, Nr. 1, 6. Jg., 2017, S. 1-14.

Isensee, J., Staat, In: Görres-Gesellschaft; Verlag Herder (Hrsg.): Staatslexikon, 7. Aufl.; Görres-Gesellschaft; Verlag Herder, Freiburg, 1995, S. 134-157.

Iwamoto, T., Management of Deep Technology Startups in Japan, In: Kocaoglu, D. (Hrsg.): Portland International Conference on Management of Engineering and Technology (PICMET),, 2018, S. 1-3.

Jakobs, K., Einige Aspekte der Standardisierung in der Informationstechnik, In: PIK - Praxis der Informationsverarbeitung und Kommunikation, Nr. 3, 26. Jg., 2003, S. 133-139.

Jasinski, A., Barriers for technology transfer: the case of a country in transition, In: Journal of Technology Management in China, Nr. 2, 4. Jg., 2009, S. 119-131.

Jensen, R.; Thursby, M., Proofs and Prototypes for Sale - The Licencing of University Inventions, In: The American Economic Review, Nr. 1, 91. Jg., 2001, S. 240-259.

Johnson, B.; Lundvall, B.-Å., National Innovation Systems (NIS), In: Carayannis, E. G. (Hrsg.): Encyclopedia of Creativity, Invention, Innovation and Entrepreneurship, Springer, New York, 2013, S. 1341-1347.

Jonas, M., Brücken zum Elfenbeinturm - Mechanismen des Wissens- und Technologietransfers aus Hochschulen, Ed. Sigma, Berlin, 2000.

Jung, W., Barriers to technology transfer and their elimination, In: The Journal of Technology Transfer, Nr. 2, 4. Jg., 1980, S. 15-25.

JUSTIA Patents, Patents Assigned to SunFire GmbH, 2023. URL: https://patents.justia.com/assignee/sunfire-gmbh [Stand: 16.01.2024].

Kampker, A.; Vallée, D.; Schnettler, A., Elektromobilität, Springer Berlin Heidelberg, Berlin, Heidelberg, 2013.

Kanzlei Heuking, ATH Altonaer-Technologie-Holding GmbH erwirbt sämtliche Anteile an der Coatema Coating Machinery GmbH, 2018. URL: ATH Altonaer-Technologie-Holding GmbH erwirbt sämtliche Anteile an der Coatema Coating Machinery GmbH [Stand: 19.01.2024].

Kasperk, G.; Drauz, R., Kooperationsstrategien von Automobilproduzenten entlang der sich neu ordnenden Wertschöpfungskette, In: Proff, H.; Schönharting, J.; Schramm, D.; Ziegler, J. (Hrsg.): Zukünftige Entwicklungen in der Mobilität - Betriebswirtschaftliche und technische Aspekte, Springer Gabler, Wiesbaden, 2012, S. 391-403.

Kesting, T., Wissens- und Technologietransfer durch Hochschulen aus einer marktorientierten Perspektive - Ansatzpunkte zur Gestaltung erfolgreicher Transferprozesse an Universitäten und Fachhochschulen, Springer, Wiesbaden, 2013.

Kilic, A.; Duran, C., An Analysis of Similarities and Dissimilarities Among Categories of Deep Tech Entrepreneurship - Evidence from Turkey, In: Girişimcilik ve İnovasyon Yönetimi Dergisi, Nr. 2, 10. Jg., 2021, S. 87-109.

Klein, H. K.; Kuhlmann, S.; Shapira, P., Innovations in European and US innovation policy, North-Holland, Amsterdam, 2001.

Klöter, R., Widerstände gegen innovative Beschaffungsentscheidungen, Berlin, 1995.

Kluge, S., Empirisch begründete Typenbildung - Zur Konstruktion von Typen und Typologien in der qualitativen Sozialforschung, Leske + Budrich, Opladen, 1999.

Knoblich, H., Betriebswirtschaftliche Warentypologie - Grundlagen und Anwendungen, VS Verlag für Sozialwissenschaften, Wiesbaden, 1969.

Kochenkova, A.; Grimaldi, R.; Munari, F., Public policy measures in support of knowledge transfer activities: a review of academic literature, In: The Journal of Technology Transfer, Nr. 3, 41. Jg., 2015, S. 407-429.

Kompass, Firmenprofil der Coatema Coating Machinery GmbH, o.J. URL: https://de.kompass.com/c/coatema-coating-machinery-gmbh/de602168/ [Stand: 16.01.2024].

Konrad, K., Shaping emerging technologies - Governance, innovation, discourse, IOS Press; AKA, Amsterdam, Berlin, 2013.

Konrad, K.; Truffer, B., The coupling of spin-offs and research institutions in the triangle of policy, science and industry: an international comparison, Berlin, 2006.

Koppel, O., Forschungsförderung in Deutschland - effektiv und zielgerichtet?, In: Wirtschaftsdienst Heidelberg, Nr. 9, 97. Jg., 2017, S. 611-620.

Korte, D., Planung und Durchführung von kooperativen Forschungsprojekten, In: Korte, D. (Hrsg.): Forschungskoordination, Springer Fachmedien Wiesbaden, Wiesbaden, 2023, S. 91-160.

Koschatzky, K., Technologieunternehmen Im Innovationsprozeß - Management, Finanzierung und Regionale Netzwerke, Physica-Verlag, Heidelberg, 1997.

Koschatzky, K., Technologietransfer in regionalen Innovationssystemen: Akteure und Funktionsdefizite, In: Beck, R. C.; Heinze, R. G.; Schmid, J. (Hrsg.): Zukunft der Wirtschaftsförderung, Nomos, 2014, S. 519-538.

Kraemer, S. K., Science and technology policy in the United States - Open systems in action, Rutgers University Press, New Brunswick, N.J., 2006.

Kreis, R., Handbuch der Betriebswirtschaftslehre, Walter de Gruyter GmbH, Berlin/München/Boston, 2018.

Kriele, M.; Wolf, J., Risikokapital, In: Kriele, M.; Wolf, J. (Hrsg.): Wertorientiertes Risikomanagement von Versicherungsunternehmen, Springer Berlin Heidelberg, Berlin, Heidelberg, 2016, S. 115-271.

Kristensen, I.; Scherrer, W., Public private partnerships as a systemic instrument of governance in regional innovation policy, In: International Public Administration Review, Nr. 1, 14. Jg., 2016, S. 37-54.

Krücken, G., Mission impossible? Institutional barriers to the diffusion of the "third academic mission" at German universities, In: International Journal of Technology Management, Nr. 1/2, 25. Jg., 2003, S. 18-33.

Kubicek, H., Heuristische Bezugsrahmen und heuristisch angelegte Forschungsdesign als Elemente einer Konstruktionsstrategie empirischer Forschung, In: Köhler, R. (Hrsg.): Empirische und handlungstheoretische Forschungskonzeptionen in der Betriebswirtschaftslehre - Bericht, Poeschel, Stuttgart, 1977.

Kuhlmann, S.; Arnold, E., RCN in the Norwegian research and innovation system, In: Background report in the evaluation of the Research Council of Norway, 12. Jg., 2001.

Kuhn, T. S., Die Struktur wissenschaftlicher Revolutionen, 2., rev. und um das Postskriptum von 1969 erg. Aufl.; Suhrkamp, Frankfurt am Main, 1976.

Kurmayer, N., Wärmepumpen-Industrie besorgt: EU-Parlament will Kühlmittel rasch verbieten, 2023. URL: https://www.euractiv.de/section/energie-und-umwelt/news/heat-pump-makers-worried-by-eu-crackdown-on-climate-warming-f-gases/ [Stand: 17.02.2024].

La Tour, A. de; *Aré, L.; Portincaso, M.; Tallec, C.; Blank, K.; Gourévitch, A.; Goeldel, N.; Pedroza, S.; Brigl, M.*, The Dawn of the Deep Tech Ecosystem, Berlin, 2019.

La Tour, A. de; *Portincaso, M.; Goeldel, N.; Chaudhry, U.; Tallec, C.; Gourévitch, A.*, Deep Tech - The Great Wave of Innovation, Berlin, 2021.

La Tour, A. de; *Soussan, P.; Harlé, N.; Chevalier, R.*, From Tech to Deep Tech - Fostering collaboration between corporates and startups,, 2017.

La Vera, R. L. de; *Ramge, T.*, Sprunginnovation - Wie wir mit Wissenschaft und Technik die Welt wieder in Balance bekommen, Econ, Berlin, 2021.

Laredo, P., Innovation policies: the national and regional dimensions, In: Journal of industrial and business economics, 2016, S. 1-8.

Lazarsfeld, P., Some Remarks on the Typological Procedures in Social Research, In: Zeitschrift für Sozialforschung, Nr. 1, 6. Jg., 1937, S. 119-139.

Leedy, P. D.; Ormrod, J. E.; Johnson, L. R., Practical research - Planning and design, Twelfth edition; Pearson, NY, 2019.

Lehner, F.; Wildner, S.; Scholz, M., Wirtschaftsinformatik - Eine Einführung, 2. Auflage; Hanser Verlag, München, 2008.

Lember, V.; Kattel, R.; Kalvet, T., Public Procurement, Innovation and Policy - International Perspectives, Springer, Berlin, Heidelberg, 2014.

Licht, G.; Rammer, C.; Sellenthin, M., Indikatoren zur Innovationskraft Deutschlands im internationalen Vergleich und aktuelle Entwicklungen der Innovationspolitik, ZEW, Mannheim, 2009.

Lindner, R., Konzeptionelle Grundlagen und Governance-Prinzipien der Innovationspolitik, Karlsruhe, 2009.

Little, A. D., Management im Zeitalter der Strategischen Führung, Gabler Verlag, Wiesbaden, 1985.

Lockett, A.; Wright, M., Resources, capabilities, risk capital and the creation of university spin-out companies, In: Research Policy, Nr. 7, 34. Jg., 2005, S. 1043-1057.

Lohmann, S., Interaktionsqualität im Technologietransfer, Springer Fachmedien Wiesbaden, Wiesbaden, 2014.

Lopez-Martinez, R. E., A systems approach to innovation policy, University of Manchester, Manchester, 2006.

Lundvall, B.-Å., National systems of innovation - Towards a theory of innovation and interactive learning, Paperback ed., 1. publ; Pinter, London, New York, 1995.

Lundvall, B.-Å.; Borrás, S., Science, Technology and Innovation Policy, In: Nelson; Fagerberg, J. (Hrsg.): The Oxford handbook of innovation, 1. publ. in paperback; Oxford Univ. Press, Oxford, 2004, S. 599-631.

Lutz, J. A., The practice of technical and scientific communication - Writing in professional contexts, Ablex Publ, Stamford, Conn., 1998.

Lynas Rare Earths Limited, Website, o.J. URL: https://lynasrareearths.com/ [Stand: 18.01.2024].

Lynas Rare Earths Limited, Website - Residue and Tailings Management, o.J. URL: https://lynasrareearths.com/sustainability/residue-tailings-management/ [Stand: 18.01.2024].

Lynas Rare Earths Limited, 2022 Annual Report, 2022. URL: https://wcsecure.weblink.com.au/pdf/LYC/02581455.pdf [Stand: 16.01.2024].

Madl, L.; Radebner, T., Technology transfer for social benefit: Ten principles to guide the process, In: Cogent Social Sciences, Nr. 1, 7. Jg., 2021.

Malerba, F., Sectoral systems of innovation and production, In: Research Policy, Nr. 2, 31. Jg., 2002, S. 247-264.

Mangoldt, J. von, Methode zur Ausrichtung der technologiekompetenzbasierten Diversifikation, 1. Auflage, 2018.

Mankins, J., Technology readiness assessments: A retrospective, In: Acta Astronautica, Nr. 9-10, 65. Jg., 2009, S. 1216-1223.

Manz AG, Website - Batteriefertigung, o.J. URL: https://www.manz.com/de/industrien/batteriefertigung/ [Stand: 22.01.2024].

Manz AG, Website - Future Battery Technologies, o.J. URL: https://www.manz.com/de/industrien/batteriefertigung/future-battery-technologies/ [Stand: 23.01.2024].

Manz AG, Manz AG erschließt sich mit Beteiligung an CUSTOMCELLS neue Kundengruppen, 2022. URL: https://www.manz.com/de/unternehmen/news/manz-agerschliesst-sich-mit-beteiligung-an-customcells-neue-kundengruppen/ [Stand: 23.01.2024].

Manz AG, Geschäftsbericht 2022, 2023. URL: https://www.manz.com/de/investor-relations/finanzkennzahlen/ [Stand: 22.01.2024].

Markard, J.; Hekkert, M.; Jacobsson, S., The technological innovation systems framework: Response to six criticisms, In: Environmental Innovation and Societal Transitions, 16. Jg., 2015, S. 76-86.

Markham, S.; Barr, S.; Baker, T.; Kingon, A., Bridging the Valley of Death: Lessons Learned From 14 Years of Commercialization of Technology Education, In: Academy of Management Learning & Education, Nr. 3, 8. Jg., 2009, S. 370-388.

Markham, S.; Ward, S.; Aiman-Smith, L.; Kingon, A., The Valley of Death as Context for Role Theory in Product Innovation, In: Journal of Product Innovation Management, Nr. 3, 27. Jg., 2010, S. 402-417.

Marks, T., Wertschöpfungsketten der produzierenden Unternehmen in Deutschland, In: Marks, T. (Hrsg.): Widerstandsfähigkeit der Wertschöpfungsketten der produzierenden Unternehmen in Deutschland, Köln, 2018, S. 97-112.

Matthes, J., Unternehmensübernahmen und Technologietransfer durch China: Gefahrenpotenziale und Gegenmaßnahmen, Institut der deutschen Wirtschaft (IW), Köln, 2020.

Mazurkiewicz, A.; Poteralska, B., Technology Transfer Barriers and Challenges Faced by R&D Organisations, In: Procedia Engineering, 182. Jg., 2017, S. 457-465.

Mazzucato, M., Building the Entrepreneurial State: A New Framework for Envisioning and Evaluating a Mission-Oriented Public Sector, In: SSRN Electronic Journal, 2015.

McKinsey & Company, Kreative Erneuerung - Deutschland 2030, Berlin, 2021.

Meißner, D., Wissens- und Technologietransfer in nationalen Innovationssystemen, Dissertation, Technische Universität Dresden, 2001.

Meissner, D.; Kergroach, S., Innovation policy mix: mapping and measurement, In: The journal of technology transfer, 2021.

Meitinger, T., Deutsches Patent, In: Meitinger, T. H. (Hrsg.): Ohne Anwalt zum Patent - Anleitung zur Erstellung wertvoller Patente und Gebrauchsmuster, Springer Vieweg, Berlin, Heidelberg, 2021, S. 231-233.

Merklein, U., Methoden zum marktorientierten Technologietransfer für eine ressourcenoptimierte Planung mit dynamischer Anpassung, Dissertation, Rheinisch Westfälische Technische Hochschule Aachen, 2019.

Merrifield, D., Obsolescence of Core Competencies Versus Corporate Renewal, In: Technology Management, Nr. 2, 2. Jg., 1995, S. 78-83.

Meusel, E.-J., Veröffentlichungspflicht und Geheimhaltung, In: Schuster, H. J. (Hrsg.): Handbuch des Wissenschaftstransfers, Springer Berlin Heidelberg, Berlin, Heidelberg, 1990, S. 89-99.

Meyer-Krahmer, F.; Reger, G., Technologiemanagement in Europa, In: Zahn, E. (Hrsg.): Handbuch Technologiemanagement, Schäffer-Poeschel, Stuttgart, 1995, S. 919-938.

Mez, L.; Abdolvand, B., Neue Ressourcenpolitik – nachhaltige Geopolitik? Staatliche Initiativen des globalen Nordens zur Sicherung von kritischen Rohstoffen am Beispiel der Seltenen Erden, In: Exner, A.; Held, M.; Kümmerer, K. (Hrsg.): Kritische Metalle in der Großen Transformation, Springer Berlin Heidelberg, Berlin, Heidelberg, 2016, S. 141-160.

Mieke, C., Technologiefrühaufklärung in Netzwerken, 1. Aufl.; Dt. Univ.-Verl., Wiesbaden, 2006.

mining-report.de, Prozessketten der Rohstoffindustrie im Blick - Schlüsselthema: „Areal der Möglichkeiten“, 2023. URL: https://mining-report.de/blog/prozessketten-der-rohstoffindustrie-im-blick-schluesselthema-areal-der-moeglichkeiten/ [Stand: 17.02.2024].

Moher, D.; Liberati, A.; Tetzlaff, J.; Altman, D., Preferred reporting items for systematic reviews and meta-analyses: the PRISMA statement, In: BMJ (Clinical research ed.), 339. Jg., 2009.

Moog, T., Strategisches Ressourcen- und Kompetenzmanagement industrieller Dienstleistungsunternehmen - Ein theoretischer und praktischer Erklärungsansatz, Gabler Verlag / GWV Fachverlage GmbH, Wiesbaden, 2009.

Moon, K.-C.; Park, J.-B.; Choi, C.-H.; Chae, S.-H., Obstacles to Technology Transfer, In: CACCI Journal, Nr. 1, 2. Jg., 2005, S. 1-11.

Moore, G. A., Crossing the chasm - Marketing and selling disruptive products to mainstream customers, Third edition; Harper Business, New York, 2014.

Morche, D.; Schmitt, F.; Genuit, K.; Elsen, O.; Kampker, A.; Friedrich, B., Fahrzeugkonzeption für die Elektromobilität, In: Kampker, A.; Vallée, D.; Schnettler, A. (Hrsg.): Elektromobilität, Springer Berlin Heidelberg, Berlin, Heidelberg, 2013, S. 149-234.

Muller, E.; Zenker, A.; Héraud, J.-A., France: innovation system and innovation policy, Karlsruhe, 2009.

Müller, U., Organisation des Technologietransfers zwischen staatlichen Forschungseinrichtungen und Industrie - Untersuchung der Möglichkeiten und Gegebenheiten am Beispiel der Luft- und Raumfahrt der Bundesrepublik Deutschland, Dissertation, Ludwig-Maximilians-Universität zu München, 1988.

Müller-Böling, D., Marketing von Hochschulen, In: Bruhn, M.; Kirchgeorg, M.; Meier, J. (Hrsg.): Marktorientierte Führung im wirtschaftlichen und gesellschaftlichen Wandel, Gabler Verlag, Wiesbaden, 2007, S. 261-281.

Munari, F.; Rasmussen, E.; Toschi, L.; Villani, E., Determinants of the university technology transfer policy-mix: a cross-national analysis of gap-funding instruments, In: The journal of technology transfer, Nr. 6, 41. Jg., 2016, S. 1377-1405.

Munari, F.; Toschi, L., Do venture capitalists have a bias against investment in academic spin-offs? Evidence from the micro- and nanotechnology sector in the UK, In: Industrial and Corporate Change, Nr. 2, 20. Jg., 2011, S. 397-432.

Murphy, L.; Edwards, P., Bridging the Valley of Death: Transitioning from Public to Private Sector Financing,, 2003.

Muscio, A.; Vallanti, G., Perceived Obstacles to University–Industry Collaboration: Results from a Qualitative Survey of Italian Academic Departments, In: Industry and Innovation, Nr. 5, 21. Jg., 2014, S. 410-429.

Nedayvoda, A.; Delavelle, F.; So, H. Y.; Graf, L.; Taupin, L., Financing Deep Tech, Washington DC, 2021.

Nedayvoda, A.; Mockel, P.; Graf, L., Deep Tech Solutions for Emerging Markets, Washington DC, 2020.

Neitzel, D., Rohstoffe: Die größten Bergbaukonzerne der Welt - Ranking 2022, 2017. URL: https://www.technik-einkauf.de/rohstoffe/kritische-rohstoffe/rohstoffe-die-10-groessten-bergbauunternehmen-der-welt-175.html [Stand: 17.02.2024].

Nelson, R., National innovation systems - A comparative analysis, Oxford Univ. Press, New York, 1993.

Nestler, C., Deep Tech: Große Chancen für Berlin, 2023. URL: https://www.ihk.de/berlin/berliner-wirtschaft/anzeige-nach-ausgaben/bw-2023-mai/bw-2023-05-agenda-zukunftsorte-deep-tech-5788810 [Stand: 17.02.2024].

Neweling, S.; Sonnek, A., Ansätze des Personalmanagements in Unternehmensnetzwerken, Andreas Liening, 2006.

Nightingale, D.; Rossman, S., Collecting Data in the Field, In: Newcomer, K. E.; Wholey, J. S.; Hatry, H. P. (Hrsg.): Handbook of practical program evaluation, Fourth edition; Jossey-Bass, San Francisco, 2015, S. 445-473.

Niosi, J.; Saviotti, P.; Bellon, B.; Crow, M., National systems of innovation: in search of a workable concept, In: Technology in Society, Nr. 2, 15. Jg., 1993, S. 207-227.

Northdata, Firmenprofil der Sunfire GmbH, o.J. URL: https://www.northdata.de/Sunfire%20GmbH+GmbH,+Dresden/HRB+31154 [Stand: 18.01.2024].

Nünning, A.; Sommer, R., Handbuch Promotion - Forschung - Förderung - Finanzierung, Verlag J.B. Metzler, Stuttgart, Weimar, 2007.

O'Gorman, C.; Byrne, O.; Pandya, D., How scientists commercialise new knowledge via entrepreneurship, In: The Journal of Technology Transfer, Nr. 1, 33. Jg., 2008, S. 23-43.

OECD, Patents and innovation - Trends and policy challenges, Complete ed.; OECD, Paris, France, 2004.

OECD, Governance of Innovation Systems, Organisation for Economic Co-operation and Development, Paris, 2005.

OECD, Demand-side innovation policies, OECD, Paris, 2011.

OECD, University-Industry Collaboration: New Evidence and Policy Options, OECD Publishing, 2019.

Omers Capital Markets, Website - OMERS Capital Markets, o.J. URL: https://www.omerscapitalmarkets.com/ [Stand: 22.01.2024].

Omers Capital Markets, Website - Sustainable Investing, o.J. URL: https://www.omers.com/sustainable-investing [Stand: 22.01.2024].

Ontario confederation of unviersity faculty associations, The quality of university research - Innovation, policy, and funding, Ontario Confederation of University Faculty Associations, Ottawa, 2007.

Patzak, G., Systemtechnik - Planung komplexer innovativer Systeme, Springer, Berlin, Heidelberg, 1982.

Paulenz, R., Der Einsatz finanzpolitischer Instrumente in der Forschungs- und Entwicklungspolitik, Lang, Frankfurt am Main, Bern, LasVegas, 1978.

Pausenberger, E., Technologiepolitik internationaler Unternehmen, In: Schmalenbachs Zeitschrift für betriebswirtschaftliche Forschung, 1982, S. 1025-1054.

Pechmann, A.; Piller, F.; Schumacher, G., Technologie- und Erkenntnistransfer aus der Wissenschaft in die Industrie, Forschungszentrum Jülich GmbH, Jülich, 2010.

Perillieux, R., Der Zeitfaktor im strategischen Technologiemanagement - Früher oder später Einstieg bei technischen Produktinnovationen?, Erich Schmidt, Berlin, 1987.

Perl, E., Grundlagen des Innovations- und Technologiemanagements, In: Strebel, H. (Hrsg.): Innovations- und Technologiemanagement, 2. Aufl.; UTB GmbH; facultas.wuv, Stuttgart, 2007.

Peschke, A., Transnationale Kooperation in der europäischen Forschungs- und Technologiepolitik - Die Rolle europäischer Wissenschaftseinrichtungen, München, 2001.

Philpott, K.; Dooley, L.; O'Reilly, C.; Lupton, G., The entrepreneurial university: Examining the underlying academic tensions, In: Technovation, Nr. 4, 31. Jg., 2011, S. 161-170.

Pihlajamaa, M., Requirements for innovation policy in emerging high-tech industries, In: European Journal of Futures Research, 2013.

PitchBook, Firmenprofil der QuantumScape Corp., o.J. URL: https://pitchbook.com/profiles/company/54764-56#overview [Stand: 22.01.2024].

Planet First Partners, Website, o.J. URL: https://www.planetfirst.partners/ [Stand: 16.01.2024].

Planet First Partners, Website - Team, o.J. URL: https://www.planetfirst.partners/team [Stand: 18.01.2024].

Planet First Partners, Planet First Partners announces close of EUR450M fund, 2023. URL: https://www.planetfirst.partners/news/planet-first-partners-announces-close-of-eur450m-fund [Stand: 18.01.2024].

Porter, M., Towards a dynamic theory of strategy, In: Strategic Management Journal, Nr. S2, 12. Jg., 1991, S. 95-117.

Portincaso, M.; Gourévitch, A.; La Tour, A. de; *Legris, A.; Salzgeber, T.; Hammoud, T.*, The Deep Tech Investment Paradox, Berlin, 2021.

Preissler, S., Interorganisationaler Wissens- und Technologietransfer, Springer Fachmedien, Wiesbaden, 2016.

Qian, Y., Strategisches Technologiemanagement im Maschinenbau - Erfolgsfaktoren chinesischer Maschinenbauunternehmen im kompetenzbasierten Wettbewerb, Dissertation, Universität Stuttgart, 2002.

Quantumscape Corp., Website, o.J. URL: https://www.quantumscape.com/ [Stand: 22.01.2024].

Quantumscape Corp., Website - About, o.J. URL: https://www.quantumscape.com/company/ [Stand: 22.01.2024].

Quantumscape Corp., Website - Press Releases, o.J. URL: https://www.quantumscape.com/company/#press-releases [Stand: 23.01.2024].

Quantumscape Corp., QuantumScape and Fluence to Collaborate on Stationary Storage with Solid-State Lithium-Metal Technology, 2022. URL: https://www.quantumscape.com/press-release/quantumscape-and-fluence-to-collaborate-on-stationary-storage-with-solid-state-lithium-metal-technology/ [Stand: 22.01.2024].

Quantumscape Corp., Q4 Fiscal 2022 - Letter to Shareholders,, 15.02.2023.

Quiñones, R.; Caladcad, J.; Quiñones, H.; Caballes, S.; Abellana, D.; Jabilles, E.; Himang, C.; Ocampo, L., Open Innovation with Fuzzy Cognitive Mapping for Modeling the Barriers of University Technology Transfer: A Philippine Scenario, In: Journal of Open Innovation: Technology, Market, and Complexity, Nr. 4, 5. Jg., 2019, S. 94.

Raffaini, P.; Manfredi, L., Project management, In: Manfredi, L. (Hrsg.): Endorobotics - Design, R&D and future trends, Elsevier Science & Technology, London, 2022, S. 337-358.

Ramirez, P.; Scott, M.; Golden, W., Governance of Innovation Systems: Volume 3, OECD, 2005.

Rammer, C.; Klingebiel, R., Public funding of innovation projects: is it time for a more flexible approach?, Universitätsbibliothek Mannheim, Mannheim, 2012.

Rasmussen, E.; Rice, M., A framework for government support mechanisms aimed at enhancing university technology transfer: the Norwegian case, In: International Journal of Technology Transfer and Commercialisation, Nr. 1/2, 11. Jg., 2012.

Reale, F., Grundzüge der Innovationspolitik, In: Blättel-Mink, B.; Schulz-Schaeffer, I.; Windeler, A. (Hrsg.): Handbuch Innovationsforschung, Springer Fachmedien Wiesbaden, Wiesbaden, 2019, S. 1-17.

Reinhard, M.; Schmalholz, H., Technologietransfer in Deutschland - Stand und Reformbedarf, Duncker & Humblot, Berlin, 1996.

Renkel, H.-P., Technologietransfer-Management in Japan, Eul, Bergisch Gladbach, Köln, 1985.

Rickne, A., New technology-based firms and industrial dynamics - Evidence from the technological system of biomaterials in Sweden, Ohio and Massachusetts, Chalmers Univ. of Technology, Göteborg, 2000.

Rittner, F., Wettbewerbs- und Kartellrecht - Eine systematische Darstellung des deutschen und europäischen Rechts, 8th ed.; CF Müller, s.l., 2014.

Rogers, E., The Nature of Technology Transfer, In: Science Communication, Nr. 3, 23. Jg., 2002, S. 323-341.

Röhl, K.-H., Start-ups und Venture Capital in Deutschland: Bringt der Zukunftsfonds neue Schubkraft für die Gründerkultur?, 28/2021; IW-Policy Paper, Köln, 2021.

Romasanta, A.; Ahmadova, G.; Wareham, J.; Priego, L., Deep Tech - Unveiiling the Foundations, In: ESADE Working Papers Series 276, 2022, S. 1-49.

Roper, S., Innovation policy in Israel, Ireland and the UK - An evolutionary perspective, Northern Ireland Economic Research Centre, Belfast, 2000.

Rösner, H.; Straßburger, G., Erfahrungen und Probleme des Technologietransfers externer Industrieforschungseinrichtungen, In: Pleschak, F. (Hrsg.): Technologietransfer - Anforderungen und Entwicklungstendenzen, Fraunhofer IRB Verlag, 2003, S. 53-64.

Rothgang, M.; Dehio, J.; Warnecke, C., Kooperation zwischen Wissenschaft und Wirtschaft - Mechanismen und Hemmnisse beim Erkenntnis- und Technologietransfer, Berlin, 2022.

Rothgang, M.; Lageman Bernhard, Innovationspolitischer Mehrwert durch Vernetzung? Cluster- und Netzwerkförderung als Politikinstrument auf Bundes- und Länderebene, Berlin: Duncker & Humblot, 2011.

Rothholz, P., Barrieren im Technologie-Transfer, Zugl.: Berlin, Freie Univ., Diss., 1985, Lang, 1986.

Rotmans, J.; Kemp, R.; van Asselt, M., More evolution than revolution: transition management in public policy, In: Foresight, Nr. 1, 3. Jg., 2001, S. 15-31.

Rudawska, I.; Kowalik, J., Towards university-business cooperation: Key drivers, barriers and modes, In: International Entrepreneurship Review, Nr. 2, 5. Jg., 2019, S. 91-105.

Ruimy, D., Intellectual property and technology transfer - Promoting best practices, House of Commons, Ottawa, 2017.

Rummel, S., Eine bewertungsbasierte Vorgehensweise zur Tauglichkeitsprüfung von Technologiekonzepten in der Technologieentwicklung, Fraunhofer Verlag, Stuttgart, 2014.

Rumpf, H., Gedanken zur Wissenschaftstheorie der Technikwissenschaften, In: Lenk, H.; Moser, S. (Hrsg.): Techne, Technik, Technologie - Philosophische Perspektiven, 1. Auflage; Verl. Dokumentation, Pullach bei München, 1973, S. 82-107.

Ruping, K.; Zedtwitz, M. von, Risikomanagement in Inkubatoren, In: Gassmann, O. (Hrsg.): Management von Innovation und Risiko - Quantensprünge in der Entwicklung erfolgreich managen, 2., überarb. Aufl.; Springer, Berlin, Heidelberg, 2006, S. 439-454.

Salmenkaita, J.-P.; Salo, A., Rationales for Government Intervention in the Commercialization of New Technologies, In: Technology Analysis & Strategic Management, Nr. 2, 14. Jg., 2002, S. 183-200.

Sauer, A., Funktionale Dynamik von Technologischen Innovationssystemen im Bereich der Erneuerbaren Energietechnologien - Das Beispiel der weltweiten Durchsetzung von batteriebetriebenen Fahrzeugen und Plug-in-Hybridfahrzeugen, Dissertation, Universität Hohenheim, 2018.

Schanz, D.; Höpner, M.; Zimmermann, J.; Luhmann, H.-J., Kurz kommentiert, In: Wirtschaftsdienst, Nr. 2, 97. Jg., 2017, S. 80-82.

Schätzl, L., Wirtschaftsgeographie, 6., überarb. und erw. Aufl.; Schöningh, Paderborn, München, Wien, Zürich, 1996.

Scheer, A.-W., „ARIS - House of Business Engineering“: Konzept zur Beschreibung und Ausführung von Referenzmodellen, Physica, Heidelberg, 1999.

Schmidt, B., Systemanalyse und Modellaufbau - Grundlagen der Simulationstechnik, Springer, Berlin, Heidelberg, New York, Tokyo, 1985.

Schmidt, H., Eindeutige Terminologie: zum Gebrauch der Begriffe Technik und Technologie im Deutschen, In: VDI-Nachrichten, Nr. 11, 22. Jg., 1986.

Schmidt, T.; Barabas, G.; Dirks, M.; Isaak, N.; Jessen, R.; Schacht, P., Die wirtschaftliche Entwicklung im Inland: Materialengpässe verzögern die wirtschaftliche Erholung, In: RWI Konjunkturberichte, Nr. 72, 2021, S. 37-75.

Schmoch, U., Wissens- und Technologietransfer in Deutschland, IRB-Verl., Stuttgart, 2000.

Schmoch, U.; Licht, G.; Reinhard, M., Wissens- und Technologietransfer in Deutschland, Fraunhofer-IRB-Verl., Stuttgart, 2000.

Scholz, P., Methodik zur potenzial- und risikobasierten Technologiebewertung, Dissertation, RWTH Aachen, 2021.

Scholz, P., Applikation maschinell lernender Systeme in der vernetzten adaptiven Produktion, Dissertation, RWTH Aachen, 2022.

Schrader, S., Informal technology transfer between firms: Cooperation through information trading, In: Research Policy, Nr. 2, 20. Jg., 1991, S. 153-170.

Schröter, A., New rationales for innovation policy? - A comparison of the systems of innovation policy approach and the neoclassical perspective, Univ, Jena, 2009.

Schuh, G., Technologiemanagement - Handbuch Produktion Und Management 2, 2nd ed.; Springer, Dordrecht, 2011.

Schuh, G., Innovationsmanagement, 2., vollst. neu bearb. und erw. Aufl.; Springer Vieweg, Berlin, 2012.

Schuh, G.; Klappert, S.; Schubert, J.; Nollau, S., Grundlagen zum Technologiemanagement, In: Schuh, G.; Klappert, S. (Hrsg.): Technologiemanagement - Handbuch Produktion Und Management 2, 2nd ed.; Springer, Dordrecht, 2010, S. 33-54.

Schuh, G.; Latz, T., Concept for the Identification of Governmental Needs for Actions within the Technology Transfer of Deep TechIEEE International Conference on Industrial Engineering and Engineering Management (IEEM), IEEE, 2022, S. 1015-1020.

Schuh, G.; Latz, T.; Hedemann, M.; Reufsteck, T. F., Accelerating Deep Tech Innovations, Fraunhofer-Gesellschaft, 2022.

Schuh, G.; Latz, T.; Jakob, T., Reference-phase Model for the Transfer Process of Deep Tech Innovations, Hannover: publish-Ing, 2023.

Schuh, G.; Latz, T.; Lorenz, J., Governmental Support Options for the Technology Transfer of Deep Tech Innovations, In: Information Technology and Management Science, 25. Jg., 2022, S. 24-36.

Schuh, G.; Latz, T.; Reufsteck, T. F., Fostering the European Innovation System - Deriving Measures from a Comparison of the U.S., Chinese and EU 27 Innovation Systems, Fraunhofer Verlag, 2024.

Schuh, G.; Scholz, P.; Scheuer, T.; Latz, T., Industrie 4.0 als Chance gegen den Fachkräftemangel. - Eine Betrachtung für den deutschen Mittelstand, In: Industrie 4.0 Management, 2021, S. 12-17.

Schuh, G.; Studerus, B.; Rohmann, A., Description Approach for the Transfer of Competencies and Resources in Collaborations Between Corporates and Deep Tech Startups, 2022.

Schulte-Gehrmann, A.-L.; Klappert, S.; Schuh, G.; Hoppe, M., Technologiestrategie, In: Schuh, G.; Klappert, S. (Hrsg.): Technologiemanagement - Handbuch Produktion Und Management 2, 2nd ed.; Springer, Dordrecht, 2010, S. 55-88.

Schultz, C., Kapitalquellen für technologieorientierte Unternehmen, In: Schultz, C. (Hrsg.): Die Finanzierung technologieorientierter Unternehmen in Deutschland - Empirische Analysen der Kapitalverwendung und -herkunft in den Unternehmensphasen, Gabler Verlag / Springer Fachmedien Wiesbaden GmbH Wiesbaden, Wiesbaden, 2011, S. 89-123.

Schumpeter, J. A., Theorie der wirtschaftlichen Entwicklung - Eine Untersuchung über Unternehmergewinn, Kapital, Kredit, Zins und den Konjunkturzyklus, 7.

Aufl., unveränd. Nachdr. der 1934 ersch. 4. Aufl.; Duncker & Humblot, Berlin, 1987.

Schumpeter, J. A., Theorie der wirtschaftlichen Entwicklung, Nachdruck der 1. Auflage von 1912; Duncker & Humblot, Berlin, 2006.

Schütte, R., Grundsätze Ordnungsmäßiger Referenzmodellierung - Konstruktion Konfigurations- und Anpassungsorientierter Modelle, Springer Gabler. in Springer Fachmedien Wiesbaden GmbH, Wiesbaden, 1998.

Schweitzer, M.; Küpper, H.-U., Systeme der Kostenrechnung, 5. Aufl.; Verl. Moderne Industrie, Landsberg, 1991.

Siegel, J.; Krishnan, S., Cultivating Invisible Impact with Deep Technology and Creative Destruction, In: Journal of Innovation Management, Nr. 3, 8. Jg., 2020, S. 6-19.

Siemens Energy AG, Website, o.J. URL: https://www.siemens-energy.com/global/en/home.html [Stand: 16.01.2024].

Siemens Energy AG, Website - Green hydrogen production, o.J. URL: https://www.siemens-energy.com/global/en/home/products-services/product-offerings/hydrogen-solutions.html [Stand: 18.01.2024].

Siemens Energy AG, Siemens Energy siedelt Fertigung für Wasserstoff-Elektrolyseure in Berlin an, 31.03.2022. URL: https://www.siemens-energy.com/de/de/home/pressemitteilungen/siemens-energy-siedelt-fertigung-fuer-wasserstoff-elektrolyseure-berlin.html [Stand: 18.01.2024].

Siemens Energy AG, Siemens Energy and Air Liquide form a joint venture for the European production of large scale renewable hydrogen electrolyzers, 23.06.2022. URL: https://www.siemens-energy.com/global/en/home/press-releases/siemens-energy-and-air-liquide-form-joint-venture-european-production-large-scale.html [Stand: 18.01.2024].

Siemens Energy AG, Annual Report 2022, 12.12.2022. URL: https://assets.siemens-energy.com/siemens/assets/api/uuid:2c6beb5b-85ef-4200-a361-6a4550a31b9b/2022-12-12-siemens-energy-ag-annual-report-2022.pdf?ste_sid=9b98853d6219f6512bd46872f49b6910 [Stand: 16.01.2024].

Siemens Energy AG, Umsatz der Siemens Energy AG weltweit in den Geschäftsjahren 2019 bis 2023, 2023. URL: https://de.statista.com/statistik/daten/studie/1196432/umfrage/siemens-energy-umsatz/#:~:text=Die%20Siemens%20Energy%20AG%20erwirtschaftete,weltweit%20rund%2029%20Milliarden%20Euro. [Stand: 16.01.2024].

Siota, J.; Prats, J., Open Innovation - How Corporate Giants Can Better Collaborate with Deep-Tech Start-ups. The Case of East and Southeast Asia, Navarra, May 2021.

Slavtchev, V.; Wiederhold, S., Staatliche Nachfrage als Treiber privater Forschungs- und Entwicklungsaktivitäten, In: Wirtschaft im Wandel, Nr. 3, 22. Jg., 2016, S. 49-52.

Smilor, R.; Gibson, D.; Avery, C., R&D consortia and technology transfer: Initial lessons from MCC, In: The Journal of Technology Transfer, Nr. 2, 14. Jg., 1989, S. 11-22.

SNE Research, 2022 1H Global[1] EV & Battery Performance Review, 2022. URL: https://www.sneresearch.com/en/insight/release_view/34/page/0 [Stand: 21.02.2024].

Solow, R., Technical Change and the Aggregate Production Function, In: The Review of Economics and Statistics, Nr. 3, 39. Jg., 1957, S. 312.

Sommerlatte; Tom; Deschamps, J.-P., Der strategische Einsatz von Technologien, In: Little, A. D. (Hrsg.): Management im Zeitalter der Strategischen Führung, 2. Auflage; Gabler Verlag, Wiesbaden, 1986.

Sozialdemokratische Partei Deutschlands (SPD); *Bündnis 90/Die Grünen; Freie Demokraten FDP*, Mehr Fortschritt wagen - Bündnis für Freiheit, Gerechtigkeit und Nachhaltigkeit, Berlin, 2021.

Spann, M.; Adams, M.; Souder, W., Improving federal technology commercialization: Some recommendations from a field study, In: The Journal of Technology Transfer, Nr. 3-4, 18. Jg., 1993, S. 63-74.

Spengel, C., Steuerliche Förderung von Forschung und Entwicklung in Deutschland – Handlungsbedarf und Reformoptionen, Dresden: ifo Institut für Wirtschaftsforschung, Niederlassung Dresden, 2009.

Staatsministerium Baden-Württemberg, Baden-Württemberg ist spitze in der Forschung, o.J. URL: https://www.baden-wuerttemberg.de/de/bw-gestalten/erfolgreiches-baden-wuerttemberg/forschung [Stand: 18.01.2024].

Stachowiak, H., Allgemeine Modelltheorie, Springer, Wien, 1973.

Stanfield, C.; Drummond, I.; Turner, J.; Roper, S., What works for innovation - supporting R&D and innovation in deep tech chemistry SMEs,, 2022.

Statista, Weltweiter Umsatz der führenden Hersteller von Halbleiterprodukten in den Jahren 2009 bis 2021, 2021. URL:

https://de.statista.com/statistik/daten/studie/168332/umfrage/weltweiter-umsatz-mit-halbleitern-nach-hersteller-seit-2009/ [Stand: 21.02.2024].

Statista, Anzahl der Mitarbeiter der thyssenkrupp AG in den Jahren 2013 bis 2023, 2023. URL: https://de.statista.com/statistik/daten/studie/199210/umfrage/mitarbeiterzahl-der-thyssenkrupp-ag-seit-2006/ [Stand: 19.01.2024].

Statista, Größte Automobilzulieferer nach weltweitem Umsatz in den Jahren 2021 und 2022, 2023. URL: https://de.statista.com/statistik/daten/studie/261918/umfrage/umsatzstaerkste-automobilzulieferer-weltweit/#:~:text=Bosch%20ist%20die%20weltweite%20Nummer,vor%20den%20Zulieferern%20Denso%2C%20Continental. [Stand: 22.01.2024].

Statista, Kapazitätsauslastung im deutschen Maschinenbau in den Jahren 2003 bis 2022, 2023. URL: https://de.statista.com/statistik/daten/studie/235543/umfrage/kapazitaetsauslastung-im-deutschen-maschinenbau/ [Stand: 17.02.2024].

Statistisches Bundesamt (Destatis), Economic impacts - Statistics related to Covid-19, 2023. URL: https://www.destatis.de/EN/Themes/Cross-Section/Corona/Economy/context-economy.html#410832 [Stand: 22.01.2023].

Statistisches Landesamt Baden-Württemberg, Baden-Württemberg und die anderen Länder - Ausgaben für Forschung und Entwicklung bezogen auf das nominale Bruttoinlandsprodukt, Stuttgart, 2021.

Staudinger, M.; Vercaigne, A., Batterieproduktion in Zeiten der Energiewende - Acht Thesen zur zukünftigen Batterieproduktion für Elektrofahrzeuge in Europa, 02.06.2020. URL: https://advyce-perlitz.com/wp-content/uploads/200602-Batterie-Artikel_Copyright.pdf [Stand: 19.01.2024].

Staudt, E., Innovationsförderung und Technologietransfer - Einsatz u. Bewältigung technologiepolit. Instrumente in d. betriebl. Praxis, E. Schmidt, Berlin, 1980.

Steiger, K.; Hilgers, C.; Kolb, J., Herausforderungen bei der Rohstoffversorgung für Deutschland: Eine holistische Betrachtung durch Experteninterviews, Karlsruher Institut für Technologie (KIT), 2021.

Sunfire GmbH, Website - Über Sunfire, o.J. URL: https://www.sunfire.de/de/unternehmen [Stand: 16.01.2024].

Sunfire GmbH, Website - Wasserstoff, o.J. URL: https://www.sunfire.de/de/wasserstoff [Stand: 18.01.2024].

Sunfire GmbH, Blue Crude: Sunfire produziert nachhaltigen Erdölersatz, 16.05.2017. URL: https://www.sunfire.de/de/news/detail/blue-crude-sunfire-produziert-nachhaltigen-erdoelersatz [Stand: 19.01.2024].

Sunfire GmbH, Paul Wurth steigt als Lead-Investor und Technologiepartner bei Sunfire ein, 2019. URL: https://www.sunfire.de/de/news/detail/paul-wurth-steigt-als-lead-investor-und-technologiepartner-bei-sunfire-ein [Stand: 16.01.2024].

Sunfire GmbH, Sunfire sichert sich 109 Millionen Euro, um Wasserstoff-Technologien zu industrialisieren, 2021. URL: https://www.sunfire.de/de/news/detail/sunfire-sichert-sich-109-millionen-euro-um-wasserstoff-technologien-zu-industrialisieren [Stand: 16.01.2024].

Swamidass, P.; Vulasa, V., Why university inventions rarely produce income? Bottlenecks in university technology transfer, In: The Journal of Technology Transfer, Nr. 4, 34. Jg., 2008, S. 343-363.

Täger, U. C.; Uhlmann, L., Der Technologietransfer in der Bundesrepublik Deutschland - Grundstrategien auf dem Technologiemarkt, Duncker & Humblot, Berlin, 1984.

tagesschau.de, "Alte Industrie" trifft Zukunft - Börsengang von Nucera, 2023. URL: https://www.tagesschau.de/wirtschaft/unternehmen/nucera-thyssenkrupp-boersengang-wasserstoff-100.html [Stand: 17.02.2024].

Takalo, T., Rationales and instruments for public innovation policies, Elinkeinoelämän Tutkimuslaitos, Helsinki, 2009.

Tan, D. H.; Meng, Y. S.; Jang, J., Scaling up high-energy-density sulfidic solid-state batteries: A lab-to-pilot perspective,, 2022.

TEA - Hochschul-Transfereinrichtungen Augsburg, Zusammenarbeit von Wissenschaft und Wirtschaft im Wirtschaftsraum Augsburg/ Nordschwaben - Zahlen, Daten und Fakten zum Regionalen Transfergeschehen, 2009. URL: https://docplayer.org/54028152-Zusammenarbeit-von-wissenschaft-und-wirtschaft-im-wirtschaftsraum-augsburg-nordschwaben.html [Stand: 130.09.2022].

Technische Universität Braunschweig, Die Technische Universität Braunschweig in Zahlen 2022,, o.J.

Technische Universität Braunschweig, TU Braunschweig in Zahlen, o.J. URL: https://www.tu-braunschweig.de/die-tu-braunschweig/unser-profil/daten-fakten/tu-in-zahlen#:~:text=Im%20Jahr%202021%20waren%20insgesamt,Lehre%2C%20Technik%20und%20Verwaltung%20t%C3%A4tig. [Stand: 22.01.2024].

Technische Universität Braunschweig, Website - Battery LabFactory Braunschweig, o.J. URL: https://www.tu-braunschweig.de/blb [Stand: 23.01.2024].

Technische Universität Braunschweig, Website - Research & Development, o.J. URL: https://www.tu-braunschweig.de/en/blb/research [Stand: 23.01.2024].

Technische Universität Braunschweig, Website - Ziele & Werte, o.J. URL: https://www.tu-braunschweig.de/die-tu-braunschweig/unser-profil/ziele-werte [Stand: 22.01.2024].

Technologiekontaktstelle der Universität Osnabrück, Wissens- und Technologietransfer - Analysen, Konzepte, Instrumente, Bibliotheks- und Informationssystem der Univ, Oldenburg, 2005.

thyssenkrupp AG, thyssenkrupp zeigt Resilienz in herausforderndem Umfeld - Geschäftsjahr 2021/2022 mit deutlich verbesserten Finanzkennzahlen und weiteren Fortschritten bei der Transformation, 2022. URL: https://www.thyssenkrupp.com/de/newsroom/pressemeldungen/pressedetailseite/thyssenkrupp-zeigt-resilienz-in-herausforderndem-umfeld--geschaftsjahr-2021-2022-mit-deutlich-verbesserten-finanzkennzahlen-und-weiteren-fortschritten-bei-der-transformation-159796 [Stand: 16.01.2024].

thyssenkrupp Nucera AG & Co. KGaA, Website - Grüner Wasserstoff, o.J. URL: https://thyssenkrupp-nucera.com/de/gruener-wasserstoff/ [Stand: 18.01.2024].

thyssenkrupp Nucera AG & Co. KGaA, Website - Unternehmen, o.J. URL: https://thyssenkrupp-nucera.com/de/unternehmen/ [Stand: 18.01.2024].

thyssenkrupp Nucera AG & Co. KGaA, Website - Zukunftslösungen, o.J. URL: https://thyssenkrupp-nucera.com/de/zukunftsloesungen/ [Stand: 19.01.2024].

thyssenkrupp Steel Europe AG, Website - Forschung und Entwicklung, o.J. URL: https://www.thyssenkrupp-steel.com/de/unternehmen/business-units/electrical-steel/forschung-und-entwicklung/ [Stand: 18.01.2024].

Tiwari, S., Public Procurement as the Demand Side Innovation Policy in India, In: European procurement & public private partnership law review, Nr. 2, 12. Jg., 2017, S. 155-176.

Trenkle, J.; Beichert, C.-P., Typologisierung von Innovationsnetzwerken für horizontalen und vertikalen Wissens- und Technologietransfer, Ludwig-Fröhler-Institut für Handwerkswissenschaften, München, 2020.

Tschirky, H., Konzept und Aufgaben des integrierten Technologiemanagements, In: Tschirky, H. (Hrsg.): Technologie-Management - Idee und Praxis, Orell Füssli Verl. Industrielle Organisation, Zürich, 1998.

Turner, D.; Crawford, M., Managing current and future competitive performance - The role of competence, Centre for Corporate Change, Kensington, N.S.W., 1992.

Uhlmann, L., Der Ablauf industrieller Innovationsprozesse, Duncker & Humblot, Berlin, 1978.

Ulrich, H., Die Unternehmung als produktives soziales System: Grundlagen der allgemeinen Unternehmungslehre, Haupt, 1970.

Ulrich, H., Die Betriebswirtschaftslehre als anwendungsorientierte Sozialwissenschaft, In: Geist, M.; Köhler, R. (Hrsg.): Die Führung des Betriebes - Curt Sandig zu seinem 80. Geburtstag gewidmet, Pöschel, Stuttgart, 1981.

Ulrich, H., Management, Haupt, Bern, Stuttgart, 1984.

Ulrich, P.; Hill, W., Wissenschaftstheoretische Grundlagen der Betriebswirtschaftslehre (Teil I), In: Wirtschaftswissenschaftliches Studium, Nr. 8, 5. Jg., 1976, S. 304-309.

United Nations, Taxation and technology transfer - Key issues, United Nations, New York, 2005.

United Nations, Policy options and instruments for financing innovation - A practical guide to early-stage financing, United Nations, New York, 2009.

Valerdi, R.; J Kohl, R., An Approach to Technology Risk Management, Engineering Systems Division Symposium, 2004.

van Dierdonck, R.; Debackere, K.; Engelen, B., University-industry relationships: How does the Belgian academic community feel about it?, In: Research Policy, Nr. 6, 19. Jg., 1990, S. 551-566.

Voigt, R., Handbuch Staat, Springer Fachmedien Wiesbaden, Wiesbaden, 2018.

Volkswagen AG, Batteriezellen: Energieschonend in die Zukunft, o.J. URL: https://www.volkswagen.de/de/elektrofahrzeuge/nachhaltigkeit/batteriezellen-energieschonend-in-die-zukunft.html [Stand: 23.01.2024].

Volkswagen AG, Finanzberichte Volkswagen Konzern, o.J. URL: https://www.volkswagen-group.com/de/finanzberichte-volkswagen-konzern-15928 [Stand: 22.01.2024].

Volkswagen AG, Website - Pressemitteilungen Batterie, o.J. URL: https://www.volkswagen-newsroom.com/de/batterie-3634?node=11720 [Stand: 23.01.2024].

Volkswagen AG, Annual Report 2021, 2022. URL: https://www.volkswagen-group.com/en/publications/corporate/annual-report-2021-1791 [Stand: 23.01.2024].

Volkswagen AG, Gigafabrik St. Thomas in Kanada wird die bislang größte Zellfabrik der PowerCo SE, 2023. URL: https://www.volkswagen-group.com/de/pressemitteilungen/gigafabrik-st-thomas-in-kanada-wird-die-bislang-groesste-zellfabrik-der-powerco-se-16163 [Stand: 22.01.2024].

Walter, A., Technologietransfer zwischen Wissenschaft und Wirtschaft - Voraussetzungen für den Erfolg, 1. Aufl.; Deutscher Univ.-Verl., Wiesbaden, 2003.

Walter, A., Technologietransfer, In: Albers, S.; Gassmann, O. (Hrsg.): Handbuch Technologie- und Innovationsmanagement, Gabler Verlag, Wiesbaden, 2005.

Warnke, P.; Koschatzky, K.; Dönitz, E.; Zenker, A.; Stahlecker, T.; Som, O.; Cuhls, K.; Güth, S., Opening up the innovation system framework towards new actors and institutions - Fraunhofer ISI Discussion Papers Innovation Systems and Policy Analysis No. 49, 2016.

Webster, J.; Watson, R., Analyzing the past to prepare for the future - writing a literature review, In: MIS Quarterly, Nr. 2, 26. Jg., 2002, S. xiii-xxii.

Welsch, J., Innovationspolitik - Eine problemorientierte Einführung, 1. ed. 2005; Gabler Verlag; Imprint: Gabler Verlag, Wiesbaden, 2005.

Welter, M., Die Forschungsmethode der Typisierung: Charakteristika, Einsatzbereiche und praktische Anwendung, In: Lingenfelder, M. (Hrsg.): WiSt - Wirtschaftswissenschaftliches Studium - Zeitschrift für Studium und Forschung, Beck, München, 2006, S. 113-116.

Wernerfelt, B., A resource-based view of the firm, In: Schendel, D. (Hrsg.): Strategic Management Journal, Wiley, 1984, S. 171-180.

Wester, K., Seriengründer: Erfolg macht erfolgreich, In: Keuschnigg, C.; Kogler, M. (Hrsg.): Die Wirtschaft im Wandel, Springer Fachmedien, Wiesbaden, 2021, S. 65-69.

Weyant, J., Accelerating the development and diffusion of new energy technologies: Beyond the "valley of death", In: Energy Economics, Nr. 4, 33. Jg., 2011, S. 674-682.

Wieczorek, A.; Hekkert, M., Systemic instruments for systemic innovation problems: A framework for policy makers and innovation scholars, In: Science and Public Policy, Nr. 1, 39. Jg., 2012, S. 74-87.

Wilhelm, B.; Thierstein, A., Technische Ausbildungsstätten, Entwickler und ihr Beitrag zum Innovationssystem, In: Raumforschung und Raumordnung, 1999.

Wilhelm, B. E., Systemversagen im Innovationsprozess - Zur Reorganisation des Wissens- und Technologietransfers, Deutscher Universitätsverlag, Wiesbaden, s.l., 2000.

Winzer, P., Generic systems engineering - Ein methodischer Ansatz zur Komplexitätsbewältigung, 2. Auflage; Springer Vieweg, Berlin, Heidelberg, 2016.

World Bank Group, Innovation Policy - A Guide for Developing Countries, Online-Ausg; World Bank Publications, Washington, 2010.

Yin, R. K., Case study research and applications - Design and methods, Sixth edition; SAGE, Los Angeles, London, New Dehli, Singapore, Washington DC, Melbourne, 2018.

Yülek, M. A.; Taylor, T. K., Designing Public Procurement Policy in Developing Countries - How to Foster Technology Transfer and Industrialization in the Global Economy, Springer New York, Estados Unidos, 2012.

Zahn, E., Gegenstand und Zweck des Technologiemanagements, In: Zahn, E. (Hrsg.): Handbuch Technologiemanagement, Schäffer-Poeschel, Stuttgart, 1995, S. 3-32.

Zahn, E., Kernkompetenzen, In: Kern, W. (Hrsg.): Handwörterbuch der Produktionswirtschaft, 2. Aufl.; Schäffer-Poeschel, Stuttgart, 1996, S. 883-894.

Zahn, E.; Zürn, P.; Dierkes, M.; Hähner, K.; Raske, B.; Wieselhuber, N.; Bleicher, K.; Wildemann, H.; Stöger, W.; Nagel, G.; Steinhilper, R.; Friedel, A., Neues Denken in der Unternehmensführung, In: Bullinger, H.-J.; Warnecke, H. J. (Hrsg.): Neue Organisationsformen im Unternehmen, Springer, Berlin, Heidelberg, 1996, S. 279-413.

Zelewski, S., Grundlagen, In: Corsten, H. (Hrsg.): Lexikon der Betriebswirtschaftslehre, 4., überarbeitete und erweiterte Auflage; R. Oldenbourg Verlag, München, Wien, 2008, S. 1-97.

Zentrum für Sonnenenergie- und Wasserstoff-Forschung (ZSW), Website - Projekte im Bereich Wasserstoff & eFuels, o.J. URL: https://www.zsw-bw.de/forschung/wasserstoff-efuels/projekte.html [Stand: 18.01.2024].

Zentrum für Sonnenenergie- und Wasserstoff-Forschung (ZSW), Website - Stiftung, o.J. URL: https://www.zsw-bw.de/ueber-uns/stiftung.html [Stand: 18.01.2024].

Zentrum für Sonnenenergie- und Wasserstoff-Forschung (ZSW), Website - Technologietransfer, o.J. URL: https://www.zsw-bw.de/ueber-uns/technologietransfer.html [Stand: 18.01.2024].

Zentrum für Sonnenenergie- und Wasserstoff-Forschung (ZSW), Jahresbericht 2022, 2023. URL: https://www.zsw-bw.de/fileadmin/user_upload/PDFs/Jahresberichte/JB-2022.pdf [Stand: 16.01.2024].

Zentrum für Sonnenenergie- und Wasserstoff-Forschung (ZSW), Projekt "Ely-ZnCoat" - Kostengünstige Elektrodenherstellung,, 08.03.2023.

Zeppin, M., Wissenstransfer - Methoden, Anforderungen und Gestaltungsmöglichkeiten zur Sicherung und Weitergabe des Wissens/ Michael Zeppin, VDM-Verl. Müller, Saarbrücken, 2008.

Zhang, X., The institutional structuring of innovation policy coordination: theory and evidence from East Asia, In: Policy sciences, Nr. 1, 53. Jg., 2019, S. 101-138.

Zohm, F., Management von Diskontinuitäten - Das Beispiel der Mechatronik in der Automobilzulieferindustrie, Deutscher Universitätsverlag, Wiesbaden, 2004.

Anhang

A.1 Auswahl der Akteure in der Fallstudie

	Batteriezelle		Elektrolyzeur	
System-integrator	*Volkswagen AG*	Volkswagen baut primär Fahrzeuge, diese benötigen im Zuge der Elektrifizierung Batteriemodule.	*Thyssen Krupp*	TK braucht zur Stahlproduktion sehr viel Energie, perspektivisch ist Wasserstoff dafür gut geeignet, dafür wird u.a. Wasserelektrolyse eingesetzt.
Startup	*Quantumscape*	Feststoffbatterien haben großes Potenzial eine neue Batteriegeneration zu prägen. Quantumscape als Ausgründung von Stanford und finanziert von Investoren versucht diese Entwicklung voranzutreiben.	*Sunfire*	Das Unternehmen wurde 2010 gegründet, hat aktuell eine Series D finanzierung und wirbt mit einer neuen Technologie im Elektrolyseurbereich.
Maschinen-liefe-	*Manz AG*	Die Manz AG ist einer der führenden Anbieter von Produktionsequipment für Lithium-Ionen-Batteriezellen, -module und -packs sowie für Kondensatoren für die Elektromobilität.	*Coatema*	Ein Großteil der Aktivitäten ist auf den Bereich Sondermaschinenbau fokussiert, hier natürlich insbesondere auf Scale-up-Prozesse für R2R-Prozesse in Hightechindustrien, wie z. B. dem Brennstoffzellenmarkt.
Produzent	*CATL*	CATL ist der größte chinesische Hersteller von Lithium-Ionen-Akkumulatoren. Mittlerweile zählt das Unternehmen auch zu den zehn größten Automobilzulieferern der Welt.	*Siemens Energy*	Siemens Energy wird die industrielle Produktion von Elektrolysemodulen in Berlin ansiedeln. Damit bringt das Unternehmen das Herzstück der Wasserstofftechnologie in die Hauptstadt.
Rohstofflieferant	*BASF*	Im Bereich Forschung und Entwicklung von Batteriematerialien hat der Konzern bereits einige Kooperationen geschlossen – gemeinsam mit dem KIT arbeitet BASF an einem Verfahren, mit dem die Batterieproduktion beschleunigt werden soll.	*Lyna Rare Earth Limited*	Lynas Rare Earths was established as an ethical and environmentally responsible producer of rare earth materials and is the world's only significant producer of separated rare earth materials outside of China.
Forschungseinrichtung inkl. Forschende	*Uni Braunschweig*	Die Battery LabFactory Braunschweig (BLB) ist ein Forschungszentrum der TU Braunschweig. Das Forschungsspektrum umfasst den gesamten Wertschöpfungskreislauf von der Material- und Elektrodenherstellung über die Zellfertigung bis hin zur Systemintegration und zum Recycling zur Schließung des Materialkreislaufes.	*Fraunhofer IPA*	In dem Verbundprojekt »PEP.IN – Industrialisierung der PEM-Elektrolyse-Produktion« wird eine automatisierte Elektrolyseurfertigung aufgebaut. Zunächst wird eine umfangreiche Fabrik- und Produktionsplanung erarbeitet. Parallel läuft die Entwicklung von Automatisierungslösungen für eine industrielle Elektrolyseurproduktion.
Öffentliche För-	*BMBF*	Mit dem Dachkonzept Batterieforschung legt das BMBF den Grundstein für exzellente Batterieforschung, nachhaltige Wertschöpfungsketten und schnellen Transfer von der Forschung in die Anwendung.	*Land Baden Württemberg*	Das Forschungsprojekt „Elektrolyse made in Baden-Württemberg" unterstützt Unternehmen bei der Entwicklung von Elektrolyse-Technologien. Das Wirtschaftsministerium fördert das Projekt mit fünf Millionen Euro.
Finanzwirtschaftli-	*Omers Capital Markets*	OMERS Capital Markets investiert in verschiedene Green-Tech Startups, unter anderem in das Batterie-Startup Northvolt.	*Planet First Partners*	Our purpose-driven investment themes align with focused UN Sustainable Development Goals and Europe's Green Deal.
Infrastrukturbasierter Intermediär	*Fraunhofer FFB*	Die Fraunhofer-Einrichtung Forschungsfertigung Batteriezelle FFB am Standort Münster soll zum Zentrum der Entwicklung einer modernen und skalierbaren Batteriezellproduktion für Deutschland und Europa werden.	*ZSW*	Unternehmen aus Baden-Württemberg sollen serientaugliche verfahrens- und elektrotechnische Komponenten (z.B. Verrohrung, Pumpen, Ventiltechnik, Leistungselektronik) und Fertigungstechnologien in den Demonstrator einbringen und dabei mitwirken, eine verbesserte, standardisierte Systemtechnik mit hohen Wertschöpfungsanteilen zu entwickeln.

A.2 Analyse bestehender Phasenmodelle

Alternative Model of University Technology Transfer – Bradley 2013

Das *Alternative Model of University Technology Transfer* fokussiert die frühen Phasen des Technologietransfers von einer Universität als Quelle wissenschaftlicher Entdeckungen. Das Modell besteht aus einem komplexen Netzwerk von Technologietransferprozessen, die von einer Vielzahl von Akteuren (Hochschulwissenschaftler, Universität, Unternehmer und Technologietransferstelle) durchgeführt werden. Darüber hinaus werden Faktoren beschrieben, die diese Prozesse beeinflussen, wie z. B. Finanzierungsquellen, Hochschulpolitik und -kultur. Schließlich kann der Technologietransfer durch Lizenzvergabe an bestehende Unternehmen oder durch die Gründung neuer Start-ups oder Spin-offs erfolgen. Der wichtigste Beitrag ist die Erkenntnis, dass dieser Prozess nicht (oder nur selten) einer linearen Abfolge folgt. Der Anwendungsbereich ist jedoch auf den universitären Technologietransfer beschränkt. Das Modell endet mit der Lizenzvergabe oder der Gründung eines Spin-offs, ohne die nachfolgenden Schritte zur Industrialisierung oder Kommerzialisierung zu berücksichtigen. Was die Struktur des Referenzmodells betrifft, so liefert Bradley relevante Angaben zu den Elementen Fokus, Finanzbedarf und Akteure im Fokus. Im Bereich des Fokus wird sehr konkret beschrieben, welche Elemente und Notwendigkeiten in den einzelnen Prozessschritten im Vordergrund stehen. Beim Finanzbedarf werden die Kapitalquellen beschrieben, wobei der Schwerpunkt auf der Grundlagenforschung liegt. Die Akteure werden auf der individuellen Ebene entlang der Phasen detailliert dargestellt.[682]

Sequential Model of Development and Funding – Auerswald and Branscomb 2003

Auerswald und Brandscomb definieren ein Fünf-Phasen-Modell zur Beschreibung des Technologietransferprozesses. Es besteht aus *Research*, *Concept*, *Early-Stage Technology Development* (*ESTD*), *Product Development* und *Production*. Die innerhalb der Phasen untersuchten Dimensionen sind in zwei Bereiche gegliedert: die technologische Entwicklungsphase und die Finanzierungsquellen. Die Finanzierungsquellen sind nicht auf eine Phase beschränkt, sondern können in verschiedenen Phasen relevant sein. Unter anderem werden *Angel*-Investoren, *Venture Capital* (*VC*), *Corporate Venture Funds*, Eigenkapital und kommerzielles Fremdkapital berücksichtigt. Darüber hinaus wird für jede Phase ein Zielzustand identifiziert: Dieser besteht aus einer Patentanmeldung auf Basis der durchgeführten Forschung (Phase 1), der Validierung eines Unternehmens nach der frühen Phase der Technologieentwicklung (Phase 3) oder der Etablierung eines vitalen Unternehmens durch Produktion/Marketing (Phase 5).

---

682 Vgl. Bradley (2013), University Technology Transfer

AUERSWALD und BRANDSCOMB erörtern die Grenzen ihres Modells, insbesondere in Bezug auf die Rechte an geistigem Eigentum. Außerdem ist das Modell auf die technologische und finanzielle Perspektive beschränkt und berücksichtigt keine weiteren Merkmale des Technologietransfers. Eine wichtige Erkenntnis ist, dass es in Phase 3 (*ESTD*), in welcher der Übergang von der Erfindung zur Innovation erfolgt, einen kritischen Punkt gibt. Dieser Übergang geht mit einem bedeutenden Wechsel der Finanzierungsquelle einher (von einer hauptsächlich öffentlichen Finanzierung zu einer Finanzierung aus dem privaten Sektor). Dementsprechend liefert das Modell Erkenntnisse zu den Elementen Fokus, Zielzustand sowie Finanzbedarf für die Referenzmodell-Struktur.[683]

The Cash Flow Valley of Death Concept – MURPHEY AND EDWARDS 2003

In Bezug auf das Konzept des VoD gilt die Ausarbeitung des MARKHAM als grundlegend, in dem die Lücke zwischen der Verfügbarkeit von Ressourcen für Forschung und Entwicklung und den Kommerzialisierungsaktivitäten auf strukturierte Weise dargestellt wird[684]. Viele Modelle bauen auf diesem Rahmen auf und befassen sich mit verschiedenen Lücken, wie z. B. der Finanzierung und den Fähigkeiten (z. B. der Geschäftsentwicklung). Ein Beispiel ist das *Cash Flow Valley of Death Concept* von MURPHY und EDWARDS. Das Modell stellt nicht nur den Cashflow dar, sondern enthält zusätzlich einen Risikoindikator und definiert die typischen Investoren in jeder Phase, unterteilt in öffentliche und private Quellen. Im Rahmen des Technologietransfers stellt das VoD eine kritische Phase für den Erfolg dar. Für *Deep-Tech* ist diese Phase besonders relevant, da ein erheblicher Kapitalbedarf besteht und überdurchschnittliche Entwicklungszeiten erforderlich sind. Das Konzept der Arbeit von MURPHY und EDWARDS ist daher für verschiedene Elemente der Referenzmodellstruktur von hoher Relevanz und liefert Erkenntnisse in den Bereichen des Finanzbedarfs entlang des Transferprozesses sowie des Fokus in einzelnen Prozessphasen (*Technology Creation, Market Focused Business and Product Development, Early Commercialization*).[685]

Collaboration Model – HARLÉ ET AL. 2017

2017 entwarfen HARLÉ ET AL. ein Prozessmodell, das an die spezifischen Merkmale von *Deep-Tech* angepasst ist. Es basiert auf den Ergebnissen einer Umfrage unter 8.600 *Deep-Tech*-Start-ups. HARLÉ ET AL. definieren drei Kernphasen: Früh-, Mittel- und Spätphase. Innerhalb dieser Phasen werden sechs Unterphasen auf der Grundlage der TRLs unterschieden. Weitere Dimensionen sind Phasenziele, Partnerschaftsformate,

---

683 Vgl. Auerswald, Branscomb (2003), Valleys of Death and Darwinian Seas

684 Vgl. Markham et al. (2010), The Valley of Death

685 Vgl. Murphy, Edwards (2003), Bridging the Valley of Death

eine Checkliste und wichtige Erfolgsfaktoren. Während der Rahmen auf die Zusammenarbeit zwischen Start-ups und anderen Stakeholdern (z.B. *Corporate Venture Capital*) beschränkt ist, werden einzelne Gestaltungselemente des Modells in diesem Modell aufgegriffen und angepasst. Die Trennung der Phasen nach dem TRL der zugrunde liegenden Technologie erscheint sinnvoll. Weiterhin wird die Aufnahme von Zielzuständen (*objectives*), auf die jede Phase ausgerichtet ist, angepasst und von den Autoren beschriebene Schlüsselanforderungen in Form des Fokus aufgegriffen. Letztere werden im Rahmen von HARLÉ ET AL. generisch beschrieben, wobei im Kontext des Technologietransfers ein Bedarf an einer granulareren Analyse besteht. Darüber hinaus liefern HARLÉ ET AL. relevanten Input für den Wissenstyp, indem sie zwischen marktorientierten und technologieorientierten Anforderungen unterscheiden und die relevanten Akteure im Fokus beschreiben. Wichtige Aspekte in Bezug auf Ressourcen und Infrastruktur werden in Form von Erfolgsfaktoren dargestellt.[686]

Deep-Tech Framework – ROMANSANTA ET AL. 2021

Basierend auf einer umfassenden Analyse von Konzepten aus den Bereichen radikale Innovation, Innovations-Ökosystem, VoD, Technologie-Spin-offs und disruptive Innovation haben ROMANSANTA ET AL. ein umfassendes Modell zur Beschreibung von *Deep-Tech*-spezifischen Phasen entwickelt. Ausgehend von einer Fokus-Beschreibung (*Fundamental, Beneath, Complex, Distant, Profound*) sowie Zielzuständen (*Scientific Discovery, Prototype, Scaleable Products and Services*) liefert das Modell Aspekte in den Bereichen Akteure im Fokus und Finanzbedarf. ROMANSANTA ET AL. liefern eine detaillierte, phasenspezifische Liste von Akteuren, die im Fokus des Technologietransfers stehen. Daneben werden die Finanzierungsquellen und die Messgrößen für den Wert einer angemessenen Finanzierung beschrieben.[687]

Life Cycle Model for *Deep-Tech* Start-ups – SCHUH ET AL. 2022

SCHUH ET AL. leisten mit ihrem Lebenszyklusmodell einen wichtigen Beitrag zur konzeptionellen *Deep-Tech*-Forschung. Das Modell gliedert sich in vier Phasen, die Frühphase, Forschungs- und Entwicklungsphase, Wachstumsphase und Spätphase. Durch die Etappenziele der einzelnen Phasen werden Meilensteine definiert, die als Übergang in eine nachfolgende Phase zu erreichen sind (Zielzustände). Um einen hohen Detaillierungsgrad und eine hohe Granularität zu gewährleisten, werden diese vier Phasen in elf Unterphasen unterteilt. Im Gegensatz zu HARLÉ ET AL., die die TRL als Basis für die Phasenkonzeption verwenden, nutzen SCHUH ET AL. Finanzierungsrunden von Start-ups als Bezugselement. Dabei wird der Fokus auf den besonders hohen

[686] Vgl. Harlé et al. (2017), Deep-Tech Collaboration

[687] Vgl. Romasanta et al. (2022), Deep Tech

Kapitalbedarf von *Deep-Tech* gelegt. Die weitere Strukturierung umfasst fünf zentrale Entwicklungsfelder, die Technologie, das Produkt, den Markt, das Geschäftsmodell und die Organisationsentwicklung. Entlang dieser Felder findet die Entwicklung von *Deep-Tech* Start-ups statt und kann in den Fokus, die Wissensart und den Finanzbedarf einbezogen werden. Das Modell liefert einen relevanten Beitrag zur Systematisierung und zum Verständnis der Entwicklung von *Deep-Tech* Start-ups. Der mehrdimensionale Ansatz, der von finanziellen Aspekten bis zu phasenspezifischen Schwerpunkten reicht, dient als relevanter Input für das Referenzphasenmodell in diesem Beitrag. Der Beitrag bietet eine erhebliche Granularität und Tiefe. Es basiert jedoch auf den Lebenszyklusphasen von Start-ups und berücksichtigt daher nicht den vollständigen Transferprozess von Technologien, die aus der Forschung stammen.[688]

[688] Vgl. Schuh et al. (2022), Corporates and Deep Tech Startups

A.3 Übersicht über die identifizierten Transferhemmnisse

Hemmnis	Originalbezeichnung	Quelle
Abneigung gegenüber externen Lösungen ("*not invented here*-Syndrom")	"Not invented here" syndrome	689
	Ablehnende Haltung gegenüber Neuem	690
	Abneigung gegenüber externen Lösungsvorschlägen	691
	Fehlende Aufgeschlossenheit von Unternehmen	692
	Not invented here	693
	Scheu vor Wandel durch innovative Technologien	694
	Widerstand gegenüber Veränderungen	695
Sorge der Transferpartner vor Know-How-Abfluss	Abfließen von Know How	696
	Abfließen von Know How	697
	Angst vor Know-how Abfluss	698
	Fear that confidential information will be disclosed	699
	Furcht, Know how an Wettbewerber preiszugeben	700
	Risk of information leakage	701
	Angst vor Brechen von Geheimhaltungsregeln	702
Bürokratische Hürden im Transferprozess	Bürokratie	703
	Bürokratie	704
	Bürokratie	705
	Bürokratie	706
	Bürokratie	707
	Bürokratie	708
	Bürokratische Organisationsstrukturen	709

689 Vgl. Fichtel (1997), Technologietransfer, S. 338

690 Vgl. Fichtel (1997), Technologietransfer, S. 347ff.

691 Vgl. Merklein (2019), Marktorientierter Technologietransfer, S. 23

692 Vgl. Czarnitzki et al. (2000), Interaktion zwischen Wissenschaft und Wirtschaft, S. 2

693 Vgl. Corsten (1982), Nationaler Technologietransfers, S. 294

694 Vgl. Klöter (1995), Widerstände gegen innovative Beschaffungsentscheidungen, S. 27ff.

695 Vgl. Spann et al. (1993), Improving federal technology commercialization, S. 66

696 Vgl. Schrader (1991), Informal technology transfer between firms, S. 164

697 Vgl. Täger, Uhlmann (1984), Strategien zur Verbesserung des Technologie-Transfers, S. 210

698 Vgl. Merklein (2019), Marktorientierter Technologietransfer, S. 23

699 Vgl. Rudawska, Kowalik (2019), Towards university-business cooperation, S. 96

700 Vgl. Fichtel (1997), Technologietransfer, S. 343

701 Vgl. Quiñones et al. (2019), Open Innovation, S. 13

702 Vgl. Jung (1980), Barriers to technology transfer, S. 20

703 Vgl. Beise, Spielkamp (1996), Technologietransfer von Hochschulen, S. 7

704 Vgl. Bey (2005), Bedarfe an Technologietransfer, S. 73

705 Vgl. Jung (1980), Barriers to technology transfer, S. 21

706 Vgl. Preissler (2016), Interorganisationaler Technologietransfer, S. 24

707 Vgl. Preissler (2016), Interorganisationaler Technologietransfer, S. 9

708 Vgl. Spann et al. (1993), Improving federal technology commercialization, S. 66

709 Vgl. Rothholz (1986), Barrieren im Technologie-Transfer, S. 106ff.

Hemmnis	Originalbezeichnung	Quelle
Bürokratische Hürden im Transferprozess	Genehmigungs- und Verwaltungsverfahren	[710]
	Hochschulbürokratie	[711]
	Hoher Grad der Standardisierung	[712]
	Hoher Zentralisierungsgrad	[713]
	Innovationsaverse Einstellung des Rechnungswesens	[714]
	Institutional bureaucracy	[715]
	Legal regulations and bureaucracy	[716]
	Mangel an Wissen über Zuständigkeiten beim Transfer	[717]
	No formal transfer policies	[718]
	Organisationskultur	[719]
	Regulatorik (z.B. schwieriger Personalaustausch mit Industrie)	[720]
	Starre universitäre Entscheidungsstrukturen und Verwaltungsvorschriften	[721]
	Starrer Verwaltungsapparat der beteiligten Partner	[722]
	Unflexible Abwicklung von Drittmitteln	[723]
	Unflexibler Hochschulapparat	[724]
	Universitätsbürokratie	[725]
	Unterschiedlicher Aufbau von Organisationen	[726]
	Vertragsgestaltungsprobleme	[727]
Geografische Distanz der Transferpartner	Geographic distance	[728]
	Geographische Distanz	[729]
	Geographische Distanz	[730]
	Geringe Kompatibilität	[731]

[710] Vgl. Schmoch (2000), Wissens- und Technologietransfer in Deutschland, S. 67
[711] Vgl. Bagdassarov (2012), Wissens- und Technologietransfer an Universitäten, S. 69
[712] Vgl. Corsten (1982), Nationaler Technologietransfers, S. 233
[713] Vgl. Corsten (1982), Nationaler Technologietransfers, S. 231
[714] Vgl. Hauschildt (1997), Innovationsmanagement, S. 142ff.
[715] Vgl. Quiñones et al. (2019), Open Innovation, S. 14
[716] Vgl. Jasinski (2009), Barriers for technology transfer, S. 122
[717] Vgl. Fichtel (1997), Technologietransfer, S. 342
[718] Vgl. Gartner, Naiman (1976), Overcoming the Barriers to Technology Transfer, S. 23
[719] Vgl. Pechmann et al. (2010), Technologie- und Erkenntnistransfer aus der Wissenschaft, S. 38
[720] Vgl. Krücken (2003), Institutional barriers to the diffusion of the "third academic mission", S. 22
[721] Vgl. Meißner (2001), Technologietransfer in nationalen Innovationssystemen, S. 233
[722] Vgl. Meißner (2001), Technologietransfer in nationalen Innovationssystemen, S. 233
[723] Vgl. Fichtel (1997), Technologietransfer, S. 362
[724] Vgl. Fichtel (1997), Technologietransfer, S. 362
[725] Vgl. Fichtel (1997), Technologietransfer, S. 337
[726] Vgl. Rothgang et al. (2022), Kooperation zwischen Wissenschaft und Wirtschaft, S. 9
[727] Vgl. Bey (2005), Bedarfe an Technologietransfer, S. 73
[728] Vgl. Quiñones et al. (2019), Open Innovation, S. 14
[729] Vgl. Gartner, Naiman (1976), Overcoming the Barriers to Technology Transfer, S. 23
[730] Vgl. Jung (1980), Barriers to technology transfer, S. 23
[731] Vgl. Fichtel (1997), Technologietransfer, S. 357

Hemmnis	Originalbezeichnung	Quelle
Geringe Kompatibilität des Transferobjekts mit bestehenden industriellen Infrastrukturen	Kompatibilität des Transferobjektes mit dem Nutzungssystem	732
	Niedrige Kompatibilität	733
Geringer technologischer Reifegrad über eine lange Zeit	Embryonic inventions	734
	Fehlende Marktreife	735
	Geringe Anwendungsnähe der Forschung	736
	Geringer Technologiereifegrad	737
	Geringer Technologiereifegrad	738
	Geringer Technologiereifegrad	739
	Grundlagenorientierung	740
	Keine Demonstrierbarkeit	741
	Knowledge being too theoretical	742
	Niedriger Ausreifungsgrad	743
	Praktische Umsetzung	744
	Praxisferne	745
	Prototype is often not compatible with the demands of mass production	746
	Prototype technology not compatible with the demands of mass production	747
	University innovations are emryonic in nature	748
	Zu starke Grundlagenorientierung der Forschungstätigkeiten	749
Durchgehend hohe technologische Komplexität	Considerable share of tacit knowledge	750
	Geringe Mitteilbarkeit	751
	High level of tacit knowledge included in technologies	752

732 Vgl. Bagdassarov (2012), Wissens- und Technologietransfer an Universitäten, S. 69
733 Vgl. Corsten (1982), Nationaler Technologietransfers, S. 228
734 Vgl. Colyvas et al. (2002), How Do University Inventions Get Into Practice?, S. 65
735 Vgl. Merklein (2019), Marktorientierter Technologietransfer, S. 23
736 Vgl. Beise, Spielkamp (1996), Technologietransfer von Hochschulen, S. 16
737 Vgl. Fichtel (1997), Technologietransfer, S. 356
738 Vgl. Pechmann et al. (2010), Technologie- und Erkenntnistransfer aus der Wissenschaft, S. 37
739 Vgl. Jensen, Thursby (2001), The Licencing of University Inventions, S. 241
740 Vgl. Czarnitzki et al. (2000), Interaktion zwischen Wissenschaft und Wirtschaft, S. 30
741 Vgl. Pechmann et al. (2010), Technologie- und Erkenntnistransfer aus der Wissenschaft, S. 37
742 Vgl. Quiñones et al. (2019), Open Innovation, S. 13
743 Vgl. Corsten (1982), Nationaler Technologietransfers, S. 228
744 Vgl. Bey (2005), Bedarfe an Technologietransfer, S. 73
745 Vgl. Fichtel (1997), Technologietransfer, S. 337
746 Vgl. Mazurkiewicz, Poteralska (2017), Barriers and Challenges, S. 460
747 Vgl. Quiñones et al. (2019), Open Innovation, S. 14
748 Vgl. Rasmussen, Rice (2012), Government support mechanisms, S. 4
749 Vgl. Fichtel (1997), Technologietransfer, S. 362
750 Vgl. Rasmussen, Rice (2012), Government support mechanisms, S. 4
751 Vgl. Pechmann et al. (2010), Technologie- und Erkenntnistransfer aus der Wissenschaft, S. 37
752 Vgl. Mazurkiewicz, Poteralska (2017), Barriers and Challenges, S. 459

Hemmnis	Originalbezeichnung	Quelle
Durchgehend hohe technologische Komplexität	Hohe Komplexität	[753]
	Mangel an Kenntnis von Technologie	[754]
	Mangel an Know-How für das Testen und den Einsatz neuer Technologien	[755]
	Mangel an Verständnis von Arbeitsweisen einer Technologie	[756]
	Mangel an Verständnis von Arbeitsweisen einer Technologie	[757]
	Schwierige Mitteilbarkeit	[758]
	Schwierige Mitteilbarkeit der Technologie	[759]
	Technological barriers/difficulties	[760]
	Technology barrier	[761]
Komplexe regulatorische Hürden	Administrative und rechtliche Rahmenbedingungen des Transfers	[762]
	Difficultires in cooperation with banks	[763]
	Eigentumsrechtliche Bedenken	[764]
	Geheimhaltungsaspekt von transferiertem Wissen	[765]
	Geheimhaltungsbedenken	[766]
	Geheimhaltungsklassifizierung	[767]
	Inconsistent rules and regulations	[768]
	IP protection	[769]
	Mangel an Verständnis von Patent- und Lizenzdokumenten	[770]
	Problem, öffentlich gefundeter Research zu Kommerzialisieren	[771]
	Problems concerning IPR	[772]
	Problems concerning IPR	[773]
	Rechtliche Rahmenbedingungen (durch FuT-Politik)	[774]

753 Vgl. Corsten (1982), Nationaler Technologietransfers, S. 228
754 Vgl. Spann et al. (1993), Improving federal technology commercialization, S. 66
755 Vgl. Täger, Uhlmann (1984), Strategien zur Verbesserung des Technologie-Transfers, S. 208
756 Vgl. Smilor et al. (1989), R&D consortia and technology transfer, S. 17
757 Vgl. Walter (2003), Technologietransfer, S. 25
758 Vgl. Corsten (1982), Nationaler Technologietransfers, S. 228
759 Vgl. Fichtel (1997), Technologietransfer, S. 358
760 Vgl. Jasinski (2009), Barriers for technology transfer, S. 122
761 Vgl. Gartner, Naiman (1976), Overcoming the Barriers to Technology Transfer, S. 23
762 Vgl. Fichtel (1997), Technologietransfer, S. 363
763 Vgl. Jasinski (2009), Barriers for technology transfer, S. 122
764 Vgl. Spann et al. (1993), Improving federal technology commercialization, S. 66
765 Vgl. Fichtel (1997), Technologietransfer, S. 338
766 Vgl. Bey (2005), Bedarfe an Technologietransfer, S. 73
767 Vgl. Jung (1980), Barriers to technology transfer, S. 22
768 Vgl. Quiñones et al. (2019), Open Innovation, S. 13
769 Vgl. Rasmussen, Rice (2012), Government support mechanisms, S. 4
770 Vgl. Fichtel (1997), Technologietransfer, S. 354
771 Vgl. Preissler (2016), Interorganisationaler Technologietransfer, S. 9
772 Vgl. Mazurkiewicz, Poteralska (2017), Barriers and Challenges, S. 460
773 Vgl. Quiñones et al. (2019), Open Innovation, S. 14
774 Vgl. Walter (2003), Technologietransfer, S. 26

Hemmnis	Originalbezeichnung	Quelle
Komplexe regulatorische Hürden	Rechtliche Rahmenbedingungen bei der Durchführung	[775]
	Regulatorik (Vorschriften und Gesetze)	[776]
	Regulatorik (Vorschriften und Gesetze)	[777]
	Steuerrecht	[778]
	Verfügbarkeit über Schutzrechte	[779]
Mangel an Anreizstrukturen für Transferbeteiligung	Eingeschränkte Anerkennung und Honorierung der Tätigkeit im Transfer	[780]
	Fehlende Anreizstrukturen für Wissenschaftler	[781]
	Fehlende Honorierungsmöglichkeiten für beteiligtes Personal	[782]
	Frage, ob genug Anreize für Wissenschaftler bestehen	[783]
	Geringe Bereitschaft von Wissenschaftlern, Resultate zu Verwerten	[784]
	Geringe Motivation	[785]
	Hochschullehrer empfinden [...] Technologietransfer als eine Einbahnstraße	[786]
	Insufficient rewards for university researchers	[787]
	Lack of personal motivation	[788]
	Mangel an Belohnung	[789]
	Mangel an Motivation zur Kommerzialisierung	[790]
	Mangelnde finanzielle Würdigung der Zusatzbelastung durch den Transfer	[791]
	Motivation zum Transfer	[792]
	Unzureichende finanzielle Anreize für Professoren	[793]
	Wenig Anreize, sich aktiv und positiv für Technologietransfer einzusetzen	[794]
	Angst vor hohen Kosten	[795]

[775] Vgl. Bagdassarov (2012), Wissens- und Technologietransfer an Universitäten, S. 62
[776] Vgl. Corsten (1982), Nationaler Technologietransfers, S. 427
[777] Vgl. Preissler (2016), Interorganisationaler Technologietransfer, S. 9
[778] Vgl. Schmoch (2000), Wissens- und Technologietransfer in Deutschland, S. 225
[779] Vgl. Meißner (2001), Technologietransfer in nationalen Innovationssystemen, S. 233
[780] Vgl. Merklein (2019), Marktorientierter Technologietransfer, S. 22
[781] Vgl. Bagdassarov (2012), Wissens- und Technologietransfer an Universitäten, S. 63
[782] Vgl. Walter (2003), Technologietransfer, S. 26
[783] Vgl. Beise, Spielkamp (1996), Technologietransfer von Hochschulen, S. 16
[784] Vgl. Koschatzky (2014), Regionale Innovationssysteme, S. 531
[785] Vgl. Pechmann et al. (2010), Technologie- und Erkenntnistransfer aus der Wissenschaft, S. 39
[786] Vgl. Baranowski (2009), Technologietransfer der Zukunft, S. 150
[787] Vgl. Quiñones et al. (2019), Open Innovation, S. 13
[788] Vgl. Quiñones et al. (2019), Open Innovation, S. 14
[789] Vgl. Jung (1980), Barriers to technology transfer
[790] Vgl. Preissler (2016), Interorganisationaler Technologietransfer, S. 9
[791] Vgl. Fichtel (1997), Technologietransfer, S. 363
[792] Vgl. Pechmann et al. (2010), Technologie- und Erkenntnistransfer aus der Wissenschaft, S. 37
[793] Vgl. Kesting (2013), Wissens- und Technologietransfer durch Hochschulen, S. 156
[794] Vgl. Reinhard, Schmalholz (1996), Technologietransfer in Deutschland, S. 75ff.
[795] Vgl. Jung (1980), Barriers to technology transfer, S. 20

Hemmnis	Originalbezeichnung	Quelle
Mangel an passgenauen finanziellen Unterstützungsvehikeln	Begrenzte Fördermittel zur Überführung von Erkenntnissen in markttaugliche Produkte	796
	Cost barrier	797
	Finanzieller Aufwand der Verwertung von Forschungsergebnissen	798
	Funding	799
	Funding	800
	Funding gap	801
	Funding gap	802
	Funding gap	803
	Geringe finanzielle Ressourcen	804
	High costs associated with TT	805
	High costs of managing joint research projects in terms of time and money	806
	Hohe Kosten	807
	Insufficient budget of firms for commercialization	808
	Kapitalmangel	809
	Kapitalmangel	810
	Kostenintensiver Entwicklungs- und Umsetzungsaufwand	811
	Lack of / or insufficient funding	812
	Lack of financial resources	813
	Lack of financial resources	814
	Lack of funding	815
	Lack of government funding schemes	816
	Lack of venture capital	817

796 Vgl. Merklein (2019), Marktorientierter Technologietransfer, S. 22

797 Vgl. Gartner, Naiman (1976), Overcoming the Barriers to Technology Transfer, S. 23

798 Vgl. Koschatzky (2014), Regionale Innovationssysteme, S. 531

799 Vgl. Benner, Sandström (2000), Institutionalizing the triple helix, S. 301

800 Vgl. Munari et al. (2016), Determinants of the university technology transfer, S. 1378

801 Vgl. Munari, Toschi (2011), Bias against investment in academic spin-offs?, S. 23ff.

802 Vgl. Salmenkaita, Salo (2002), Rationales for Government Intervention, S. 187

803 Vgl. Kochenkova et al. (2015), Public policy measures in support of knowledge transfer, S. 410

804 Vgl. Merklein (2019), Marktorientierter Technologietransfer, S. 23

805 Vgl. Jasinski (2009), Barriers for technology transfer, S. 122

806 Vgl. Quiñones et al. (2019), Open Innovation, S. 13

807 Vgl. Beise, Spielkamp (1996), Technologietransfer von Hochschulen, S. 7

808 Vgl. Moon et al. (2005), Obstacles to Technology Transfer, S. 6

809 Vgl. Koschatzky (1997), Management, Finanzierung und Regionale Netzwerke, S. 55

810 Vgl. Schmoch (2000), Wissens- und Technologietransfer in Deutschland, S. 67

811 Vgl. Fichtel (1997), Technologietransfer, S. 358

812 Vgl. Rudawska, Kowalik (2019), Towards university-business cooperation, S. 96

813 Vgl. Jasinski (2009), Barriers for technology transfer, S. 122

814 Vgl. Rasmussen, Rice (2012), Government support mechanisms, S. 4

815 Vgl. Mazurkiewicz, Poteralska (2017), Barriers and Challenges, S. 460

816 Vgl. Muscio, Vallanti (2014), Perceived Obstacles to University–Industry Collaboration, S. 419

817 Vgl. Quiñones et al. (2019), Open Innovation, S. 13

Hemmnis	Originalbezeichnung	Quelle
Mangel an passgenauen finanziellen Unterstützungsvehikeln	Limitations in funding	818
	Mangel an Entwicklungskapital mit Risikocharakter	819
	Mangel an finanziellen Mitteln	820
	Mangel an finanziellen Mitteln	821
	Mangel an Finanzierung	822
	Mangel an Ressourcen	823
	Mangelnde staatliche Finanzierung	824
	Obtaining finance remains a challenge	825
	Ressourcenmangel	826
	Schwankende staatliche Finanzierung	827
	Shortage of budgets	828
	Unzureichende finanzielle Möglichkeiten	
	Zu starke Dominanz von Finanzierungsaspekten	829
	Zusammenarbeit ist zu teuer	830
Mangel an spezialisiertem Fachpersonal	Eingeschränkte Kapazität des Empfängers	831
	Fehlende Fähigkeit, technologische Probleme zu konkretisieren	832
	Fehlende Kommunikationspartner zur Beurteilung Erkenntnisse	833
	Fehlendes Fachpersonal	834
	Geringe Absorptionsfähigkeit	835
	Geringe Fähigkeiten in Unternehmen zur Übernahme von Technologien	836
	Lack of human resources	837
	Lack of qualified personnel	838
	Limitations in the availability of qualified human resources	839

818 Vgl. Lockett, Wright (2005), University spin-out companies, S. 1047
819 Vgl. Fichtel (1997), Technologietransfer, S. 350
820 Vgl. Pechmann et al. (2010), Technologie- und Erkenntnistransfer aus der Wissenschaft, S. 39
821 Vgl. Spann et al. (1993), Improving federal technology commercialization, S. 66
822 Vgl. Czarnitzki et al. (2000), Interaktion zwischen Wissenschaft und Wirtschaft, S. 2
823 Vgl. Fichtel (1997), Technologietransfer, S. 341
824 Vgl. Spann et al. (1993), Improving federal technology commercialization, S. 66
825 Vgl. Audretsch et al. (2012), Financial signaling by innovative nascent ventures, S. 1419
826 Vgl. Fichtel (1997), Technologietransfer, S. 364
827 Vgl. Spann et al. (1993), Improving federal technology commercialization, S. 66
828 Vgl. Swamidass, Vulasa (2008), Bottlenecks in university technology transfer, S. 359
829 Vgl. Meißner (2001), Technologietransfer in nationalen Innovationssystemen, S. 233
830 Vgl. Müller (1988), Organisation des Technologietransfers, S. 124
831 Vgl. Jung (1980), Barriers to technology transfer, S. 23
832 Vgl. Fichtel (1997), Technologietransfer, S. 341
833 Vgl. Merklein (2019), Marktorientierter Technologietransfer, S. 23
834 Vgl. Merklein (2019), Marktorientierter Technologietransfer, S. 23
835 Vgl. Pechmann et al. (2010), Technologie- und Erkenntnistransfer aus der Wissenschaft, S. 39
836 Vgl. Fichtel (1997), Technologietransfer, S. 344f.
837 Vgl. Rasmussen, Rice (2012), Government support mechanisms, S. 4
838 Vgl. Moon et al. (2005), Obstacles to Technology Transfer, S. 6
839 Vgl. Lockett, Wright (2005), University spin-out companies, S. 1047

Hemmnis	Originalbezeichnung	Quelle
Mangel an spezialisiertem Fachpersonal	Mangel an Fachpersonal	[840]
	Mangel an Fachpersonal	[841]
	Mangel an Fachpersonal	[842]
	Mangel an personellen Kapazitäten	[843]
	Mangel an personellen Ressourcen	[844]
	Mangel an qualifiziertem Personal zur Übernahme von Technologien	[845]
	Mangelhafte Qualität der Forschungsergebnisse	[846]
	Manpower constraints (skills)	[847]
	Personelle Ressourcenknappheit	[848]
	Schlechte Kognition	[849]
	Schwierigkeiten bei Rekrutierung von wissenschaftlichem Personal	[850]
	Shortage of personnel	[851]
	Zu hohe Qualifikationsanforderungen	[852]
	Zu niedriges Wissenschaftliches Niveau	[853]
Mangel betriebswirtschaftlicher Kenntnisse und Erfahrungen	Academics lack awareness of commercialisation process	[854]
	Fehlende Marktnähe von Wissenschaftlern	[855]
	Geringes technologisches Know How des Gebers	[856]
	Knowledge gap in managerial skills and competences	[857]
	Lack of skills necessary for the commercialisation of research results	[858]
	Mangel an Methoden und Regeln für die Kommerzialisierung	[859]
	Mangelhafte Kenntnis über "Exit"-Wege von Forschungsresultaten	[860]
	Geringe Methodenkompetenz	[861]

[840] Vgl. Czarnitzki et al. (2000), Interaktion zwischen Wissenschaft und Wirtschaft, S. 2
[841] Vgl. Merklein (2019), Marktorientierter Technologietransfer, S. 22
[842] Vgl. Schmoch (2000), Wissens- und Technologietransfer in Deutschland, S. 67
[843] Vgl. Fichtel (1997), Technologietransfer, S. 362
[844] Vgl. Pechmann et al. (2010), Technologie- und Erkenntnistransfer aus der Wissenschaft, S. 39
[845] Vgl. Fichtel (1997), Technologietransfer, S. 345
[846] Vgl. Preissler (2016), Interorganisationaler Technologietransfer, S. 24
[847] Vgl. Jasinski (2009), Barriers for technology transfer, S. 122
[848] Vgl. TEA - Hochschul-Transfereinrichtungen Augsburg (2009), Zusammenarbeit von Wissenschaft und Wirtschaft, S. 19
[849] Vgl. Corsten (1982), Nationaler Technologietransfers, S. 294
[850] Vgl. Fichtel (1997), Technologietransfer, S. 362
[851] Vgl. Swamidass, Vulasa (2008), Bottlenecks in university technology transfer, S. 359
[852] Vgl. Bey (2005), Bedarfe an Technologietransfer, S. 73
[853] Vgl. Meißner (2001), Technologietransfer in nationalen Innovationssystemen, S. 233
[854] Vgl. Rasmussen, Rice (2012), Government support mechanisms, S. 4
[855] Vgl. Beise, Spielkamp (1996), Technologietransfer von Hochschulen, S. 7
[856] Vgl. Pechmann et al. (2010), Technologie- und Erkenntnistransfer aus der Wissenschaft, S. 38
[857] Vgl. Kochenkova et al. (2015), Public policy measures in support of knowledge transfer, S. 410
[858] Vgl. Mazurkiewicz, Poteralska (2017), Barriers and Challenges, S. 460
[859] Vgl. Preissler (2016), Interorganisationaler Technologietransfer, S. 9
[860] Vgl. Koschatzky (2014), Regionale Innovationssysteme, S. 531
[861] Vgl. Pechmann et al. (2010), Technologie- und Erkenntnistransfer aus der Wissenschaft, S. 39

Hemmnis	Originalbezeichnung	Quelle
Mangel an Transferkenntnis und -erfahrung	Hohe Aufgabenkomplexität	[862]
	Kein Angebot von begleitenden Maßnahmen (insbes. Managementberatung)	[863]
	Kein Commitment bzgl. Kosten, Zeithorizont, Qualität	[864]
	Lack of benchmark to evaluate successful collaboration	[865]
	Mangel an betriebswirtschaftlichen Kenntnissen	[866]
	Mangel an Erfahrung im Technologietransfer	[867]
	Mangel an Kooperationserfahrung	[868]
	Non-existent transfer management structure	[869]
	Problems with selecting the appropriate transfer mechanism	[870]
	Projektmanagement	[871]
	Schlechtes Management	[872]
	Transfer des Artefakts aber nicht des zugehörigen Wissens	[873]
	Unsatisfactory or poor business management	[874]
	Vernachlässigung der Technologie während des Prozesses	[875]
Schwache Beziehungen zwischen den Transferpartnern	Auffinden von Partnern	[876]
	Communication barrier	[877]
	Communication gap	[878]
	Fehlende Fähigkeit, geeignete Technologietransfer- oder Kooperationspartner zu suchen und zu selektieren	[879]
	Informationsdefizite	[880]
	Keine Verbindung zu Technologieannehmen	[881]
	Komplizierter Zugang zu Universitäten für interessierte Kooperationspartner	[882]

862 Vgl. Corsten (1982), Nationaler Technologietransfers, S. 231
863 Vgl. Meißner (2001), Technologietransfer in nationalen Innovationssystemen, S. 233
864 Vgl. Fichtel (1997), Technologietransfer, S. 339
865 Vgl. Quiñones et al. (2019), Open Innovation, S. 14
866 Vgl. Koschatzky (1997), Management, Finanzierung und Regionale Netzwerke, S. 55f.
867 Vgl. Spann et al. (1993), Improving federal technology commercialization, S. 66
868 Vgl. Pechmann et al. (2010), Technologie- und Erkenntnistransfer aus der Wissenschaft, S. 38
869 Vgl. Gartner, Naiman (1976), Overcoming the Barriers to Technology Transfer, S. 23
870 Vgl. Mazurkiewicz, Poteralska (2017), Barriers and Challenges, S. 459
871 Vgl. Bey (2005), Bedarfe an Technologietransfer, S. 73
872 Vgl. Bessant, Rush (1995), Building bridges for innovation, S. 100
873 Vgl. Fichtel (1997), Technologietransfer, S. 359
874 Vgl. Mazurkiewicz, Poteralska (2017), Barriers and Challenges, S. 459
875 Vgl. Jung (1980), Barriers to technology transfer, S. 23
876 Vgl. Bey (2005), Bedarfe an Technologietransfer, S. 73
877 Vgl. Gartner, Naiman (1976), Overcoming the Barriers to Technology Transfer, S. 23
878 Vgl. Kochenkova et al. (2015), Public policy measures in support of knowledge transfer, S. 410
879 Vgl. Fichtel (1997), Technologietransfer, S. 342
880 Vgl. Beise, Spielkamp (1996), Technologietransfer von Hochschulen, S. 16
881 Vgl. Spann et al. (1993), Improving federal technology commercialization, S. 66
882 Vgl. Meißner (2001), Technologietransfer in nationalen Innovationssystemen, S. 233

Hemmnis	Originalbezeichnung	Quelle
Schwache Beziehungen zwischen den Transfer-partnern	Lack of appropriate partners	[883]
	Lack of information on the technology demand	[884]
	Mangel an Beziehungen mit Wirtschaft	[885]
	Mangel an Informationen über Technologieanbieter	[886]
	Mangel an Kenntnis von geeigneten Technologienehmern	[887]
	Poor connections	[888]
	Schwache Kommunikationsbeziehungen	[889]
	Schwierigkeiten Kommerzialisierungspartner zu finden	[890]
	Unkenntnis über Anbieter/Nachfrager von Forschungsleistungen	[891]
	Zu wenig Informationsmaterial	[892]
	Fehlen von Gesamt-Transferstrategien an Hochschulen	[893]
	Fehlender Markt für Forschungsergebnisse in Deutschland	[894]
	Geringe Marktnachfrage	[895]
	Intransparenz des F&E-Angebots	[896]
	It is difficult to find innovative companies	[897]
	Lack of obvious markets	[898]
	Mangel an Informationen über Technologieanbieter	[899]
	Poor marketing skills of TTO	[900]
	Technology providers have insufficient knowldege about potential markets	[901]
	Unübersichtliches Leistungsangebot wissenschaftlicher Einrichtungen	[902]
	Unübersichtliches Leistungsangebot wissenschaftlicher Einrichtungen	[903]
	Expectations regarding value of technology	[904]

[883] Vgl. Quiñones et al. (2019), Open Innovation, S. 13
[884] Vgl. Moon et al. (2005), Obstacles to Technology Transfer, S. 6
[885] Vgl. Pechmann et al. (2010), Technologie- und Erkenntnistransfer aus der Wissenschaft, S. 38
[886] Vgl. Täger, Uhlmann (1984), Strategien zur Verbesserung des Technologie-Transfers
[887] Vgl. Täger, Uhlmann (1984), Strategien zur Verbesserung des Technologie-Transfers, S. 216
[888] Vgl. Rudawska, Kowalik (2019), Towards university-business cooperation, S. 96
[889] Vgl. Corsten (1982), Nationaler Technologietransfers, S. 232
[890] Vgl. Preissler (2016), Interorganisationaler Technologietransfer, S. 9
[891] Vgl. Fransman (2008), University-Industry Relationship, S. 131
[892] Vgl. Bey (2005), Bedarfe an Technologietransfer, S. 73
[893] Vgl. Bagdassarov (2012), Wissens- und Technologietransfer an Universitäten, S. 67
[894] Vgl. Merklein (2019), Marktorientierter Technologietransfer, S. 23
[895] Vgl. Corsten (1982), Nationaler Technologietransfers, S. 395
[896] Vgl. Bagdassarov (2012), Wissens- und Technologietransfer an Universitäten, S. 71
[897] Vgl. Muscio, Vallanti (2014), Perceived Obstacles to University-Industry Collaboration, S. 419
[898] Vgl. Swamidass, Vulasa (2008), Bottlenecks in university technology transfer, S. 360
[899] Vgl. Beise, Spielkamp (1996), Technologietransfer von Hochschulen, S. 77f.
[900] Vgl. Quiñones et al. (2019), Open Innovation, S. 13
[901] Vgl. Mazurkiewicz, Poteralska (2017), Barriers and Challenges, S. 459
[902] Vgl. Beise, Spielkamp (1996), Technologietransfer von Hochschulen, S. 7
[903] Vgl. Merklein (2019), Marktorientierter Technologietransfer, S. 23
[904] Vgl. Quiñones et al. (2019), Open Innovation, S. 13

Hemmnis	Originalbezeichnung	Quelle
Unklares Anwendungspotenzial der Technologie	Geringes oder enges Anwendungspotenzial	905
	Mangel an Verständnis von Einsatzmöglichkeiten einer Technologie	906
	Mangel an Verständnis von Leistungsfähigkeit einer Technologie	907
	Mangelnde praktische Relevanz der Technologie	908
	Mangelnde Risikobereitschaft zur Weiterentwicklung	909
	New technologies need to be tested and demonstrated	910
	Risikoscheue	911
	Teilbarkeit/ Erprobbarkeit nicht gegeben	912
Unklares Anwendungspotenzial der Technologie	Different motives	913
	Divergierende Interessenlage zwischen Wissenschaft und Wirtschaft	914
	Furcht vor Einschränkung der Publikationsfreiheit	915
	Hochschulen steht aus Sicht der Unternehmer kein eigenes wirtschaftliches Interesse an der Verwertung ihrer Patente zu	916
	Keine oder schlechte Publizierbarkeit der Ergebnisse	917
	Konflikt zwischen Publikationsfreiheit und Geheimhaltung	918
	Mangelnde Bereitschaft, langfristige Forschungskooperationen einzugehen	919
	Misalignment between objectives	920
	Unterschiedliche Interessen von Forschung und Industrie	921
	Unterschiedliche Qualitätsvorstellungen	922
	Unterschiedliche Ziele	923
	Unterschiedliche Zielsysteme von Forschung und Industrie	924
Unklares Anwendungspotenzial der Technologie	Unterschiedliche Zielsysteme von Forschung und Industrie	925
	Unvereinbare Ziele und Visionen der Partner	926

905 Vgl. Fichtel (1997), Technologietransfer, S. 360
906 Vgl. Walter (2003), Technologietransfer, S. 25
907 Vgl. Walter (2003), Technologietransfer, S. 25
908 Vgl. Fichtel (1997), Technologietransfer, S. 358
909 Vgl. Merklein (2019), Marktorientierter Technologietransfer, S. 23
910 Vgl. Mazurkiewicz, Poteralska (2017), Barriers and Challenges, S. 459
911 Vgl. Spann et al. (1993), Improving federal technology commercialization, S. 66
912 Vgl. Corsten (1982), Nationaler Technologietransfers, S. 228
913 Vgl. Rogers (2002), The Nature of Technology Transfer, S. 325
914 Vgl. Bagdassarov (2012), Wissens- und Technologietransfer an Universitäten, S. 59
915 Vgl. Fichtel (1997), Technologietransfer, S. 363
916 Vgl. Baranowski (2009), Technologietransfer der Zukunft, S. 150f.
917 Vgl. Meißner (2001), Technologietransfer in nationalen Innovationssystemen, S. 233
918 Vgl. Merklein (2019), Marktorientierter Technologietransfer, S. 23
919 Vgl. Fichtel (1997), Technologietransfer, S. 342
920 Vgl. Quiñones et al. (2019), Open Innovation, S. 14
921 Vgl. Fichtel (1997), Technologietransfer, S. 335
922 Vgl. Fichtel (1997), Technologietransfer, S. 339
923 Vgl. Rothgang et al. (2022), Kooperation zwischen Wissenschaft und Wirtschaft, S. 9
924 Vgl. Fichtel (1997), Technologietransfer, S. 335
925 Vgl. Koschatzky (2014), Regionale Innovationssysteme, S. 530
926 Vgl. Meißner (2001), Technologietransfer in nationalen Innovationssystemen, S. 233

Hemmnis	Originalbezeichnung	Quelle
	Veröffentlichung vs. Geheimhaltung der Kooperationsinhalte und -ergebnisse	927
	Veröffentlichung vs. Geheimhaltung der Kooperationsinhalte und -ergebnisse	928
	Vorbehalte hinsichtlich Geheimhaltung der Forschungsergebnisse	929
Unzureichende Ausstattung im Innovationssystem	Begrenzte Infrastruktur	930
	Fehlende Ressourcen innerhalb der technischen Infrastruktur	931
	Geringes technologisches Potenzial in Unternehmen zur Übernahme von Technologien	932
	Lack of developed infrastructures	933
	Lack of physical resources	934
	Lack of resources	935
	Mangel an sachlichen Ressourcen	936
	Mangel an technischer Ausstattung	937
	Mangelhafte technische Ausstattung	938
	Nicht ausreichende Forschungsinfrastruktur, insbes. Zu geringes Raumangebot	939
	Niedriges technologisch-betriebliches Niveau	940
	Schlechte Grundausstattung im F&E Bereich zur Übernahme von Technologien	941
	Schlechte technische Ausstattung	942
	Umsetzungsprobleme von technischem Know-How in marktfähige Produkte	943
Vorbehalte gegenüber dem Transferpartner	Angst vor dem Transferpartner	944
	Angst vor Verlust der Unabhängigkeit von Forschung	945
	Berührungsängste mit der Forschung	946

927 Vgl. Frank et al. (2007), Kooperation, S. 101
928 Vgl. van Dierdonck et al. (1990), University-industry relationships, S. 554
929 Vgl. Baranowski (2009), Technologietransfer der Zukunft, S. 151
930 Vgl. Merklein (2019), Marktorientierter Technologietransfer, S. 22
931 Vgl. Fichtel (1997), Technologietransfer, S. 362
932 Vgl. Fichtel (1997), Technologietransfer, S. 344f.
933 Vgl. Mazurkiewicz, Poteralska (2017), Barriers and Challenges, S. 459
934 Vgl. Rasmussen, Rice (2012), Government support mechanisms, S. 4
935 Vgl. Quiñones et al. (2019), Open Innovation, S. 13
936 Vgl. Pechmann et al. (2010), Technologie- und Erkenntnistransfer aus der Wissenschaft, S. 39
937 Vgl. Czarnitzki et al. (2000), Interaktion zwischen Wissenschaft und Wirtschaft, S. 31
938 Vgl. Schmoch (2000), Wissens- und Technologietransfer in Deutschland, S. 67
939 Vgl. Meißner (2001), Technologietransfer in nationalen Innovationssystemen, S. 233
940 Vgl. Corsten (1982), Nationaler Technologietransfers, S. 284
941 Vgl. Fichtel (1997), Technologietransfer, S. 344
942 Vgl. Bey (2005), Bedarfe an Technologietransfer, S. 73
943 Vgl. Meißner (2001), Technologietransfer in nationalen Innovationssystemen, S. 230
944 Vgl. Jung (1980), Barriers to technology transfer, S. 20
945 Vgl. Müller-Böling (2007), Marketing von Hochschulen, S. 269
946 Vgl. Beise, Spielkamp (1996), Technologietransfer von Hochschulen, S. 8

Hemmnis	Originalbezeichnung	Quelle
Vorbehalte gegenüber dem Transferpartner	Berührungsängste mit Industrie	947
	Cultural differences	948
	Different vocabularies	949
	Erwartungshaltung, die Industrie müsse den ersten Schritt gehen	950
	Fehlende Aufgeschlossenheit von Unternehmen	951
	Fehlende Kooperationsbereitschaft	952
	Gefährdung der Wissenschaftsfreiheit	953
	Industriefeindliches Klima an Universitäten	954
	Insecurity of retaining job if not successful	955
	Mangelndes Forschungsinteresse	956
	Misstrauen	957
	Niedrige relative Vorteilhaftigkeit	958
	Organizational cultures	959
	Psychologische Schwellenangst, Forscher oder Institute anzusprechen und diese mit Anfragen "zu belästigen"	960
	Risikoscheue	961
	University and Company Partners Have Fundamentally Different Cultures	962
	Unterschiedliche "Sprache" von Forschung und Industrie	963
	Unterschiedliche Kulturen	964
	Unterschiedliche Kulturen von Forschung und Industrie	965
	Widely differing cultures	966
	Wissenschaftsfeindliches Klima in der Wirtschaft	967

947 Vgl. Merklein (2019), Marktorientierter Technologietransfer, S. 23
948 Vgl. Quiñones et al. (2019), Open Innovation, S. 14
949 Vgl. Rogers (2002), The Nature of Technology Transfer, S. 325
950 Vgl. Fichtel (1997), Technologietransfer, S. 363f.
951 Vgl. Schmoch (2000), Wissens- und Technologietransfer in Deutschland, S. 67
952 Vgl. Bey (2005), Bedarfe an Technologietransfer, S. 73
953 Vgl. Grimm (2007), Wissenschaftsfreiheit, S. 23ff.
954 Vgl. Meißner (2001), Technologietransfer in nationalen Innovationssystemen, S. 233
955 Vgl. Gartner, Naiman (1976), Overcoming the Barriers to Technology Transfer, S. 23
956 Vgl. Fichtel (1997), Technologietransfer, S. 338
957 Vgl. Jung (1980), Barriers to technology transfer, S. 19
958 Vgl. Corsten (1982), Nationaler Technologietransfers, S. 228
959 Vgl. Rudawska, Kowalik (2019), Towards university-business cooperation, S. 96
960 Vgl. Fichtel (1997), Technologietransfer, S. 339
961 Vgl. Koschatzky (1997), Management, Finanzierung und Regionale Netzwerke, S. 174
962 Vgl. Cyert, Goodman (1997), Creating effective University-industry alliances, S. 47
963 Vgl. Fichtel (1997), Technologietransfer, S. 335
964 Vgl. Jung (1980), Barriers to technology transfer, S. 20
965 Vgl. Fichtel (1997), Technologietransfer, S. 335
966 Vgl. Rogers (2002), The Nature of Technology Transfer, S. 325
967 Vgl. Meißner (2001), Technologietransfer in nationalen Innovationssystemen, S. 233

A.4 Verknüpfung der Hemmnisse und Akteure

„x" entspricht Zuordnung, strukturelle Hemmnisse nicht ausgeführt		Akteure							
	Hemmnisse	Endproduktintegratoren bzw. Anwender	Start-ups und Spin-offs	Maschinenlieferant	Produzent	Rohstofflieferant	Forschungseinrichtungen inkl. Forschende	Öffentliche Fördergeber	Finanzwirtschaftliche Investoren
H1	Sorge der Transferpartner vor Know-How-Abfluss	x	x	x	x	x			
H3	Geographische Distanz der Transferpartner	x	x	x	x	x	x		
H4	Geringe Kompatibilität mit bestehenden Infrastrukturen	x	x	x	x	x	x		
H5	Geringer technologischer Reifegrad über eine lange Zeit	x	x		x	x	x		x
H6	Durchgehend hohe technologische Komplexität		x	x	x	x			
H9	Mangel an passgenauen finanziellen Unterstützungsvehikeln		x						
H10	Mangel an spezialisiertem Fachpersonal	x	x	x	x	x	x		
H11	Mangel betriebswirtschaftlicher Kenntnisse und Erfahrungen		x				x		
H14	Unklares Anwendungspotenzial der Technologie	x	x	x	x	x	x	x	x
H16	Unzureichende Ausstattung im Innovationssystem	x	x	x	x	x	x		
H17	Mangel an benötigter Produktions-Expertise für Skalierungsprojekte		x	x		x	x		

A.5 Bewertung der Phasenrelevanz der Hemmnisse

Bestimmung der grundsätzlichen Hemmnisrelevanz

	Hemmnisse	DISCOVERY	DT DEVELOP-MENT	VALLEY OF DEATH	INDUSTRIALI-ZATION
H1	Sorge der Transferpartner vor Know-How-Abfluss	0	2	5	7
H3	Geographische Distanz der Transferpartner	2	3	5	7
H4	Geringe Kompatibilität mit bestehenden Infrastrukturen	2	3	5	7
H5	Geringer technologischer Reifegrad über eine lange Zeit	2	4	5	8
H6	Durchgehend hohe technologische Komplexität	0	2	4	5
H9	Mangel an passgenauen finanziellen Unterstützungsvehikeln	0	2	2	1
H10	Mangel an spezialisiertem Fachpersonal	2	3	5	7
H11	Mangel betriebswirtschaftlicher Kenntnisse und Erfahrungen	2	3	2	1
H14	Unklares Anwendungspotenzial der Technologie	4	5	7	9
H16	Unzureichende Ausstattung im Innovationssystem	2	3	5	7
H17	Mangel an benötigter Produktions-Expertise für Skalierungsprojekte	2	3	3	3

Bestimmung der vorläufigen Hemmnisstärke

	Hemmnisse	DISCOVERY	DT DEVELOP-MENT	VALLEY OF DEATH	INDUSTRIALI-ZATION
H1	Sorge der Transferpartner vor Know-How-Abfluss	4	6	6	4
H3	Geographische Distanz der Transferpartner	2	8	8	2
H4	Geringe Kompatibilität mit bestehenden Infrastrukturen	0	8	10	4
H5	Geringer technologischer Reifegrad über eine lange Zeit	6	5	4	4
H6	Durchgehend hohe technologische Komplexität	5	8	8	5
H9	Mangel an passgenauen finanziellen Unterstützungsvehikeln	3	10	10	3
H10	Mangel an spezialisiertem Fachpersonal	0	0	3	6
H11	Mangel betriebswirtschaftlicher Kenntnisse und Erfahrungen	0	3	6	3
H14	Unklares Anwendungspotenzial der Technologie	0	9	14	7
H16	Unzureichende Ausstattung im Innovationssystem	0	8	10	4
H17	Mangel an benötigter Produktions-Expertise für Skalierungsprojekte	0	9	12	6

Bestimmung der finalen Hemmnisstärke					
Hemmnisse		DISCOVERY	DT DEVELOP-MENT	VALLEY OF DEATH	INDUSTRIALI-ZATION
H1	Sorge der Transferpartner vor Know-How-Abfluss	0	12	30	28
H3	Geographische Distanz der Transferpartner	4	24	40	14
H4	Geringe Kompatibilität mit bestehenden Infrastrukturen	0	24	50	28
H5	Geringer technologischer Reifegrad über eine lange Zeit	12	20	20	32
H6	Durchgehend hohe technologische Komplexität	0	16	32	25
H9	Mangel an passgenauen finanziellen Unterstützungsvehikeln				
H10	Mangel an spezialisiertem Fachpersonal	0	20	20	3
H11	Mangel betriebswirtschaftlicher Kenntnisse und Erfahrungen	0	0	15	42
H14	Unklares Anwendungspotenzial der Technologie	0	9	12	3
H16	Unzureichende Ausstattung im Innovationssystem	0	45	98	63
H17	Mangel an benötigter Produktions-Expertise für Skalierungs-projekte	0	24	50	28

A.6 Übersicht über die innovationspolitischen Instrumente

innovationspolitisches Instrument	Originalbezeichnung	Quelle
Öffentliche Beschaffung	Public procurement via bidding outcomes	968
	Public procurement	969
	Public procurement to stimulate commercialization of innovation and knowledge	970
	Public technology procurement	971
	Innovation-enhancing public procurement	972
	Public procurement	973
	Direct innovation procurement	974
	Catalytic innovation procurement	975
	Functional regular procurement	976
	Public procurement	977
	Public procurement of innovation	978
	Staatliche Beschaffung	979
	Public procurement for innovation	980
	Public procurement	981
	Military procurement	982
	Government procurement	983
	Pre-commercial procurement	984
	Green public procurement	985
	Innovation procurement	986
	Public procurement	987
	Public procurement	988

[968] Vgl. Afzal et al. (2012), Toward an Innovation Policy, S. 12
[969] Vgl. Ambroziak (2017), The new industrial policy of the European Union, S. 189
[970] Vgl. Andersen et al. (2014), Boosting open innovation and knowledge transfer, S. 34
[971] Vgl. Aschhoff, Sofka (2008), Innovation on Demand, S. 123 ff.
[972] Vgl. Borrás, Edquist (2019), Holistic innovation policy, S. 4
[973] Vgl. Borrás, Edquist (2019), Holistic innovation policy, S. 1
[974] Vgl. Borrás, Edquist (2019), Holistic innovation policy, S. 5
[975] Vgl. Borrás, Edquist (2019), Holistic innovation policy, S. 5
[976] Vgl. Borrás, Edquist (2019), Holistic innovation policy, S. 5
[977] Vgl. Chicot (2017), Public procurement for innovation, S. 1
[978] Vgl. Czarnitzki et al. (2018), Public procurement, S. 2
[979] Vgl. Edler (2007), Bedürfnisse als Innovationsmotor, S. 51
[980] Vgl. Edquist et al. (2016), Public procurement for innovation, S. 35ff.
[981] Vgl. Eliasson (2010), The Aircraft Industry, S. 236
[982] Vgl. Eliasson (2018), Military procurement, S. 19
[983] Vgl. Gerstel, Goodman (2020), From industrial policy to innovation strategy, S. V
[984] Vgl. Granieri, Renda (2011), Law and policy of innovation in Europe, S. 37
[985] Vgl. Granieri, Renda (2011), Law and policy of innovation in Europe, S. 37
[986] Vgl. Guerrero, Urbano (2021), Technology Transfer and Entrepreneurial Innovations, S. 9
[987] Vgl. Kraemer (2006), Science & technology policy in the United States, S. 70
[988] Vgl. Lundvall, Borrás (2004), Science, Technology and Innovation Policy, S. 2

innovationspolitisches Instrument	Originalbezeichnung	Quelle
Öffentliche Beschaffung	Public procurement	989
	Government procurement	990
	Public procurement	991
	Public technological procurement	992
	Pre-commercial procurement	993
	Public procurement of university research	994
	Öffentliche Beschaffung	995
	Öffentliche F&E-Aufträge	996
	Public procurement	997
	Public procurement	998
	Public procurement	999
	Public procurement	1000
	Staatliche Beschaffung	1001
	Öffentliche Aufträge	1002
	Timely procurement (strategic, public, R&D-friendly)	1003
Gezielte Steuerung der Nachfrage	Subsidies or tax incentives to support demand	1004
	Taxes	1005
	Charges	1006
	Fees	1007
	Custom duties and tariffs on goods and services	1008
	Kooperative Beschaffung	1009
	Katalytische, staatlich induzierte Beschaffung (Nachfragesubventionen, Steueranreize für Private)	1010

989 Vgl. Lember et al. (2014), Public Procurement, Innovation and Policy, S. 1ff.

990 Vgl. Lopez-Martinez (2006), A systems approach to innovation policy, S. 120

991 Vgl. Muller et al. (2009), France, S. 16

992 Vgl. Ramirez et al. (2005), Governance of Innovation Systems, S. 111

993 Vgl. OECD (2011), Demand-side innovation policies, S. 13

994 Vgl. OECD (2019), University-Industry Collaboration, S. 79

995 Vgl. Staudt (1980), Innovationsförderung und Technologietransfer, S. 40

996 Vgl. Paulenz (1978), Einsatz finanzpolitischer Instrumente, S. 199

997 Vgl. Yülek, Taylor (2012), Designing Public Procurement Policy, S. 29

998 Vgl. Zhang (2019), Innovation policy coordination, S. 124

999 Vgl. Takalo (2009), Rationales and instruments for public innovation policies, S. 163

1000 Vgl. Tiwari (2017), Public Procurement, S. 155f.

1001 Vgl. Slavtchev, Wiederhold (2016), Staatliche Nachfrage, S. 49

1002 Vgl. Welsch (2005), Innovationspolitik, S. 229

1003 Vgl. Wieczorek, Hekkert (2012), Systemic innovation problems, S. 85

1004 Vgl. Borrás, Edquist (2019), Holistic innovation policy, S. 4

1005 Vgl. Brüggemann (2016), The effects of regulatory and financial policy instruments, S. 6

1006 Vgl. Brüggemann (2016), The effects of regulatory and financial policy instruments, S. 6

1007 Vgl. Brüggemann (2016), The effects of regulatory and financial policy instruments, S. 6

1008 Vgl. Brüggemann (2016), The effects of regulatory and financial policy instruments, S. 6

1009 Vgl. Edler (2007), Bedürfnisse als Innovationsmotor, S. 54

1010 Vgl. Edler (2007), Bedürfnisse als Innovationsmotor, S. 54

innovationspolitisches Instrument	Originalbezeichnung	Quelle
Gezielte Steuerung der Nachfrage	Enhancing articulation of user needs	[1011]
	Environmental protection regulations	[1012]
	Kürzungsansprüche	[1013]
	Beeinflussung der privaten Nachfrage	[1014]
	Monetäre Anreize	[1015]
	Recht bzw. Gebote und Verbote	[1016]
	Lobbying	[1017]
	Voluntary labels	[1018]
	Voluntary agreements	[1019]
	Technology promotion programmes	[1020]
	Limits	[1021]
	Agreements	[1022]
Exportlizenzen	Free trade	[1023]
	Export licencing	[1024]
Importgenehmigungen	Free trade	[1025]
	Duty exemption on imported inputs into R&D	[1026]
	Importgenehmigungen	[1027]
Anpassung und Förderung einzelner Studiengänge und Ausbildungen	Educational reforms for better academic skills	[1028]
	Entrepreneurship education	[1029]
	Publicly funding education	[1030]
	Support development of skills and abilities	[1031]
	Management and skills funding	[1032]
	Ability of universities to select students on their own	[1033]

[1011] Vgl. Borrás, Edquist (2019), Holistic innovation policy, S. 4
[1012] Vgl. Borrás, Edquist (2019), Holistic innovation policy, S. 7
[1013] Vgl. Staudt (1980), Innovationsförderung und Technologietransfer, S. 19
[1014] Vgl. Welsch (2005), Innovationspolitik, S. 230
[1015] Vgl. Welsch (2005), Innovationspolitik, S. 229
[1016] Vgl. Welsch (2005), Innovationspolitik, S. 229
[1017] Vgl. Wieczorek, Hekkert (2012), Systemic innovation problems, S. 85
[1018] Vgl. Wieczorek, Hekkert (2012), Systemic innovation problems, S. 85
[1019] Vgl. Wieczorek, Hekkert (2012), Systemic innovation problems, S. 85
[1020] Vgl. Wieczorek, Hekkert (2012), Systemic innovation problems, S. 85
[1021] Vgl. Wieczorek, Hekkert (2012), Systemic innovation problems, S. 85
[1022] Vgl. Wieczorek, Hekkert (2012), Systemic innovation problems, S. 85
[1023] Vgl. Gündogdu et al. (2021), Innovation Policies and Government Instruments, S. 4
[1024] Vgl. Lundvall, Borrás (2004), Science, Technology and Innovation Policy, S. 2
[1025] Vgl. Gündogdu et al. (2021), Innovation Policies and Government Instruments, S. 4
[1026] Vgl. World Bank Group (2010), Innovation Policy, S. 15
[1027] Vgl. Welsch (2005), Innovationspolitik, S. 229
[1028] Vgl. Afzal et al. (2012), Toward an Innovation Policy, S. 13
[1029] Vgl. Afzal et al. (2012), Toward an Innovation Policy, S. 13
[1030] Vgl. Ambroziak (2017), The new industrial policy of the European Union, S. 189
[1031] Vgl. Ambroziak (2017), The new industrial policy of the European Union, S. 189
[1032] Vgl. Aubert (2012), Promoting Innovation in Developing Countries, S. 19
[1033] Vgl. Borrás, Edquist (2019), Holistic innovation policy, S. 19

innovationspolitisches Instrument	Originalbezeichnung	Quelle
Anpassung und Förderung einzelner Studiengänge und Ausbildungen	Regulation, organization and funding of education systems (primary to tertiary, both private and public)	1034
	Support and incentive schemes for vocational training systems	1035
	Support and incentive schemes for vocational training systems	1036
	Focus on STEM education	1037
	Regulation of research and higher education	1038
	Aus- und Weiterbildung	1039
	Skills and training development programme in certain areas	1040
	Verbesserung der Qualifikation durch Verbesserung des Bildungsangebots	1041
	Invest in education	1042
	Provision of training for researchers	1043
	Development of R&D-related skills	1044
	Training of scientists	1045
	Aus- und Fortbildung	1046
	Education and training programmes	1047
Verbesserung der öffentl. Wahrnehmung der Wissenschaft	Increase public appreciation of the role of science in society	1048
	Prizes and contests	1049
	Prizes and contests	1050
	Public debates	1051
	Scientific workshops	1052
	Public debates	1053
Finanzielle Investitionsanreize	Establish VC funds (through treatment of tax losses etc.)	1054
	Public support of strategic sectors	1055

1034 Vgl. Borrás, Edquist (2019), Holistic innovation policy, S. 14
1035 Vgl. Borrás, Edquist (2019), Holistic innovation policy, S. 14
1036 Vgl. Borrás, Edquist (2019), Holistic innovation policy, S. 14
1037 Vgl. Borrás, Edquist (2019), Holistic innovation policy, S. 14
1038 Vgl. Brüggemann (2016), The effects of regulatory and financial policy instruments, S. 6
1039 Vgl. Edler (2007), Bedürfnisse als Innovationsmotor, S. 55
1040 Vgl. Cunningham et al. (2020), Industrial, Science and Technology Policy, S. 115
1041 Vgl. Fritsch (2004), Technologietransfer durch Unternehmensgründungen, S. 385
1042 Vgl. Gerstel, Goodman (2020), From industrial policy to innovation strategy, S. V
1043 Vgl. Granieri, Renda (2011), Law and policy of innovation in Europe, S. 37
1044 Vgl. Howoldt (2021), Policy Mixes for Innovation, S. 14
1045 Vgl. Lundvall, Borrás (2004), Science, Technology and Innovation Policy, S. 5
1046 Vgl. Welsch (2005), Innovationspolitik, S. 230
1047 Vgl. Wieczorek, Hekkert (2012), Systemic innovation problems, S. 85
1048 Vgl. Cunningham et al. (2020), Industrial, Science and Technology Policy, S. 134
1049 Vgl. Takalo (2009), Rationales and instruments for public innovation policies, S. 162
1050 Vgl. Wieczorek, Hekkert (2012), Systemic innovation problems, S. 85
1051 Vgl. Wieczorek, Hekkert (2012), Systemic innovation problems, S. 85
1052 Vgl. Wieczorek, Hekkert (2012), Systemic innovation problems, S. 85
1053 Vgl. Wieczorek, Hekkert (2012), Systemic innovation problems, S. 85
1054 Vgl. Afzal et al. (2012), Toward an Innovation Policy, S. 13
1055 Vgl. Ambroziak (2017), The new industrial policy of the European Union, S. 189

innovationspolitisches Instrument	Originalbezeichnung	Quelle
Finanzielle Investitionsanreize	Introduce co-investment schemes to overcome finance and funding gaps	1056
	Create market conditions that allow for mobilizing capital	1057
	Günstige Finanzierungssregimes am Kapitalmarkt zur Förderung neuer Strukturen und junger Unternehmen	1058
	Tax incentives for VC, business angels and companies investing in R&D	1059
	Sondergarantien	1060
	Investorenwerbung	1061
	Venture capital	1062
	Fiscal incentives that may encourage firms to invest in R&D	1063
Aufheben von Finanzierungsbeschränkungen	Aufheben von Finanzierungsbeschränkungen von F&E-Investitionen (verhindert Risikokapital)	1064
	Improve access to finance (debit, vc, and other)	1065
Öffentliches Risikokapital	Make investments where private sector is not willing to	1066
	Staatliche Risikokapitalfinanzierung	1067
	Public funding of risky and uncertain innovation activities	1068
	Investing in risky R&D projects	1069
	Direct public financing of early-stage innovations	1070
	Der Staat als VC	1071
	Gewinnbeteiligung des Staates bei erfolgr. Risikofinanzierung	1072
	Staatliche Beteiligung	1073
	Public provision of equity funding	1074
	Public venture capital	1075
	Public investment banks	1076
	Public VC organization	1077

1056 Vgl. Andersen et al. (2014), Boosting open innovation and knowledge transfer, S. 13

1057 Vgl. Andersen et al. (2014), Boosting open innovation and knowledge transfer, S. 34

1058 Vgl. Gerybadze (2015), Instrumente der Innovationspolitik, S. 518

1059 Vgl. Pihlajamaa (2013), Requirements for innovation policy, S. 6

1060 Vgl. Staudt (1980), Innovationsförderung und Technologietransfer, S. 19

1061 Vgl. Bundesministerium für Handel, Gewerbe und Industrie (1985), Investorenwerbung

1062 Vgl. Wieczorek, Hekkert (2012), Systemic innovation problems, S. 85

1063 Vgl. Roper (2000), Innovation policy, S. 12

1064 Vgl. Falck, Wiederhold (2013), Nachfrageorientierte Innovationspolitik, S. 7

1065 Vgl. Guerrero, Urbano (2021), Technology Transfer and Entrepreneurial Innovations, S. 10

1066 Vgl. Afzal et al. (2012), Toward an Innovation Policy, S. 12

1067 Vgl. Berger (2002), Technology and innovation policy in Bavaria, S. 17

1068 Vgl. Borrás, Edquist (2019), Holistic innovation policy, S. 21

1069 Vgl. Borrás, Edquist (2019), Holistic innovation policy, S. 19

1070 Vgl. Borrás, Edquist (2019), Holistic innovation policy, S. 1

1071 Vgl. Breloh (2000), Staatliche Förderung, S. 208ff.

1072 Vgl. Breloh (2000), Staatliche Förderung, S. 209

1073 Vgl. Czarnitzki (2004), Ein Vergleich zwischen Ost- und Westdeutschland, S. 8

1074 Vgl. Granieri, Renda (2011), Law and policy of innovation in Europe, S. 37

1075 Vgl. Granieri, Renda (2011), Law and policy of innovation in Europe, S. 37

1076 Vgl. Laredo (2016), Innovation policies, S. 325

1077 Vgl. Pihlajamaa (2013), Requirements for innovation policy, S. 6

innovationspolitisches Instrument	Originalbezeichnung	Quelle
Öffentliches Risikokapital	Zinsgünstige Kredite	1078
	Staatliche Kapitalbeteiligungen	1079
	Staatliche Wagnisfinanzierung	1080
	Venture capital to facilitate commercialization of research results	1081
	Risk capital	1082
	Equity investments	1083
Schuldnerfreundliche Insolvenzregelungen	Introduction of debtor-friendly bankruptcy to promote risk-taking attitude	1084
Staatliche Kreditbürgschaften	Loan guarantees	1085
	Staatliche Kreditbürgschaften	1086
	Credit guarantees for debt and risk-sharing	1087
	Realisierte Ausfallbürgschaften	1088
	Bürgschaften der Kreditgarantiegemeinschaften zur Absicherung öffentlicher Kredite	1089
Zinsfreie und -verbilligte Kredite	reduced interest loans	1090
	zinsbegünstigte Kredite	1091
	Zinsverbilligungen	1092
	Zinsverbilligte, langfristige Darlehen	1093
	Loans for innovative projects or new technological applications	1094
	Subsidized loans	1095
	Verbilligte Kredite	1096
	Loans	1097
Finanzierung öffentlicher Forschungseinrichtungen	Financing of public research organisations	1098
	Public support to institutions of strategic technologies	1099

1078 Vgl. Staudt (1980), Innovationsförderung und Technologietransfer, S. 21

1079 Vgl. Staudt (1980), Innovationsförderung und Technologietransfer, S. 21

1080 Vgl. Staudt (1980), Innovationsförderung und Technologietransfer, S. 40

1081 Vgl. World Bank Group (2010), Innovation Policy, S. 15

1082 Vgl. Wieczorek, Hekkert (2012), Systemic innovation problems, S. 85

1083 Vgl. Takalo (2009), Rationales and instruments for public innovation policies, S. 161

1084 Vgl. Afzal et al. (2012), Toward an Innovation Policy, S. 14

1085 Vgl. Brüggemann (2016), The effects of regulatory and financial policy instruments, S. 6

1086 Vgl. Czarnitzki (2004), Ein Vergleich zwischen Ost- und Westdeutschland, S. 8

1087 Vgl. Guerrero, Urbano (2021), Technology Transfer and Entrepreneurial Innovations, S. 9

1088 Vgl. Staudt (1980), Innovationsförderung und Technologietransfer, S. 19

1089 Vgl. Staudt (1980), Innovationsförderung und Technologietransfer, S. 21

1090 Vgl. Brüggemann (2016), The effects of regulatory and financial policy instruments, S. 6

1091 Vgl. Czarnitzki (2004), Ein Vergleich zwischen Ost- und Westdeutschland, S. 8

1092 Vgl. Staudt (1980), Innovationsförderung und Technologietransfer, S. 19

1093 Vgl. Staudt (1980), Innovationsförderung und Technologietransfer, S. 40

1094 Vgl. Wieczorek, Hekkert (2012), Systemic innovation problems, S. 85

1095 Vgl. Takalo (2009), Rationales and instruments for public innovation policies, S. 161

1096 Vgl. Welsch (2005), Innovationspolitik, S. 229

1097 Vgl. Wieczorek, Hekkert (2012), Systemic innovation problems, S. 85

1098 Vgl. Ambroziak (2017), The new industrial policy of the European Union, S. 189

1099 Vgl. Ambroziak (2017), The new industrial policy of the European Union, S. 189

innovationspolitisches Instrument	Originalbezeichnung	Quelle
Finanzierung öffentlicher Forschungseinrichtungen	Finanzierung von Großforschungseinrichtungen	1100
	Direct public funding of research organizations	1101
	State funding of universities	1102
	making the univeristy a strategic actor in the innovation system through organizational, regulatory and financial framework	1103
	Funding of public research organizations	1104
	University and PROs statutes	1105
	En block', support to research organisations and universities	1106
	Competetive research funding	1107
	Finanzierung öffentlicher Forschungseinrichtungen	1108
	Finanzierung großer Forschungseinrichtungen	1109
	Invest in basic scientific research	1110
	Direct financial support granted to firms and universities	1111
	Funding university research	1112
	Forschungsprämie	1113
	Support of education and fundamental research	1114
	Institutionelle Förderung von öffentlichen Forschungseinrichtungen	1115
	Bereitstellung finanzieller Mittel für Institutionen	1116
	Abzugsfähigkeit von Spenden für wissenschaftliche Zwecke	1117
	Institutionelle Förderung	1118
Messen von Qualität und Quantität öffentlicher Forschung	Measurement of quantity and quality of universitiy's research output	1119
Mobilitätsprogramme	Mobility programmes for researchers	1120
	Financial support for universities to host industry researchers	1121

1100 Vgl. Benzler, Wink (2002), Balanced Scorecards, S. 53
1101 Vgl. Borrás, Edquist (2019), Holistic innovation policy, S. 13
1102 Vgl. Borrás, Edquist (2019), Holistic innovation policy, S. 19
1103 Vgl. Borrás, Edquist (2019), Holistic innovation policy, S. 19
1104 Vgl. Brüggemann (2016), The effects of regulatory and financial policy instruments, S. 6
1105 Vgl. Bullinger, Malanowski (2021), Neue innovationspolitische Instrumente, S. 10
1106 Vgl. Bullinger, Malanowski (2021), Neue innovationspolitische Instrumente, S. 10
1107 Vgl. Bullinger, Malanowski (2021), Neue innovationspolitische Instrumente, S. 10
1108 Vgl. Czarnitzki (2004), Ein Vergleich zwischen Ost- und Westdeutschland, S. 8
1109 Vgl. Fier, Harhoff (2001), Forschungs- und Technologiepolitik, S. 287
1110 Vgl. Gerstel, Goodman (2020), From industrial policy to innovation strategy, S. V
1111 Vgl. Howoldt (2021), Policy Mixes for Innovation, S. 14
1112 Vgl. Lundvall, Borrás (2004), Science, Technology and Innovation Policy, S. 5
1113 Vgl. Licht et al. (2009), Innovationskraft Deutschlands, S. 1
1114 Vgl. Lopez-Martinez (2006), A systems approach to innovation policy, S. 120
1115 Vgl. Staudt (1980), Innovationsförderung und Technologietransfer, S. 21
1116 Vgl. Bräunling, Harmsen (1975), Förderungsprinzipien und Instrumente, S. 102
1117 Vgl. Bräunling, Harmsen (1975), Förderungsprinzipien und Instrumente, S. 136
1118 Vgl. Welsch (2005), Innovationspolitik, S. 230
1119 Vgl. Borrás, Edquist (2019), Holistic innovation policy, S. 19
1120 Vgl. Granieri, Renda (2011), Law and policy of innovation in Europe, S. 37
1121 Vgl. OECD (2019), University-Industry Collaboration, S. 79

innovationspolitisches Instrument	Originalbezeichnung	Quelle
Mobilitätsprogramme	Sabbaticals & mobility schemes for researchers to work in industry	1122
	Collaboration and mobility schemes	1123
Verbesserung der Arbeitsbedingungen in der Forschung	Increase number of graduates and PhD graduates	1124
	Develop sustainable career paths for researchers	1125
	Improve labor and capabilities	1126
	More freedom to engage in commercialisation activities while staying a faculty member for researchers	1127
	Career rewards for professors & researchers for engaging in knowledge collaboration	1128
	Granting universities more autonomy in terms of financing and overall management	1129
Verbesserung des Rechts der Arbeitnehmererfindung	Raising awareness for the importance of IP protection and registeirng patents	1130
	IP environment that allows to reap competetive benefits of IP	1131
	Patentsystem	1132
	Strengthen Intellectual property commercialisation functions within higher education institutes	1133
	Bayh-Dole Act	1134
	Bayh-Dole Act	1135
	Patentrecht von Universitäten	1136
	Incentives for researchers so commercialize their findings	1137
	Creating markets for technology through patents	1138
	IP regulations regarding publicly-funded research	1139
	Regulation of spin-offs founded by researchers and students	1140
	Lizenzen	1141

1122 Vgl. OECD (2019), University-Industry Collaboration, S. 79

1123 Vgl. Wieczorek, Hekkert (2012), Systemic innovation problems, S. 85

1124 Vgl. Cunningham et al. (2020), Industrial, Science and Technology Policy, S. 133

1125 Vgl. Cunningham et al. (2020), Industrial, Science and Technology Policy, S. 133

1126 Vgl. Guerrero, Urbano (2021), Technology Transfer and Entrepreneurial Innovations, S. 10

1127 Vgl. Konrad, Truffer (2006), Die Verbindung von Spin-offs und Forschungsinstitutionen im Dreieck Politik, Wissenschaft und Industrie: ein internationaler Vergleich, S. 10f.

1128 Vgl. OECD (2019), University-Industry Collaboration, S. 79

1129 Vgl. Pihlajamaa (2013), Requirements for innovation policy, S. 6

1130 Vgl. Afzal et al. (2012), Toward an Innovation Policy, S. 14

1131 Vgl. Andersen et al. (2014), Boosting open innovation and knowledge transfer, S. 34

1132 Vgl. Czarnitzki (2004), Ein Vergleich zwischen Ost- und Westdeutschland, S. 8

1133 Vgl. Cunningham et al. (2020), Industrial, Science and Technology Policy, S. 133

1134 Vgl. Gong (2018), Effects of patent policy, S. 687

1135 Vgl. Gotkin (2012), Bayh-Dole Act, S. 22

1136 Vgl. Heisey (2006), Government patenting and technology transfer, S. 14

1137 Vgl. Konrad, Truffer (2006), Die Verbindung von Spin-offs und Forschungsinstitutionen im Dreieck Politik, Wissenschaft und Industrie: ein internationaler Vergleich, S. 11

1138 Vgl. OECD (2004), Patents and innovation, S. 15

1139 Vgl. OECD (2019), University-Industry Collaboration, S. 79

1140 Vgl. OECD (2019), University-Industry Collaboration, S. 79

1141 Vgl. Welsch (2005), Innovationspolitik, S. 229

innovationspolitisches Instrument	Originalbezeichnung	Quelle
Businessberatung	Business advisory and support services	1142
	Consultancy services	1143
	Persönliche Beratungsgespräche zur Förderung	1144
	Hilfestellungen beim Ausfüllen von Innovationsanträgen	1145
	Beratung	1146
	Informationsinputs	1147
	Beratung	1148
	Scenario development workshops	1149
Direkte Finanzierung von F&E-Projekten	Public grants on R&D	1150
	Finance	1151
	Competition-based public funding to R&D	1152
	Investing in long-term projects	1153
	Cash transfers and grants	1154
	Competitive research funding	1155
	F&E Zuschüsse	1156
	Direkte Zuschüsse	1157
	Direkte Projektförderung	1158
	Förderung und Finanzierung staatlicher F&E Programme	1159
	Grants for R&D	1160
	Direct funding of R&D firms	1161
	Direct R&D grants	1162
	Direct financial support granted to firms and universities	1163
	Government funding of R&D projects	1164

1142 Vgl. Aubert (2012), Promoting Innovation in Developing Countries, S. 19
1143 Vgl. Wieczorek, Hekkert (2012), Systemic innovation problems, S. 85
1144 Vgl. Staudt (1980), Innovationsförderung und Technologietransfer, S. 24
1145 Vgl. Staudt (1980), Innovationsförderung und Technologietransfer, S. 24
1146 Vgl. Staudt (1980), Innovationsförderung und Technologietransfer, S. 40
1147 Vgl. Welsch (2005), Innovationspolitik, S. 229
1148 Vgl. Welsch (2005), Innovationspolitik, S. 229
1149 Vgl. Wieczorek, Hekkert (2012), Systemic innovation problems, S. 85
1150 Vgl. Ambroziak (2017), The new industrial policy of the European Union, S. 189
1151 Vgl. Aubert (2012), Promoting Innovation in Developing Countries, S. 19
1152 Vgl. Borrás, Edquist (2019), Holistic innovation policy, S. 13
1153 Vgl. Borrás, Edquist (2019), Holistic innovation policy, S. 19
1154 Vgl. Brüggemann (2016), The effects of regulatory and financial policy instruments, S. 6
1155 Vgl. Brüggemann (2016), The effects of regulatory and financial policy instruments, S. 6
1156 Vgl. Czarnitzki (2004), Ein Vergleich zwischen Ost- und Westdeutschland, S. 8
1157 Vgl. Falck, Wiederhold (2013), Nachfrageorientierte Innovationspolitik, S. 6
1158 Vgl. Fier, Harhoff (2001), Forschungs- und Technologiepolitik, S. 287
1159 Vgl. Gerybadze (2015), Instrumente der Innovationspolitik, S. 517
1160 Vgl. Granieri, Renda (2011), Law and policy of innovation in Europe, S. 37
1161 Vgl. Guerrero, Urbano (2021), Technology Transfer and Entrepreneurial Innovations, S. 9
1162 Vgl. Gündogdu et al. (2021), Innovation Policies and Government Instruments, S. 3
1163 Vgl. Howoldt (2021), Policy Mixes for Innovation, S. 14
1164 Vgl. Konrad (2013), Shaping emerging technologies, S. 17

innovationspolitisches Instrument	Originalbezeichnung	Quelle
Direkte Finanzierung von F&E-Projekten	Projektförderung	[1165]
	Direkte Innovationsförderung	[1166]
	Grants for R&D	[1167]
	Subsidies	[1168]
	Direct funding	[1169]
	R&D & innovation subsidies / grants for industry-science research	[1170]
	Financial support to firms to recruit PhDs & post-docs	[1171]
	F&E Subventionen	[1172]
	Public funding projects	[1173]
	Zuschüsse	[1174]
	Beihilfen	[1175]
	Bereitstellung finanzieller Mittel für Projekte	[1176]
	Zuschuss zu Aufwendungen für FuE-Personal	[1177]
	Prämien	[1178]
	Projektförderung	[1179]
	Financial support for capital investment	[1180]
	Grants for R&D projects	[1181]
	Selektive Gewährung von Subventionen	[1182]
	Classical R&D grants	[1183]
Gründungsförderung und -anreize	Encourage entrepreneurs with PPP and Incubators	[1184]
	Foster knowledge on available financial instruments	[1185]
	Anreize für Wissenschaftler zur Unternehmensgründung	[1186]
	Gründerförderung	[1187]

[1165] Vgl. Koppel (2017), Forschungsförderung in Deutschland, S. 612
[1166] Vgl. Licht et al. (2009), Innovationskraft Deutschlands, S. 50
[1167] Vgl. Meissner, Kergroach (2021), Innovation policy mix, S. 207
[1168] Vgl. Meissner, Kergroach (2021), Innovation policy mix, S. 207
[1169] Vgl. Ontario confederation of unviersity faculty associations (2007), The quality of university research, S. 7
[1170] Vgl. OECD (2019), University-Industry Collaboration, S. 79
[1171] Vgl. OECD (2019), University-Industry Collaboration, S. 79
[1172] Vgl. Paulenz (1978), Einsatz finanzpolitischer Instrumente, S. 178
[1173] Vgl. Rammer, Klingebiel (2012), Public funding of innovation projects, S. 2
[1174] Vgl. Staudt (1980), Innovationsförderung und Technologietransfer, S. 19
[1175] Vgl. Staudt (1980), Innovationsförderung und Technologietransfer, S. 19
[1176] Vgl. Bräunling, Harmsen (1975), Förderungsprinzipien und Instrumente, S. 102
[1177] Vgl. Staudt (1980), Innovationsförderung und Technologietransfer, S. 40
[1178] Vgl. Staudt (1980), Innovationsförderung und Technologietransfer, S. 19
[1179] Vgl. Staudt (1980), Innovationsförderung und Technologietransfer, S. 40
[1180] Vgl. Roper (2000), Innovation policy, S. 12
[1181] Vgl. World Bank Group (2010), Innovation Policy, S. 15
[1182] Vgl. Welsch (2005), Innovationspolitik, S. 229
[1183] Vgl. Wieczorek, Hekkert (2012), Systemic innovation problems, S. 85
[1184] Vgl. Afzal et al. (2012), Toward an Innovation Policy, S. 14
[1185] Vgl. Andersen et al. (2014), Boosting open innovation and knowledge transfer, S. 34
[1186] Vgl. Benzler, Wink (2002), Balanced Scorecards, S. 54
[1187] Vgl. Berger (2002), Technology and innovation policy in Bavaria, S. 17

innovationspolitisches Instrument	Originalbezeichnung	Quelle
Gründungsförderung und -anreize	Public seed capital	[1188]
	Support to venture and seed capital	[1189]
	Public pre-seed fund	[1190]
	Pre-seed and seed capital policies	[1191]
	University-oriented seed funds	[1192]
	Financial support to academic spin-offs	[1193]
	Eigenkapitalhilfe des Staates	[1194]
	Funding non-R&D related innovation activities in SMEs (e.g. for growing the startups business)	[1195]
	Förderung von Gründungsberatungen	[1196]
	Merkblätter und Handbücher zur Innovationsförderung	[1197]
Öffentliche Bereitstellung von technologischem Wissen	Improving access to information	[1198]
	Encourage open innovation	[1199]
	Promoting knowledge on research days	[1200]
	Publicly accessible documentations	[1201]
	Improve access to knowledge	[1202]
	Open access & open data provisions for publicly-funded research	[1203]
Regionale Innovationszulagen	Investitionszulagen	[1204]
	Arbeitnehmer-Zulagen	[1205]
	Investitionszulagen	[1206]
	Zulagen	[1207]
Steuerliche F&E-Förderung	Tax incentives for R&D	[1208]
	Tax incentives to firms supporting their R&D activities	[1209]

[1188] Vgl. Borrás, Edquist (2019), Holistic innovation policy, S. 21
[1189] Vgl. Bullinger, Malanowski (2021), Neue innovationspolitische Instrumente, S. 10
[1190] Vgl. Munari et al. (2016), Determinants of the university technology transfer, S. 1381
[1191] Vgl. Munari et al. (2016), Determinants of the university technology transfer, S. 1381
[1192] Vgl. Munari et al. (2016), Determinants of the university technology transfer, S. 1381
[1193] Vgl. OECD (2019), University-Industry Collaboration, S. 79
[1194] Vgl. Staudt (1980), Innovationsförderung und Technologietransfer, S. 21
[1195] Vgl. Alecke et al. (2021), Building a bridge, S. 189
[1196] Vgl. Staudt (1980), Innovationsförderung und Technologietransfer, S. 21
[1197] Vgl. Staudt (1980), Innovationsförderung und Technologietransfer, S. 24
[1198] Vgl. Ambroziak (2017), The new industrial policy of the European Union, S. 189
[1199] Vgl. Andersen et al. (2014), Boosting open innovation and knowledge transfer, S. 8
[1200] Vgl. Brüggemann (2016), The effects of regulatory and financial policy instruments, S. 6
[1201] Vgl. Brüggemann (2016), The effects of regulatory and financial policy instruments, S. 6
[1202] Vgl. Guerrero, Urbano (2021), Technology Transfer and Entrepreneurial Innovations, S. 10
[1203] Vgl. OECD (2019), University-Industry Collaboration, S. 79
[1204] Vgl. Staudt (1980), Innovationsförderung und Technologietransfer, S. 19
[1205] Vgl. Staudt (1980), Innovationsförderung und Technologietransfer, S. 19
[1206] Vgl. Staudt (1980), Innovationsförderung und Technologietransfer, S. 19
[1207] Vgl. Bräunling, Harmsen (1975), Förderungsprinzipien und Instrumente, S. 102
[1208] Vgl. Afzal et al. (2012), Toward an Innovation Policy, S. 12
[1209] Vgl. Ambroziak (2017), The new industrial policy of the European Union, S. 189

innovationspolitisches Instrument	Originalbezeichnung	Quelle
Steuerliche F&E-Förderung	Public R&D subsidies	[1210]
	Tax incentives	[1211]
	R&D tax incentives	[1212]
	Tax incentives to R&D expenditure	[1213]
	Steuervergünstigungen	[1214]
	R&D tax credits	[1215]
	Super deductions for R&D expense	[1216]
	Subsidies	[1217]
	Tax exemptions	[1218]
	Tax incentives for Research and Development	[1219]
	Steueranreize für F&E-Aktivitäten	[1220]
	Steueranreize für F&E Aktivitäten	[1221]
	Steuerliche Maßnahmen	[1222]
	Tax incentives	[1223]
	Tax incentives	[1224]
	R&D tax credits	[1225]
	Indirect financial support granted to firms and universities	[1226]
	Tax incentives	[1227]
	Steuerliche Förderung	[1228]
	Tax credits	[1229]
	Steuerliche Förderung von F&E	[1230]
	Befreiung von Sozialabgaben für wissenschaftliches Personal in F&E	[1231]
	Befreiung von der Gewinnsteuer	[1232]

1210 Vgl. Aschhoff, Sofka (2008), Innovation on Demand, S. 1235
1211 Vgl. Ash (2010), OECD Green Growth Strategy, S. 5
1212 Vgl. Appelt et al. (2020), The effects of R&D tax incentives, S. 30ff.
1213 Vgl. Borrás, Edquist (2019), Holistic innovation policy, S. 13
1214 Vgl. Breloh (2000), Staatliche Förderung, S. 69
1215 Vgl. Hall (2019), Tax policy for innovation, S. 2
1216 Vgl. Hall (2019), Tax policy for innovation, S. 2
1217 Vgl. Brüggemann (2016), The effects of regulatory and financial policy instruments, S. 6
1218 Vgl. Bullinger, Malanowski (2021), Neue innovationspolitische Instrumente, S. 10
1219 Vgl. Correa, Guceri (2013), Tax Incentives, S. 1
1220 Vgl. Czarnitzki (2004), Ein Vergleich zwischen Ost- und Westdeutschland, S. 8
1221 Vgl. Falck, Wiederhold (2013), Nachfrageorientierte Innovationspolitik, S. 6
1222 Vgl. Gerybadze (2015), Instrumente der Innovationspolitik, S. 518
1223 Vgl. Granieri, Renda (2011), Law and policy of innovation in Europe, S. 37
1224 Vgl. Guerrero, Urbano (2021), Technology Transfer and Entrepreneurial Innovations, S. 9
1225 Vgl. Gündogdu et al. (2021), Innovation Policies and Government Instruments, S. 3
1226 Vgl. Howoldt (2021), Policy Mixes for Innovation, S. 14
1227 Vgl. Isaksen (2017), Norwegian Skattefunn scheme, S. 4
1228 Vgl. Koppel (2017), Forschungsförderung in Deutschland, S. 612
1229 Vgl. Laredo (2016), Innovation policies, S. 326
1230 Vgl. Licht et al. (2009), Innovationskraft Deutschlands, S. 50
1231 Vgl. Licht et al. (2009), Innovationskraft Deutschlands, S. 52
1232 Vgl. Licht et al. (2009), Innovationskraft Deutschlands, S. 52

innovationspolitisches Instrument	Originalbezeichnung	Quelle
Steuerliche F&E-Förderung	Befreiung von Substanzsteuern, bspw. Gewerbesteuer	1233
	R&D loans	1234
	Tax concessions	1235
	Tax incentive	1236
	Tax incentives	1237
	Tax incentives	1238
	Tax incentives	1239
	Tax incentives for companies purchasing research from universities	1240
	Steuerbefreiungen	1241
	Freiberäge	1242
	Ermäßigte Steuersätze	1243
	Tax incentives for innovative projects or new technological applications	1244
	Tax incentives for R&D	1245
	Tax credits (amounts deducted from tax liability)	1246
	Tax allowances (permitting the deduction of amounts additional to actual expenses)	1247
	Tax deferrals (delay in payment of a tax)	1248
	Steuerliche Förderung von F&E-Investitionen	1249
	Steuerliche Vergünstigungen	1250
	Tax incentives	1251
	ermäßigter Steuersatz	1252
	Financial incentives that support R&D	1253
	Financial incentives that support product or process development	1254

1233 Vgl. Licht et al. (2009), Innovationskraft Deutschlands, S. 52

1234 Vgl. Lopez-Martinez (2006), A systems approach to innovation policy, S. 120

1235 Vgl. Meissner, Kergroach (2021), Innovation policy mix, S. 207

1236 Vgl. Muller et al. (2009), France, S. 16

1237 Vgl. Ontario confederation of unviersity faculty associations (2007), The quality of university research, S. 7

1238 Vgl. Ramirez et al. (2005), Governance of Innovation Systems, S. 80

1239 Vgl. OECD (2005), Governance of Innovation Systems, S. 146

1240 Vgl. OECD (2019), University-Industry Collaboration, S. 79

1241 Vgl. Staudt (1980), Innovationsförderung und Technologietransfer, S. 19

1242 Vgl. Staudt (1980), Innovationsförderung und Technologietransfer, S. 19

1243 Vgl. Staudt (1980), Innovationsförderung und Technologietransfer, S. 19

1244 Vgl. Wieczorek, Hekkert (2012), Systemic innovation problems, S. 85

1245 Vgl. World Bank Group (2010), Innovation Policy, S. 15

1246 Vgl. United Nations (2005), Taxation and technology transfer, S. 37

1247 Vgl. United Nations (2005), Taxation and technology transfer, S. 36

1248 Vgl. United Nations (2005), Taxation and technology transfer, S. 36

1249 Vgl. Staudt (1980), Innovationsförderung und Technologietransfer, S. 40

1250 Vgl. Bräunling, Harmsen (1975), Förderungsprinzipien und Instrumente, S. 102

1251 Vgl. Takalo (2009), Rationales and instruments for public innovation policies, S. 162

1252 Vgl. Takalo (2009), Rationales and instruments for public innovation policies, S. 34

1253 Vgl. Roper (2000), Innovation policy, S. 12

1254 Vgl. Roper (2000), Innovation policy, S. 12

innovationspolitisches Instrument	Originalbezeichnung	Quelle
Steuerliche F&E-Förderung	Fiscal incentives to encourage capital investment or inward investment in terms of reduced tax rates	[1255]
	Steuergutschrift (tax credit)	[1256]
	Taxes	[1257]
	Bemessungsgrundlagenvergünstigung	[1258]
Förderung technologischer und Kollaborationsinfrastruktur	Investing in infrastructure for innovation, e.g. broadband	[1259]
	Public support to development of technological capabilities	[1260]
	Improving scientific and technological infrastructure	[1261]
	Förderung technologischer Infrastruktur	[1262]
	Reallabore	[1263]
	Experimentierräume	[1264]
	ServLab	[1265]
	Invest in infrastructure	[1266]
	Improving technical communications	[1267]
	Networking facilities	[1268]
	Proof-of-concept centers	[1269]
	Funding of infrastructures & intermediaries for collaboration (e.g. TTOs & science parks)	[1270]
	Demonstration centres	[1271]
	Measures designed to promote collaboration in R&D, product or process innovation	[1272]
	Bridging instruments (centres of excellence, competence centres)	[1273]
	Public research labs	[1274]
Förderung von Intermediären	Support to institutions linking science with business	[1275]
	Technologie-Transfer-Bünde	[1276]

[1255] Vgl. Roper (2000), Innovation policy, S. 12
[1256] Vgl. Spengel (2009), Steuerliche Förderung, S. 34
[1257] Vgl. Wieczorek, Hekkert (2012), Systemic innovation problems, S. 85
[1258] Vgl. Spengel (2009), Steuerliche Förderung, S. 34
[1259] Vgl. Afzal et al. (2012), Toward an Innovation Policy, S. 12
[1260] Vgl. Ambroziak (2017), The new industrial policy of the European Union, S. 189
[1261] Vgl. Aschhoff, Sofka (2008), Innovation on Demand, S. 1235
[1262] Vgl. Berger (2002), Technology and innovation policy in Bavaria, S. 17
[1263] Vgl. Bullinger, Malanowski (2021), Neue innovationspolitische Instrumente, S. 11
[1264] Vgl. Bullinger, Malanowski (2021), Neue innovationspolitische Instrumente, S. 11
[1265] Vgl. Bullinger, Malanowski (2021), Neue innovationspolitische Instrumente, S. 11
[1266] Vgl. Gerstel, Goodman (2020), From industrial policy to innovation strategy, S. V
[1267] Vgl. Lopez-Martinez (2006), A systems approach to innovation policy, S. 121
[1268] Vgl. Meissner, Kergroach (2021), Innovation policy mix, S. 207
[1269] Vgl. Munari et al. (2016), Determinants of the university technology transfer, S. 1381
[1270] Vgl. OECD (2019), University-Industry Collaboration, S. 79
[1271] Vgl. Wieczorek, Hekkert (2012), Systemic innovation problems, S. 85
[1272] Vgl. Roper (2000), Innovation policy, S. 12
[1273] Vgl. Wieczorek, Hekkert (2012), Systemic innovation problems, S. 85
[1274] Vgl. Wieczorek, Hekkert (2012), Systemic innovation problems, S. 85
[1275] Vgl. Ambroziak (2017), The new industrial policy of the European Union, S. 189
[1276] Vgl. Berger (2002), Technology and innovation policy in Bavaria, S. 17

innovationspolitisches Instrument	Originalbezeichnung	Quelle
Förderung von Intermediären	Development of research infrastructure (patent offices, ICT)	1277
	Interfaces	1278
Förderung von Kooperationen und Netzwerken	Public support to clusters	1279
	Support of collaboration between scientific institutions and firms	1280
	Clusterförderung	1281
	Förderung von Forschungsverbünden	1282
	Förderung internationaler Wirtschaftsbeziehungen	1283
	Staatliche Kompetenzcenter zur Kooperation von Forschung und Industrie	1284
	Public incubating activities (access to facilities and administrative support)	1285
	Specific forms of PPP (funding and exploitation of large research infrastructures	1286
	Funding of coordination costs in industry-university collabs	1287
	Stimulation of networks	1288
	PPP	1289
	Anregung von Forschungskooperationen zwischen Unternehmen	1290
	Contests for self-organized R&D cooperations (funding)	1291
	Cluster development	1292
	Clusters	1293
	Clusters	1294
	Clusterbildung	1295
	Stärkung des Informationsaustauschs zwischen Forschung und Industrie	1296
	Initiierung innovationsfördernder Netzwerke	1297
	PPP	1298

1277 Vgl. Granieri, Renda (2011), Law and policy of innovation in Europe, S. 37

1278 Vgl. Meissner, Kergroach (2021), Innovation policy mix, S. 207

1279 Vgl. Ambroziak (2017), The new industrial policy of the European Union, S. 189

1280 Vgl. Aschhoff, Sofka (2008), Innovation on Demand, S. 1237

1281 Vgl. Benzler, Wink (2002), Balanced Scorecards, S. 55

1282 Vgl. Berger (2002), Technology and innovation policy in Bavaria, S. 17

1283 Vgl. Berger (2002), Technology and innovation policy in Bavaria, S. 17

1284 Vgl. Biegelbauer (2013), Innovation Policy Learning, S. 1ff.

1285 Vgl. Borrás, Edquist (2019), Holistic innovation policy, S. 21

1286 Vgl. Borrás, Edquist (2019), Holistic innovation policy, S. 13

1287 Vgl. Borrás, Edquist (2019), Holistic innovation policy, S. 17

1288 Vgl. Borrás, Edquist (2019), Holistic innovation policy, S. 17

1289 Vgl. Bullinger, Malanowski (2021), Neue innovationspolitische Instrumente, S. 10

1290 Vgl. Czarnitzki (2004), Ein Vergleich zwischen Ost- und Westdeutschland, S. 8

1291 Vgl. Eickelpasch, Fritsch (2005), Contests for Cooperation, S. 1269

1292 Vgl. Cunningham et al. (2020), Industrial, Science and Technology Policy, S. 103

1293 Vgl. Generaldirektion Unternehmen und Industrie (2008), Commission Staff Working Document, S. 9

1294 Vgl. Europäische Kommission (2007), Policy support, S. 15

1295 Vgl. Fritsch, Stephan (2004), Regionalisierte Innovationspolitik sinnvoll, S. 385

1296 Vgl. Fritsch, Stephan (2004), Regionalisierte Innovationspolitik sinnvoll, S. 385

1297 Vgl. Fritsch, Stephan (2004), Regionalisierte Innovationspolitik sinnvoll, S. 385

1298 Vgl. Gerstel, Goodman (2020), From industrial policy to innovation strategy, S. V

innovationspolitisches Instrument	Originalbezeichnung	Quelle
Förderung von Kooperationen und Netzwerken	Staatliche Einflussnahme auf Kooperation, Netzwerke und Cluster	[1299]
	Networking measures such as creasion of science parks, incubators, accelerators	[1300]
	Cluster development	[1301]
	Clusterentwicklung	[1302]
	Establishing partnerships between innovation actors	[1303]
	PPP	[1304]
	Spitzenclusterwettbewerb	[1305]
	Innovationsallianzen	[1306]
	Encouraging cooperative research	[1307]
	Promotion of university-industry linkages	[1308]
	Platforms	[1309]
	PPP	[1310]
	Competitiveness clusters (developing synergies between research institutes, firms, and education organizations in a given geographical space)	[1311]
	Innovation vouchers for R&D services from universities	[1312]
	Performance-based funding systems for university linkages with industry	[1313]
	PPP creating joint research laboratories	[1314]
	Outreach activities to raise awareness of research & industry opportunities	[1315]
	Training programs on knowledge collaboration	[1316]
	Collective industry-science roadmapping & foresight exercises	[1317]
	Networking support to build industry-science linkages	[1318]
	PPP to promote collaboration between universities, research institutes and industry to facilitate radical innovations	[1319]

[1299] Vgl. Gerybadze (2015), Instrumente der Innovationspolitik, S. 517

[1300] Vgl. Granieri, Renda (2011), Law and policy of innovation in Europe, S. 37

[1301] Vgl. Guerrero, Urbano (2021), Technology Transfer and Entrepreneurial Innovations, S. 10

[1302] Vgl. Hauser (2017), Clustermanagement, S. 24f.

[1303] Vgl. Howoldt (2021), Policy Mixes for Innovation, S. 14

[1304] Vgl. Kristensen, Scherrer (2016), Javno-zasebno partnerstvo kot sistemski instrument upravljanja v regionalni inovacijski politiki, S. 37

[1305] Vgl. Licht et al. (2009), Innovationskraft Deutschlands, S. 1

[1306] Vgl. Licht et al. (2009), Innovationskraft Deutschlands, S. 1

[1307] Vgl. Lopez-Martinez (2006), A systems approach to innovation policy, S. 121

[1308] Vgl. Lopez-Martinez (2006), A systems approach to innovation policy, S. 121

[1309] Vgl. Meissner, Kergroach (2021), Innovation policy mix, S. 207

[1310] Vgl. Meissner, Kergroach (2021), Innovation policy mix, S. 207

[1311] Vgl. Muller et al. (2009), France, S. 21

[1312] Vgl. OECD (2019), University-Industry Collaboration, S. 79

[1313] Vgl. OECD (2019), University-Industry Collaboration, S. 79

[1314] Vgl. OECD (2019), University-Industry Collaboration, S. 79

[1315] Vgl. OECD (2019), University-Industry Collaboration, S. 79

[1316] Vgl. OECD (2019), University-Industry Collaboration, S. 79

[1317] Vgl. OECD (2019), University-Industry Collaboration, S. 79

[1318] Vgl. OECD (2019), University-Industry Collaboration, S. 79

[1319] Vgl. Pihlajamaa (2013), Requirements for innovation policy, S. 6

innovationspolitisches Instrument	Originalbezeichnung	Quelle
Förderung von Kooperationen und Netzwerken	Information campaigns	[1320]
	Kontaktherstellung zu Bundes- und Landesministerien	[1321]
	Kontaktherstellung zu geeigneten Fachleuten und Forschungseinrichtungen	[1322]
	Promoting collaboration through grants for both collaboration partners with focus of public research	[1323]
	Clusterförderung	[1324]
	Clusters	[1325]
	New forms of PPP	[1326]
	Informationsveranstaltungen	[1327]
	Messen und Ausstellungen	[1328]
	Aufklärung über faktische wechselseitige Abhängigkeiten	[1329]
	Informationsaustausch	[1330]
	Cooperative research programmes	[1331]
	Consensus development conferences	[1332]
	Cooperative grants and programmes	[1333]
	Überzeugung	[1334]
	Koordination und Organisation von Entscheidungsträgern	[1335]
	Förderung der Artikulation von partikularen Interessen und der Konsensbildung	[1336]
	Awareness	[1337]
	Interactive stakeholder involvement techniques	[1338]
	Thematic meetings	[1339]
	Transition arenas	[1340]
	Articulation discourse	[1341]

1320 Vgl. Meissner, Kergroach (2021), Innovation policy mix, S. 207

1321 Vgl. Staudt (1980), Innovationsförderung und Technologietransfer, S. 24

1322 Vgl. Staudt (1980), Innovationsförderung und Technologietransfer, S. 24

1323 Vgl. Roper (2000), Innovation policy, S. 18

1324 Vgl. Rothgang, Lageman Bernhard (2011), Innovationspolitischer Mehrwert durch Vernetzung, S. 150

1325 Vgl. Wieczorek, Hekkert (2012), Systemic innovation problems, S. 85

1326 Vgl. Wieczorek, Hekkert (2012), Systemic innovation problems, S. 85

1327 Vgl. Staudt (1980), Innovationsförderung und Technologietransfer, S. 24

1328 Vgl. Staudt (1980), Innovationsförderung und Technologietransfer, S. 40

1329 Vgl. Welsch (2005), Innovationspolitik, S. 229

1330 Vgl. Welsch (2005), Innovationspolitik, S. 229

1331 Vgl. Wieczorek, Hekkert (2012), Systemic innovation problems, S. 85

1332 Vgl. Wieczorek, Hekkert (2012), Systemic innovation problems, S. 85

1333 Vgl. Wieczorek, Hekkert (2012), Systemic innovation problems, S. 85

1334 Vgl. Welsch (2005), Innovationspolitik, S. 229

1335 Vgl. Welsch (2005), Innovationspolitik, S. 229

1336 Vgl. Welsch (2005), Innovationspolitik, S. 229

1337 Vgl. Welsch (2005), Innovationspolitik, S. 230

1338 Vgl. Wieczorek, Hekkert (2012), Systemic innovation problems, S. 85

1339 Vgl. Wieczorek, Hekkert (2012), Systemic innovation problems, S. 85

1340 Vgl. Wieczorek, Hekkert (2012), Systemic innovation problems, S. 85

1341 Vgl. Wieczorek, Hekkert (2012), Systemic innovation problems, S. 85

innovationspolitisches Instrument	Originalbezeichnung	Quelle
Förderung von Kooperationen und Netzwerken	Technology platforms	[1342]
	Science ships	[1343]
	Technology transfer	[1344]
	Debates facilitating decision-making	[1345]
	Discourses	[1346]
	Information and education campaigns	[1347]
Methoden des (Technologie-)Managements	Technology forecasting	[1348]
	Benchmarking industry sectors	[1349]
	Benchmarking	[1350]
	Benchmarking	[1351]
	STI indicators	[1352]
	Technology foresight	[1353]
	Technology assessment	[1354]
	Foresights	[1355]
	Trend studies	[1356]
	Roadmaps	[1357]
	SWOT analyses	[1358]
	Evaluation practices	[1359]
	Knowledge management techniques	[1360]
	Technology assessments	[1361]
	Markt- und Strukturstudien	[1362]
	Backcasting	[1363]
	Foresights	[1364]

[1342] Vgl. Wieczorek, Hekkert (2012), Systemic innovation problems, S. 85
[1343] Vgl. Wieczorek, Hekkert (2012), Systemic innovation problems, S. 85
[1344] Vgl. Wieczorek, Hekkert (2012), Systemic innovation problems, S. 85
[1345] Vgl. Wieczorek, Hekkert (2012), Systemic innovation problems, S. 85
[1346] Vgl. Wieczorek, Hekkert (2012), Systemic innovation problems, S. 85
[1347] Vgl. Wieczorek, Hekkert (2012), Systemic innovation problems, S. 85
[1348] Vgl. Ambroziak (2017), The new industrial policy of the European Union, S. 189
[1349] Vgl. Ambroziak (2017), The new industrial policy of the European Union, S. 189
[1350] Vgl. Ambroziak (2017), The new industrial policy of the European Union, S. 189
[1351] Vgl. Meissner, Kergroach (2021), Innovation policy mix, S. 207
[1352] Vgl. Meissner, Kergroach (2021), Innovation policy mix, S. 207
[1353] Vgl. Meissner, Kergroach (2021), Innovation policy mix, S. 207
[1354] Vgl. Meissner, Kergroach (2021), Innovation policy mix, S. 207
[1355] Vgl. Wieczorek, Hekkert (2012), Systemic innovation problems, S. 85
[1356] Vgl. Wieczorek, Hekkert (2012), Systemic innovation problems, S. 85
[1357] Vgl. Wieczorek, Hekkert (2012), Systemic innovation problems, S. 85
[1358] Vgl. Wieczorek, Hekkert (2012), Systemic innovation problems, S. 85
[1359] Vgl. Wieczorek, Hekkert (2012), Systemic innovation problems, S. 85
[1360] Vgl. Wieczorek, Hekkert (2012), Systemic innovation problems, S. 85
[1361] Vgl. Wieczorek, Hekkert (2012), Systemic innovation problems, S. 85
[1362] Vgl. Staudt (1980), Innovationsförderung und Technologietransfer, S. 40
[1363] Vgl. Wieczorek, Hekkert (2012), Systemic innovation problems, S. 85
[1364] Vgl. Wieczorek, Hekkert (2012), Systemic innovation problems, S. 85

innovationspolitisches Instrument	Originalbezeichnung	Quelle
Methoden des (Technologie-)Managements	Road-mapping	1365
	Brainstorming	1366
	Strategic niche management	1367
	Political tools (awards and honours for innovation novelties)	1368
	Databases	1369
	Constructive technology assessment	1370
Häufigere Anpassung von Regulatorik	Environmental regulation	1371
	Regulations in bioethics	1372
	Accelerate regulatory cycles to reduce uncertainty	1373
	Policy labs	1374
	Pilot projects	1375
	Polic evaluation procedures	1376
	Policy intelligence tools	1377
	Schemes	1378
	Regulation (public, private)	1379
Innovationsfreundliche Wettbewerbspolitik	Regulations related to competition and consumer's protection	1380
	Fair market competition regulations (anti-trust law, M&A control laws)	1381
	Financial and corporate governance regulations (filing for bankruptcy, access to capital at a competitive price, transparent conditions)	1382
	Consumer protection and product liability regulations	1383
	Competition law with focus on R&D	1384
	Competition policy about R&D alliances	1385
	Marktregulierung	1386

1365 Vgl. Wieczorek, Hekkert (2012), Systemic innovation problems, S. 85
1366 Vgl. Wieczorek, Hekkert (2012), Systemic innovation problems, S. 85
1367 Vgl. Wieczorek, Hekkert (2012), Systemic innovation problems, S. 85
1368 Vgl. Wieczorek, Hekkert (2012), Systemic innovation problems, S. 85
1369 Vgl. Wieczorek, Hekkert (2012), Systemic innovation problems, S. 85
1370 Vgl. Wieczorek, Hekkert (2012), Systemic innovation problems, S. 85
1371 Vgl. Ambroziak (2017), The new industrial policy of the European Union, S. 189
1372 Vgl. Ambroziak (2017), The new industrial policy of the European Union, S. 189
1373 Vgl. Gerstel, Goodman (2020), From industrial policy to innovation strategy, S. VI
1374 Vgl. Wieczorek, Hekkert (2012), Systemic innovation problems, S. 85
1375 Vgl. Wieczorek, Hekkert (2012), Systemic innovation problems, S. 85
1376 Vgl. Wieczorek, Hekkert (2012), Systemic innovation problems, S. 85
1377 Vgl. Wieczorek, Hekkert (2012), Systemic innovation problems, S. 85
1378 Vgl. Wieczorek, Hekkert (2012), Systemic innovation problems, S. 85
1379 Vgl. Wieczorek, Hekkert (2012), Systemic innovation problems, S. 85
1380 Vgl. Ambroziak (2017), The new industrial policy of the European Union, S. 189
1381 Vgl. Borrás, Edquist (2019), Holistic innovation policy, S. 7
1382 Vgl. Borrás, Edquist (2019), Holistic innovation policy, S. 7
1383 Vgl. Borrás, Edquist (2019), Holistic innovation policy, S. 7
1384 Vgl. Brüggemann (2016), The effects of regulatory and financial policy instruments, S. 6
1385 Vgl. Bullinger, Malanowski (2021), Neue innovationspolitische Instrumente, S. 10
1386 Vgl. Gerybadze (2015), Instrumente der Innovationspolitik, S. 518

innovationspolitisches Instrument	Originalbezeichnung	Quelle
Innovationsfreundliche Wettbewerbspolitik	Promote or inhibit competition	[1387]
	Competition laws	[1388]
	Antitrust regulation	[1389]
	Competition policy	[1390]
	Wettbewerbspolitik	[1391]
Migrationsförderung	Migration policies (immigration and reverse breain drain)	[1392]
	Open immigration policy	[1393]
	Immigration	[1394]
Normung und Standardisierung	Setting ISO type standards	[1395]
	Implementing ISO standards/ standardization	[1396]
	Regulations (environmental regulations, quality standards, ...)	[1397]
	Standard setting	[1398]
	Ethical regulations	[1399]
	Voluntary technical standards or stipulations	[1400]
	Bioethical regulations	[1401]
	Voluntary standardisation	[1402]
	Codes of conduct	[1403]
	Voluntary agreements	[1404]
	Vorschriften zur Produktperformanz	[1405]
	Nutzungsnormen	[1406]
	Normen zur Marktschaffung	[1407]
	Set standards	[1408]
	Normung und Standardisierung	[1409]

[1387] Vgl. Guerrero, Urbano (2021), Technology Transfer and Entrepreneurial Innovations, S. 10
[1388] Vgl. Howoldt (2021), Policy Mixes for Innovation, S. 14
[1389] Vgl. Klein et al. (2001), Innovations in European and US, S. 871
[1390] Vgl. Lundvall, Borrás (2004), Science, Technology and Innovation Policy, S. 2
[1391] Vgl. Welsch (2005), Innovationspolitik, S. 230
[1392] Vgl. Borrás, Edquist (2019), Holistic innovation policy, S. 14
[1393] Vgl. Gündogdu et al. (2021), Innovation Policies and Government Instruments, S. 3
[1394] Vgl. Lundvall, Borrás (2004), Science, Technology and Innovation Policy, S. 2
[1395] Vgl. Afzal et al. (2012), Toward an Innovation Policy, S. 12
[1396] Vgl. Ambroziak (2017), The new industrial policy of the European Union, S. 189
[1397] Vgl. Aschhoff, Sofka (2008), Innovation on Demand, S. 1235
[1398] Vgl. Borrás, Edquist (2019), Holistic innovation policy, S. 4
[1399] Vgl. Brüggemann (2016), The effects of regulatory and financial policy instruments, S. 6
[1400] Vgl. Brüggemann (2016), The effects of regulatory and financial policy instruments, S. 6
[1401] Vgl. Bullinger, Malanowski (2021), Neue innovationspolitische Instrumente, S. 10
[1402] Vgl. Bullinger, Malanowski (2021), Neue innovationspolitische Instrumente, S. 10
[1403] Vgl. Bullinger, Malanowski (2021), Neue innovationspolitische Instrumente, S. 10
[1404] Vgl. Bullinger, Malanowski (2021), Neue innovationspolitische Instrumente, S. 10
[1405] Vgl. Edler (2007), Bedürfnisse als Innovationsmotor, S. 55
[1406] Vgl. Edler (2007), Bedürfnisse als Innovationsmotor, S. 55
[1407] Vgl. Edler (2007), Bedürfnisse als Innovationsmotor, S. 55
[1408] Vgl. Gerstel, Goodman (2020), From industrial policy to innovation strategy, S. VI
[1409] Vgl. Gerybadze (2015), Instrumente der Innovationspolitik, S. 518

innovationspolitisches Instrument	Originalbezeichnung	Quelle
Normung und Standardisierung	Standardisation to reduce transaction costs	1410
	Technical norms	1411
	Government support for standards development	1412
	Standards and norms	1413
	Codes of conduct	1414
	Normung	1415
	Standards und Normen	1416
	Technische Vorschriften	1417
	Obligations	1418
	Norms	1419
Steigerung der Attraktivität von Patenten und Lizenzen	Reduced taxes on profits from IP income (IP box)	1420
	IP regulations	1421
	Strengthen IPR protection	1422
	Regulation of IPR (patents, copyrights etc.)	1423
	IPR	1424
	IPR	1425
	IPR	1426
	IPR	1427
	IPR	1428
	IPR	1429
	Reducing fees related to registration and maintenance of IPRs	1430
	Raising awareness for importance of IPR	1431
	Patentrecht und Patentgerichtbarkeit	1432

1410 Vgl. Granieri, Renda (2011), Law and policy of innovation in Europe, S. 37
1411 Vgl. Meissner, Kergroach (2021), Innovation policy mix, S. 207
1412 Vgl. OECD (2011), Demand-side innovation policies, S. 16
1413 Vgl. Wieczorek, Hekkert (2012), Systemic innovation problems, S. 85
1414 Vgl. Brüggemann (2016), The effects of regulatory and financial policy instruments, S. 6
1415 Vgl. Staudt (1980), Innovationsförderung und Technologietransfer, S. 40
1416 Vgl. Welsch (2005), Innovationspolitik, S. 229
1417 Vgl. Welsch (2005), Innovationspolitik, S. 229
1418 Vgl. Wieczorek, Hekkert (2012), Systemic innovation problems, S. 85
1419 Vgl. Wieczorek, Hekkert (2012), Systemic innovation problems, S. 85
1420 Vgl. Hall, Helmers (2010), Patent protection, S. 2
1421 Vgl. Ambroziak (2017), The new industrial policy of the European Union, S. 189
1422 Vgl. Baark (2019), Innovation policy in China, S. 19
1423 Vgl. Borrás, Edquist (2019), Holistic innovation policy, S. 13
1424 Vgl. Borrás, Edquist (2019), Holistic innovation policy, S. 7
1425 Vgl. Brüggemann (2016), The effects of regulatory and financial policy instruments, S. 6
1426 Vgl. Budzinski, Monostori (2012), IPR and the WTO, S. 14
1427 Vgl. Bullinger, Malanowski (2021), Neue innovationspolitische Instrumente, S. 10
1428 Vgl. Ruimy (2017), Intellectual property, S. 15f.
1429 Vgl. Chu et al. (2021), Dynamic effects of patent policy, S. 1430
1430 Vgl. Evans (2011), Intellectual property commercialization, S. 76
1431 Vgl. Evans (2011), Intellectual property commercialization, S. 77
1432 Vgl. Gerybadze (2015), Instrumente der Innovationspolitik, S. 518

innovationspolitisches Instrument	Originalbezeichnung	Quelle
Steigerung der Attraktivität von Patenten und Lizenzen	Strenthening IP rights	[1433]
	IPR	[1434]
	IPR	[1435]
	IPR	[1436]
	IPR	[1437]
	Grants for IP applications from universities	[1438]
	Patentwesen	[1439]
	Strengthen legal protection of intellectual property	[1440]
	IP Rights	[1441]
	Patent laws	[1442]
	Rechtlicher Rahmen	[1443]
Verkürzte Abschreibungen für innovationsrelevante Investitionen	Sonderabschreibungen	[1444]
	Accelerated depreciation for R&D equipment	[1445]

[1433] Vgl. Gong (2018), Effects of patent policy, S. 688

[1434] Vgl. Granieri, Renda (2011), Law and policy of innovation in Europe, S. 37

[1435] Vgl. Guerrero, Urbano (2021), Technology Transfer and Entrepreneurial Innovations, S. 10

[1436] Vgl. Howoldt (2021), Policy Mixes for Innovation, S. 14

[1437] Vgl. Lundvall, Borrás (2004), Science, Technology and Innovation Policy, S. 2

[1438] Vgl. OECD (2019), University-Industry Collaboration, S. 79

[1439] Vgl. Staudt (1980), Innovationsförderung und Technologietransfer, S. 40

[1440] Vgl. Takalo (2009), Rationales and instruments for public innovation policies, S. 160

[1441] Vgl. Zhang (2019), Innovation policy coordination, S. 104

[1442] Vgl. Wieczorek, Hekkert (2012), Systemic innovation problems, S. 85

[1443] Vgl. Welsch (2005), Innovationspolitik, S. 230

[1444] Vgl. Staudt (1980), Innovationsförderung und Technologietransfer, S. 19

[1445] Vgl. World Bank Group (2010), Innovation Policy, S. 15

A.7 Bewertung der Phasenrelevanz der Unterstützungsoptionen

UNTERSTÜTZUNGSOPTIONEN I/II

TRANSFERHEMMNISSE – BLOCKER | VERZÖGERER

BLOCKER | VERZÖGERER	U1: Öffentliche Abnahme (K)	U12: Forschungsbedingungen (L)	U2: Öffentliche Rohstoffversorgung (K)	U13: Arbeitnehmererfindung (L)	U3: Gezielte Steuerung Nachfrage (K)	U14: Business-Beratung (L)	U4: Exportlizenzen (K)	U15: Gründungsförderung (K)	U5: Importgenehmigungen (K)	U16: Open Source (L)	U6: Studiengänge und Ausbildung (L)	U17: Förderung Infrastruktur (L)	U7: Finanzielle Investorenanreize (K)	U18: Förderung Intermediäre (L)	U8: Direkte Finanzierung (K)	U19: Zyklen Regulatorik (K)	U9: Risikokapital (K)	U20: Wettbewerbspolitik (L)	U10: Metriken Forschungsmessung (L)	U21: Normung und Standards (L)	U11: Mobilitätsprogramme (L)	U22: Patente und Lizenzen (K)	U23: ESOP (K)
H_1: Sorge der Transferpartner vor Know-How-Abfluss										1		1		1								1	
H_2: Bürokratische Hürden im Transferprozess		1		1						1								1		1			
H_3: Geographische Distanz der Transferpartner												1		1							1		
H_4: Geringe Kompatibilität mit Infrastrukturen										1		1			1				1	1			
H_5: Geringer techn. Reifegrad über eine lange Zeit	1												1		1		1						
H_6: Durchgehend hohe technologische Komplexität			1						1		1												
H_7: Komplexe regulatorische Hürden				1			1		1							1		1					
H_8: Mangel an Anreizen für die Transferbeteiligung		1		1				1		1									1			1	
H_9: Mangel an finanziellen Unterstützungsvehikeln	1				1								1		1		1						
H_{10}: Mangel an spezialisiertem Fachpersonal											1										1		1
H_{11}: Mangel betriebswirt. Kenntnisse und Erfahrungen						1		1						1									1
H_{12}: Mangel an Transferkenntnis und -erfahrung											1			1									1
H_{13}: Schwache Beziehungen zwischen den Transferpartnern								1				1		1				1			1		
H_{14}: Unklares Anwendungspot. der Technologie	1				1		1			1		1				1				1			
H_{15}: Divergente Ziele der am Transfer beteiligten Akteure	1	1															1		1			1	
H_{16}: Unzureichende Ausstattung im Innovationssystem			1						1		1	1											
H_{17}: Mangel an Produktions-Expertise für Skalierungsprojekte										1	1	1		1									

UNTERSTÜTZUNGSOPTIONEN II/II

K = kurzfristige Wirksamkeit

L = mittel- bis langfristige Wirksamkeit

1 = Relevanz der jeweiligen Unterstützungsoption für das entsprechende Hemmnis

STAATLICHE UNTERSTÜTZUNGSOPTIONEN	Exploration und Entdeckung	*Deep-Tech-* Entwicklung	*Valley-of-Death*	Industrialisierung Kommerzialisierung
U_1: Öffentliche Abnahme	2	8	8	3
U_2: Öffentliche Rohstoffversorgung	0	4	6	4
U_3: Gezielte Steuerung der Nachfrage	0	5	5	2
U_4: Exportlizenzen	1	4	4	2
U_5: Importgenehmigungen	1	5	7	5
U_6: Studiengänge und Ausbildung	1	7	11	10
U_7: Finanzielle Investorenanreize	1	4	4	1
U_8: Direkte Finanzierung	1	6	7	3
U_9: Risikokapital	2	5	5	2
U_{10}: Metriken Forschungsmessung	2	4	5	4
U_{11}: Mobilitätsprogramme	2	3	5	5
U_{12}: Forschungsbedingungen	3	3	3	3
U_{13}: Arbeitnehmererfindung	3	3	3	3
U_{14}: Business-Beratung	0	1	1	1
U_{15}: Gründungsförderung	2	3	3	3
U_{16}: Open Source	2	10	14	9
U_{17}: Förderung Infrastruktur	2	13	19	11
U_{18}: Förderung Intermediäre	3	8	12	8
U_{19}: Zyklen Regulatorik	1	4	4	2
U_{20}: Wettbewerbspolitik	3	3	3	3
U_{21}: Normung und Standards	1	6	7	4
U_{22}: Patente und Lizenzen	2	3	5	4
U_{23}: ESOP	1	2	3	5

TRANSFERPHASEN

1,2 = Keine Relevanz	3,4,5 = Grundsätzliche Relevanz	>5 = Hohe Relevanz

Lebenslauf

Persönliche Angaben

Name	Tim Latz
Geburtsdatum und -ort	07. Februar 1994 in Düren
Eltern	Gabi Latz, geb. Porschen und Armin Latz

Ausbildung

2003 bis 2012	Allg. Hochschulreife, Stiftisches Gymnasium, Düren
2012 bis 2017	Bachelor of Science Wirtschaftsingenieurwesen Rheinisch-Westfälische Technische Hochschule Aachen
2017 bis 2019	Master of Science Wirtschaftsingenieurwesen Rheinisch-Westfälische Technische Hochschule Aachen

Beruflicher Werdegang

2017 bis 2019	Studentische Hilfskraft, Fraunhofer-Institut für Produktionstechnologie IPT, Aachen
2018 bis 2019	Praktikum, Excubate GmbH, Köln
2019 bis 2024	Wissenschaftlicher Mitarbeiter, Fraunhofer-Institut für Produktionstechnologie IPT, Aachen
2023 bis 2024	Gruppenleiter Technologiefrüherkennung, Fraunhofer-Institut für Produktionstechnologie IPT, Aachen
seit 2024	Abteilungsleiter Technologiemanagement, Fraunhofer-Institut für Produktionstechnologie IPT, Aachen

Köln, im September 2024

In der Reihe **Ergebnisse aus der Produktionstechnik** zuletzt erschienen:

Latz, Tim:
Methodik zur Förderung von Deep-Tech im Maschinenbau
ISBN: 978-3-98555-243-6
Erscheinungsdatum: 14.10.2024

Föhlisch, Nils:
Klassifikationsbasierte Planung flexibler, flussorientierter Mixed-Model-Montagestrukturen
ISBN: 978-3-98555-231-3
Erscheinungsdatum: 16.09.2024

Keuper, Alexander:
Kompetenzbasierter Ressourceneinsatz in Multientwicklungsprojekt-umgebungen
ISBN: 978-3-98555- 236-8
Erscheinungsdatum: 09.09.2024

Kessler, Niklas:
Transformation zur digital vernetzten Wertschöpfung im Werkzeugbau
ISBN: 978-3-98555- 232-0
Erscheinungsdatum: 02.09.2024

Rodemann, Niklas:
Resiliente Produktionsnetzwerke durch datenbasierte Früherkennung
ISBN: 978-3-98555-228-3
Erscheinungsdatum: 12.08.2024

Spierling, Robert:
Abbildung thermo-elastischer Fehler von Fräsmaschinen auf Basis des photoelektrischen Effekts und eines lernenden Modells
ISBN: 978-3-98555-208-5
Erscheinungsdatum: 12.08.2024

Eckel, Hans-Martin:
Kinematische Analyse von Spindellagern unter statischen und dynamischen Kräften
ISBN: 978-3-98555-226-9
Erscheinungsdatum: 01.08.2024

Hähnel, Sebastian:
Das variationskraftgeregelte, schwingungsunterstützte Schleifen von gekrümmten Werkzeugstahlober-flächen mit gummigebundenen Schleifstiften
ISBN: 978-3-98555-225-2
Erscheinungsdatum: 22.07.2024

Kosel, Maximilian:
Prozess- und Maschinenentwicklung für das kontinuierliche, variotherme Heißprägen
ISBN: 978-3-98555-223-8
Erscheinungsdatum: 16.07.2024

Lender, Benjamin:
Datenbasierte Identifikation von Heuristiken für das Entwicklungsmanagement
ISBN: 978-3-98555-219-1
Erscheinungsdatum: 16.07.2024

Edition Wissenschaft
Apprimus

Lukas, Gerret:
Gestaltungsmodell zur thermischen Auslegung additiver Prototypen-werkzeuge aus Kunststoff
ISBN: 978-3-98555-209-2
Erscheinungsdatum: 03.06.2024

Löffler, Bernd:
Additiv gefertigte Kunststoffwerkzeuge für das Tiefziehen von Feinblech
ISBN: 978-3-98555-211-5
Erscheinungsdatum: 27.05.2024

Dackweiler, Jonas:
Planungseffizienz und -effektivität durch Plattformbasierte Fabrikplanung
ISBN: 978-3-98555-220-7
Erscheinungsdatum: 27.05.2024

Schopen, Marco:
Datenbasierte hybride Analyse und Gestaltung von Geschäftsprozessen
ISBN: 978-3-98555-217-7
Erscheinungsdatum: 22.05.2024

Scholzen, Philipp:
Auslegung geräuschoptimierter pulvermetallurgischer Stirnradverzahnungen
ISBN: 978-3-98555-216-0
Erscheinungsdatum: 21.05.2024

Seelbach, Tobias:
Prädiktion der Maßhaltigkeit beim Räumen von Profilnuten
ISBN: 978-3-98555-213-9
Erscheinungsdatum: 21.05.2024

Fiedler, Falko:
Produkt- und prozessseitige Auslegung von bauteilintegrierten Vorrichtungsfunktionen
ISBN: 978-3-98555-206-1
Erscheinungsdatum: 02.04.2024

Theling, Julian:
Auslegung von Planetengetrieben im elastischen Verzahnungsumfeld unter Berücksichtigung der Wechselwirkungen des Mehrfacheingriffes
ISBN: 978-3-98555-205-4
Erscheinungsdatum: 26.03.2024

Hohenstein, Steffen:
Multidirektionaler Aufbau in der additiven Fertigung von Kunststoffen
ISBN: 978-3-98555-203-0
Erscheinungsdatum: 05.03.2024

Schukat, Esben:
Kapazitätsorientierte Auftragsfreigabe in matrixstrukturierten Montagesystemen
ISBN: 978-3-98555-189-9
Erscheinungsdatum: 20.02.2024

Ochel, Janis:
Datengetriebene Strukturierung von NC-Zerspanprozessen
ISBN: 978-3-98555-204-7
Erscheinungsdatum: 14.02.2024

Metzmacher, Amelie Isabel:
Beschäftigungsfähigkeit im produzierenden Sektor – Entwicklung des Predictive Model of Industrial Employability
ISBN: 978-3-98555-201-6
Erscheinungsdatum: 13.02.2024

Edition Wissenschaft
Apprimus

FSC
www.fsc.org
MIX
Papier | Fördert
gute Waldnutzung
FSC® C083411

Zeitfracht Medien GmbH
Ferdinand-Jühlke-Straße 7
99095 Erfurt, Deutschland
produktsicherheit@kolibri360.de